Applied Longitudinal Data Analysis
: Modeling Change and Event Occurrence
JUDITH D. SINGER AND JOHN B. WILLETT

縦断データの分析 I

変化についてのマルチレベルモデリング

菅原ますみ
【監訳】

◆

松本聡子　松浦素子　尾崎幸謙　室橋弘人
髙橋雄介　岡田謙介　山形伸二
【訳】

朝倉書店

監訳者

菅原ますみ　お茶の水女子大学 基幹研究院人間科学系

I 巻翻訳者（翻訳箇所）

松本聡子　お茶の水女子大学 人間発達教育科学研究所
　　　　　（1章, 2章, 4.4, 6.2, 7.1～7.2）

松浦素子　お茶の水女子大学 人間発達教育科学研究所
　　　　　（3.1～3.2, 4.1, 6.1）

尾崎幸謙　筑波大学 ビジネスサイエンス系
　　　　　（3.3～3.4, 4.8～4.9, 6.4, 8.1）

室橋弘人　金沢学院大学 文学部
　　　　　（3.5～3.6, 4.6～4.7, 6.3, 8.2）

髙橋雄介　京都大学 白眉センター
　　　　　（4.2, 5.1～5.2）

岡田謙介　東京大学大学院 教育学研究科
　　　　　（4.3, 5.3～5.4）

山形伸二　名古屋大学大学院 教育発達科学研究科
　　　　　（4.5, 7.3, 8.3～8.4）

Judith D. Singer / John B. Willett

Applied Longitudinal Data Analysis:
Modeling Change and Event Occurrence
(First Edition)

Copyright © 2003 Oxford University Press, Inc.

Published by Oxford University Press, Inc. in 2003.
This translation is published by arrangement with Oxford University Press.

監訳者序文

　妊娠中のコカイン摂取は乳児の発達をいつ・どのように阻害するのか，就学準備教育は誰に対して・いつまで有効性を持つのだろうか，小学生期の反社会的行動はどの子に・どのように発達していくのだろうか，妻の就労は結婚生活のなかで，いつ・どのように離婚というイベントの生起に影響するのか，心理療法や薬物治療の効果は長期的には誰について・どのような経過をたどるのだろうか——．心理学や教育学，社会学，医学，犯罪矯正学など，個人の心身の発達変化や変容を対象とする学問領域では，同一サンプルを追跡する縦断的研究の実施が欠かせません．どの領域でもすでに多くの縦断研究が実施されてきていますが，収集したデータから知りたいと思う「変化のパターン」や「変化のパターンを予測する変数」を定量的に切り出す作業は，予想よりはるかに困難な作業です．本書はこうした作業にとって有力な統計手法となるマルチレベルモデリングを紹介しており，自力で作業ができるようになるために必要な考え方や具体的な手続き，解析方法，結果の解釈について，実際に公刊された代表的な縦断研究のデータセットを用いながら，網羅的に，そしてひとつひとつ順を追って丁寧にコーチしています．縦断データを手にしてどう処理するべきか切実に悩んでいる研究者や学生たち，これから縦断研究を実施したいと考えている人々にとって最良のテキストであり，時間変数を縦横に活用して最適な「変化」に関する科学的知見をみなさんが手にすることができるようになるまで，親切に，何度も相談に乗ってくれるバイブル的な一冊です．

　本書はハーバード大学の教育統計学の教授であるジュディス・シンガーとジョン・ウィレットの共著 "Applied Longitudinal Data Analysis" のパートⅠ（全15章のうち，前半の1～8章）の全訳です．ここでは変化の推移と変化の個人差の予測に関するマルチレベルモデリングを扱い，原著後半のパートⅡではイベント生起に関する生存分析モデリングを紹介しています．今回の私たちの翻訳では，このパートⅠとⅡを分割し2分冊として訳出することになりました．

　私が原著に出会ったのは，2006年7月にオーストラリアのメルボルンで行われた第19回国際行動発達学会の "Development in context : Making best use of existing longitudinal data"というワークショップでした．このワークショップでは，アメリカ，イギリス，オーストラリア，ニュージーランド，ノルウェー，カナダのそれぞれ国家的規模の代表的な発達追跡研究プロジェクトの研究者たちが集い，どのような統計解析手法を用いるのが最も有効に収集した縦断データを活かすことができるのか，様々な議論が展開しました．各プロジェクトの統計解析担当者たちは，自分たちのデータを用いて解析されたマルチレベルモデリングによる分析結果について，目の覚めるような格好いいトラジェクタリのグラフをいくつも呈示しながら，「変化を切り出すこと」の本当の意味について熱く語ってくれました．細々とではありますが，日本で同様な縦断研究を行なっている私たちも早くこの手法をマスターすることが必要だと強く感じながら帰国し，今回幸運なことに本書の訳出を実現することがかないました．本書を私たちに紹介してくださった元アメリカ国立小児保健・人間発達研究所のサラ・フリードマン博士と，本書の出版をご快諾いただき公刊に向けて私たちを励ましてくださった朝倉書店編集部に深く感謝申し上げます．

　本書の訳者は，すでにいくつかの人間発達に関する縦断研究プロジェクトに参加し，論文発表も活発に行なってきている新進気鋭の研究者たちです．原著者の序文にあるように，本書はシンガー博士とウィレット博士の2人の完全な共同作業によって完成しました．その精神にならって，今回の訳出にあたっては7名の訳者全員ですべての文章と数式をひとつひとつ討論し，疑問点を解決しながら作業を進めました．本書の内容に関する学会でのワークショップも実施し，自分たちのデータを用いた解析の実際についての紹介を試みてきています．マルチレベルモデリングを使いこなしたいと願うユーザーの立場から翻訳された本書は，縦断データと格闘中のみなさんにとって親しみやすい訳出となっていることと思います．

　パートIIのイベント生起に関する生存分析モデリングに関するテキストと2冊あわせてご覧いただき，縦断研究の中核となる時間変化とイベント生起の分析の達人を目指していただきたいと思います．

2012年8月

監訳者　菅原ますみ

序　文

Time, occasion, chance and change.
To these all things are subject.

—Percy Bysshe Shelley

　変化とイベント生起についての疑問は，多くの実証研究の中心となるものです．人がどのように成熟し発達するかを問う研究もありますし，イベントが生起するか，するとすればそれはいつなのかを問う研究もあります．Epsy, Francis, & Riese (2000) は，コカイン曝露が神経発達に及ぼす影響について調べるために，コカインにさらされた20人の早産児と，さらされていない20人の早産児，合計40人の早産児から，2週間にわたって毎日データを収集しました．コカインにさらされた乳児は成長の速さが遅いだけではなく，遅く生まれた乳児ほど，コカインへの曝露の影響が大きいことがわかりました．South (2001) は，妻の就労が夫婦関係の解消に及ぼす影響について調べるために，23年にわたって3,523組の夫婦を追跡し，その夫婦が離婚したかどうか，もし離婚したならばそれはいつなのかを検討しました．離婚に対する妻の就労の影響は年々大きくなるだけではなく（1970年代に比べて，1990年代の方がリスクの格差は広がっていました），より長く婚姻関係を続けていた夫婦の方が，妻の就労が離婚に及ぼす影響が大きいことが示されました．

　この本では，変化やイベント生起に関するリサーチ・クエスチョンに，縦断データを用いてどのように取り組んでいけばよいかを，具体的な例と丁寧な説明をもって紹介していきます．そうすることで，横断データの世界では得られなかった研究の機会を得ることができます．実際，先にあげたEpsyらの研究では，初期の横断研究を改良しようということが，この研究を始める動機の1つとなっていました．Brown, Bakeman, Coles, Sexson, & Demi (1998) は，在胎週数がコカイン曝露の影響を調整していることを明らかにしました．しかし1時点でのデータ収集では，後から生まれた子どもの方が機能が劣っているということしか示すことができませんでした．Brownらの研究では，乳児の発達の速さを記述できないだけではなく，変化の軌跡が線形なのか非線形なのかもわかりませんし，在胎週数が出生時の乳児の機能に影響を及ぼしていたのかどうかも示すことができませんでした．一方，14回にわたってデータを収集したEpsyらの研究では，上記のことを示すことができましたし，それ以上のことも（明らかにすることが）できました．彼らの研究は出生直後2週間という非常に短期間のものではありましたが，成長の軌跡は非線形であり，遅く生まれた

子どもの方が初期値が低く，傾きは緩やかで，成長の加速率が低いことを示すことができました．

South (2001) も，多くの研究者が，縦断研究が持つ豊富な情報を十分に活かせていないことを嘆いています．個人を経時的に追跡している研究者でも，「離婚や別離にかかわる重要な社会経済的要因や人口統計学的要因が，結婚年数の長短によって異なるかもしれない，ということについて解明しようとした研究者はほとんどいません」(p. 230)．研究者は，妻の就業といったような予測変数の影響はいつでも変わらないと短絡的に想定してしまいます．しかし，South が指摘しているように，どうしてそうである必要があるのでしょうか？　新婚のカップルの離婚を予測する変数は，長年夫婦であるカップルの予測変数とは異なりそうです．そして，長期的な傾向について，South は，なぜ妻の就労の影響が時間とともに変化するかについて，それぞれ説得力のある，しかし互いに矛盾する2つの議論を行っています．第一に，多くの女性が労働市場に参入し働くことが一般的になるため，影響は小さくなっていくかもしれないということです．次に，価値観が変化することにより，結婚と親であることのつながりが弱くなるため，影響は大きくなっていくかもしれないということです．異なる年に結婚した様々な年代のカップル何千組の豊富な縦断データを用いて，South は横断データでは不可能だった，これらの相反する理論を支持する/支持しない証拠を注意深く検討していきました．

すべての縦断研究が同じ統計手法を用いるわけではありません．統計手法はリサーチ・クエスチョンに合ったものでなければなりません．先に紹介した2つの研究のリサーチ・クエスチョンはそれぞれ異なるタイプのものなので，分析には異なったアプローチが必要になります．最初の研究は，結果変数が神経学的な機能という連続変数であり，この特性が時間とともにどのように変化するかを問うています．2番目の研究は，離婚という特定のイベントに注目し，このイベントの生起とその時期を問うています．概念的には，最初の研究では時間は**予測変数**であり，連続変数である結果変数が，時間や他の予測変数の関数としてどのように変化するかを検討するための分析を行ないます．2番目の研究では，時間それ自体が研究の目的であり，私たちが知りたいのは，イベントが生起するのか，生起するとすればそれはいつなのか，そしてその生起は予測変数の関数としてどのように変化するのかということです．つまり，概念的には時間は**結果変数**となります．

それぞれのタイプのリサーチ・クエスチョンに答えるためには，異なる統計アプローチが必要です．変化についての問いに答えるために使われるのは，**個人成長モデリング** (individual growth modeling) (Rogosa, Brandt, & Zimowski, 1982；Willett, 1988)，**マルチレベルモデリング** (multilevel modeling) (Goldstein, 1995)，**階層線形モデリング** (hierarchical linear modeling) (Raudenbush & Bryk, 2002)，**ランダ

ム係数回帰モデリング (random coefficient regression modeling) (Hedeker, Gibbons, & Flay, 1994), そして**混合モデリング** (mixed modeling) (Pinheiro & Bates, 2000) など, 様々な名称で知られているものです. イベント生起についての問いに答えるために使われるのは, **生存分析** (survival analysis) (Cox & Oakes, 1984), **イベントヒストリー分析** (event history analysis) (Allison, 1984; Tuma & Hannan, 1984), **破壊時間分析** (failure time analysis) (Kalbfleish & Prentice, 1980), そして**ハザードモデリング** (Yamaguchi, 1991) など, 様々な名称で知られているものです. 両タイプの手法の発展は近年めざましいものがあります. 手法の発展についての詳細は, 専門書に掲載されていますし, それらの強みについてもよく説明されています. 統計のソフトウェアも, 専用のパッケージや, 多目的統計パッケージのルーチンの1つとして最初から組み込まれているものなど, 豊富にあります.

しかし, これらの発展とは裏腹に, その適用は遅れています. 心理学や教育学から犯罪学, 公衆衛生まで, 様々な領域の多くの論文をみてみると, もちろん例外はありますが, これらの統計手法は広くそして上手に使われているとはまだいえない状況です. 例えば, アメリカ心理学会が1999年に発行した雑誌に掲載された50本の縦断研究についての論文をみてみると, (多くが連続変量の結果変数の変化を検討したいとしているにもかかわらず) 個人成長モデリングを適用したものは4本だけでしたし, (多くがイベント生起に興味があるのにもかかわらず) 生存分析を適用したものはたった1本でした (Singer & Willett, 2001). もちろん, このような状況になっている原因の1つは, 多くの有名な応用統計学の本が, これらの手法を紹介しておらず, 縦断データに適用するのは, 例えば回帰分析といった親しみのある手法で十分だという間違った印象を与えているからです.

新しい手法を使わないことは問題です. 新しい手法を上手く使わないこともまた問題です. 個々の事例はあげませんが, 個人成長モデリングや生存分析ですら, 不適切な文脈において使用されており, 機械的に適用されていることが非常に多いのです. これらの手法は複雑で, 統計モデルは洗練されたものであり, 繊細な前提条件のもとに成り立っているものです. 多くのコンピュータパッケージが用意してくれているデフォルトのオプションでは, みなさんが必要とする統計モデルを自動的に生成してはくれません. じっくりと考えるデータ分析には, 勤勉さが必要です. しかし, 間違えないでください. 努力は報われます. 縦断データを上手く分析するスキルを身につければ, 実証研究に対するアプローチは根本から変わるでしょう. リサーチ・クエスチョンの立て方が変わるだけではなく, 見つけられる影響の種類も変わるでしょう.

このトピックについて本を書くのは, 私たちが最初ではありません. この本で紹介するそれぞれの手法について, 多くの素晴らしい本がありますので, ぜひ読んでいただきたいと思います. 成長モデリングの最近の本は, いくぶん技術的で, 数理統計学

の上級の知識を持っていることが想定されています（トピック自体が，確率論，微積分，そして線形代数を基礎としているものです）．そうではありますが，Raudenbush & Bryk (2002) と Diggle, Liang, & Zeger (1994) は，私たちが自信を持って推薦する2冊の名著です．Golestein (1995) と Longford (1993) は，多少さらに技術的になりますが，非常にためになる本です．生存時間分析については，より長い歴史があるせいかもしれませんが，何冊か利用しやすい本があります．私たちが特に推薦する2冊は，Hosmer & Lemeshow (1999) と Collett (1994) です．もっと技術的なことに興味がある読者には，古典の Kalbfleish & Prentice (1980) や比較的新しい Therneau & Grambsch (2000) が基本的な手法を重要な方法で拡張しているのでお薦めです．

　私たちの本は他の本と異なる点がいくつかあります．私たちが知る限り，成長モデリングと生存分析を1つのまとまりのある枠組みの中で，このレベルで紹介した本はありません．成長モデリングは，反復測定が個人内に「グループ化」され，マルチレベルモデリングの特殊ケースとして扱われることが多いのです（本当にそうなのですが）．私たちの本では，経験的な成長記録，すなわち個人を経時的に繰り返して観察することにおける時系列性の重要性を強調しています．これからご紹介するように，この構造は，統計モデルとその前提条件に対して，広範な効果を持っています．時間はただの「別の」予測変数ではありません．私たちの研究の鍵となる独自の特性を持ったものです．対照的に，生存分析についての多くの本が，分析手法そのものが研究の目的であるような扱い方をしています．しかし，1つの手法を他の手法から切り離すと，個人―時点データセットの使用から時変的な予測変数の効果の解釈まで，縦断データの分析でよく知られている手法に共通する重要なすべての特徴が隠れてしまいます．成長モデリングと生存分析について，そしてその相補性を理解すれば，同じ研究の中で異なるリサーチ・クエスチョンに取り組むために，両方の手法を相乗的に使用することができるでしょう．

　私たちが対象としている読者は，これまでの伝統的な統計手法は使いこなすことができるけれども，まだこれらの縦断的アプローチを十分に活かしきれていない研究者の同僚（そして彼らの学生）です．私たちはこの本をチュートリアルとして，すなわち同僚どうしで行う構造化された会話のようなものとして執筆しました．同僚や学生が，データ分析のアドバイスを求めに来たときに受けた質問への対応を本文中に入れました．どこからこの本を始めるかを決めなくてはならないので，線形およびロジスティック回帰分析について理解し，さらにある程度のデータ分析について基本的な考え方を理解している読者を想定しました．統計モデルの定式化および比較の仕方がわかり，仮説の検定を行い，主効果と交互作用の区別がつき，線形関係・非線形関係の考え方を理解し，そして，残差やその他の診断方法を用いて，前提条件を検討できる

ことを想定しています．マルチレベルモデリングや構造方程式モデリングについて理解している方も多いかもしれませんが，私たちはこの本の読者としてこれらの手法を知っているということを想定していません．そして，統計の方法論について研究を行っている研究者も第一の読者として想定してはいませんが，彼らもこの本から何か得るものがあれば嬉しいことです．

　私たちのスタンスは，理論的なものではなく，データ分析という実践です．成長モデリングや生存分析の用い方について，実際のデータを用いて丁寧に一歩ずつ説明していきます．それぞれの手法について，リサーチ・クエスチョンを立てる，適切なモデルを仮定しその前提条件を理解する，適切な推定方法を選択する，結果を解釈する，そして結果を提示する，という相互に関連する5つの点を強調します．自分の研究を言葉だけではなく，図を用いて示す方法を説明することにもかなりのスペースを割きました（150以上の図表があります）．しかし，この本は，チェックリストやフローチャートが満載の料理本ではありません．よいデータ分析の技術は，機械的な手順にパッケージ化することはできません．よいデータ分析の技術とは，統計のソフトウェアを使用して，膨大な量のアウトプットを生成する以上のことなのです．よく考え抜かれた分析は，難しく厄介なもので，モデルの定式化やパラメータの解釈などのデリケートな問題を引き起こします．よい意思決定のための具体的なアドバイスを提示しながら，このような困難に真正面から取り組んでいきます．この本の目標は，みなさんが研究を開始した後，サポートになるような長期的なアドバイスだけではなく，みなさん自身の研究でこれらの手法をすぐに使い始めるのに必要な短期的なガイダンスを提供することです．

　ここで紹介されるトピックの多くは，複雑な統計の議論に根差したものです．極力技術的な詳細には踏み込まないようにしましたが，詳細を理解することによって研究の質を向上させることができると判断した場合には，学問的な厳密性を損なわない程度で，概念的な説明をわかりやすく行いました．例えば，推定の問題についてかなりのページを割きました．なぜなら，モデルが背後にある母集団について何を定めているのか，そしてパラメータの推定に際して標本データがどのように使われているのかといったことを直感的に理解することなしに，統計モデルのあてはめや結果の解釈を行うべきではないと考えているからです．しかし，尤度関数を最大にする方法を説明する代わりに，最尤推定法とは何なのか，どうしてそれが理にかなっているのか，どのようにコンピュータが適用しているのかを実践的に説明しました．同様に，統計モデルの基礎や限界について理解できるように，モデルの前提条件についてもかなり注意を払って詳細に説明しました．ある特定の話題についてそれを内容に含めるか（あるいは除くか）を決める際，「これは実質的な研究者が自身の分析をうまく行うために知っているべきことだろうか」と自問しました．これを受けて，別の本では決まっ

て議論されていることについて掲載していないものもありますが（例えば，縦断データですべきではないことについては議論しませんでした），他の本ではあまり重視されていない話題についてかなりの時間を割きました（例えば，時変の予測変数の分析への投入方法や効果の解釈の仕方など）．

この本の分析に使用した多くのデータはすべて，実在する研究の実在するデータです．みなさんが自分で計算してみることができるような膨大なリソースを提供するために，多くの論文も参照しました．多くの研究者が時間を惜しまず，心理学，教育，社会学，政治科学，犯罪学，医学そして公衆衛生の各領域のデータセットを提供してくれました．長年の教育経験から，技術的なことを習得するためには，実社会に基づいた例を使った方が容易であると確信しています．しかし，方法はその扱っているものが何であるかは関係ないということも言い添えておきます．もしあなたの領域がこの本で紹介される例で取り上げられていなくても，分析手法としての価値を多く見出していただけると幸いです．このような理由から，私たちは具体例を選ぶ際，できるだけその領域の知識が少なくて済むようなものを選びました．そうすることによって，領域外の読者もその中で交わされる実質的な議論の緻密な部分を理解できるように工夫しました．

コンピュータの時代に原稿を書く他の方法論者と同じように，私たちもジレンマに陥りました．統計のソフトウェアの使い方の説明に対する需要と，すぐに時代遅れになることが避けられない特定のソフトウェアについての具体的なアドバイスをすることとの間のジレンマです．関連する懸念として私たちが共通して持っていたのは，統計のソフトウェアのプログラミングができることは，統計モデルとは何であるか，その統計モデルは変数間の関係性をどのように表しているか，パラメータはどのように推定されているか，そして結果をどのように解釈するかといったことに対する理解の代替にはならないということです．私たちは，特定のソフトウェアに興味があるわけではないので，この本を通じて，様々なソフトウェアを使うことにしました．みなさんに熟読してもらうためにコンピュータのアウトプットをそのまま掲載するのではなく，みなさんが結果を報告する際に，ひながたとして使用できるように，それぞれのプログラムから得られた結果を再構成しています．しかしながら，実証研究を行う者がソフトウェアを効果的に使用できなくてはならないということもわかっていますので，この本で使用したデータセットを掲載している関連ウェブサイトやデータを分析するためのコンピュータ・プログラム，そして，データ分析を行う者が興味を引かれるような追加の文献も選択して掲載しました．

この本は大きく分けて，2つの部分から構成されています．最初の半分は個人成長モデリング，後の半分は生存分析です．それぞれの部分を通じて，2つの方法の関連の重要性を強調しました．それぞれの分析の導入の章では，以下の3点について紹介

しました．① この分析をいつ使えばよいのか議論する，② その中で，違ったタイプのリサーチ・クエスチョンの区別をする，③ その分析に対して役に立つ実際の研究の主要な統計的特徴を示す．いずれの方法についても，時間に関する目的にふさわしい測度が必要です．成長モデリングでは，複数回のデータ収集が必要であり，結果変数は時間とともに体系的に変化するものでなくてはなりません．一方，生存分析では，時間の始まりとイベント生起を測定する基準を明確にしなければなりません．導入に続く章では，分析の詳細について説明していきます．いずれの分析も，データの説明と探索的な分析の章から始まります．続いて，モデルを定式化すること，データをモデルにあてはめること，そしてパラメータを解釈することについての詳細な説明を加えていきます．基本的なモデルを紹介した後，モデルの拡張について考えます．それぞれの手法の重要な点について述べた後の方が，この本を貫いている一本の筋道を理解しやすいと思うので，それぞれの導入章の後に，分析手法の概要に関する議論を行うというスタイルをとりました．

謝　辞

　私たちは，研究者人生のうちの18年を，最も生産的で，お互いにサポートし合い，個人的に楽しい共同作業に費やしてきました．この本はその共同作業の証しです．

　私たちが最初に出会ったのは1985年1月のことです．その前年度，私たちはハーバード大学大学院教育学研究科（HGSE）の量的方法論の助教の1つのポジションに同時に応募していました．その審査委員会の委員長がハーバード大学からシカゴ大学に移ると発表したため，HGSEの空きポストは2つとなり，彼らは私たち2人を雇うことにしたのです．私たちはそれまで会ったこともなく，周りの人たちはみな私たちが競争することになるだろうと予想していました．しかしそれどころか，私たちは，最初はお互いに助け合うため，そのうちに講義をコーディネートするために，そして最終的には私たちの学識をつなげるために，定期的に昼食を一緒にとるようになりました．競争心の強い孤独な学者という一般的なイメージとは異なり，私たちはそれぞれが別々に1人で研究を進めるよりも，共同研究を行う方が，より想像的で生産的で効果的に仕事ができることがわかりました．そしておそらくもっと重要なことは，私たちは共同作業をする方が楽しかったのです．

　私たちは，若手研究者が誰でも通る昇進や評価の嵐に耐えなければなりませんでした．このことについては，ハーバード大学をはじめとして，他大学の方々に，何にもまして私たちが自分たちの興味や研究に邁進できるように，励ましてくださったことに心から感謝の意を表します．最初に，私たちの道を開いてくれた博士課程在籍時の指導教官；Judyはハーバード大学のFred MostellerとDick Light，Johnはスタンフォード大学のDavid RogosaとIngram Olkinです．そして，ハーバード大学の審査委員会の委員長であり，私たちを雇い，共同作業の基礎をそれとは知らずに築き，その後は好きにさせてくれたTony Byrk．ハーバードでは，同僚からの積極的な支援と心優しい助言を数多くいただきました．Dick LightとDick Murnaneは，私たちにとって無私で寛大なお手本となり，個人的な友情で私たちを導いてくださいました．Catherine SnowとSusan Johnsonは，私たちのすぐ前でHGSEでの昇進の道を切り拓いてくださいました．先見の明がある2人のHGSEの学部長Pat GrahamとJerry Murphyは，2人の量的方法論者が共同作業するという異常事態を伝統ある

大学院で何とかやっていけるように配慮してくださいました.

振り返ってみると,私たちの共同作業の途方もない計画は,1987年4月のある暖かい春の日から始まりました.ニューオーリンズのミシシッピ河の川岸のベンチで,私たちは「若気の至り」で,教育学・社会科学の実証研究を行う者に対して,強力で新しい量的分析方法を伝える「統計手法の素晴らしい伝道師」になるという,いくつかの5か年計画の最初の部分を立案しました.元B級映画の俳優［訳注：ロナルド・レーガン］はその大義と理念を大統領執務室で実行に移しました.であれば,なぜ,ブルックリン出身の素敵なユダヤ人少女とヨークシャー出身で祖国を捨てた少年が学術的な大仕事ができないことがあるでしょうか？ 私たちはすぐに決断し挑戦してみることにしました.

私たちのやり方の1つは,2人の共同作業に境界を設けないことです.私たちは,誰がどの部分を執筆したかを決して口外しないことにしました.もし片方が講演や論文の共同執筆の依頼を受けた場合には,もう片方もかかわることを断固として要求しました.私たちは,どんな機会においても決して競争しませんでした.そして,私たちの論文には必ず以下の免責事項を掲載することにしています；「著者の順番は無作為に決められました.」

私たちの学術的な共同作業のほとんどは,変化のモデリングやイベント生起に関する分析的手法の問題に特化しています.他の学術的な試みと同じように,この領域に関する私たちの理解は,時間が経つにつれてさらに繊細なものになっていきました.それは,お互いだけではなく,他の様々な人との交流の結果です.この本の内容は,先人たちの研究についての理解を踏まえて,私たちの考えを構成したものです.名前を挙げるのは多すぎて大変なのですが,Paul Allison, Mark Appelbaum, Carl Bereiter, Tony Bryk, Harris Cooper, Dennis Cox, Lee Cronbach, Art Dempster, Brad Efron, Jan de Leeuw, Harvey Goldstein, Larry Hedges, Dave Hoaglin, Fred Lord, Jack Kalbfleisch, Nan Laird, Bob Linn, Jack McArdle, Bill Meredith, Rupert Miller, Fred Monteller, Bengt Muthen, John Nesselroade, Ross Prentice, Steve Raudenbush, Dave Rindskopf, David Rogosa, John Tisak, John Tukey, Nancy Tuma, Jim Ware, Russ Wolfinger, そして Marvin Zelen. 上記のみなさん,そしてここにお名前をあげることのできなかった数多くの方々に,心から感謝申し上げます.

また,この本の発案,制作,そして完成に直接かかわってくれた方々にもお礼を申し上げます.最初に,Pat Grahamが当時の会長であったスペンサー財団は,私たちの教育時間を買い戻して,原稿をまとめることができるように,多大な助成をしてくださいました.スペンサー財団の匿名の査読者や役員会のメンバーは,この本のもとになる提案について,初期のフィードバックをし,本の内容,対象となる読者,そし

て構成について磨きをかける手伝いをしてくださいました．友人，とりわけ Steve Raudenbush と Dave Rindskopf は，この本の初稿に目を通し，事細かなコメントをくれました．同僚の Suzanne Graham は，HGSE での縦断データ分析の講義でこの本の初期の段階のものを試用してくれました．Suzanne と講義を受講したコホートに属する学生からは，タイプミスから概念的な間違い，書き方のスタイルまで非常に有益なフィードバックをもらいました．

多くの実際の縦断データセットへのアクセスなしに，これほど私たちの教育に関する哲学を反映した本を書くことはできませんでした．この本に掲載するデータを入手するために，私たちは多くの領域の論文を検索し，私たちの目にとまった論文の著者に連絡をとりました．この検索については，同僚の司書である John Collins と HGSE のモンロー C. ガットマン図書館の彼のチームに非常に助けられました．

私たちが（たいていの場合，突然に）連絡をとった実証的な研究者は，データ使用の依頼に対して非常に寛大で，手を貸してくれました．多くの研究者自身が，革新的な分析手法の適用に関して先駆者的な存在です．私たちは，彼らの時間，データそしてこの本で彼らのデータの使用を許可してくれた気持ちに感謝します．特に，この本に直接データを提供してくれた次の同僚の方々（アルファベット順に），Niall Bolger, Peg Burchinal, Russell Burton, Deborah Capaldi, Lynn Crosby, Ned Cooney, Patrick Curran, Laurie Chassin, Andreas Diekmann, Al Farrell, Michael Foster, Beth Gamse, Elizabeth Ginexi, Suzanne Graham, James Ha, Sharon Hall, Kris Hennning, Margaret Keiley, Dick Murnane, Kathy Boudett, Steve Raudenbush, Susan Sorenson, Terry Tivnan, Andy Tomarken, Blair Wheaton, Christopher Zorn にはお礼を述べたいと思います．本文中と文献リストに，これらの著者によるデータの元論文の出典を掲載しました．これらの文献リストには，データを提供してくれた研究者と，データ使用を許可してくれた共同研究者の名前を掲載しました．そして，謝辞の紙面が限られている関係上，ここで名前をあげることができなかったすべての方々についても，本文中と文献リストに必ず彼らの著作の出典を掲載し，ご協力に感謝の意を表します．

もちろん，データの所有権は原著者にありますが，この本に掲載している分析の間違いの責任は私たちにあります．データは統計手法を説明するためにだけ使用したことを強調しておきます．私たちが提示した例の多くは，教育的な目標に合わせるため，元データを調整しています．再分析のために，もとのデータセットから特定の変数だけを使用することもありますし，いくつかの変数を用いて1つの合成変数を作ることもあります．適切と思われるように変数を変換することもあります．再分析のために，もとのデータセットからサブグループを抽出することもありますし，特定のコホートだけを抽出することもあります．分析の際，必要に応じて特定のデータ収集時

点や個人を除外することもあります．結果としてこの本で掲載されている結果は，元論文の結果と同じになるとは限りません．私たちが例としてデータを使用させていただいた元論文の著者に，もとの論文の結果についての権利がありますし，私たちの結果に優先するものです．このような理由から，もしみなさんが結果について詳しく知りたい場合には，元論文にあたってみるようにしてください．

　この本の作業の早い段階から，この本では統計のソフトウェアのプログラミングではなく，分析の背後にある考え方を説明していこうと決めていました．縦断データの分析をするためのコンピュータソフトは現在ではいたるところにあります．主要な統計ソフトには，変化やイベント生起をモデリングするためのルーチンが実装されていますし，専用のパッケージもあります．各ソフトウェアは，手法に比べるとその核となる目的に大きな違いはありません．一般的に，どれも同じ統計モデルのあてはめを行いますが，ユーザー・インターフェース，推定方法，補助統計量，グラフィックスや診断などが異なります．よって，どれか特定のソフトについて取り上げるのではなく，現在使えるソフトを紹介しました．SAS Institute, Scientific Software International, SPSS, そして STATA Corporation のサポートに感謝いたします．また，HLM, MLwiN と LISREL の作者および出版社に，最新版を提供してくれたことに感謝いたします．

　言うまでもないことですが，ソフトウェアは非常に早いスピードで進化しています．私たちがこの本に取り組み始めてから，すべてのソフトウェアは，私たちが最初に使っていたものからバージョンアップし，改良されています．そして，新しいソフトウェアも開発されています．このような着実な進歩は，実証的な研究者にとって非常に有益なものであり，弱まることなく続くことを期待しています．研究者には，1つのソフトウェアをずっと使い続けるのではなく，その時点で最も使いやすいソフトを使用することをお勧めします．ソフトウェアによって分析のプロセスは異なるかもしれませんが，結果はおそらくそうではありません．

　Michael Mitchell 率いる UCLA の Academic Technology Service の Statistical Training and Consulting Division (STCD) からのお力添え，フィードバック，そしてご支援に，感謝の意を表したいと思います．STCD は親切にもこの本で取り上げたすべての分析についていくつかの主要な統計パッケージ (HLM, MLwiN, SAS, SPSS, SPLUS そして STATA) を用いてコンピュータ・プログラムを書いてくださいました．そして，これらのプログラムを結果の出力とともに，ウェブサイト (http://www.ats.ucla.edu/stat/examples/alda/) に掲載してくださいました．このウェブサイトは，この本にとって最高に有用な実践ガイドですので，おすすめです．アクセスは無料で，誰でも利用できます．Michael とその熱心な専門家チームに対して，このサービスを私たちと研究者集団に提供してくれたというご配慮と生産性

に感謝したいと思います．

　Oxford University Press の製作チームのメンバー全員には本当に感謝しています．特に，副社長で Acquiring Editor の Joan Bossert，Managing Editor の Lisa Stallings，Assistant Editor の Kim Robinson と Maura Roessner に感謝します．発刊までの長い道のりの間，多くの方々がこの本にかかわってくれました．その方々がこの本に注いでくれたエネルギー，心配り，そして情熱に感謝いたします．

　最後に，私たちを生んでくれた人たちと生きる理由を与えてくれている人たち―両親，家族，そして配偶者―に敬愛の意を表します．

追伸：　著者の順番は無作為に決められたものです．

目　次

1章　時間による変化を検討する際の枠組み ……………………………………1
　1.1　時間による変化を研究すべきとき ………………………………………2
　　1.1.1　思春期における反社会的行動の変化 ………………………………2
　　1.1.2　読む能力の発達的変化の個人差 ……………………………………4
　　1.1.3　STAPP の有効性 ……………………………………………………5
　1.2　変化に関する2つの質問の違い ……………………………………………6
　1.3　変化に関する研究の3つの重要な特徴 ……………………………………7
　　1.3.1　複数回のデータ収集 …………………………………………………7
　　1.3.2　時間の適切な測定基準 ………………………………………………9
　　1.3.3　時間の経過とともに組織的に変化する結果変数 …………………11

2章　時間についての縦断データの探索 ………………………………………15
　2.1　縦断データセットをつくる ………………………………………………16
　　2.1.1　個人レベルデータセット ……………………………………………18
　　2.1.2　個人―時点データセット ……………………………………………21
　2.2　個人の時間による変化の記述的分析 ……………………………………22
　　2.2.1　経験的成長プロット …………………………………………………23
　　2.2.2　個人の経験的成長記録の要約に曲線を使う ………………………25
　2.3　変化の個人差を探る ………………………………………………………33
　　2.3.1　全員分の平滑化曲線を検討する ……………………………………33
　　2.3.2　モデルをあてはめた結果を変化に関する疑問の構築に使う ……35
　　2.3.3　時不変の予測変数と変化の関係を探る ……………………………37
　2.4　最小二乗法によって推定された変化率の精度と信頼性を改善する
　　　：研究デザインへの教訓 ……………………………………………………40

3章　変化についてのマルチレベルモデルの紹介 ……………………………44
　3.1　変化についてのマルチレベルモデルの目的は何か ……………………45

- 3.2 個人の変化についてのレベル1サブモデル ……………………………48
  - 3.2.1 レベル1サブモデルの構造的な部分 …………………………50
  - 3.2.2 レベル1サブモデルの確率的な部分 …………………………53
  - 3.2.3 レベル1サブモデルの，2章におけるOLS探索方法への関連づけ ……54
- 3.3 変化の個人差についてのレベル2サブモデル ……………………………56
  - 3.3.1 レベル2サブモデルの構造的な部分 …………………………58
  - 3.3.2 レベル2サブモデルの確率的な部分 …………………………60
- 3.4 変化についてのマルチレベルモデルをデータにあてはめる …………61
  - 3.4.1 最尤推定法の利点 ……………………………………………63
  - 3.4.2 最尤推定法を利用してマルチレベルモデルをあてはめる …………64
- 3.5 推定された固定効果の検討 ………………………………………………67
  - 3.5.1 推定された固定効果の解釈 ……………………………………67
  - 3.5.2 固定効果に関する一母数検定 …………………………………70
- 3.6 推定された分散成分の検討 ………………………………………………71
  - 3.6.1 推定された分散成分の解釈 ……………………………………71
  - 3.6.2 分散成分に関する一母数検定 …………………………………72

4章 変化についてのマルチレベルモデルでのデータ分析 ……………………74

- 4.1 例：青年期のアルコール摂取量の変化 …………………………………75
- 4.2 変化についてのマルチレベルモデルの合成的な定式化 ………………79
  - 4.2.1 合成モデルの構造的な部分 ……………………………………80
  - 4.2.2 合成モデルの確率的な部分 ……………………………………82
- 4.3 推定法（再考） …………………………………………………………84
  - 4.3.1 一般化最小二乗推定 ……………………………………………84
  - 4.3.2 完全最尤推定と制限つき最尤推定 ……………………………86
  - 4.3.3 推定についての実用上のアドバイス …………………………89
- 4.4 最初のステップ：変化についての2つの無条件マルチレベルモデル
  のあてはめ ………………………………………………………………91
  - 4.4.1 無条件平均モデル ……………………………………………91
  - 4.4.2 無条件成長モデル ……………………………………………96
  - 4.4.3 結果変数の説明された分散を定量化する ……………………100
- 4.5 モデル構築のための実践的データ分析 ………………………………103
  - 4.5.1 統計モデルの分類 ……………………………………………104
  - 4.5.2 あてはめたモデルの解釈 ……………………………………105
  - 4.5.3 典型的な変化の軌跡を図示する ………………………………109

4.5.4　解釈しやすくするために，予測変数を中心化する……………………112
　4.6　乖離度統計量を用いたモデルの比較………………………………………115
　　　4.6.1　乖離度統計量……………………………………………………………115
　　　4.6.2　いつ，どのようにして乖離度統計量を比べるべきか？………………117
　　　4.6.3　乖離度に基づく仮説検定の実行手続き…………………………………118
　　　4.6.4　AICとBIC：情報量規準を用いたネストしていないモデルの比較 …120
　4.7　固定効果に関する複合仮説のワルド統計量を用いた検定…………………122
　4.8　モデルの仮定の許容度の評価…………………………………………………127
　　　4.8.1　関数形の検証……………………………………………………………128
　　　4.8.2　正規性の検証……………………………………………………………130
　　　4.8.3　等分散性の検証…………………………………………………………131
　4.9　個人の成長パラメータのモデルに基づく（経験ベイズ）推定値……………134

5章　時間的な変数 *TIME* をより柔軟に扱う …………………………………139
　5.1　間隔が一定ではない測定時点……………………………………………………140
　　　5.1.1　測定の間隔にばらつきのあるデータセットの構造……………………141
　　　5.1.2　マルチレベルモデルを仮定して，測定の間隔にばらつきのあるデータ
　　　　　　にあてはめる…………………………………………………………………145
　5.2　測定時点の数が異なる場合………………………………………………………147
　　　5.2.1　個人ごとに測定時点の数が異なるデータセットを分析する……………148
　　　5.2.2　非釣り合い型のデータセットを分析する時に起こるかもしれない
　　　　　　実際上の問題…………………………………………………………………153
　　　5.2.3　欠測の様々なタイプを区別する……………………………………………159
　5.3　時変の予測変数……………………………………………………………………162
　　　5.3.1　時変の予測変数の主効果を含める…………………………………………163
　　　5.3.2　時変の予測変数の効果が時間とともに変化することを許容する………173
　　　5.3.3　時変の予測変数を再中心化する……………………………………………175
　　　5.3.4　重要な注意：逆方向因果の問題……………………………………………179
　5.4　*TIME* の効果の再中心化 ………………………………………………………183

6章　非連続あるいは非線形の変化のモデリング ………………………………190
　6.1　非連続な個人の変化………………………………………………………………191
　　　6.1.1　変化についての非連続レベル1モデルの選択肢…………………………192
　　　6.1.2　非連続なモデルをいくつかの選択肢から選ぶ……………………………202
　　　6.1.3　非連続な成長モデルのさらなる拡張………………………………………207

- 6.2 個人の非線形の変化を変換によってモデリングする……………………209
  - 6.2.1 変換の「はしご」と「でっぱり」の法則……………………211
- 6.3 時間の多項式関数を用いて個人の変化を表す……………………214
  - 6.3.1 多項式で表される個人の変化の軌跡の形状……………………214
  - 6.3.2 適切な多項式を用いたレベル1の変化の軌跡の選択……………………218
  - 6.3.3 多項式を利用したレベル1モデルの高次項に関する検定……………………221
- 6.4 真に非線形な軌跡……………………225
  - 6.4.1 真に非線形なモデルとは何を意味するのか？……………………225
  - 6.4.2 個人のロジスティック成長曲線……………………227
  - 6.4.3 真に非線形な変化の軌跡に関して調べてみる……………………233
  - 6.4.4 実質科学的理論から個人の成長の数学的表現へ……………………239

7章 マルチレベルモデルの誤差共分散構造を検討する……………………244
- 7.1 変化についてのマルチレベルモデルの「標準的な」定式化……………………244
- 7.2 誤差共分散行列の仮定を理解するために合成モデルを使う……………………247
  - 7.2.1 合成残差の分散……………………252
  - 7.2.2 合成残差の共分散……………………254
  - 7.2.3 合成残差の自己相関……………………256
- 7.3 誤差共分散構造の別の仮定の仕方……………………256
  - 7.3.1 非構造的誤差共分散行列……………………260
  - 7.3.2 複合対称的誤差共分散行列……………………260
  - 7.3.3 異分散複合対称的誤差共分散行列……………………261
  - 7.3.4 自己回帰的誤差共分散行列……………………261
  - 7.3.5 異分散自己回帰的誤差共分散行列……………………262
  - 7.3.6 トープリッツ誤差共分散行列……………………263
  - 7.3.7 「正しい」誤差共分散構造を選ぶことは本当に重要なのか？……………………263

8章 共分散構造分析を用いて変化のモデリングを行う……………………266
- 8.1 一般的な共分散構造モデル……………………266
  - 8.1.1 X測定モデル……………………270
  - 8.1.2 Y測定モデル……………………275
  - 8.1.3 構造モデル……………………277
  - 8.1.4 CSAモデルをデータにあてはめる……………………279
- 8.2 潜在成長モデリングの基礎……………………280
  - 8.2.1 レベル1モデルのY測定モデルへの移植……………………282

- 8.2.2 レベル2モデルの構造モデルへの移植……………………285
- 8.3 変数横断的な変化の分析…………………………………………295
  - 8.3.1 X, Y 測定モデルの両方で個々人の変化をモデリングする …………295
  - 8.3.2 構造モデルで変化の軌跡間の関係をモデリングする……………297
- 8.4 潜在成長モデリングの拡張………………………………………299

文献一覧………………………………………………………………………303
参考ウェブサイトおよび関連ソフトウェア等の入手先………………317
索引……………………………………………………………………………319

『縦断データの分析 II—イベント生起のモデリング』
略目次

- 9章 イベント生起について検討するための枠組み
- 10章 離散時間イベント生起データを記述する
- 11章 基本的な離散時間ハザードモデルをあてはめる
- 12章 離散時間ハザードモデルを拡張する
- 13章 連続時間イベント生起データを記述する
- 14章 コックス回帰モデルをあてはめる
- 15章 コックス回帰モデルを拡張する

付録:翻訳者による参考文献一覧

1
時間による変化を検討する際の枠組み

Change is inevitable. Change is constant.
— Benjamin Disraeli

　変化は日常生活のどこにでもみられるものです．乳児はハイハイから歩けるようになり，子どもは字を読んだり書いたりできるようになります．お年寄りは体が弱くなり，物忘れをするようになります．このような自然の変化だけではなく，目的を持って行われる介入も変化を起こすことができます．例えば，新薬の服用によってコレステロール値が改善したり，指導の後ではテストの得点が上がったりすることもあるかもしれません．このような変化—自然の変化であれ，実験によって引き起こされた変化であれ—を測定し，記録することによって，発達の時間的な性質を明らかにすることが可能になります．

　変化についての研究は，何年もの間，実証主義的な研究者を魅了してきました．しかし，研究者が変化についてしっかりと研究することができるようになるには，1980年代に方法論の研究者たちが，**個人成長モデル** (individual growth models)，**ランダム係数モデル** (random coefficient models)，**マルチレベルモデル** (multilevel models)，**混合モデル** (mixed models)，**階層線形モデル** (hierarchical linear models) としてよく知られているような，変化を分析するのに適した様々な統計モデルを開発するのを待たなくてはなりませんでした．それまでは，変化の測定に関する論文は，前提条件が守られていないものや誤った半端な真実や中傷であふれかえっていました．1960年代や1970年代は特にひどく，多くの方法論の研究者たちは，変化をしっかりと測定をすることはできないのだから，研究者は測定を試みることさえ止めるべきであると主張し，変化に関する研究についてほとんど望みを失っている状態でした (Bereiter, 1963；Linn & Slinde, 1977)．例えば，"How we should measure change? Or should we?（我々はどのようにして変化を測定すればよいのだろうか．そもそも測定すべきなのだろうか）" という題名の論文で，Cronbach & Furby (1970) はこの議論に終止符を打とうとし，変化の研究に興味を持っている研究者たちに向かって「研究の枠組みを変えよ」と忠告しました．

　現在では，もし縦断データがあれば，変化を測定できる，しかも十分適切に測定で

きることがわかっています（Rogosa, Brandt, & Zimowski, 1982；Willett, 1989）。このような分析のためには，収集が容易で広く利用されている横断データでは十分とはいえません．本章では，変化を研究するためになぜ縦断データが必要なのかを説明していきます．まずはじめに1.1節では3つの縦断研究を紹介します．1.2節では，これらの研究が取り組んでいる，①個人内変化—個人が時間の経過とともにどう変化するか，②変化の個人差—変化の個人差を予測するものは何か，という2つの問いを区別し説明します．この2つの問いの違いは，リサーチ・クエスチョンを立案するための魅力的な考え方を提供してくれると同時に，私たちが最終的に提示する統計モデルの支持基盤ともなります．1.3節は結びの節として，変化を扱うどんな研究にも共通する，①データは複数回（multiple waves）収集されたものであること，②実質的に意味のある時間軸（単位）を用いていること，③結果変数は時間とともに組織的に変化するものであること，という方法論上の3つの必要条件について説明します．

1.1　時間による変化を研究すべきとき

変化の測定に向いている研究はたくさんあります．研究のデザインは実験でも観察でもかまいません．データは前向き（前方向視的, prospective）に収集するものでも，後ろ向き（後方向視的, retrospective）に収集するものでもかまいません．時間は，月単位，年単位，学期単位，セッション単位など，様々な単位で測定することが可能です．データ収集のスケジュールは，全員に対して同じ周期でデータを収集する固定的なものでも，あるいは周期を固定せず対象それぞれに対して独自の周期によってデータを収集する変動的なものでもかまいません．「成長モデル（growth models）」や「成長曲線モデル（growth curve analysis）」という名称が，変化の測定と同義語になってしまったために，多くの人が結果変数は時間とともに「成長（grow）」または増加するものと思い込んでいます．しかし，私たちが扱う統計モデルでは，変化の方向性（あるいは関数の形式ですら）はほとんど気にしません．これらのモデルは，例えばダイエットをしている人の体重の減少などのように時間の経過とともに減少するような変化や，停滞や逆戻りも含んだ複雑な経過をたどる変化の分析にも同じように役に立ちます．次の3つの例でこのことを示していきます．

1.1.1　思春期における反社会的行動の変化

思春期は，青少年が新しいアイデンティティの獲得に挑戦したり，今までしたことのないような行動を試したりする大きな実験の時期です．多くのティーンエイジャーは心理的に健康な状態を保っていますが，中には困難を経験し，攻撃的な**外在化型問**

題行動や抑うつ的な**内在化型問題行動**などの問題行動をあらわす子どもたちもいます．数十年間心理学者たちは，なぜ問題を抱える子どもたちとそうでない子どもたちがいるのかという問いに対して様々な理論を展開してきましたが，どれも適切な統計手法による分析を欠いていました．そのため，これらの推測が検証されることはありませんでした．しかし近年の統計的手法の発展により，発達の軌跡（trajectory）の実証的な検討と幼児期の何らかの徴候や症状に基づいた発達の軌跡の予測可能性のアセスメントが可能になりました．

Coie, Terry, Lenox, Lochman, & Hyman (1995) は，米国ノースカロライナ州ダラムの公立学校で収集したデータを用いて，発達の縦断的なパターンを探る精巧な研究を計画しました．学校全体のスクリーニングプログラムの一部として，小学校3年生全員に対して，クラスメートの中で過剰に攻撃的な（けんかを始める，他の子どもをぶつ，いじわるなことを言うなど）同級生やひどく仲間はずれにされている（友だちがほとんどいなくて，多くの同級生から嫌われている）同級生を明らかにする目的でソシオメトリーテストを実施しました．このような初期のアセスメントと後の反社会的行動の発現への経過の関係性を調べるため，研究者は407名の子どもたちを無作為に選び，3年生時点での同級生からの評価によってグループ分けし，追跡調査を行いました．この子どもたちに対して，6年生，8年生[訳注1]と10年生[訳注2]のそれぞれの時期における反社会的行動の程度を測定するために，CAS (Child Assessment Schedule) と呼ばれる半構造化面接を行うなど，様々なテストを実施しました．多様なデータを組み合わせて分析することによって，子どもたちの6年生から10年生の間の変化のパターンや，それ以前の同級生からの評価に基づいた変化のパターンの予測可能性について検討することが可能になりました．

反社会的行動には性差がみられることがよく知られていますので，この研究では性別でグループ分けし，別々に同じ分析を実行しています．ここでは話をシンプルにするために，男児について説明をしていきます．攻撃的でない男児―同級生から仲間はずれにされているかどうかの評価は別として―は，6年生から10年生の間に反社会的行動を示すことはほとんどありませんでした．このグループに対しては「時間の経過に伴う組織的な変化はみられない」ということです．攻撃的ではあるが，同級生から仲間はずれにされていない男児は，前述の攻撃的でない男児と外在化型問題行動の出現パターンについては区別がつきませんが，彼らの6年生時点での内在化型問題行動の程度に一時的な上昇がみられました（この値はその後直線的に下降し，10年生時点では，攻撃的でない男児と同じ程度になりました）．3年生時点で攻撃的かつ仲

訳注1) 日本の中学2年生に相当．
訳注2) 日本の高校1年生に相当．

間はずれにされていると同級生から評価された男児は，かなり異なる経過をたどっていました．6年生時点ではどちらの結果変数（外在化型・内在化型の問題行動の程度）も攻撃的でない男児と同程度でしたが，その後，どちらの結果変数についても有意な直線的増加がみられました．これらの結果から，後に反社会的行動の程度に上昇がみられるような思春期の男児は，3年生時点での同級生からの攻撃性や仲間はずれの程度についての評価によってすでに特定可能であると研究者は結論づけています．

1.1.2 読む能力の発達的変化の個人差

子どもによって早く字が読めるようになる子どももいれば，そうでない子どももいます．何十年もの間，研究が行われているにもかかわらず，専門家もいまだなぜこのような個人差がみられるのかについて，十分な理解を得ていません．教育者や小児科医は，①子どもたちはみな，読む能力を十分に発達させるが，個人差がみられるのは，そのスキルを獲得する速度がそれぞれの子どもで異なっているためだけだと仮定する**時間差仮説** (the lag hypothesis) と，②子どもたちの中には，決定的なスキルが不足しているために読む能力を獲得できない子どもがいると仮定する**不足仮説** (the deficit hypothesis) の相反する2つの理論を展開しています．もし時間差仮説が真実であれば，子どもたちはみないずれは字がうまく読めるようになります．私たちは彼らがそのスキルを身につけていくのを見るのに十分な期間子どもたちを追跡するだけでよいことになります．もし不足仮説が真実であれば，どんなに長期間追跡調査を実施したとしても，決して字がうまく読めるようにならない子どもがいて，彼らにはそのスキルがないだけなのだ，ということになります．

Francis, Shaywitz, Stuebing, Shaywitz, & Fletcher (1996) は，363人の6歳児を16歳まで追跡することにより，これらの相反する仮説の支持不支持の証拠を検討しました．子どもたちは毎年，読む能力を測定するテストとして定評のあるWoodcock-Johnson Psychoeducational Test Batteryを受け，さらに隔年でWechsler Intelligence Scale for Children (WISC) を受けました．3年生時の読む能力の得点を，同時に実施したWISCの得点をもとにして算出された期待される読む能力と比較したところ，子どもたちは，「標準グループ（301人）」，「乖離（読む能力の得点とWISCの得点が示唆する得点とがかけ離れている）グループ（28人）」，「低到達（読む能力の得点とWISCの得点が示唆する得点との差はないものの，得点自体が標準よりもはるかに低い）グループ（34人）」の3つのグループに分かれることがわかりました．

この論文の著者たちは，発達の複雑な軌跡を予想する多くの伝統的な理論をもとに，複数の非線形の成長モデルの可能性を探りました．グラフによる検討と統計的検定から，読む能力は時間の経過とともに非線形に上昇し，いずれ（もしテストが無期

限に継続されたとしたら）その子どもが獲得できると期待される能力の最高レベルに漸近するというモデルを採用しました．あてはめた軌跡のパターンを検討したところ，読む能力に問題のある2つのグループは統計的には区別ができないことがわかりました．さらに標準グループに比べて，最終的に訪れる停滞期のようすが明らかに異なることもわかりました．標準グループの平均的な子どもは，乖離グループや低到達グループの平均的な子どもと比較して，読む能力のレベルが30ポイント高いと推定しました（これは標準偏差が12であることからすると大きな差といえます）．彼らのデータは，時間差仮説より一部の子どもたちは読むことに・決・し・て・習・熟・す・る・こ・と・が・で・き・な・い・とする不足仮説に近いという結論に至っています．

1.1.3 STAPPの有効性

多くの精神科医が，STAPP（short-term anxiety-provoking psychotherapy；短期不安誘発療法）は心理的ディストレスを改善すると考えています．これに関連した研究の方法論的な強みは，Derogatis（1994）が開発した，定評のある測定尺度であるSCL-90をどの研究でも使用していることです．一方，方法論的な弱みは，2時点―治療前と治療後―の研究デザインに頼りきっていることです．STAPPを受けた患者の方が，統制群よりもSCL-90の減少の幅が大きければ（低い値にまで減少すれば），研究者はこのSTAPPという治療法が有効であったと結論づけます．

Svartberg, Seltzer, Stiles, & Khoo（1995）は，STAPPの有効性について異なったアプローチから検討を行いました．治療前後の2時点のみでデータを収集する代わりに，彼らは「STAPPによる治療中と治療後にSCL-90で測定された症状の改善の経過，速度，そして改善に関係するもの」を検討しました（p. 242）．15名の患者が週1回のSTAPPのセッションを20回受けました．研究の期間中，患者はそれぞれSCL-90を最大7回（治療開始前に1回ないしは2回，治療期間の中盤で1回，治療終了時に1回，そして，治療後3回（6か月後，12か月後，24か月後））記入しました．STAPPの有効性は，患者個人の感情やモチベーションの衝動をコントロールする能力（**エゴ・リジディティー**（自我の頑強さ）として知られる能力）に左右されると考えたことから，2人の精神科医が別々に患者の受理面接時のカルテに目を通し，エゴ・リジディティーの評定を行いました．

各患者のそれぞれの時点におけるSCL-90の得点をプロットしてみたところ，治療中のものと治療後のもの，2つの時間的変化のパターンを見出すことができました．受理面接時から治療終了時（平均約8.5か月後）の間，多くの患者に1か月あたり0.06ポイント（最初の平均値は0.93）の減少という比較的急勾配のSCL-90の得点の直線的な低下がみられました．治療終了後の2年間のSCL-90の得点の直線的な減少はたった0.005ポイントと，治療中に比べるとかなり小さいものの，（統計的に）0

ではないことが示されました．個人間で治療中と治療終了後のSCL-90の得点の低下速度に有意な違いがみられることに加えて，エゴ・リジディティーは治療中のSCL-90の得点の低下速度に関係がありました．ただしこれは治療中のみのことで，治療終了後にはこの傾向はみられませんでした．研究者の出した結論は，①STAPPはディストレスの症状を緩和することができるがこれは治療中のみのことである，②STAPPによる治療中に改善した状態はその後も維持できるが，③STAPPによる治療が終わった後に症状が劇的に改善するようなことは稀である，というものでした．

1.2 変化に関する2つの質問の違い

実質的には，上記の3つの研究はそれぞれの結果変数（反社会的行動，読む能力の程度，そしてSCL-90の得点）と予測変数（同級生の評価，能力によるグループ分け，そしてエゴ・リジディティーの得点）について，独自のリサーチ・クエスチョンを設定しています．しかし，統計学的な視点からみるとそれぞれの研究は，①結果変数は時間の経過とともにどのように変化するのか，そして②これらの変化の違いを予測することができるだろうか，という同じ疑問を共有しています．このような視点に立つとCoieら(1995)の研究は，①それぞれの青少年の反社会的行動は6年生から10年生の間にどのように変化するのだろうか，②3年生の時の同級生の評価によってそれぞれの子どもの間の変化の違いを予測することができるだろうか，と問うていることになります．同様にFrancisら(1996)は，①読む能力は6歳から16歳の間にどのように変化するのだろうか，②読む能力に問題があるかないかによって，それぞれの子どもの間の変化の違いを予測することができるだろうか，ということになります．

この2種類の疑問は変化についての研究すべての核となるものです．最初の疑問は記述的であり，時間的経過による個人の変化のパターンを明らかにしようとするものです．個人の変化は線形か，それとも非線形か，時間の経過とともに変化するその変化は一貫性があるか，それとも不規則に変動するものだろうか．二番目の疑問は関係性についてのもので，予測変数と変化のパターンとの関係を明らかにしようとするものです．異なるタイプの人たちは変化のパターンも異なるのだろうか，どの予測変数がどのパターンと関係があるのだろうか．これ以降の章では，この2つの疑問を変化についての分析の概念の基盤として，それぞれの疑問に1つずつ統計モデルを自然な流れで特定していきます．これらの疑問そのものと，変化に関する今後の研究にこれをどのように位置づけるかについてのみなさんの直観を養うために，ここではまずこれらの疑問の順序と階層性に注目して話を進めたいと思います．

変化についての分析の最初のステージ—**レベル1**—では，**個人内の時間的変化**について検討します．ここでは，個人の変化のパターンを明らかにすることによって，

個々の成長の軌跡（トラジェクタリ）—各個人の結果変数の値が，時間の経過とともに上昇したり下降したりするようす—を記述することが可能になります．この子どもの読むスキルは急激に伸びて，4年生か5年生で複雑な文章も理解できるようになるのか，また別の子どもの読むスキルは，低い水準からスタートしてゆっくり伸びて行くのか．レベル1における分析のゴールは，各個人の成長の軌跡の形を描写することです．

変化についての分析の次のステージ—**レベル2**—では，**時間的変化の個人差**について検討します．ここでは，人はそれぞれ異なる個人内変化のパターンを示すのか，そしてこの個人間の違いを予測するものは何かということについて検討します．3年生の時の同級生の評価に基づいて，思春期にどの男児が心理的に健康で，どの男児が次第に反社会的になっていくのか，ということが予測可能かどうかを検討します．エゴ・リジディティーの得点は心理療法にすぐに反応する患者を予測することはできるのか．レベル2における分析のゴールは，個人間の変化の不均一性を発見し，予測変数と各個人の成長の軌跡の形との関係を見つけることです．

以降の章では，これらの2つのリサーチ・クエスチョンを2つの統計モデル—①時間の経過に伴う個人内の変化を記述するレベル1モデル，②予測変数を変化の個人差に関連づけるレベル2モデル—にあてはめていきます．最終的には，これらの2つのモデルを「つながったペア」と考えて，両者をまとめて**変化についてのマルチレベルモデル**とすることにします．ただし今のところは，みなさんにはこの2つの疑問の違いがわかるようになっていただければよいと考えています．このことがわかっていただければ，なぜ変化についての研究はある特定の方法論的な特徴を備えていなければならないか—次節のトピックです—ということを理解する助けになります．

1.3　変化に関する研究の3つの重要な特徴

すべての縦断研究が，変化の分析に適しているわけではありません．1.1節で紹介した研究が変化の分析に特に適しているのは，3つの方法論上の特徴を備えているからです．その3つとは以下のようなものです．
- 3波以上のデータ収集回数
- 結果変数の値は，時間の経過とともに組織的に変化する
- 時間を測定する単位が目的に沿ったものである

それでは，研究デザインにおけるこれらの特徴について，説明をしていきましょう．

1.3.1　複数回のデータ収集

変化をモデリングするためには，標本中の個人が時間の経過とともにどう変化する

かを記述した縦断データが必要です．まず，この明らかにトートロジーである話から始めたいと思います．なぜならば，あまりにも多くの実証研究の研究者たちが異なる年齢の個人間の違いを記述する横断データから，時間的変化に関する一般論を導き出そうとしているからです．例えば，多くの発達心理学者は，異なる年齢の子どもたちから構成される横断データを分析して，反社会的行動などの結果変数に年齢間の差がみられた場合，これは時間的変化を真に反映したものである，という結論を出しています．この場合，時間による変化は説得力のある説明ですが（もしかすると，真実かもしれませんが），横断データではこの可能性を確認することはできません．なぜならば，同程度に妥当と思われる説明が他にもたくさんあるからです．ある1つの学校から抽出された標本でも，無作為に抽出された年長の子どもたちの標本と年少の子どもたちの標本では，重要な点において違いがあるかもしれません．この2つのグループは入学した年も異なるし，それぞれのグループは異なるカリキュラムやライフ・イベントを経験しています．もしデータの収集回数が十分な期間繰り返されれば，年長の子どもたちのグループからは，学校を退学した同じ年齢の子どもたちが抜けていきます．学年で区分されたコホート間にみられる結果変数の差はこのような理由によるものであって，組織的な個人の変化ではないのかもしれません．統計的な用語を使うと，横断的研究は年齢とコホートの効果（そして年齢と歴史（生い立ち）の効果）が交絡しており，選択バイアスがかかりやすい傾向があるといえます．

　データを2波収集するデザインは，少しだけましでしょう．長い間研究者たちは，変化を研究するには2回のデータ収集で十分であるという間違った認識を持っていました．なぜならば，彼らは変化を増加つまり2時点で測定された得点の単なる差，という狭い概念でとらえていたからです（Willett, 1989を参照してください）．この限定的な視点では，変化を研究の対象となっているものの増加，つまり達成，態度，症状，スキルなどの獲得（あるいは喪失）と考えます．しかしながら，増加量が変化のプロセスを描くことができない理由が2つあります．第一に，レベル1の問いの焦点となっている個人の発達の軌跡を示すことができません．すべての変化は，1回目の測定の直後に起こったのか，経過は順調だったか，それとも遅れていたか．第二に，真の変化と測定誤差を区別することができないということがあげられます．もし測定誤差によって，テスト前の得点が過剰に低くなり，テスト後の得点が過剰に高くなっているとしたら，長期的にみれば反対の結果が得られたのに得点は時間の経過とともに高くなるという誤った結果を導いてしまうかもしれません．統計学的には，2時点の研究では，個人の変化の軌跡を描くことはできないし，真の変化と測定誤差が交絡してしまうということになります（Rogosa, Brandt, & Zimowski, 1982を参照してください）．

　複数回のデータ収集の必要性が認識できたら，次の疑問は明らかに「では，何回収

集すれば十分なのか」です．3回なら十分か，それとも4回か，もっと必要か．Coieの反社会的行動の研究は3回ですし，SvartbergのSTAPPの研究は最低でも6回，Francisの読む能力の研究は10回までデータ収集を行なっています．一般的にはコストと実施上の制約の中で，できるだけ多くの回数データを収集する方がよいと考えられています．このような研究デザインに関する詳細な検討をするためには，本書の中で紹介していくような統計学的モデルに関する明確な理解を必要とします．ですから今この段階では，より多くの時点でデータを収集する方がより精緻な統計学的モデルを仮定することができると言っておくにとどめておきます．もしあなたの持っているデータが3波だけだったら，あなたはより単純なモデルをより厳しい制約の中であてはめていかなくてはなりません．このような場合，たいてい個人の変化は（Coieたちの反社会的行動の研究のように）直線的なものと想定します．データ収集の回数を増やすごとに，より柔軟なモデルをより制約の少ない中であてはめることができるようになります．個人の変化を（読む能力の研究のように）非線形と想定することもできますし，（STAPPの研究のように）期間ごとの線形と考えることもできます．2章から5章では，個人の変化を線形ととらえるモデルを扱います．6章では，このような基本的な考え方を，レベル1の変化が非連続あるいは非線形の場合に拡張していきます．

1.3.2　時間の適切な測定基準

　時間は変化を検討するすべての研究において，基本的な予測変数です．時間は，信頼性と妥当性を持って，適切な測定基準によって測定されなければなりません．私たちの例でいうと，読む能力の得点は特定の年齢と，反社会的行動は特定の学年と，SCL-90の得点は受理面接からの特定の経過月数と関係がありました．時間の測定基準の選択はデータ収集の回数や間隔のとり方の問題と関係します．ひいては，それぞれについてコストや実質的な必要性，統計学的な利点などについて考慮することが必要となります．繰り返しになりますが，このような問題を検討するためにはこれから詳しく説明する統計学的モデルの理解が必要なので，ここでは詳細については言及しません．その代わりに一般的な原則について説明していきます．

　重要なポイントは，「最も賢明な時間の測定基準は何か」という一見単純な問いに対する回答は1つではないということです．結果変数やリサーチ・クエスチョンに照らして，最も妥当なスケールを用いなければなりません．Coieらは，暦年齢よりもより反社会的行動に関係が深いと期待した学年という，より社会的な測定単位を用いました．反対にFrancisらは，読む能力の得点は，テストを受けたときの年齢と関連があると考え，年齢を用いました．もちろん，彼らには学年を時間の測定単位として分析を行うという選択肢もありました．実際に学年を用いた表も提示しています．し

かしデータ分析では，より正確を期すためにそれぞれの子どもの発達の軌跡の測定に用いた年齢を時間の測定単位として使用しました．

多くの研究では，時間の測定単位として妥当なものが複数あります．例えば，あなたは自動車の耐久年数に興味を持っているとします．たいていの場合は，まず自動車の・年・齢，つまり購入時（あるいは出荷時）からの週数（あるいは月数），を時間の測定単位とするでしょう．そして，例えば錆やシートの傷み具合など，特に外見上の品質を測定するような自動車にかかわる結果変数の多くについてはこの測定単位は適切であると思われます．しかし他の結果変数については，他の測定単位が適切かもしれません．もしタイヤの溝の深さについてモデリングをする場合，あなたはタイヤの消耗は道路にいる年数よりも実際の走行距離と関係があると考え，時間を・マ・イ・ル・数で測るということをするかもしれません．1年乗って走行距離が50,000マイルの車のタイヤは，2年乗って走行距離がたったの20,000マイルの車のタイヤと比べて，より磨耗していると考えられます．同様に，点火装置の状態についてモデリングする場合，点火装置は車に乗るときに1回だけ使われるものということを考慮し，時間を・乗・車・回・数で測るということをするかもしれません．年数も走行距離も同じ2台の車があり，片方の車がそれほど頻繁ではないけれど走るときは長距離を走り，もう片方の車は距離は短いけれど毎日数回使われているといった場合，この2台の車の点火装置の状態は違ってくるでしょう．同じように，エンジンの寿命についてモデリングする場合でも，あなたは注油がエンジンの消耗を決める重要な要因と考えて，・オ・イ・ル・交・換・の・回・数を時間の測定単位とするかもしれません．

ここで私たちが言いたいことはとても簡単なことです．あなたが扱う結果変数に最も有用だとあなたが考えるリズムを反映するような時間の測定単位を選択しなさいということです．心理療法の研究では時間を・週単位あるいは・セ・ッ・シ・ョ・ン・の・回・数で測ることができます．学級を対象とした研究では学年や年齢で時間を測ることができます．養育行動の研究では親の年齢あるいは子どもの年齢で時間を測ることができます．唯一の制約は，時間そのものと同じように時間に関する変数は単調にしか変化しないということです．言いかえると，変化の方向を逆転することができないということです．例えば，子どもに関する結果変数を用いた研究では，身長を時間の測定単位とすることはできますが体重ではできません．

時間の測定単位が決まれば，データ収集の・間・隔についてはかなり融通がききます．最終目標は個人の発達の軌跡の妥当な概観を得るために必要十分なデータを収集することです．**・等・間・隔・で・収・集・さ・れ・た・デ・ー・タ**は，釣り合いと対称性を備えているので，確かに魅力的ではあります．しかし，等間隔がこの上なく神聖なものであるわけではありません．もし，ある一定の期間に急速な非線形の変化が予測されるような場合，そのような期間では測定の回数を増やすべきです．もし，他の期間ではあまり変化が期待

できないような場合には，間隔をあけて測定するべきでしょう．

Svartberg ら(1995)は STAPP の研究の中で，治療中は変化が大きいと考え，最初の頃は測定間隔を約 0, 4, 8, 12 か月と短くとりました．後の方ではあまり大きな変化はないと考え，測定間隔を 18 か月と 30 か月と長くとっていました．

関連する問題として，全員が同じ測定スケジュールでなければならないかということがあげられます．つまり，全員に対して等しい間隔で測定を行わなければならないかということです．もし，時点間の間隔が等間隔であるか否かにかかわらず，全員が同じスケジュールで測定を行なった場合，そのデータは，**時間構造化されている** (time-structured) といいます．もし，データ収集のスケジュールが個人ごとに異なっていたら，そのデータは，**時間構造化されていない** (time-unstructured) といいます．個人の成長モデリングは，両方のタイプのデータを処理できるだけの柔軟性を持っています．話を簡単にするために，まず時間が構造化されているデータセットから始めます（2 章，3 章，4 章）．5 章では，変化を扱う同じマルチレベルモデルが，時間が構造化されていないデータにも適用できるということを紹介します．

最後に，結果として収集できたデータは釣り合いがとれていなくてもかまいません．つまり，個人ごとに収集できている時点数が違ってもかまわないということです．多くの縦断研究ではある程度のデータの脱落がつきものです．Coie ら(1995)の反社会的行動の研究では，3 時点ともデータが揃っている子どもは 219 人，2 時点が 118 人，1 時点が 70 人でした．Francis ら(1996)の読む能力の研究では，子ども 1 人あたりの合計測定回数は 6 回から 9 回と幅がありました．ランダムではないデータの落ちは推測を行なう際に問題となる可能性がありますが，個人の成長モデリングでは，釣り合いのとれたデータでなくてもかまいません．各個人の実際の成長記録は，個人ごとに異なる測定回数と測定時期で記録されたものであってもよいのです．実際に，5 章で紹介するように，3 時点より少ない測定回数しかなくてもかまわないのです．

1.3.3 時間の経過とともに組織的に変化する結果変数

統計学的モデルでは，個人の結果変数の現実的な意味合いにはあまり注意を払いません．標準化されたテストの得点，自己評定，生理学的指標，あるいは観察者による評定のいずれについても，同じモデルで変化を記述することができます．この柔軟性は，個人の成長モデリングを，社会科学・行動科学・物理科学から自然科学まで，様々な学問分野で適用可能なものにしています．測定するものの内容は統計的に決めるものではなく，現実的に決めるものです．

しかし，どのようにして測定するかは，統計的視点から決定しなければなりません．そして，すべての変数が同程度に適切であるかというと，そうではありません．

個人の成長モデリングは，時間とともに値が組織的に変化する連続変数を結果変数としてデザインされています[1]．このことによって，個人の発達の軌跡を意味のあるパラメトリックな形式（2章で紹介する考え方です）で表現することを可能にしています．もちろん，結果変数がこのような形で表される軌跡をたどるとするためには，概念的，理論的な説明がなされていなければなりません．Francisら(1996)は，基礎的な能力の上により複雑なスキルが積み重なっていき，子どもたちの読む能力は上昇し，漸近線に近づいていくというロジスティック関数で表されるような軌跡をたどるということを主張するために発達理論を用いました．Svartbergら(1995)は，患者の症状の経過は，治療中と治療後では異なるということを主張するために，精神医学の理論を用いました．

連続変数で表される結果変数については，通常の加算，減算，乗算，除算という四則演算すべてを実行することができます．尺度上で同じ距離を持って配置された2つのペアの得点の差は，同じ意味を持っています．テスト会社によって作成されたWoodcock-Johnson Psychoeducational Test Batteryなどの標準テストの得点は，通常このような特性を持っています．民間組織で作成されたスコア，例えばHodgesのChild Assessment Scheduleや，DerogatisのSCL-90も同様です．もちろん自分たちで作成した尺度でも，十分な数の項目と十分な数の選択肢で測定されたものであれば上記のような測定上の特性を備えた得点を算出することが可能です．

言うまでもなく，結果変数は心理測定学的に適正な特性も備えていなければなりません．有名なあるいは慎重に予備調査が実施されている尺度であれば，許容範囲の妥当性と精度を保証することができるでしょう．しかし縦断研究においては，さらに3つの条件が加わります．なぜならば，測度，妥当性，そして精度は，すべての時点において保たれなければならないからです．

結果変数の測定の際の測度がすべての時点において保たれなければならないというのは，ある時点の結果変数の値は，他のどの時点においても同じ「量」を表さなくてはならない，つまり結果変数の値は時点間で同等であるということです．結果変数の同等性を担保するためには，各時点で同じ尺度を繰り返し使用することが最も簡単な方法です．Coieら(1995)の反社会的行動の研究や，Svartbergら(1995)のSTAPPの研究もこの方法を使っています．もしFrancisら(1996)の研究で使用しているWoodcock-Johnson Psychoeducationsl Test Batteryのように時点間で異なる尺度を使用している場合，結果変数の同等性を実現するためにはより労力が必要です．も

---

[1] 完全に正確にするためには，この制限的ステートメントは条件つきでなければなりません．特定の条件下においては，成長モデルは，カウント（1か月の学校欠席日数など）や二値変数（犯罪者が刑務所から釈放後の数週間に犯罪を起こしたかどうか）などの非連続な結果変数についても適用することができます．

1.3 変化に関する研究の3つの重要な特徴

し尺度がテスト会社で作成されたものであれば，テストマニュアルなどに時点間での同等性を実現するためのサポート情報が掲載されていることがあります．Francisら(1996)は以下のように述べています．

> 「読む能力の得点として報告されたラッシュ尺度得点は，各下位テストにおける正答数を変換したものであり，間隔尺度の特徴と一定した測度であるという特徴を持っている．500点は5年生の平均的なレベルに対応する．この間隔尺度であり測度が一定であるという特性は，ラッシュ尺度得点を個人の発達に関する縦断研究に適切なものとしている．」(p.6)

もし，結果変数が時点間で同等ではない場合，得点の意味の縦断的な同等性は仮定できず，その得点は変化を測定するには役に立たないということになってしまいます．

各時点で共通な標準偏差を用いた標準化をすることで，変数の同等性が実現できるわけではないことに注意してください．時点ごとに標準化をする方法は，ある子どもが10歳の時点で平均から「1（標準偏差）単位」上にいて，11歳の時点で平均から「1.2（標準偏差）単位」上にいる，といったようなことを言うことを許しているかのように感じられ，説得力があるようですが，これらの得点が算出された「単位」（標準化のプロセスの中で使用された，それぞれの時点で特定の標準偏差）自体が同じ大きさ，あるいは同じ意味を持っているとはいえないのです．

第二に，結果変数は時点間で同じように妥当性を持っていなければなりません．もし，時点間での妥当性が保証できない可能性があると感じたら，データ収集を始める前にその変数を入れ替えるべきです．心理療法の研究のように，回答者にはどの時点においても正直に回答するもっともな理由があるので，妥当性は確保できると主張することが簡単な場合も時にはあります．しかし他の研究では，例えばCoieら(1996)の反社会的行動の研究では，時点間での尺度の妥当性の確保はより困難になります．なぜならば，小さな子どもは尺度に含まれる反社会的行動に関する質問項目のすべてを理解できない可能性もあるし，年長の子どもたちは正直に回答しなくなるかもしれないからです．表面的には妥当性があるようにみえる尺度を使用する際でも，ゆっくり考える時間をとってください．Lord(1963)は，変化の測定にまつわるジレンマに関する彼の代表的な論文の中で，ある時点で妥当性のある尺度だからといって，同じ人間に対して同じ条件の下で実施した場合においても，その後の時点でも同じように妥当性が保証されるとは限らないと主張しています．彼は，かけ算のテストは幼い子どもに対しては算数のスキルの測定尺度として妥当性があるけれども，ティーンエージャーでは記憶力の測定尺度となってしまう，と述べています．

第三に，各時点で同じ程度である必要はありませんが，できるだけ結果変数の精度を時点間で保つように努力しなければなりません．データ収集の運営上の制約の中

で，最終目標は尺度の実施上の誤差を最小限に抑えることです．例えば，横断研究で信頼性係数が 0.8 や 0.9 のもののように「十分に信頼できる」尺度は変化についての研究に適切であることは疑いようがありません．測定誤差分散についても時点間で変化してもかまいません．なぜなら私たちが紹介する方法では，異なる誤差分散であっても簡単に適用可能に調整できるからです．変化を測定する変数の信頼性は結果変数の信頼性に直接的に関係していますが，個人の変化の推定の基盤になる精度は，データ収集の回数や間隔とより深い関係があります．つまり，測定時点を慎重に決めて配置することで，結果変数に対する測定誤差の有害な影響を相殺することができるのです．

2
時間についての縦断データの探索

Change is the nursery of music, joy, life, and Eternity
—John Done

　賢い研究者は，モデルをあてはめる前にデータの記述的・探索的な分析を行います．横断データを扱っている場合と同様に，縦断データの探索的分析を行うことによって，全体的なパターンを把握したり，変化を表す関数のイメージを得たり，一般的なパターンにあてはまらない個人を特定したりすることができます．本章は，横断データの作業ですでに馴染みのある，数値やグラフを用いた探索的分析を紹介していきます．しかしながら，縦断データの性質ゆえ，これらの方法は横断データに比べるとより複雑なものにならざるを得ません．例えば，縦断データにおいてはたった1つの分析を行う時ですら，どのようにして縦断データを効率的に保存しておくかといったような，一見あまり重要ではない判断のようにみえても，じつは深刻な悪影響を及ぼすような判断を迫られます．2.1節では，縦断データの2種類の保存方法である**個人レベル** (person-level) フォーマットと**個人―時点** (person-period) フォーマットを紹介し，なぜ後者が良いかを議論していきます．

　章の残りの部分では，あなたの持っているデータの中の個人が，時間の経過とともにどのように変化するかの理解を助ける探索的分析の説明を行います．この分析には，あなたのデータの重要な特徴を把握することと将来的に行うモデル分析の下準備という2つの目的があります．2.2節では，個人の結果変数を時系列的に並べた**経験的成長記録** (individual growth record) を探索的に分析し，まとめることで個人個人が時間とともにどのように変化するかという，**個人内の問い**に取り組んでいきます．2.3節では，それぞれの人が同じような変化のパターンをみせるのか，違ったパターンをみせるのか，ということを探索的に分析しながら，変化の様相は個人間でどのように異なるかという**個人間の問い**に取り組んでいきます．2.4節では，個人間で観察された変化の違い（**変化の個人差**）と個人の特徴との関係をどのように記述的に確かめていくのかを紹介します．このような個人差の探究は，変化の予測変数として重要な変数を最終的に特定するために役に立ちます．2.5節では本章のまとめとして，信頼性と変化の探索的推定値の信頼性と精度を検討し，縦断研究の計画への示唆

を述べます.

2.1 縦断データセットをつくる

最初のステップは,あなたの持っている縦断データを分析に適切な形になるように整理することです.横断データでは,データセットの整理は,非常に単純で,これといって特に注意喚起を必要としません.必要なのは,「標準的な」データセットで,各個人の記録が入っていることです.縦断研究においては,データセットの整理は,それほど単純ではありません.なぜならば,2つの整理方法があるからです.

- **個人レベルデータセット**:このデータ形式では,各個人は1つのレコードを持っていて,複数の変数の各観測時点でのデータがある.
- **個人一時点データセット**:このデータ形式では,各個人は複数のレコードを持っている,つまり1観測時点1レコードという形式である.

個人レベルデータセットでは,標本の数だけレコードがあることになります.もし時点を追加してデータを収集した場合,ファイルには新しいレコードではなく,新しい変数が追加されます.個人一時点データセットでは,個人一時点の組合せにつき1つのレコードとなるので,より多くのレコードを持つことになります.もし時点を追加してデータを収集した場合,ファイルには新しいレコードが追加されますが,新しい変数は追加されません.

すべての統計ソフトのパッケージで,縦断データの上記の2つのフォーマットの変換は簡単にできます.本書の関連ウェブサイトには,様々な統計パッケージでこのような変換を行なうためのコード例が紹介されています.もしあなたがSASを使っているのであれば,例えば,Singer (1998, 2001) が変換のための簡単なコードを紹介しています.STATAでは,「reshape」というコマンドを使うことができます.変換ができるということは,あなたは自分のやりやすいフォーマットでデータ入力やクリーニングをすることができるということです.しかしながらこれから紹介するように,探索的分析であれ,推測統計であれ,分析を行なう際にはあなたのデータは個人一時点フォーマットでなくてはなりません.なぜならば,このフォーマットが時間に関する意味のある分析の際に最も自然で使いやすいからです.

図2.1に **National Youth Survey**(通称NYS;Raudenbush & Chan, 1992)の5波のデータを使って,2つのフォーマットの違いを表しました.参加者の子どもたちは,11歳,12歳,13歳,14歳,そして15歳の時,毎年,逸脱行動に対する耐性を測定する9項目から構成される尺度に回答しました.4段階評定(1=非常に悪い,2=悪い,3=少し悪い,4=まったく悪くない)を用いて,子どもたちは同年齢の子どもが,以下のような行動をすることが悪いかどうかを評定しました.(a) テスト

「個人レベル」データセット

ID	TOL11	TOL12	TOL13	TOL14	TOL15	MALE	EXPOSURE
9	2.23	1.79	1.9	2.12	2.66	0	1.54
45	1.12	1.45	1.45	1.45	1.99	1	1.16
268	1.45	1.34	1.99	1.79	1.34	1	0.9
314	1.22	1.22	1.55	1.12	1.12	0	0.81
442	1.45	1.99	1.45	1.67	1.9	0	1.13
514	1.34	1.67	2.23	2.12	2.44	1	0.9
569	1.79	1.9	1.9	1.99	1.99	0	1.99
624	1.12	1.12	1.22	1.12	1.22	1	0.98
723	1.22	1.34	1.12	1	1.12	0	0.81
918	1	1	1.22	1.99	1.22	0	1.21
949	1.99	1.55	1.12	1.45	1.55	1	0.93
978	1.22	1.34	2.12	3.46	3.32	1	1.59
1105	1.34	1.9	1.99	1.9	2.12	1	1.38
1542	1.22	1.22	1.99	1.79	2.12	0	1.44
1552	1	1.12	2.23	1.55	1.55	0	1.04
1653	1.11	1.11	1.34	1.55	2.12	0	1.25

「個人—時点」データセット

ID	AGE	TOL	MALE	EXPOSURE
9	11	2.23	0	1.54
9	12	1.79	0	1.54
9	13	1.9	0	1.54
9	14	2.12	0	1.54
9	15	2.66	0	1.54
45	11	1.12	1	1.16
45	12	1.45	1	1.16
45	13	1.45	1	1.16
45	14	1.45	1	1.16
45	15	1.99	1	1.16
1653	11	1.11	0	1.25
1653	12	1.11	0	1.25
1653	13	1.34	0	1.25
1653	14	1.55	0	1.25
1653	15	2.12	0	1.25

図 2.1 耐性に関する調査の 16 名分のデータの個人レベルデータセットから個人—時点データセットへの変換

でカンニングをする，(b) 他の人の持ち物をわざと壊す，(c) マリファナを使う，(d) 5 ドル未満のものを盗む，(e) 理由もなく他人に暴力を振るったり，脅したりする，(f) アルコールを飲む，(g) 盗みをするために建物や車に押し入る，(h) 違法薬物（ハードドラッグ）を売る，(i) 50 ドル以上のものを盗む．各時点において，こ

れら9項目の得点の平均値を *TOL* という結果変数としました．図2.1には，逸脱行動に対する耐性の予測変数の候補として，2つの変数が示されています．回答者の性別を表す *MALE* （1＝男児，0＝女児）と，11歳時点でどの程度逸脱行動に接触したかを回答者が自己申告した *EXPOSURE* です．*EXPOSURE* の得点は，自分の周りの親しい友人が上記の9つの行動をしていた割合を「0＝まったくいない」から「4＝全員」の5段階評定で回答し，その得点を，*TOL* の場合と同様に，平均したものです．図2.1は，NYS の大規模な元データから，ランダムに選んだ16名の回答者のものを示しています．本章で紹介する探索的な方法は，どんなサイズのデータセットに対しても適用可能ですが，扱いやすさと理解しやすさを優先するために，私たちはこの例を意図的に小さいサイズにしています．後の章では，同じ方法をより規模の大きいデータセットにも適用していきます．

2.1.1 個人レベルデータセット

多くの人は，縦断データをまず**個人レベルデータセット**（**多変量フォーマット**ともいいます）で保存します．おそらく，よく知っている横断データの形式に見た目が似ているからでしょう．図2.1の上の表は，NYS データを個人レベルフォーマットで表したものです．個人レベルデータセットの特徴は，何時点データ収集を行なったかにかかわらず，データ（あるいは「レコード」）は，1人1行であるということです．16人のデータセットは16行であり，20,000人のデータセットは20,000行になります．反復測定された結果変数は変数を追加するという方法をとります（ですから，「多変量」フォーマットという名称が使われます）．図2.1に示した個人レベルデータセットでは，耐性についての変数が5つ，2列目から6列目まで並んでいます（*TOL11, TOL12, …, TOL15*）．列名につけられている数字は，測定時点を表します（ここでは，子どもの年齢）．そして，その他の変数である *MALE* と *EXPOSURE* の列が加えられています．

個人レベルデータセットのおもな利点は，個人の時系列に並んだ結果変数の値である個人の**経験的成長記録**が，目で見て簡単に確認できるということです．個人の経験的成長記録はコンパクトに1行に並んでいるので，その人が時間とともにどのように変化していくのかを素早く評価することができます．図2.1の上の図を見てください．変化にかなりの個人差があることが見て取れます．ほとんどは時間とともに逸脱行動への耐性がついてきますが（例えば ID 514 番や 1653 番の回答者），時間とともにあまり変化しない人も多くいます（例えば ID 569 番や 624 番）．16人中，耐性の得点が低下した人は誰もいませんでした（ID 949 番は上昇する前に低下する期間がありましたが）．

個人レベルデータセットは，個人の経験的成長記録を視覚的に簡単に把握すること

ができますが，一方で，次に述べる4つの不利な点があるために多くの縦断データの保存形式としてあまり推奨されません．①あまり情報量のないまとめになりがちである，②明確な「時間」という変数を落としてしまう，③個人間で測定時点の回数や間隔が異なる場合，役に立たない，④時間によって変化する予測変数をうまく扱えない，といった点があげられます．以下にこの点について説明していきます．また，2.1.2項では，それらの点を個人—時点データセットでどのように扱っていくのかを紹介します．

　第一に，図2.1の個人レベルデータセットで扱われている耐性に関する5つの変数を個別に検討し，このような縦断データの分析で行われがちなことを紹介します．多くの研究者がまず考えつくことは，（表2.1に示したように）$TOL11$から$TOL15$までの時点間の関係性を相関係数を用いて検討する，あるいは2時点間の散布図をプロットすることでしょう．残念ながら，2変量間の関係性を分析することで，個人にしろ集団全体にしろ，時間による変化についてわかることはほとんどありません．例えば，変数$TORELANCE$間の弱い，しかし全体として正の相関関係がみられることは何を意味するでしょうか．時点間のどの組合せにおいても，例えば$TOL11$と$TOL12$をみてみると，ある時点でより逸脱行動に対して耐性の高かった子どもは次の時点でも耐性が高いということはわかります．これはつまり，ある子どもの順位は各時点間で比較的安定していることを意味します．しかしこれでは，ある子どもが時間とともにどのように変化したかはわからないし，変化の方向すらわからないのです．もし全員の得点が11歳から12歳の間に1ポイント低下したとしても，それぞれの子どもの順位はそのままなので，時点間の相関係数は正（値は1）となってしまうのです．2時点間の相関と変化を直接結びつけることは，魅力的であるようでじつは役に立たない作業なのです．ここではたった16人の5時点のデータですが，小規模のデータにおいても時点間の相関と散布図からは時間による変化について何も知ることはできないのです．

　第二に，個人レベルデータセットには測定時点を明確に表した数値が含まれていま

表 2.1　5時点分の耐性の得点間の推定された相関係数（$n=16$）

	$TOL11$	$TOL12$	$TOL13$	$TOL14$	$TOL15$
$TOL11$	1.00				
$TOL12$	0.66	1.00			
$TOL13$	0.06	0.25	1.00		
$TOL14$	0.14	0.21	0.59	1.00	
$TOL15$	0.26	0.39	0.57	0.83	1.00

せん．「時間」に関する情報は，データとしてではなく変数名の中に含まれているので分析に使うことはできません．例えば図2.1に示した実際の個人レベルデータセットでも，*TORELANCE* の測定がいつ行なわれたかという，11, 12, 13, 14, 15 といった数値データの情報はどこにもありません．このような情報をデータの中に含めないと，個人内の結果変数と「時間」の関係性について検討することはできないのです．

　第三に，個人レベルフォーマットは，個人間で測定時点の回数あるいは間隔が異なる場合，役に立たないということがあげられます．個人レベルのデータセットは，各個人に対して，まったく同じスケジュールでまったく同じ回数の調査を実施するような，**固定した測定時点**を持つ研究デザインの場合に最適です．図2.1に示した個人レベルデータセットは，NYSが固定した測定時点のデザインで調査を実施しているものなので，コンパクトにまとまっています．つまり子どもたちは，年1回の調査を5回（11歳時，12歳時，13歳時，14歳時，15歳時），全員同時期に受けています．しかし，このような研究デザインの縦断研究は多くはありません．例えば，「時間」を調査実施時の子どもの詳細な年齢（例えば，月齢）と定義し直したとすると，個人レベルデータセットは拡大する必要があります．調査実施時の子どもの正確な年齢を入力する列を5列（例えば，変数名：*AGE11, AGE12, AGE13, AGE14, AGE15* など）増やすか，もっと列を増やして，個別の測定時点における逸脱行動の得点を入力できるようにするか（例えば，変数名：*TOL11.1, TOL11.2, …, TOL15.11* など）といった方法が考えられます．後者の方法は特に非現実的です．データセットに55変数を追加するというだけではなく，それぞれの子どもが該当しない月の列は全部欠損値になってしまうからです．極論すれば，もしそれぞれの子どもに対して個別のスケジュールで調査を実施し，例えば*AGE*が日数で表されていた場合，個人レベルデータセットはまったく機能しないものになります．何百もの列が必要になり，そのほとんどが欠損値になっている状態になってしまいます．

　最後に，個人レベルデータセットは，予測変数が時間とともに変化するようなものであった場合，手に負えない形式です．例であげているデータセットの2つの予測変数である，*MALE* と *EXPOSURE* の値はどの時点でも同じなので，**時不変**（time-invariant）の変数です．この場合，それぞれの値に対して変数は1つでよいことになります．もし，データに**時変の予測変数**（time-varying predictors）が含まれている場合，それぞれの時点に対して列のセットを加えなければならないことになります．例えば，もし逸脱行動への接触について毎年測定が行われていたとしたら，追加で4列が必要になります．個人レベルデータセットでは，このようにデータを構成していかなくてはならないため，時間によって変化する結果変数の場合と同様の不利な点が，時間によって変化する予測変数の場合にもあてはまるということになります．

　まとめると，横断データでおなじみの個人レベルフォーマットには上記のような不

利な点があることによって，縦断研究の場合には不適であるということになります．8章で共分散構造分析アプローチによって変化をモデリングする（**潜在成長モデリング**として知られています）際に，多変量フォーマットについて再度言及しますが，現時点では，縦断データの分析を容易に，そしてより意味のあるものにする，「個人―時点」フォーマットの使用を提案します．

2.1.2 個人―時点データセット

単変量フォーマットとしても知られる個人―時点データセットでは，一人ひとりが測定時点1時点につき1つのレコードを持つ形式になるので，1人につき複数のレコードが記録されることになります．図2.1の下の図は，NYSのデータをこの形式で入力した状態を示しています．上の図も下の図も同じデータを表していますが，違うのはその構造です．個人―時点データセットでは，個人の経験的成長記録は横に並べていくのではなく，縦に並べていきます．個人―時点データセットは，個人レベルデータセットに比べて，列の数が少ない構造（個人レベルデータセットは8列なのに対して，個人―時点データセットでは5列になっています）ですが，行の数が多い構造（個人レベルデータセットは16行なのに対して，個人―時点データセットは80行になっています）です．図2.1ではそのほんの一部しか表示していませんが，このような小規模なデータセットにおいても，個人―時点データセットはかなりの行数になることがわかります．

　すべての個人―時点データセットには4つのタイプの変数が含まれています．①個人を識別するもの，②時間を識別するもの，③結果変数，そして④予測変数です．各レコードを識別するID番号は，最初の列に表示されるのが一般的です．その定義上，時間によって変化しないものなので，ID番号は個人が持つ複数のレコードで同じ数字になります．ID番号をデータセットの中に含めることは，データの整理上都合がよい，ということ以上の意味があり，データ分析上，とても重要な役割を果たしています．もしID番号がなければ，個人ごとにレコードを並べ替えること（個人の変化の軌跡を検討するための第一歩です．2.2節で行ないます）もできません．

　個人―時点データセットの2列目には，一般的に AGE，$WAVE$ や $TIME$ といった変数名がつけられるような**時間を表すデータ**がたいていの場合入力されています．これらは，データがいつ測定されたものなのかを表す数値です．NYSのデータでは，個人―時点データセットの2列目は，調査が行われた時の子どもの年齢である AGE（歳）が入力されています．すべての個人―時点データセットにおいて，時間を表す変数は不可欠なもので，様々な研究デザインにより収集された縦断データを保存するための適切な形式である理由もここにあります．もし，それぞれが個別の調査スケジュールを持っていたとしても（例えば，調査時点をインタビューの日の子ども

の正確な年齢とするような場合），個人一時点データセットは簡単に作成することができます．新しい変数 AGE は，インタビューの日の子どもの正確な年齢を入力するだけでよいのです（例えば，あるケースでは，11.24, 12.32, 13.73, 14.11, 15.40, また別のケースでは，11.10, 12.32, 13.59, 14.21, 15.69 などといったように）．個人ごとに測定回数が異なるようなデザインの研究においても，時間だけを表す変数があることで，個人一時点データセットが適用可能になります．それぞれの人がその研究デザインで決められた測定回数の数だけレコードがあることになります．3回測定を行なった人のレコード数は3ですし，20回測定を行なった人のレコード数は20になります．

この例では，TOL だけですが，個人一時点データセットにおける結果変数は，ある人のある時点での結果変数の値を表す1つの変数で表現されます（この形式の別名が「単変量フォーマット」であるゆえんです）．図2.1では，それぞれの子どもは1時点に1つ，つまりその年齢時点での逸脱行動に対する耐性を表す値が1つ，合計5つのレコードを持っています．

時変のものであれ，時不変のものであれ，各予測変数もそれぞれ1つの変数で表します．個人一時点データセットには，両方のタイプのデータをいくつでも好きなだけ入れることができます．図2.1に示した個人一時点データセットには，$MALE$ と $EXPOSURE$ という，2つの時不変の変数が含まれています．$MALE$ は時不変の変数です．$EXPOSURE$ については，調査の構成（11歳の1時点で逸脱行動に接触した程度）上，時不変の変数となっています．時変の予測変数についての説明は5.3節に任せて，現時点では時変性の予測変数を個人一時点データセットに組み込むことがいかに簡単か，と述べるにとどめておきます．

この説明によって，みなさんが縦断データを個人一時点データセットの形式で保存することの有効性について納得していただけたら幸いです．個人一時点データセットは一般的に個人レベルデータセットより長くなりますが，どのようなデータ収集スケジュールにも，どんな数の結果変数にも，どんな組合せの時不変・時変の予測変数にも対応できるという面で，データのサイズの大きさという不利な点をしのぐものがあると思います．

2.2　個人の時間による変化の記述的分析

個人一時点データセットができたところで，次は個人が時間とともにどのように変化するかを記述する探索的な分析を行なっていきます．記述的な分析を行い，個人の時間に伴う成長のパターンのようすや特異性を知ることによって，「それぞれの人は時間とともにどう変化するのか」という疑問に取り組むことができます．2.2.1項で

は，図で表す簡単な方法を紹介します．2.2.2項では，簡単な曲線を重ね合わせることによって，データの傾向についてまとめていきます．

2.2.1 経験的成長プロット

ある人が時間によってどのように変化するのかを図示する方法として最も簡単なものは，**経験的成長プロット**を検討する方法です．これは，個人の経験的成長記録を時系列に並べたグラフです．主要な統計パッケージであれば，この経験的成長プロットを簡単に作図することができます．個人—時点データセットを個人識別変数（*ID*）でソートして，個別に結果変数と時点（ここでは，*TOL*と*AGE*）のグラフを作図すればよいのです．1ページに1グラフですと，それぞれのグラフの相違を見つけることが難しいので，グラフを少数のグループにわけて1ページに載せることをお勧めします．

図 2.2 は NYS 研究の 16 人の子どもたちの経験的成長プロットです．比較と解釈のために，すべてのグラフの縦軸を同じ幅にしています．これはちょっとしたことですが非常に重要なことです．多くの統計パッケージでは，ページやプロットエリアに合わせるために自動的にグラフの軸の幅を広げたり（あるいは狭めたり）する迷惑な機能がついています．もしこの機能が働いてしまうと，実際には緩やかな変化であっても結果変数の限られた変化の範囲をより強調するために縦軸の幅が自動的に広げられてしまい，傾きが急な軌跡が描かれてしまいます．反対に，実際には劇的に変化している場合でも，結果変数の広い範囲を収めるために縦軸の幅を自動的に狭めてしまい，傾きが緩やかな軌跡が描かれてしまいます．もし知らないうちに軸の幅がグラフによって異なっていたら，個人の変化の相違について間違った結論を導きかねません．

経験的成長プロットから，個人が時間によってどのように変化するかについて多くのことがわかります．絶対的な変化（尺度そのものに対して）と相対的な変化（他の参加者や回答者との比較）の両方について評価することができます．増加しているのは誰か，減少しているのは誰か．最も増加している人は誰か，最も減少している人は誰か．増加した後，減少している（あるいはその逆）人はいるか．図 2.2 を見ると，逸脱行動に対する耐性の得点は全体としては年齢とともに上昇します（異なる傾向をみせているのは ID 314，624，723，949 番だけです）．このグラフでは取りうる値である 1〜4 の全範囲を表示していますが，多くの子どもたちは得点の低いところでとどまっていることもわかります．これは逸脱行動に対する耐性が憂慮すべきレベルには決して達しないことを示唆しています（もしかすると 978 番は例外かもしれませんが）．

もしデータセットが非常に大規模だった場合，例えばケース数が何千もあるような

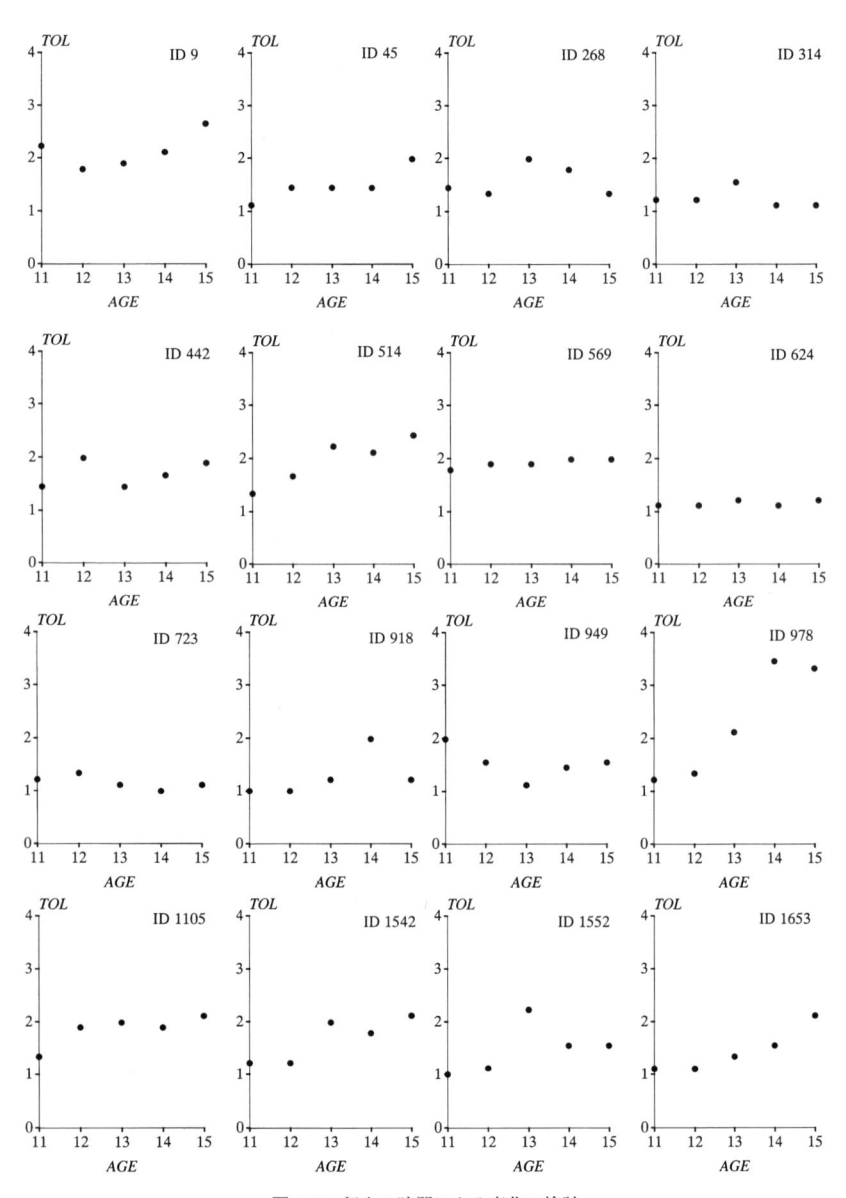

図 2.2 個人の時間による変化の検討
耐性に関する研究の参加者 16 名の経験的成長プロット

場合，全員分の経験的成長プロットを検討しなければならないのでしょうか．私たちは，データ解析という名のもとに紙の束を犠牲にするようなことはお勧めしません．その代わりランダムに何人かを選択して（重要な予測変数の値で標本を層化して行うのもよいかもしれません），上記のような分析を行うことをお勧めします．すべての統計パッケージでは，このようなサブサンプルを構成するためにランダムにケースを抽出する機能が備わっています．実際に私たちがNYSのデータからこの16名を抽出したのもこの方法です．

2.2.2 個人の経験的成長記録の要約に曲線を使う

個人の経験的成長記録のプロットを要約する方法として思いつくのは，滑らかな曲線を描いてみることでしょう．その際，手書きで各点を結び，曲線を描くことから始めることが多いと思いますが，私たちは2つの標準的なアプローチを採用することを強く勧めます．1つめの**ノンパラメトリック・アプローチ**は，時間による変化の特徴を特定の関数をあてはめることなく滑らかな曲線の形にしていくという，「データに語らせる」方法です．もう一方の**パラメトリック・アプローチ**は，全員に対して，直線，2次曲線，あるいはその他の曲線など共通の関数を決め，回答者ごとにその関数の回帰モデルをあてはめ，フィットした曲線を求めるという方法です．

ノンパラメトリック・アプローチが持つ根本的な利点は，仮定を必要としないということです．パラメトリック・アプローチは仮定を必要としますが，その代わり，その後の解析に役に立つ曲線の数値要約（つまり，推定された切片と傾き）を得ることができます．私たちはまず，ノンパラメトリック・アプローチから始めます．なぜなら，ノンパラメトリック・アプローチによる要約はパラメトリック・アプローチを行うための情報を提供してくれることが多いからです．

a. ノンパラメトリック・アプローチによる経験的成長の軌跡の平滑化

ノンパラメトリックな曲線は，個人の時間による変化のパターンのようすを特定の関数をあてはめることなく要約するものです．有名な統計パッケージはすべて，仮定を必要としない平滑化について複数のオプションを備えています．例えば，スプライン平滑化，Loess平滑化，カーネル平滑化，そして移動平均などです．どの平滑化のアルゴリズムを採用するかは，おもに使いやすさの問題です．私たちがここで行おうとしている探索的な分析には，どの方法も適用することができます．

図2.3は，NYSの経験的成長記録に平滑化したノンパラメトリックな曲線を重ね合わせたものです（Harvard Graphicsの「curve」オプションを使用して得たものです）．このような平滑化した曲線を検討する際，注目すべきポイントは，曲線の高さ，形，そして傾きです．得点は，低いところ，中ごろ，それとも尺度の最大値付近の高いところなど，どのあたりにあるか．全員が時間とともに変化するのか，それと

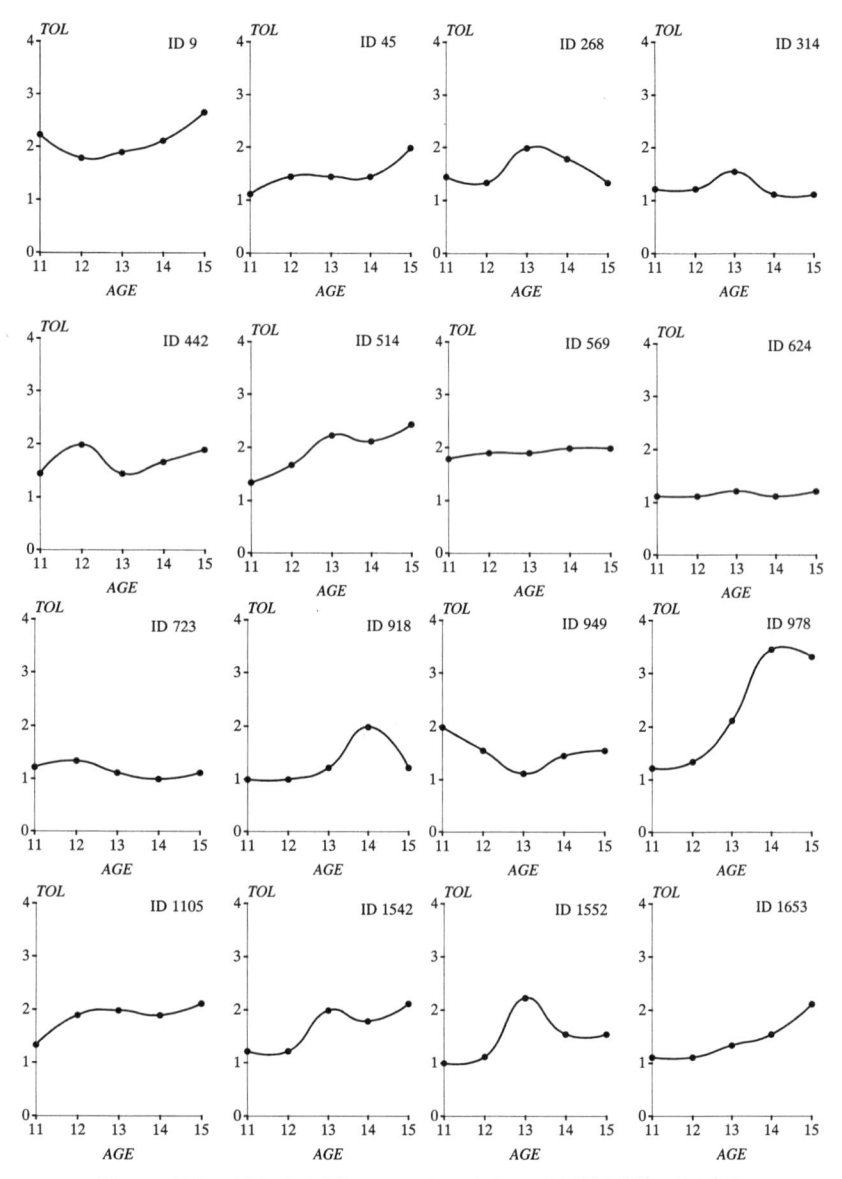

図 2.3 個人の時間による変化の，ノンパラメトリックな平滑化曲線による表現

耐性に関する研究の参加者の経験的成長プロット（図 2.2）に，ノンパラメトリックな平滑化曲線を重ね合わせている．

も中には変化しない人もいるか.全体的な変化のパターンはどのようなものか.直線か,それとも曲線か.滑らかか,それとも階段状か.軌跡には変曲点や停滞期があるか.変化は急か,それとも緩やかか.変化率に個人差はあるか,ないか.図2.3の曲線は逸脱行動に対する耐性の個人の変化のようすについての私たちの予備的な結論を裏づけるものです.ほとんどの子どもたちは11歳から15歳の間に得点が緩やかに上昇しています.例外はID 978番で,13歳以降に得点の急激な上昇をみせています.

ノンパラメトリックな曲線を個別に検討したところで,次はこの曲線をグループとして眺めてみましょう.この後すぐに,曲線を表現する関数の形を決めるという作業が必要になりますが,このグループレベルの分析はその判断の際に必要な情報を提供してくれます.私たちの例を見てみると,何人かの子どもは直線的な変化をみせています(ID 514, 569, 624, そして723番).その他の子どもは,上昇する曲線(ID 9, 45, 978, 1653番),あるいは中ほどで山あるいは谷がある曲線(ID 268, 314, 918, 949, 1552番)といった変化のパターンをみせています.

b. 最小二乗法による回帰を用いた経験的成長の軌跡の平滑化

個人の成長の軌跡を,それぞれのデータにパラメトリックモデルをあてはめることで要約することもできます.モデルのあてはめには様々な手法がありますが,探索的な分析には最小二乗法による回帰(ordinary least square regression:以下,OLS回帰)が一般的には適当だと私たちは考えています.もちろん,個人ごとに特定の回帰モデルを個別にあてはめていくという方法は,縦断データを有効に活用する方法ではありません.そこで,まもなく紹介する変化についてのマルチレベルモデルが必要となるのです.しかし「小規模のOLS回帰モデルのあてはめ」というアプローチはわかりやすく,個人一時点データセットで非常に扱いやすいこともあり,直接的かつ親しみやすい方法で,研究者とデータとの橋渡しをしてくれると私たちは考えているのです.

個人のデータを探索的OLS回帰にあてはめていくためには,まずそのモデルのための特定の関数の形を決める必要があります.この決断は,探索的な分析に必要なだけではなく,このあとのモデルのあてはめの際にさらに重要な意味を持ってきます.理論や先行研究の結果などの実質的な情報に基づいて関数の形を決めていくのが理想的です.しかし私たちの例のように,得られているデータがライフスパンのある一部分だけに制限されているような場合や,データが3時点や4時点だけの場合,モデル選択は難しい作業になります.

さらに2つの要因がモデルの選択を複雑にしています.第一に,探索的な分析からはそれぞれの個人に対して異なる関数をあてはめることが示唆されることが多いということです.変化が直線的な人たちもいれば,曲線的な人たちもいる,といった具合です.図2.3から,私たちもある程度このパターンを目にしています.しかし,デー

タセットに含まれるすべての人に同じ関数形をあてはめるという形での単純化は、その利点の方が不利な点を完全に上回るので非常に魅力的な方法です。データセットに含まれるすべての人に同じ関数をあてはめることによって、あてはめた曲線という同じ基盤を持つ数値要約が得られ、この数値で個人間の違いを簡単に比較することが可能になるのです。このプロセスは、直線のモデルをあてはめた場合に特に簡単になります（私たちはこの方法をこれから実行していきます）。この場合、あてはめた曲線の推定した切片と傾きを用いて個人間の違いを比較すればよいのです。第二に、測定誤差の存在によって、経験的成長記録が示す説得力のあるパターンが本当に真の変化を反映しているものなのか、あるいは単にランダムな変動を表しているものなのか、ということの識別が難しくなっているということがあげられます。思い出してください、それぞれの観測値というのは、単に背後にある真の得点を操作的に表した不確実なものであるということです。誤差の方向によって観測値は不適切に高くもなれば、低くもなります。経験的成長記録は、その人の時間の経過による真の変化を表してはいません。経験的成長記録は、その人の観測された不確実な変化のようすを反映したものなのです。私たちが目にする経験的成長記録やプロットの中には測定誤差でしかないものもあります。

　このような複雑な問題は、探索的な分析のための関数選択の際に、倹約を強く訴え、解析を可能にするために最も単純な曲線を採用するようにあなたを仕向けていきます。多くの場合、最善の選択はシンプルな直線です。私たちの例では個人の変化の傾向に直線を採用しました。なぜならば、この16人の子どもたちの軌跡の適切な記述を提供してくれると考えたからです。もちろん、私たちはこの選択をする際、図2.3における直線性からのどんな逸脱も外れ値あるいは測定誤差によるものと暗黙のうちに想定しています。個人の変化を直線で表すという方法を採用することで、説明を大幅に単純化することができますし、教育的な利点もあります。非連続および直線的ではない変化のモデルの説明は、6章を費やして行います。

　さて、経験的成長記録の要約のために適切な関数形が決まったところで、次の3ステップを実行し、あてはめた曲線の式を得ていきます。

[1] データセットに含まれる個人について、個別の回帰モデルを推定する。直線を用いた変化のモデルでは、単純に、個人—時点データセットに含まれる結果変数（ここでは TOL）を従属変数、時間を表す何らかの変数（ここでは AGE）を独立変数として、回帰分析を実行する。回帰分析は個人ごとに（回帰分析を「ID」で個別に）行うこと。

[2] 個人別に行なった回帰分析で得られた要約統計量をすべて集約して、別の新たなデータセットを作る。直線を用いた変化のモデルでは、それぞれの推定した切片と傾きがそれぞれの成長の軌跡を要約する値に、R^2 と残差分散は適合度を

要約する値になる．

[3] 経験的成長記録のプロットの上に，得られた回帰直線を重ねていく．選択した予測値を個人ごとにプロットし，それらを滑らかに結んでいく．

では，この3ステップをNYSのデータを用いて実行してみましょう．

まず，経験的成長記録のデータに個別に直線を用いた変化のモデルをあてはめていきます．TOL を従属変数，AGE を独立変数として回帰分析をすることもできますが，AGE の代わりに $(AGE-11)$，つまり AGE の**中心化**した変数を独立変数として用いたいと思います．時間に関する予測変数を中心化することは任意ですが，これを行うことにより切片の意味の解釈が容易になります．もし AGE を中心化しなかった場合，あてはめた曲線により推定された切片は，その子どもの0歳時点での逸脱行動に対する耐性を表すことになります．0歳というのは，このデータがカバーしている年齢の範囲外ですし，自分の態度について報告できる年齢ではありません．AGE の値から11を引くことによって，プロットの原点を移動させ，切片は子どもが11歳時（より妥当な年齢です）での逸脱行動に対する耐性の推定値になります．

AGE を中心化することは，個人の傾きの解釈には何の影響も与えません．傾きは，個人の1年間の変化率を推定したものであることには変わりはありません．正の傾きを表す子どもは，年齢とともに逸脱行動に対する耐性の値が上昇しています．さらに，傾きの値が最も大きい子どもは，耐性の値が最も急速に上昇したことになります．負の傾きを表す子どもは，年齢とともに逸脱行動に対する耐性の値が下降しています．さらに，傾きの値が最も大きい子どもは，耐性の値が最も急速に下降したことになります．モデルのあてはめにより推定された傾きは，結果変数の1年間の変化率を表しますから，変化の探索的な分析で，興味の中心となるパラメータです．

表2.2は，NYSデータの16名の子どもたちの直線的な変化を，OLS回帰を用いてモデルのあてはめを行った結果です．表には，各個人のOLS推定による切片と傾き，および標準誤差，残差分散，R^2 統計量を掲載してあります．図2.4はそれぞれの統計量の幹葉図です．推定された切片と傾きが人によってかなり異なることに注目してください．これには，図2.3で見たように軌跡に個人差があることが反映されています．多くの子どもたちは11歳時点では逸脱行動に対する耐性が低いですが，ID 9番や569番など，何人かの子どもたちは他の人に比べると耐性が高いことがわかります．さらに，多くの子どもたちには時間による変化があまりみられないこともわかります．これらの推定された傾きと標準誤差を比べてみると，9人の子どもたちの傾き (ID 9, 268, 314, 442, 624, 723, 918, 949, 1552番) は，0とほとんど変わらないことがわかります．3人 (ID 514, 1542, 1653番) は緩やかな増加，1人 (ID 978番) は極端なケースで，最も値が近い子どもに比べても3倍も急に増加しています．

表 2.2 TOLERANCE を従属変数,時間を独立変数とした最小二乗法による線形回帰分析の個人別結果

ID	初期値（切片）		変化率（傾き）		残差分散	R^2	MALE	EXPOSURE
	推定値	標準誤差	推定値	標準誤差				
0009	1.90	0.25	0.12	0.10	0.11	0.31	0	1.54
0045	1.14	0.13	0.17	0.05	0.03	0.77	1	1.16
0268	1.54	0.26	0.02	0.11	0.11	0.02	1	0.90
0314	1.31	0.15	−0.03	0.06	0.04	0.07	0	0.81
0442	1.58	0.21	0.06	0.09	0.07	0.14	0	1.13
0514	1.43	0.14	0.27	0.06	0.03	0.88	1	0.90
0569	1.82	0.03	0.05	0.01	0.00	0.88	0	1.99
0624	1.12	0.04	0.02	0.02	0.00	0.33	1	0.98
0723	1.27	0.08	−0.05	0.04	0.01	0.45	0	0.81
0918	1.00	0.30	0.14	0.13	0.15	0.31	0	1.21
0949	1.73	0.24	−0.10	0.10	0.10	0.25	1	0.93
0978	1.03	0.32	0.63	0.13	0.17	0.89	1	1.59
1105	1.54	0.15	0.16	0.06	0.04	0.68	1	1.38
1542	1.19	0.18	0.24	0.07	0.05	0.78	0	1.44
1552	1.18	0.37	0.15	0.15	0.23	0.25	0	1.04
1653	0.95	0.14	0.25	0.06	0.03	0.86	0	1.25

あてはめて得られた初期値

```
1.9| 0
1.8| 2
1.7| 3
1.6|
1.5| 4 4 8
1.4| 3
1.3| 1
1.2| 7
1.1| 2 4 8 9
  1| 0 3
0.9| 5
```

あてはめて得られた変化率

```
 0.6| 3
 0.5|
 0.4|
 0.3|
 0.2| 4 5 7
 0.1| 2 4 5 6 7
   0| 2 2 5 6
  -0| 3 5
-0.1| 0
```

残差分散

```
.2 lo| 3
.1 hi| 5 7
.1 lo| 0 1 1
.0 hi| 5 7
.0 lo| 0 0 1 3 3 3 4 4
```

R^2 統計量

```
0.8| 6 8 8 9
0.7| 7 8
0.6| 8
0.5|
0.4| 5
0.3| 1 1 3
0.2| 5 5
0.1| 4
  0| 2 7
```

図 2.4 OLS であてはめた軌跡の観測された多様性

耐性データに OLS 回帰モデルをあてはめて得られた,初期値,変化率,残差分散,および R^2 統計量の幹葉図.

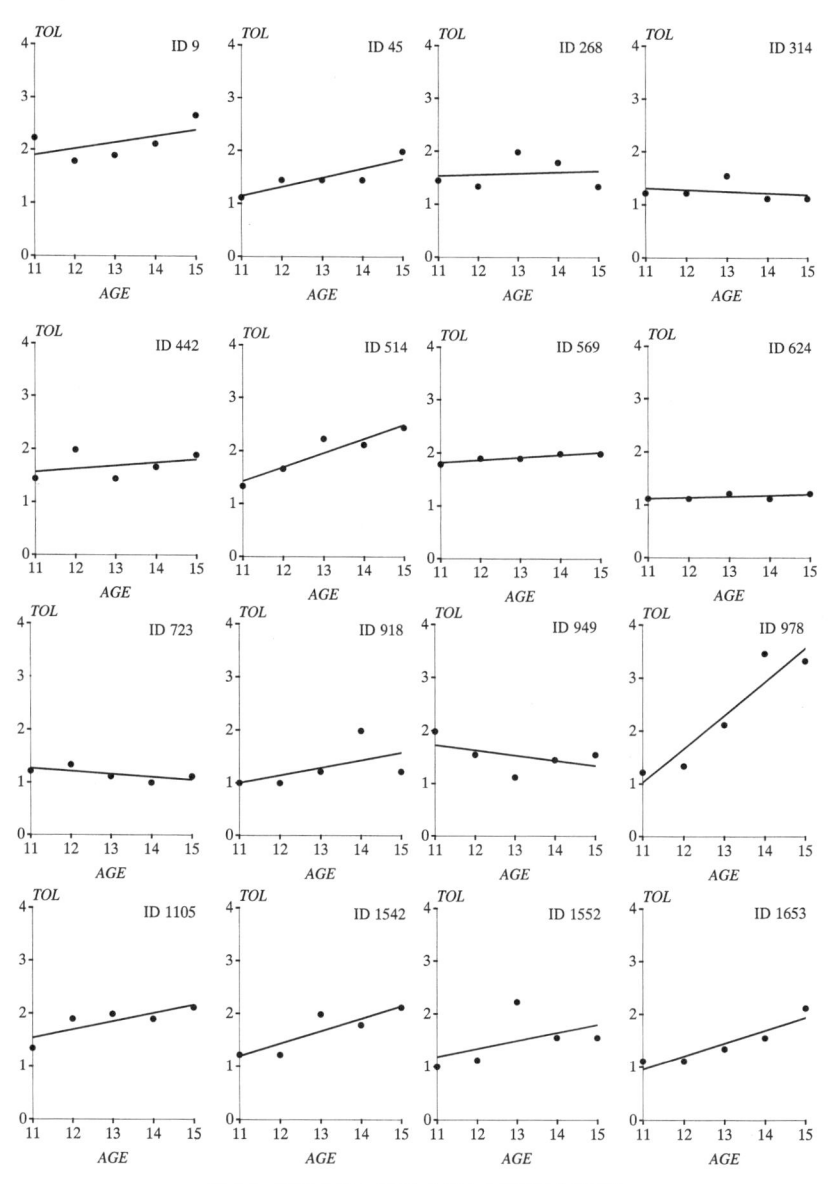

図 2.5 OLS を用いて表した個人の時間による変化

耐性に関する研究の参加者の経験的成長プロット（図 2.2）に OLS による軌跡を重ね合わせている.

図 2.5 は，経験的成長プロットに OLS 回帰分析によって得られた曲線を重ね合わせたものです．有名な統計パッケージであればどれでもこのような図を描くことができます．例えば，ID 514 番の推定された切片と傾きは 1.43 と 0.27 ですから，11 歳時点と 15 歳時点の推定される値はそれぞれ，1.43(1.43＋0.27(11－11)) と 2.51 (1.43＋0.27(15－11)) となります．データにおける時間の範囲外の外挿を避けるために，11～15 歳の時点に限ってプロットをしています．

OLS 回帰分析によって得られた曲線と実際に観測されたデータの点を比較してみると，選択した直線を用いた変化モデルが，個人の成長のようすとどの程度合致しているかをみることができます．一部の子どもたちについては (例えば ID 569 番や 624 番)，直線を用いたモデルはよくあてはまっていて，観測された値と推定された値とがほとんど重なりそうになっています．その他の子どもたち (ID 45, 314, 442, 514, 723, 949, 1105, 1542 番) についても，もし観測された値と推定された値との乖離がランダムエラーによるものだとすれば，直線を用いたモデルとのあてはまりは悪くない結果が得られています．5 人の子どもたち (ID 9, 268, 918, 978, 1552 番) については，観測された値と推定された値との乖離がより大きくなっています．この子どもたちの経験的成長記録を見ると，彼らの変化のパターンは曲線モデルを支持しているようにみえます．

表 2.2 には，個人別のモデル適合度を表す R^2 統計量と残差分散という 2 つのシンプルな指標が掲載されています．このような少数の標本でも R^2 統計量の値にかなりのばらつきがあることに注目してください．ID 268 番の 2% から (この回答者の予測された曲線は平坦で，各データは大きく散らばっています) 最も高いところで ID 514 番や 569 番の 88% (この回答者の経験的成長記録は，びっくりするほどきれいな直線になっています)，978 番の 89% (最も急速に値が増加しています) までの範囲に広がっています．個人の推定された残差分散はこのような多様性を反映しています (みなさんもおわかりのように，残差分散は R^2 統計量を計算する際に使われる値の 1 つです)．定義によって歪んでいますが (図 2.4 を見れば明らかです)，残差分散の値は ID 569 番や 624 番のほぼ 0 (彼らのデータはほぼ完璧に予測されています) から高いところで ID 978 番の 0.17 や 1552 番の 0.23 (彼らのデータには，極端な値が含まれています) までの範囲に広がっています．結論として，探索的なモデルの適合度には個人差があり，直線的な変化の軌跡はよくあてはまる人とそうではない人がいるということがいえるでしょう．

ここまできたところでみなさんは，OLS 回帰分析をこのようなデータの探索的な分析に使用することにさえ，疑問を持つようになったかもしれません．OLS 回帰分析では，残差の独立性と等質性を仮定しています．しかしながらこのような仮定は，個人内の経時的な残差間に自己相関や異分散性がみられるような縦断データでは担保

されません．このような懸念があるにもかかわらず，OLS 回帰による推定値は探索的な分析には非常に有用です．しかし，残差の独立性の前提が脅かされるような場合（つまり，推定値の分散が非常に大きい場合）には，その有効性が低下しますが，それでも個人の変化の切片や傾きの不偏推定値を得ることができます（Willett, 1989）．言い換えれば，個人の変化の軌跡を要約する重要な値—個人の切片と傾き—の探索的な推定値は，多少ノイズが入るかもしれませんが，的を射たものであるといえるでしょう．

2.3 変化の個人差を探る

個人の時系列的な変化についての検討が終わったところで，次は，このような変化の個人間での相違について検討していきます．みなが同じように変化するのでしょうか．それとも変化の軌跡は個人でかなり異なるのでしょうか．このような疑問は，変化の**個人差**の分析に焦点をあてています．

2.3.1 全員分の平滑化曲線を検討する

変化の個人差を検討する最もシンプルな方法は，1つのグラフの上に平滑化された個人の曲線をすべてプロットすることです．図 2.6 の左側の小図は，NYS データのノンパラメトリック平滑化で得られた曲線をすべてプロットしたものです．右側の小

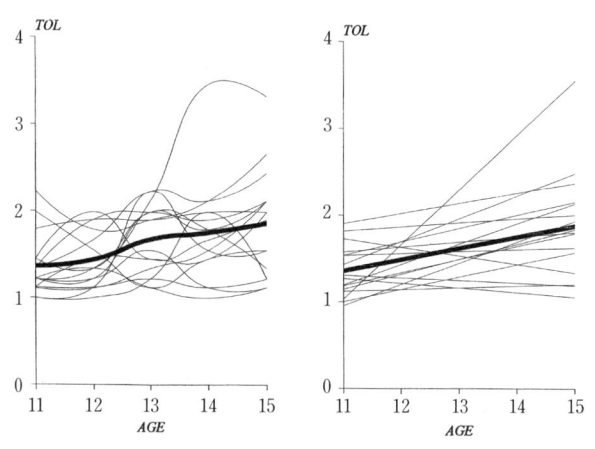

図 2.6 耐性に関する研究の参加者のノンパラメトリックな平滑化曲線と OLS による軌跡

左側の小図がノンパラメトリックな平滑化曲線．右側の小図が OLS による軌跡．双方のパネルにグループ全体の**平均的な変化の軌跡**が太線で表されている．

図は，同様に OLS 回帰分析により得られた曲線をすべてプロットしたものです．図が煩雑になってしまうので，両方の図から，観測されたデータのプロットは省略しています．

図 2.6 のいずれの図にも，グループ全体の**平均的な変化の軌跡**（average change trajectory）という新たな要約情報が加わっています．太線で記入してある線がこれに該当しますが，この要約情報があることにより，個人の変化とグループ全体の変化を比較することができます．平均的な変化の曲線はシンプルな 2 ステップの計算で得ることができます．まずはじめに，個人—時点データを時間（私たちの例では AGE）でソートし，それぞれの測定時点で個別に結果変数（ここでは $TOLERANCE$）の平均値を求めます．次にこれらの特定の時点における平均値をプロットし，個人の曲線を求めたときと同じように，ノンパラメトリックでもパラメトリックでも，平滑化のアルゴリズムを適用します．

図 2.6 のどちらの図からも，平均してみると，11 歳から 15 歳の間の逸脱行動に対する耐性の変化は，緩やかな正の変化で，（この 1〜4 の得点の中で）1 年間に 10 分の 1 から 10 分の 2 ポイント上昇していることがわかります．このことから，子どもが成長するに従って，徐々に逸脱行動に対する耐性がついてくることがわかります．ノンパラメトリックな方法で平滑化し，平均的な曲線を求めた場合においても，その曲線はほぼ直線に見えることに注目してください（12 歳から 13 歳における若干の曲線性や非連続性は，極端なケースである 978 番を除外すると消滅します）．また，どちらの図からも，個人間で変化のパターンはかなり多様であることが見て取れます．一部の子どもについては耐性の得点は年齢とともに徐々に高くなっていきますが，安定している子どもたちもいれば，徐々に低くなっていく子どもたちもいます．このような異質性は，年齢とともに耐性の値の散らばりが大きくなるにつれて，軌跡が扇状に広がっていくという現象を作り出します．その偉大な構造のおかげで OLS 回帰分析の図の方が解釈しやすいことがわかるでしょう．

平均的な変化の軌跡は重要な要約情報ではあるとはいえ，私たちはここで注意喚起をする必要があります．平均的な変化の軌跡の形は，そのもととなっている個人の変化の軌跡の形によく似ているというわけではないということです．このような当惑する事態を図 2.6 でみることができます．ここで，ノンパラメトリックな方法で平滑化された曲線は，様々な曲線を描いていますが，平均的な変化の曲線の形はほぼ直線となっています．つまり，平均的な変化の曲線の形から，個人の変化の軌跡の形を決して推測してはいけないということです．6.4 節で説明しますが，「曲線の平均」と「平均の曲線」が一致するのは，これらの数学的な表記がパラメータに関して線形である場合に限られます (Keats, 1983)．直線，2 次曲線，3 次曲線など，すべての多項式はパラメータに関して線形です．このような線の平均的な変化の軌跡はいつでも

個人の軌跡と同じ次数の多項式になります．複数の直線の平均は直線になり，複数の2次曲線の平均は2次曲線になります．しかし，その他の多くの一般的な曲線にはこの特性はあてはまりません．例えば，ロジスティック曲線の平均は，たいてい滑らかなステップ関数になります．つまり，平均的な成長の軌跡を検討する際には，細心の注意を払わなければいけないということです．私たちが平均的な軌跡を提示したのは単なる比較をするためで，その背後にある個人の軌跡の形について情報を得るためではありません．

2.3.2　モデルをあてはめた結果を変化に関する疑問の構築に使う

　個人の変化についてのパラメトリック・モデルを適用することにより，「変化」の個人間の差についての一般的な疑問を，個々のモデルのパラメータの動きという特定の疑問に表現し直すことができます．もし，パラメトリック・モデルの選択がうまくいけば，少ない情報のロスで，最大の単純化が図れることになります．例えば，もし個人の変化の軌跡に直線的なモデルを採用したとすると，暗黙のうちに各個人の成長をたった2つのパラメータで要約することに同意したことになります．すなわち，①推定された切片と②推定された傾きです．NYSのデータでは，推定された切片に散らばりがあることは，11歳時点で観測された耐性の得点に個人差があることを要約しています．もし私たちの例のように，切片が第1回目のデータ収集のあてはめた値を表すようであれば，これはある人の「初期値」を推定しているといえるでしょう．推定された傾きの散らばりは，逸脱行動に対する耐性の時間による観測された変化率の個人差を要約したものになります．

　変化の個人間での異質性についての疑問を，各個人の変化の軌跡の重要なパラメータということばで表現し直すことで，問題をより特定化して単純化をはかることができます．疑問を「変化には個人差があるでしょうか，もしあるとすれば，どのようにでしょうか」と表現する代わりに，「切片には個人差があるでしょうか．傾きにはどうでしょうか」とするのです．観測された平均的な変化のパターンについて知るためには，推定された切片と傾きの標本平均値を検討する必要があります．これらはその標本の初期値と標本全体の平均的な1年間の変化率に関する情報を提供してくれます．観察された変化の個人差を検討するためには，標本の切片と傾きの**分散**と**標準偏差**を検討します．これらは，その標本の初期値と変化率の散らばり具合についての情報を提供してくれます．そして，観察された初期値と変化率の関係性について検討するため，その標本の初期値と変化率の**共分散**あるいは**相関**を検討することができます．

　これらの問いに対する正式な回答は，3章で紹介するような変化についてのマルチレベルモデルの適用が必要になります．しかし，推定された切片と傾きについてシン

表 2.3 *TORELANCE* を時間の直線的関数とする個人内 OLS 回帰モデルを個別にあてはめて得られた個人の成長パラメータの記述統計量（$n=16$）

	初期値（切片）	変化率（傾き）
平均値	1.36	0.13
標準偏差	0.30	0.17
相関係数		−0.45

プルな記述統計を得ることで，この作業を予備的に行なうことができます．図2.4のような幹葉図を作成して分布のようすを検討することに加えて，個別に行なった回帰分析の結果（表2.2）のデータから基本的な記述統計量（平均値と標準偏差）および相関係数を求め，検討することもできます．

以下の3つの点について検討することは非常に有用であると考えています．

- **推定された切片と傾きの標本平均値：** レベル1のOLS推定による切片と傾きは，各個人の初期値と変化率の不偏推定値である．よって，これらの値の標本平均値は，観測された平均的な変化の軌跡の重要な特徴の不偏推定値である．
- **推定された切片と傾きの標本分散（あるいは標準偏差）：** これらの値は，変化の個人差を数値化したものである．
- **推定された切片と傾きの標本相関：** この相関係数は，推定された初期値と推定された変化率との間の関係を表し，「観測された初期値と変化率との間に関係はあるのだろうか？」という質問に答えるものである．

表2.3は，NYSデータを用いたこれらの分析の結果をまとめたものです．

この標本では，推定された切片の平均値は1.36で，推定された傾きの平均値は0.13です．よって，この標本における平均的な子どもは11歳時点で観測された耐性のレベルが1.36で，1年間に推定0.13ポイントずつ上昇すると結論づけることができます．この標本の標準偏差の大きさから（平均値との比較で），平均値の周りに広く散らばっていることが示唆されます．これは，推定された初期値と推定された変化率について，この子どもたちの間にはかなりの個人差があることを意味しています．最後に，推定された初期値と推定された変化率の間の相関係数が−0.45ということは，推定された初期値と推定された変化率の間に負の関係性，つまり，初期の耐性が高い子どもは，耐性の上昇が緩やかであることが示唆されます（ただし，測定誤差の影響で，値が小さくなるようにバイアスがかかっているため，解釈には注意をする必要があります）．

2.3.3 時不変の予測変数と変化の関係を探る

予測変数の影響を検討することは，個人レベルの特徴の個人差に対応した，個人の変化の軌跡の組織的なパターンを見出すことの助けになります．NYSデータでは，時不変の変数を2つ検討しています．すなわち，MALE と EXPOSURE です．観測された逸脱行動に対する耐性の変化の軌跡に性差があるかを検討することによって，男児（あるいは女児）が初期には逸脱行動に対してより耐性があるのか，変化率は異なる傾向にあるのかといったことについての探索を可能にします．観測された逸脱行動に対する耐性の変化の軌跡が初期（11歳時点）の逸脱行動への接触によって異なるかを検討することは，推定された耐性の初期値や変化率が，初期の逸脱行動への接触と関係があるかどうかの分析を可能にします．このような疑問はすべて，**変化の組織的な個人差**に焦点をあてています．

a. 平滑化した個人の成長の軌跡のグループをグラフで検討する

平滑化した個人の成長の軌跡のプロットを，重要な予測変数の値でグループ分けして図示することは，重要な探索的分析のツールです．もし，ある予測変数がカテゴリー変数であれば，図示の形式は単純明快です．もし，予測変数が連続変数であるような場合は，一時的にその変数をカテゴリー分けすることができます．例えば，図示の目的のために，EXPOSUREの値を中央値（1.145）で分けてみましょう．数値を用いた解析の際には，もちろん連続変数として扱います．

図2.7の上部の図は，OLSで平滑化した個人の成長の軌跡を性別で分けて表したものです．下の図は，同様に逸脱行動への接触で分けて表したものです．太線で示した軌跡は，それぞれのサブグループの平均の軌跡です．このようなプロット図を検討する際，組織的なパターンがみられるか，探してみてください．観測された軌跡はグループで異なる傾向をみせているか．観測された違いは切片と傾き，どちらでより明らかか．あるグループは他のグループに比べて異質性が高いか．最も急激な得点の上昇を見せたID 978番を除けば，推定された軌跡について，性別による違いはあまりみられません．それぞれのグループの観測された平均的な軌跡は，切片，傾きそして散らばりにほとんど違いはみられません．逸脱行動への接触のグループについても，初期値にはほとんど違いはみられません．しかし，変化率については，違いが認められます．ID 978番を除外したとしても，初期に逸脱行動への接触が多かった子どもは，年齢とともにより早く耐性をつけていくことが示唆されました．

b. OLS推定による曲線と重要な予測変数との関係

2.3節で，推定された切片と傾きの分布について記述しましたが，さらにこれらを探索的な分析の対象として使うこともできます．推定された曲線が予測変数によって組織的に異なるかどうかを検討するために，推定された切片と傾きを結果変数として扱い，予測変数との関係を分析することができます．NYSデータについては，この

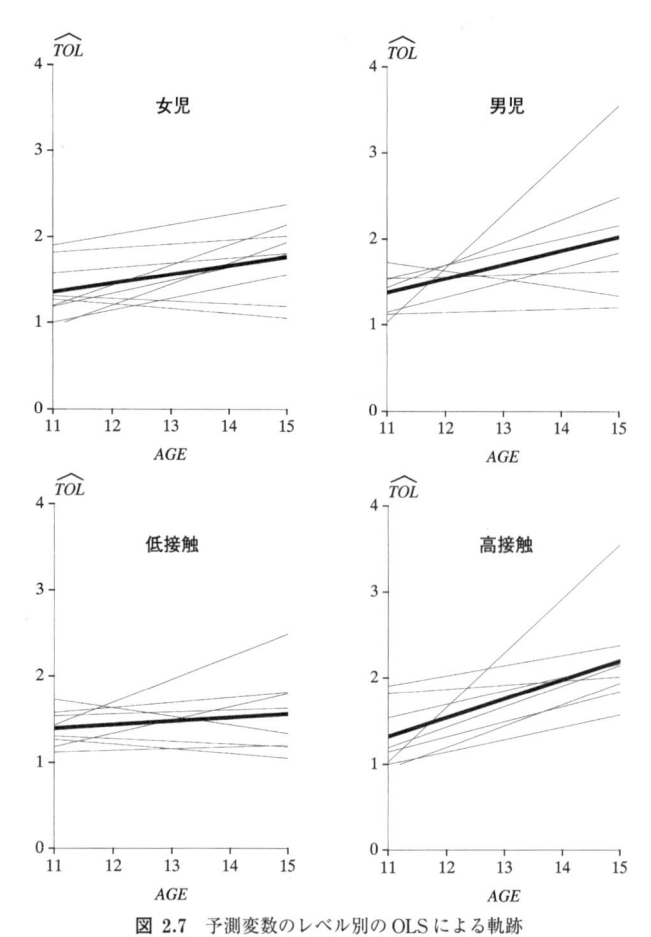

図 2.7 予測変数のレベル別の OLS による軌跡

軌跡を検討することによって，変化を予測する可能性のある変数を探る．あてはめられた OLS による軌跡を，性別（上部の図），逸脱行動への接触（下部の図）によって分けている．

ような分析は逸脱行動に対する初期の耐性，あるいは耐性の年間変化率は，①性別，②初期の逸脱行動への接触によって異なるかを検討することになります．

これらの分析は，探索的な分析—3章で登場する変化についてのマルチレベルモデルの適合という方法にすぐにとって代わられますが—なので，2変量のプロットと標本相関という最もシンプルな方法をとります．図2.8の2変量プロットは，推定された切片と傾きを縦軸に，横軸に2種類の予測変数—$MALE$ と $EXPOSURE$—を配置したものです．図中に，それぞれの標本相関係数を示してあります．推定された切片

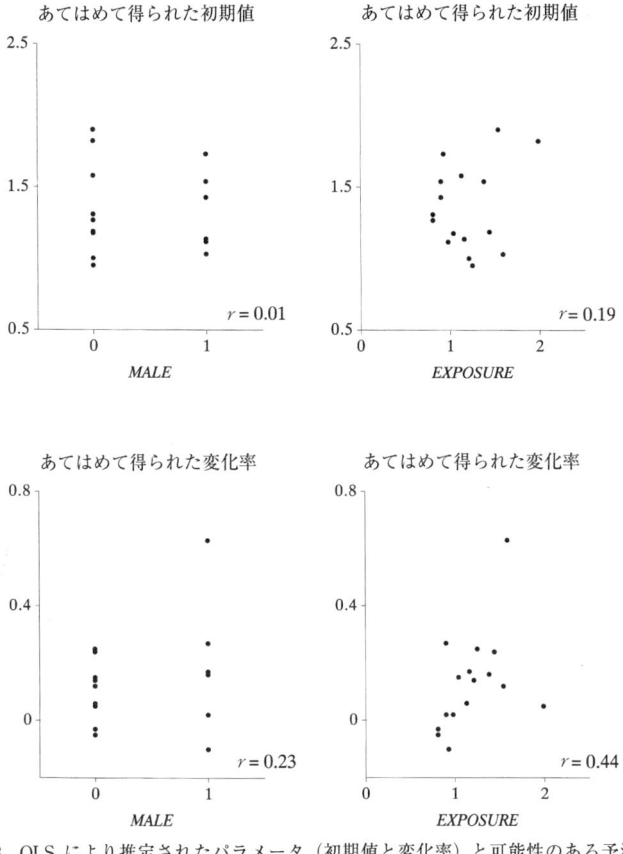

図 2.8 OLS により推定されたパラメータ（初期値と変化率）と可能性のある予測変数との関係の検討

あてはめられた OLS による耐性に関するデータの切片と傾きを，*MALE* と *EXPOSURE* の 2 つの予測変数についてプロットしたもの．

と傾きについては性別による違いはほとんどみられません．しかしながら *EXPOSURE* に関しては，初期に逸脱行動への接触が多かった子どもは，接触が多くない同級生と比べると，逸脱行動に対する耐性をより強くより早く身につける傾向がみられることがわかります．

　OLS 推定による切片と傾きは，記述統計や探索的分析においてこんなに役に立つにもかかわらず，変化の分析の最終決定打とはなり得ません．推定値は個人の真の初期値や変化率の不完全な値で，推定値は真の値ではありません．既知の方向に働いているバイアスを含んでいます．例えば標本分散は，結果変数に含まれる測定誤差によ

って大きくなってしまっています．つまり，推定された傾きの分散には誤差の分散が含まれているために，真の変化率は推定された傾きの分散より必然的に小さくなるということです．同じように，推定された切片と傾きの標本相関は，負の方向にバイアスがかかっています（母集団の相関を過小評価しています）．なぜならば，推定された初期値（切片）には測定誤差が含まれていますし，推定された変化率（傾き）は反対の方向にバイアスがかかっているからです．

これらのバイアスが存在するので，本章で紹介した記述的な分析は，探索的な目的にのみ使うようにしてください．このような分析は，データ分析の取っ掛かりとしては役に立ちます．推定値をより正確な値にすることは技術的には可能ではありますが―例えば，OLS 推定で得られた値の標本分散を小さくすることや，測定誤差の相関係数を修正すること (Willett, 1989)―，このようなことに余分な努力をすることはお勧めしません．その場しのぎの調整の必要性は，変化についてのマルチレベルモデルを直接あてはめることができる，よく知られたソフトウェアの使用で効果的に解決できます．

2.4 最小二乗法によって推定された変化率の精度と信頼性を改善する：研究デザインへの教訓

変化についてのマルチレベルモデルをご紹介する前に，本章で説明した個人内の探索的な OLS 推定による軌跡の別の特徴―推定された変化率の精度と信頼性―について検討してみましょう．この検討を行うのは，今後の分析にこの推定値を使用するからではなく，縦断研究の根本的な原則について―特にシンプルな点について―言及することを可能にしてくれるからです．みなさんが期待するように，これらの基本的な原則は，すぐにご紹介していくより複雑なモデルにも直接適用することができるものです．

統計学では，推定されたパラメータの精度を**ちらばり（分布のちらばり）**で判断します．それは，同じ母集団から無限回サンプリングを重ねた結果，得られるちらばりの測度のことです．最も一般的なちらばりの測度は，推定値の**標準誤差**です．推定値の標準誤差は，推定値の分散の平方根をとったものです．精度と標準誤差は，反比例の関係性にあります．標準誤差が小さくなると，推定の精度は高くなるといった具合です．表 2.2 から，NYS のデータにおける個人の推定された傾きの標準誤差には，非常にばらつきがあることがわかります．何人かは，推定された変化率は非常に精度が高く（ID 569 番や 624 番），何人かについて，そうではありません（1552 番）．

なぜこのように個人の推定された傾きの精度にばらつきがあるか，ということについて理解を深めることによって，変化についての縦断研究を改善するためのヒントを

2.4 最小二乗法によって推定された変化率の精度と信頼性を改善する

得ることができます．数理統計学における一般的な知見から，OLS 推定による変化率の精度は，個人の①残差分散―あてはめた線と観測値との垂直的なずれ―と，②測定回数とその間隔に，依存しているということがいえます．もし，個人 i に対して T 回のデータ収集を実施 $(t_{i1}, t_{i2}, \cdots, t_{iT})$ したとき，OLS 推定による変化率の標本分散[1]は，以下のように表されます．

$$\begin{pmatrix}\text{個人 } i \text{ の OLS 推定に} \\ \text{よる変化率の標本分散}\end{pmatrix} = \frac{\sigma_{\varepsilon_i}^2}{\sum_{j=1}^{T}(t_{ij}-\bar{t}_i)^2} = \frac{\sigma_{\varepsilon_i}^2}{CSST_i} \quad (2.1)$$

ここで，$\sigma_{\varepsilon_i}^2$ は i 番目の個人の残差分散を表し，$CSST_i$ はその人の $TIME$ の修正済み平方和，つまり，平均時間 $\bar{t}_i$ と観測された j 時点での観測された時間 t_{ij} の差の平方和を表します．

2.1 式から，OLS 推定による変化率の精度を上げるための 2 つの方法が示唆されます．①残差分散を少なくする（分子にあるから），と②測定時点を多様化する（時間の修正済み平方和は分母にあるから），です．もちろん，残差分散の大きさは，こちらでコントロールできるものではありません．より正確にいえば，その値を直接的に調整することはできないのです．しかし，少なくとも残差分散の一部は，測定誤差にすぎないのですから，心理測定学的に，より良質の結果変数を用いることによって，精度を高めることができます．

研究デザインの調整により時間の調整済み平方和を大きくすることで，大幅に精度を改善することが期待できます．2.1 式を見てみると，測定時点がより多様化すれば，変化の測定精度はより高くなることがわかります．測定のタイミングを多様化させるために，2 つのシンプルな方法があります．①予定している測定時点をもっと平均から離れたところにまで拡大させる，と②測定時点を増やす，です．いずれの方法を用いても，それなりの見返りはあります．なぜならば，測定時点の平均からの偏差の 2 乗が 2.1 式の分母にあるからです．観測時点の中心から外れたところにもう 1 回測定時点を増やすだけでも，変化の測定の精度を劇的に高めることができるのです．

OLS 推定による変化率の信頼性の検討でも，同じ結論にたどり着きます．私たちは精度を，測定の質の判断のためのより良い基準だと信じていますが，信頼性も検討しなければならない 3 つの理由があります．第一に信頼性の問題は，変化の測定に関する分野の中でかなり重要な位置を占めているため，議論をまったくしないというのは賢明なやり方ではないということです．第二に，精度と信頼性を数学的にきちんと区別するために，信頼性を正確に定義することは役に立つということです．第三に，信頼性と精度は測定の質を評価する際の別々の基準ですが，このようなケースでは双

---

[1] 個人 i の OLS による傾きの標本分散のモーメント法による推定値は，2.1 式の分母と分子にそれぞれ該当する標本統計量を代入することで得られます．

方が研究デザインについて出す提案は同じようなものになるということです．

　傾きの推定値がある人の真の変化率をどれくらい良く測定しているかを表す精度とは異なり，信頼性は，変化率が人によってどのくらい異なるかを表しています．精度は個人レベルで意味があり，信頼性はグループレベルで意味があるのです．信頼性は，個人間の多様性によって定義され，ある測度の観測された分散と真の分散の比を指します．テスト開発者があるテストの信頼性が母集団で .90 といった場合，母集団において観測された得点の個人間の分散の 90% が真の分散であることを意味しています．

　変化の信頼性も同じように定義されます．OLS 推定による傾きの母集団における信頼性は，母集団の観測された変化率の分散と真の変化率の分散の比になります（Rogosa ら，1982；Willett，1988，1989 を参照してください）．もし信頼性が高ければ，観測された変化率の個人差の大部分は真の変化率の個人差ということになります．観測された変化の順番に母集団の構成員全員を並べたときに，それはかなりの自信を持って真の変化のランキングを反映したものだと言えるでしょう．もし信頼性が低ければ，観察された変化のランキングは背後にある真のランキングをまったく反映していないということになります．

　一般的に，精度を改善することは信頼性の改善につながります．個人の変化をより正確に測定することができれば，この変化に基づいてより正確に個人を判別することができるようになります．しかしグループレベルのパラメータである信頼性は，その値は母集団の真の変化の分散からも影響を受けます．もし全員の真の変化率が同じであれば，いくら観測された変化率の精度が高くても，個人を効率的に判別することは不可能になるので，信頼性はゼロということになります．つまり，変化率に関する最高水準の精度と変化の個人差を検出する力が貧困な信頼性は共存するということです．個人レベルでは変化を正確に測定することはできても，全員の変化が同じであるために，個人を判別することができないという現象が起こるのです．もし，測定の精度が一定であれば，真の変化の異質性が高くなれば，信頼性も高くなります．

　測定の質を評価するものさしとしての信頼性の不利な点は，個人レベルでの精度の影響と真の変化における個人間の異質性とが交絡することでしょう．個人レベルでの精度が低い，あるいは真の変化における個人間の異質性が低いような場合，信頼性は 0 に近くなりがちです．精度が高く，真の変化における個人間の異質性が高いような場合，信頼性は 1 に近くなりがちです．これは，信頼性が精度あるいは真の変化における異質性のいずれかだけについて情報を与えてくれるものではないということ意味しています．その代わりに，測定の質を測定するものとしての価値を減じても，精度と異質性，両方について情報を提供してくれるものなのです．

　これらの欠点を，以下の 2 つの限定された条件のもとでではありますが，代数的に

2.4 最小二乗法によって推定された変化率の精度と信頼性を改善する

確認することができます。①縦断データが完全に釣り合いのとれたものである場合—母集団の構成員全員のデータ収集のスケジュールが同じ $t_{i1}, t_{i2}, \cdots, t_{iT}$ であること—，②個人の残差は同じ方法で独立に，分散 σ_ε^2 の同じ分布から得られたものであること，の2つの条件です．OLS 推定による個人の変化率の母集団における信頼性は，以下のように表されます．

$$\text{OLS 推定による変化率の信頼性} = \frac{\sigma^2_{TrueSlope}}{\sigma^2_{TrueSlope} + \dfrac{\sigma_\varepsilon^2}{CSST}} \tag{2.2}$$

ここで，$\sigma^2_{TrueSlope}$ は真の変化率の母集団における分散を，$CSST$ は時間の修正済み平方和を表し，ここでは全員に共通なものになっています（Willett, 1998）．$\sigma^2_{TrueSlope}$ は分子・分母両方に現れるので，信頼性の決定に重要な意味を持っています．もし，全員が同じ真の変化率で成長したとすると，すべての真の成長の軌跡は平行になり，真の変化率に個人差はみられなくなります．もしこのような状態になったとすると，どんなに個人の変化率が正確に測定されていたとしても，$\sigma^2_{TrueSlope}$ と変化の信頼性の両方ともが0になってしまいます．皮肉なことに，これは OLS によって推定された傾きは，非常に精度は高いが，変化を表す数値としては信頼性が低いことを意味します．もし真の変化率に大きな個人差があるような場合，真の成長の軌跡はかなり交差します．このような場合，$\sigma^2_{TrueSlope}$ の値は大きくなり，分母の値も分子の値も大きくなり，OLS 推定による傾きの信頼性は，その精度にかかわらず1に近くなります．これは，OLS 推定による傾きは，精度は欠くけれども信頼できる変化を表す値であるということを意味します．つまり，結論としては，「信頼性だけを変化の測定の質の基準にすると，間違った結論を導いてしまうことがある」ということになります．

前に提示した縦断研究のデザインに関する結論を，2.2式によって補強することもできます．まず，母集団における真の変化の個人差のあるレベルにおいて，OLS 推定による傾きの信頼性は，残差分散のみに依存しています．少なくとも残差の一部は単なる測定誤差であることから，結果変数の質が良ければ変化の測定値の信頼性も高くなります．次に研究デザインによって，つまり測定回数や間隔を調整することによって，信頼性を改善することができます．時間の修正済み平方和である $CSST$ を大きくすることは何でも役に立ちます．データを収集する時点を増やす，データ収集時点の中心点から既存の時点を離す，このようなことをすれば，変化を測定するものの信頼性は改善します．

3

変化についてのマルチレベルモデルの紹介

When you're finished changing, you're finished
　　　　　　　　　　　　　　－Benjamin Franklin

　本章では，どうすれば変化についての個人内と個人間の問題に同時に取り組むことができるのかを示しながら，変化についてのマルチレベルモデルについて紹介します．統計学的モデルを構築するにはいくつかの方法がありますが，ここではより実質的に使いでのある，単純で一般的なアプローチをとります．それぞれの個人が時間の経過とともにどう変化するかを説明するレベル1サブモデルと，これらの変化が個人間でどのように異なるかを説明するレベル2サブモデルの一対の下位モデルを同時に仮定することによって，変化についてのマルチレベルモデルを説明します（Bryk & Raudenbush, 1987；Rogosa & Willett, 1985）．

　3.1節では，統計モデル一般と，特に変化についてのマルチレベルモデルの理論的根拠と目的を簡潔に概観することに取りかかります．そして，個人の変化についてのレベル1モデル（3.2節）と，変化の個人間の不均一性についてのレベル2モデル（3.3節）を紹介します．3.4節では，最尤法を導入し推定の世界に最初の一歩を踏み出します（次の章で他の推定法について検討します）．3.5節と3.6節は，どのようにパラメータ推定値の結果を解釈すればよいのか，そしてどうすれば主要な仮説を検証することができるのかを例証しながら締めくくります．

　本章で，変化についてのマルチレベルモデルについて完全かつ一般的な説明を提示することを意図してはいません．私たちの目標は，モデルを特定し，それをデータにあてはめ，その結果を解釈する際に，あなたが経験しなくてはならないすべてのステップの一部始終を説明するのに「役に立つ」1つの例を提供することです．私たちはモデルを学ぶには単純だが完全で，制約のある分析で，しかも現実的な文脈をはじめにリハーサルすることがよりわかりやすいと確信しているので，この方法で進めていきます．これで表記と分析の複雑さを最小限に抑え，解釈と理解に焦点を合わせることができます．結果的に本章は以下の内容，① 個人の成長についての直線的変化モデル，② 全員が同一のデータ収集のスケジュールを共有する時間構造化データセット，③ 1つの時不変な2値の予測変数の効果の評価，④ 専用の統計ソフトウェアの

1つである HLM の使用，のみを扱います．次章では，以下のような状況に一般化して，様々な方法で基本モデルを広げていきます．すなわち成長が曲線的である，あるいは非連続である状況，個人によってデータ収集のタイミング，間隔，回数が異なっている状況，複数の予測変数が離散と連続，時不変と時変な場合の効果に関心がある状況で，分布の仮定が異なる状況，それらの予測変数がそして他の推定法や統計ソフトウェアが使用される状況などです．

3.1 変化についてのマルチレベルモデルの目的は何か

あなたはこれまでのデータ分析において多くの統計モデルをあてはめているとは思います．しかし研究者が新しい種類の複雑な分析に詰まった時，いったい統計モデルとは何か，そして何が統計モデルではないのかということを何度も思い出す必要があることが，私たちの経験上わかります．そこで変化についてのマルチレベルモデルそれ自体を提示する前に，統計モデルの目的を簡潔に見直します．

統計モデルは母集団のふるまいの数学的表現です．つまりそれは目標母集団の人々についての関心のあるプロセスについての仮定を記述します．特定のデータセットを分析するために特定の統計モデルを使用する際，あなたはこの母集団モデルがこれらの標本データをもたらしたことを暗に言明しているのです．つまり統計モデルは標本のふるまいについての言明ではなく，そのデータが作り出された母集団におけるプロセスについての言明なのです．

母集団におけるプロセスに関する明確な説明を示すため，統計モデルは切片，傾き，分散などの関心のある特定の母集団量を表すパラメータを用いて表現されます．横断調査のデータセットで，乳児の出生時体重（ポンド）と，ある一時点で測定した神経学的な機能との関連を表すのに，（通常の表記法で）$NEURO_i = \beta_0 + \beta_1(BWGT_i - 3) + \varepsilon_i$，という単回帰モデルを使用しようとするなら，標本が抽出された母集団は，① β_0 は，3ポンドの新生児の神経学的な機能の期待水準を表す未知の切片のパラメータである，② β_1 は，出生時体重が1ポンド異なる新生児間における機能の期待差を表す未知の傾きのパラメータである，と暗に示していることになるでしょう．1標本 t 検定のような簡単な分析でさえ，母集団平均 μ のように未知の母集団パラメータが必要です．この検定を行う際，実際の μ の値に関するエビデンスを評価するために，あなたは標本データを使用するでしょう．μ はゼロと等しい（もしくは他の何か既定の値）なのでしょうか．分析それぞれは形式と関数において異なるかもしれませんが，あらゆる（分析的）推論は統計モデルにより裏づけられます．

いかなる文脈においても，統計モデルを仮定したならば，次はモデルを標本データにあてはめ，母集団パラメータの未知の値を推定します．たいていの推定法は R^2 値

や残差分散のような「適合度」の指標を出力します．それはあてはめられたモデルと標本データとの一致を数値化したものです．モデルの適合が良い場合には，母集団における仮定された影響の方向と大きさについての結論を引き出すために推定パラメータの値を使用することができます．もし上段で特定した線形単回帰モデルにあてはめて，$\widehat{NEURO_i} = 80 + 5(BWGT_i - 3)$ という式を見出したとすると，出生時の体重が平均的に3ポンドの新生児は機能的レベルが80ですが，出生時体重が1ポンド増えるごとに，機能的レベルは5ポイント高まることが予測できます．そして標本から母集団について推論をするために，仮説検定と信頼区間が使用されます．

上記の単回帰モデルは，横断データのためにデザインされています．では縦断データによる変化の過程を表現するにはどのような統計モデルが必要になるのでしょうか．私たちは明らかに，2種類のリサーチ・クエスチョンを具体化するモデルを探し求めています．1つは個人内変化についてのレベル1モデルの問い，もう1つは個人間変化の違いについてのレベル2モデルの問いです．もしちょうど説明されている神経学的機能の仮説的研究が縦断的であるなら，①一人ひとりの子どもの神経学的な機能は時間が経つにつれてどのように変化するのか，②子どもたちの変化の軌跡は，出生時体重によって違ってくるのか，と問うでしょう．個人内の問題と個人間の問題を区別することは，単に表面的問題ではなく，変化についての統計モデル設定するための理論的根拠の核心部となります．変化についてのモデルは①時間の経過とともに個人がどのように変化するのかを説明するレベル1サブモデルと，②これらの変化は個人を超えて違ってくるのか，というレベル2サブモデル，これら2つのレベルを含まなくてはならないことを示しています．まとめると，これらの2つの要素が，いわゆるマルチレベル統計モデルを形成するということになります（Bryk & Raudenbush, 1987；Rogosa & Willett, 1985）．

本章では，Burchinalら(1997)によって収集された3時点のデータを例に取り上げ，変化についてのマルチレベルについて話を進めていきたいと思います．子どもの発達への初期段階の介入の影響に関する大規模な研究の一環として，彼女たちはアフリカ系アメリカ人の低所得世帯に生まれた103人の幼児の認知能力を追跡しました．生後6か月時点で，子どもたちの約半数（$n=58$）が，認知機能を促進するためにデザインされた集中的な早期介入プログラムへの参加に無作為に割り当てられ，残りの半数（$n=45$）は何の介入もしない対照群として選ばれました．それぞれの子どもたちは，6か月から96か月までの間に12回にわたって評価されました．ここでは生後12か月，18か月，24か月の計3回にわたる，全国的規模で標準化された検査によって測定された，認知能力の変化へのプログラム参加による効果をみてみます．

表3.1は個人―時点データセットから，実例となる項目を表したものです．それぞれの子どもに1波ごとのデータ収集からなる3つのデータがあり，それぞれのデータ

3.1 変化についてのマルチレベルモデルの目的は何か

表 3.1 早期介入研究の個人—時点データセットからの抜粋

ID	AGE	COG	PROGRAM
68	1.0	103	1
68	1.5	119	1
68	2.0	96	1
70	1.0	106	1
70	1.5	107	1
70	2.0	96	1
71	1.0	112	1
71	1.5	86	1
71	2.0	73	1
72	1.0	100	1
72	1.5	93	1
72	2.0	87	1
…	…	…	…
902	1.0	119	0
902	1.5	93	0
902	2.0	99	0
904	1.0	112	0
904	1.5	98	0
904	2.0	79	0
906	1.0	89	0
906	1.5	66	0
906	2.0	81	0
908	1.0	117	0
908	1.5	90	0
908	2.0	76	0
…	…	…	…

には4つの変数が含まれています．すなわち①ID，②AGE，各調査時点での子どもの年齢（年単位），③COG，その年齢の認知能力のスコア，そして④$PROGRAM$，早期介入プログラムに参加したかどうかの区別です．データ収集の間子どもたちは同じグループに残っていたため，この予測変数は時不変といえます．表3.1に示した，8名の経験的成長記録は，時間がたつにつれて全員が認知能力の低下を示していることに注目してください．プログラムに参加した子どもたちの方が早い成長を経験したと結論づけたかったのかもしれませんが，実際には認知能力の低下が緩やかになったかどうかを結論づけることになりそうです．

3.2　個人の変化についてのレベル1サブモデル

マルチレベルモデルのレベル1構成要素は，**個人成長モデル**としても知られますが，母集団のメンバーそれぞれが研究期間中に経験する変化を表すものです．今回の例では，レベル1サブモデルは，生後2年目の間にそれぞれの子どもに起こると仮定している，認知能力における個人の変化を表します．

レベル1サブモデルをどのように定式化するにせよ，測定データはそのモデルが機能している母集団から適正に得られたものであるという確信がなければならないでしょう．期待値と実現値を対比するため，通常私たちはまず成長の経験プロットを目で見て確認してからレベル1サブモデルを定式化します（一部を「覗き見」することの有効性に疑問を呈する人もいますが）．図3.1の数字は，表3.1に示した8人の子どもの COG と AGE との成長の経験プロットを示したものです．私たちは他の95人の子どもについても同様にプロットを行いましたが，紙面の都合上割愛します．このプロットは，時間が経つにつれて認知能力が低下するという私たちの直観を支持します．ある場合は滑らかで規則正しい低下を示し（ID 71, 72, 904, 908番），その他

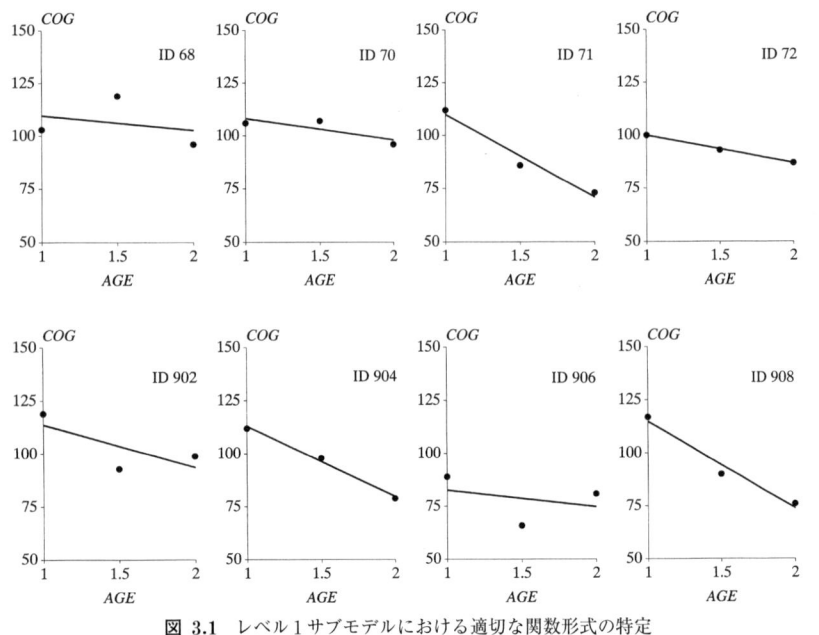

図 3.1　レベル1サブモデルにおける適切な関数形式の特定
早期介入研究の8名の参加者の経験的成長プロットにOLS軌跡を重ね合わせたもの．

は散らばって不規則になっています (ID 68, 70, 902, 906 番).

最終的なモデルの定式化を念頭に, こうした経験的成長プロットを分析してみると, 次のような大まかな疑問を持ちたくなります. すなわち, どんな種類の母集団個人成長モデルがこれらの標本データを生み出すのだろうか. 年齢に関して直線であるべきか, 曲線であるべきか, 滑らかか, ギザギザか, 連続的なのか非連続なのかである. 2章で論じてきたように, ランダム誤差の影響と真の変化とが交絡するので, 測定データのプロットはジグザグになることは避けられませんが, その先を見越してみてみることにしましょう. 例えば, これらのプロットの中で, ID 68, 70, 902, 906 番の対象者について年齢によって微妙に直線でないのは, 認知能力の評価が正確でなかったためかもしれません. しばしば, 特にデータ収集の回数が少ない場合, 線形に変化する個人成長モデル以外を提案すること自体, 困難です. そのため, 変化をモデリングするためにどの軌跡を選ぶか決めるにあたって (パラメータの) 倹約のために単純な線形モデルを前提にすることが多いです[1].

変化が AGE の線形 (一次) 関数となる個人成長モデルを取り入れると, レベル1サブモデルを次のように書き出すことができます.

$$Y_{ij} = [\pi_{0i} + \pi_{1i}(AGE_{ij} - 1)] + [\varepsilon_{ij}] \qquad (3.1)$$

このサブモデルを仮定した場合, この標本データが抽出された母集団において, 子ども i の時点 j における COG (認知能力) の値 Y_{ij} は, その時のその子の年齢 (AGE_{ij}) の1次関数となります. このモデルは, 直線がそれぞれの個人の真の経時的な変化を適切に表していること, 標本データに認められる線形からの逸脱がランダム測定誤差 (ε_{ij}) に起因すること, を仮定しています.

3.1式は, それぞれ個人と時点を特定するのに2つの添字, i および j を使用しています. このデータの場合, i は1から103までの値をとり (103人の子どもを表すため), j は1から3までの値をとります (3回収集されたデータの場合). このデータセットの全員が同じ3時点 (年齢1.0, 1.5, 2.0歳) で評価されていますが, 3.1式におけるレベル1サブモデルの適用は, 時間構造化デザインに制限されません. 同一のサブモデルは, 人によって測定回数のタイミングや間隔が異なるデータセットに使用することが可能です[2]. 今のところ, この時間構造化された例に取り組んでいきます. そして5章では, データ収集スケジュールが人によって異なるデータセットに

---

1) もし観察の方法がより広範囲であったり, あるいはもっと多くのデータの時点があったなら, 私たちはより複雑な軌跡を仮定するかもしれません. この標本が取り出された, 子どもごとに最大12時点のデータを含んだより大きなデータセットにおいて, Burchinal らは個人の変化を年齢の3次関数として特定しました.

2) 時間構造化されたデータでは, 異なる個人についての測定機会を識別する必要がないため, 時間の予測変数 (AGE) の添字 i は余分です. この添字を削除することができます. ここではモデルの普遍性を強調するために, 添字を保持します.

説明を広げていきましょう．

3.1式では，サブモデルを1つを**構造的な部分**（structural part）（最初の大括弧），そしてもう一方を**確率的な部分**（stochastic part）（第2の大括弧）の2つの部分に区別するために大括弧を用います．この区別は古典的な心理測定における「真の値」と「測定誤差」の区別に対応してはいますが，その意味合いは以下で議論するように，はるかに広いのです．

3.2.1 レベル1サブモデルの構造的な部分

レベル1サブモデルの構造的な部分は，それぞれの個人の真の経時的な変化の軌跡の形に関する私たちの仮説を具体化します．3.1式は，この軌跡が年齢に関して線形であり，母集団の i 番目の子どもの軌跡の形を特徴づけている**個人成長パラメータ** π_{0i} と π_{1i} があることを明記しています．2.2.2項に立ち返ってみると，これらの個人成長パラメータは，探索的分析の際にOLSで求められた個人の変化の軌跡における個人の切片と傾きの背後に仮定されている母集団パラメータです．

個人成長モデルが母集団について表していることを明らかにするため，母集団から任意に選択されたメンバーである i という子どもの仮想データをモデルに表した図3.2を検討しましょう．まず始めに，切片に注目してください．レベル1サブモデルを予測変数（$AGE-1$）を用いて定式化しているため，切片 π_{0i} は子ども i の1歳時点での真の認知能力を示していることになります．図3.2においてその子どもの仮定された軌跡と Y 軸が π_{0i} で交差することから，この解釈を具体的に説明できるのです．母集団におけるそれぞれの子どもに，それぞれの切片があると仮定しているため，1番目の子どもの切片が π_{01}，2番目の子どもの切片が π_{02} というようにこの成長

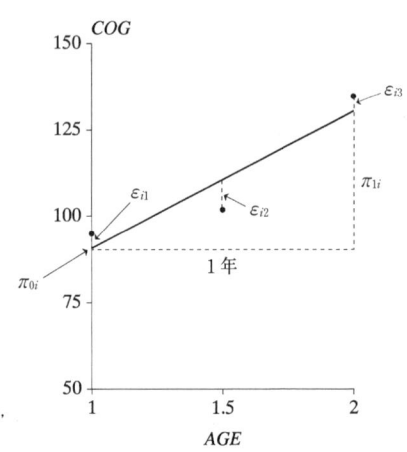

図 3.2 レベル1 個人成長モデルの構造的な特徴と確率的な特徴の理解

3.1式のモデルを，母集団の任意に選ばれたメンバー，子ども i の仮想データで図示した．

3.2 個人の変化についてのレベル1サブモデル

パラメータには添字 i が含まれるのです．

3.1式が予測変数に AGE という特別な表現を使用していることに注目してください．2章で探索的 OLS の変化の軌跡を耐性に関するデータにあてはめる前に，それぞれの子どもの年齢から11を引き算した時，同じようなアプローチを用いました．**中心化**として知られているこの作業は，パラメータの解釈を容易にします．レベル1予測変数として AGE の代わりに $(AGE-1)$ を使用することによって，3.1式における切片は，1歳時点での子ども i の Y の真値を表しています．レベル1予測変数として，中心化をせず変数 AGE をそのまま使用したならば，π_{0i} はデータ収集の開始よりも前の0歳時点での子ども i の Y の真値を示していることになるのです．この表現はあまり魅力的なものだとはいえません．というのも①データの時間的制限を超えて予測することになり，そして②軌跡が誕生にさかのぼって年齢に関して線形に伸びるのかどうかわからないからです．

レベル1サブモデルを決めることに慣れてくるにつれ，時間的予測変数の尺度を選ぶとき，これらのような実証的かつ解釈的な問題を考えるのが賢明なことだということに気がつくでしょう．5.4節では，時間の中心をその中央値および最終値に置くことも含めて，他の時間的表現を検討します．データ収集の初回の時間で中心化するという，ここで私たちが採るアプローチは，通常始めるのによい方法です．π_{0i} をデータ収集の初回と合わせることで，その名前の通りにその値を解釈することができます．つまりそれが子ども i の真の初期状態なのです．もし π_{0i} が大きいならば子ども i は高い真の初期値であり，もし π_{0i} が小さい場合は子ども i の真の初期値は低いことになります．3.1式におけるすべてのパラメータを定義する表3.2の上部の最初の行にこの解釈を要約します．

3.1式における2番目のパラメータ π_{1i} は仮定された個人の変化の軌跡の**傾き**を表しています．傾きはレベル1線形変化サブモデルにおいて最も重要なパラメータです．なぜならそれは個人 i の経時的変化の割合を表現しているからです．AGE は年単位で記録されているので，π_{1i} は子ども i の真の1年間の変化率を示しています．私たちは，図3.2で斜辺が子どもの仮定された軌跡である直角三角形を使用することで，このパラメータを表します．私たちの例の，例えば子ども i が1歳から2歳になる研究中の単年度の間，軌跡は π_{1i} 上昇します．母集団におけるそれぞれの個人にはそれぞれの変化率があることを仮定しているので，この成長パラメータに i という添字がつけられています．子ども1の変化率は π_{11}，子ども2の変化率は π_{12} などです．もし π_{1i} が正の値ならば子ども i の真の結果は経時的に上昇します，一方もし π_{1i} が負の値ならば，結果経時的に減少します（この後者のケースは私たちの例でよくみられます）．

母集団の全員（i のすべて）についての説明を試みるレベル1サブモデルを指定す

表 3.2 変化のマルチモデルにおけるパラメータの定義と解釈

	記号	定 義	実例的な説明
レベル 1 モデル (3.1 式参照)			
個人成長パラメータ	π_{0i}	母集団における個人 i の真の変化の軌跡の**切片**	1 歳時点の個人 i の COG の真値 (**真の初期値**)
	π_{1i}	母集団における個人 i の真の変化の軌跡の**傾き**	個人 i の真の COG の年次変化率 (**真の年変化率**)
分散成分	σ_ε^2	母集団における個人 i のすべての測定機会を通した**レベル 1 残差分散**	個人 i の仮定された変化の軌跡周辺に観察されたデータの散らばりの総量
レベル 2 モデル (3.3 式参照)			
固定効果	γ_{00}	レベル 2 の予測変数の値が 0 である個人のレベル 1 の切片 π_{0i} の母平均	不参加者の真の初期値の母平均
	γ_{01}	レベル 2 の予測変数が 1 単位違った時の, レベル 1 の切片 π_{0i} の母平均の差	参加者と不参加者の真の初期値の母平均の差
	γ_{10}	レベル 2 の予測変数の値が 0 である個人のレベル 1 の傾き π_{1i} の母平均	不参加者の真の変化率の母平均
	γ_{11}	レベル 2 の予測変数が 1 単位違った時の, レベル 1 の傾き π_{1i} の母平均の差	参加者と不参加者の真の変化率の母平均の差
分散成分	σ_0^2	母集団全体の真の切片 π_{0i} のレベル 2 の残差分散	プログラムへの参加を統制した上での, 真の初期値の母集団における残差分散
	σ_1^2	母集団全体の真の傾き π_{1i} のレベル 2 の残差分散	プログラムへの参加を統制した上での, 真の傾きの母集団における残差分散
	σ_{01}	母集団全体の真の切片 π_{0i} と真の傾き π_{1i} のレベル 2 の残差共分散	プログラムへの参加を統制した上での, 真の初期値と真の年間変化率の母集団における残差共分散

る際に, 私たちはすべての真の個人変化の軌跡に共通する代数形式を暗に仮定しています. しかし, 全員がまったく同じ軌跡であるとは仮定していません. それぞれの人に, その人自身の個人成長パラメータ (切片と傾き) があるので, それぞれの人は自身の特徴的な変化の軌跡を持つことができます.

レベル 1 サブモデルを決めることによって, それぞれの個人成長パラメータを使用し各個人の軌跡の区別ができるようにします. この飛躍は, 私たちが成長パラメータにおける個人間変動を検討することによって変化の個体差を詳しく調べることができることを意味するので, 個人成長モデリングの要になります. それぞれのメンバーが可能な個人成長パラメータ値が入っている袋に手を入れ, 個人の切片と傾きの一対を選んだ母集団を想像してください. そして, これらの値はその人の真の変化の軌跡を決定します. 統計的には, 私たちはそれぞれの人の背後にある切片と傾きの 2 変量の

分布から，それぞれの人がその人の個人成長パラメータ値を抽出するといえます．それぞれの個人がパラメータの未知の確率分布からその人の係数を**ランダム**に抽出するので，統計学者は変化についてのマルチレベルモデルをしばしば**ランダム係数モデル** (random coefficients model) と呼びます．

3.2.2 レベル 1 サブモデルの確率的な部分

レベル 1 サブモデルの確率的な部分は，3.1 式の右側の 2 番目の大括弧の中に登場します．確率的な部分はたった 1 つの項で成り立っているランダム誤差 ε_{ij} の影響を表しています．ε_{ij} は，個人 i の時点 j の測定に関連しています．レベル 1 の誤差は図 3.2 で ε_{i1}, ε_{i2}, ε_{i3} として現れます．それぞれの人の真の変化の軌跡はサブモデルの構造的な部分によって決められます．しかし，それぞれの人の測定された変化の軌跡には，測定誤差も含まれているのです．レベル 1 サブモデルは例えば個人 i の最初の時点である ε_{i1} や個人 i の 2 回目の時点である ε_{i2} などといった，ランダム誤差を含むことで，ゆらぎ，つまり真の軌跡と測定された軌跡の違いを説明します．

心理統計学者は，ランダム誤差は測定の誤りやすさとデータ収集の変動による自然な結果であると考えています．私たちは，ε_{ij} をなるべく明確にせず，**レベル 1 残差**と呼ぶことが賢明だと考えます．これらのデータにおいて各残差は，時点 j の子ども i の COG の値で，その子の年齢によって予測しなかった部分を表します．レベル 1 サブモデルの中に AGE 以外に時変性の予測変数をうまく取り入れることによって（5.3 節で示すように），レベル 1 残差の大きさを減らせることがわかっているので，私たちはこのあいまいな解釈を採用します．このことは，レベル 1 サブモデルの確率的な部分が単に測定誤差であるだけではないと示唆します．

どのようにレベル 1 誤差を概念化するかにかかわらず，議論の余地のないことが 1 つあります．つまりそれらは観測されないものであるということです．最終的にデータにレベル 1 モデルをあてはめるには，すべての時点とすべての人にレベル 1 残差の分布に関する仮定を置かなければなりません．伝統的な最小二乗法回帰は「古典的」な，つまり残差は時点と個人にかかわらず等分散的な分散で，互いに独立に同一の分布に従うという仮定であるとします．このことは，個人と時点にかかわらず，それぞれの誤差が潜在する平均ゼロと未知の残差分散の分布から独立に引き出されていることを意味します．私たちはしばしば背後にある分布の形を規定して，たいてい正規性を主張しています．そうする時，私たちは，レベル 1 残差 ε_{ij} に関する仮定を次のような式に書いて特定します．

$$\varepsilon_{ij} \sim N(0, \sigma_\varepsilon^2) \tag{3.2}$$

記号 ～ は「～という分布に従っている」ということを意味し，N は正規分布を表し，そして括弧内の最初の要素が分布の平均（ここでは 0）を特定し，2 番目の要素が分

散（ここでは σ_ε^2）を特定しています．表 3.2 に示されるように，残差分散パラメータ σ_ε^2 はそれぞれの人の真の変化の軌跡の周りにレベル 1 残差の散らばりを表現します．

もちろん，これらのような古典的な仮定は縦断データでそれほど確かでないかもしれません．個々人が変化するとき，そのレベル 1 誤差構造は，より複雑であるかもしれません．それぞれの人のレベル 1 残差は，3.2 式が規定するように独立しているのではなく，時間がたつにつれて時点間で自己相関され，等分散性が仮定できないのかもしれません．同じ人が複数回測定されるので，残差における説明されていない個人特有の時不変な効果が，どれも時点間の相関関係を生み出すでしょう．そしてまた，結果変数は，おそらくいくつかの時点では他の時点より適切なために，個人の異なる時点において精度（そして信頼性）が異なるかもしれません．このことが起こるとき，誤差分散は時点間で異なるかもしれません．そしてレベル 1 残差は個人内の時点間で不均一な分散になるでしょう．変化についてのマルチレベルモデルはどのようにこれらの可能性を説明するでしょうか．これは重要な質問ですが，私たちはさらなる技術的な研究なくして，この問題に完全に取り組むことはできません．したがって私たちは，残差自己相関と不均一分散の問題は 4 章で後述し，4.2 節で，どのように変化についての完全なマルチレベルモデルがある種の複雑な誤差構造を自動的に扱っているのかを示します．変化の分析に共分散構造分析を使用することが，どのように誤差構造の代替案を仮定し，実行し，評価を可能にするということを，その後 8 章でさらに踏み込んで説明します．

3.2.3 レベル 1 サブモデルの，2 章における OLS 探索方法への関連づけ

2.2.2 項で論じた探索的 OLS の軌跡は，ここでさらに意味を持つかもしれません．縦断データのすべての情報を適切に活用できないという面では，完璧に有効というわけではないのですが，仮定された個人成長モデルの関数に，はかり知れない洞察を与えています．図 3.3 の上のグラフは，OLS 法でレベル 1 サブモデルを 3.1 式に，103 人すべての子どものデータにあてはめた結果です（ID ごとに COG を（AGE−1）に回帰します）．下の図は，そのあてはめられた切片，傾き，残差分散，以上 3 つの要約の統計の幹葉図です．

たいていの子どもたちは，時間が経つにつれて認知能力は低下します．ある場合その低下は速く，それ以外の場合はそれほど速くありません．ほとんどの場合，向上はしません．あてはめられた切片それぞれが真の子どもの初期の状態の推定値を示し，傾きは生後 2 年目の年間の真の変化の割合の推定値を示します．切片は 110 前後の値が中心となり，傾きは −10 前後が中心となります．ここからわかることは，1 歳において，平均的な子どもの真の認知能力レベルが，全国標準値（このテストの場合

3.2 個人の変化についてのレベル1サブモデル

$\widehat{COG}$

図 3.3 OLS であてはめた軌跡の観測された多様性

早期介入研究の参加者の OLS であてはめた軌跡および，あてはめて得られた初期値，変化率，および残差分散の幹葉図．

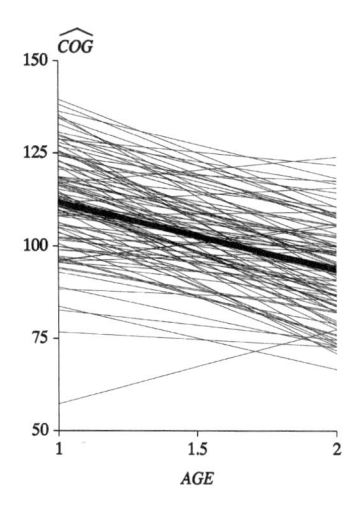

あてはめて得られた初期値	あてはめて得られた変化率	残差分散
14 0	2. 0	46 8
13* 5568	1*	44
13. 00134	1. 0	42
12* 5556778999	0* 79	40 00
12. 02233344	0. 134	38
11* 55667777888889	-0* 4444332	36 8
11. 000111112222233334444	-0. 99998888777765	34
10* 55666688999	-1* 4333322211000	32 3
10. 0012222244	-1. 99888877666655	30
9* 6666677799	-2* 44322211110000	28 4
9. 344	-2. 9999877776655	26 7
8* 89	-3* 443322100000	24 1444
8. 34	-3. 987	22 8
7* 7	-4* 443111	20
7.		18 3
6*		16 00011
6.		14
5* 7		12 21
		10 44433
		8 1118886666
		6 77744
		4 333844
		2 04444888833338888888
		0 00001111222333344444444666681111114447

100) より若干上回っていることです．しかし，時間が経つにつれて，ほとんどの子どもの能力は低下します（向上したのはたった7件でした）．

図3.3左下の幹葉図を見ると，標本の子どものあてはめられた切片と傾きにおける著しい不均一性を明らかにしており，すべての子どもが同一の変化の軌跡をたどるわけではないことを示しています．もちろん，図3.3で見られるように，変化の軌跡に

おける個人間の不均一性を解釈する場合には，注意が必要です．ここでみられるような，推定された変化の軌跡における個人間の変動は，必然的に，未知の真の変化の軌跡の背後にある個人間の変動をしのいでしまうからです．というのも，観察データから推定されたデータは，実際の変化の表現としては必ずしも正確ではないからです．背後にある真の変化の実際の多様性は，常に少し，探索的分析により観察された変化より少なくなります．結果変数の大きさは，結果変数の測定の質と仮定された個人成長モデルの有効性に依存しているのです．

図3.3の右下の残差分散の非対称性は，子どもに対するOLS方式による要約の質がかなり個人間で異なっていることを示しています（私たちはこれらの数字が，「2乗された値」なので下限値が0になり，非対称に歪んだ分布になるものと考えています）．残差分散がゼロに近い時，多くの子どもがそうですが，あてはめられた軌跡が観察データの要約として適格ということになります．残差分散がもっと大きい場合は，この軌跡は要約としては不十分であり，COGの観察された値もあてはめられた軌跡から離れており，推定されたレベル1残差，ひいては残差分散も大きくなります．

3.3 変化の個人差についてのレベル2サブモデル

レベル2サブモデルは変化の個人間差を表す曲線と，時不変な個人の特徴との関係を記述するものです．レベル2サブモデルを使ってこの関係を定式化できるのは，各対象者に同じレベル1サブモデルをあてはめることで，個人ごとの成長パラメータの値のみに違いを集約することができるからです．レベル1で線形変化モデルを使うと，個々人の違いは切片と傾きにおいてのみ表れます．これにより，「変化」と予測変数の関係についての漠然とした問いを，個人ごとの成長パラメータと予測変数の関係についての具体的な問いとしてとらえ直すことが可能になります．

すべての統計モデルと同様に，レベル2サブモデルは標本のふるまいではなく，想定した母集団のふるまいを記述するものです．しかし，標本データを眺めてみることがモデルの定式化に役立つこともしばしばあります．図3.4を見てください．この図の上段では子どものプログラム参加不参加（右が参加，左が不参加）ごとに，あてはめたOLSの軌跡を描き分けています．各グループの平均的な変化の軌跡は太線で描かれています．プログラム参加者たちは1歳の時点でより高い点をとり，長い時間をかけてゆっくりと低下する傾向があります．これは，彼らの切片は大きいけれども，傾きは緩やかであることを示しています．グループ内でかなりの個人間差がみられることにも注目してください．プログラム参加者全員が不参加者よりも大きな切片を持っているわけではありませんし，プログラム不参加者全員が参加者よりも大きな傾きを持っているわけでもありません．これから構築するレベル2のモデルは全体的なパ

3.3 変化の個人差についてのレベル2サブモデル

PROGRAM=0 (左上図): $\widehat{COG}$ vs AGE

PROGRAM=1 (右上図): $\widehat{COG}$ vs AGE

左下図:
- 母集団における子ども i の軌跡 $(\gamma_{00}+\zeta_{0i})+(\gamma_{10}+\zeta_{1i})(AGE-1)$
- 母集団の平均的な軌跡 $\gamma_{00}+\gamma_{10}(AGE-1)$

右下図:
- 母集団の平均的な軌跡 $(\gamma_{00}+\gamma_{01})+(\gamma_{10}+\gamma_{11})(AGE-1)$

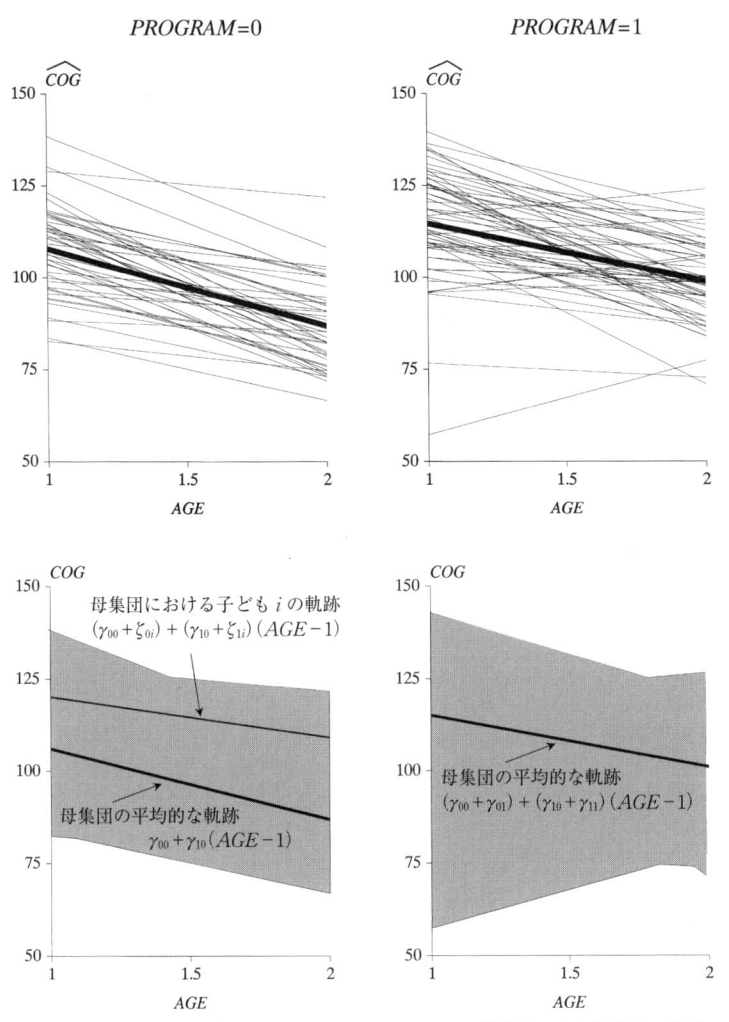

図 3.4 変化の個人間差に関するレベル2サブモデルの構造的・確率的特徴の理解

上部ではあてはめた OLS の軌跡を予測変数 *PROGRAM* の値ごとに描き分け,下部では任意の子ども i に対する仮想データと母集団の平均的な軌跡に 3.3 式のモデルをあてはめた.下部の図のそれぞれの陰影部分は,母集団の成員の軌跡が存在し得る部分を表す.

ターン(ここでは,切片と傾きのグループ間差)と,グループ内におけるパターンの個人間差の双方を同時に説明できなければいけないのです.

どのような母集団モデルがこれらのパターンを生成できるのでしょうか.これまでの議論から,レベル2サブモデルに関して4つの特徴が明らかとなっています.ま

ず，結果変数は個人ごとの成長パラメータ（ここでは，3.1式の π_{0i} と π_{1i}）となっていることです．通常の回帰モデルにおいて，確率変数の母集団分布をモデリングする際に結果変数が確率変数になるのと同様に，ここでは個人の成長パラメータの母集団分布をモデリングするので，個人の成長パラメータは結果変数でもあります．2つ目は，レベル2サブモデルはレベル1の成長パラメータごとに分けて記述されなければならないことです．レベル1において，（3.1式のように）個人の成長モデルを線形的な変化で表すと，レベル2では切片 π_{0i} と傾き π_{1i} に対する2つのモデルが必要となります．3つ目は，各モデルは個人ごとの成長パラメータと予測変数（ここではPROGRAM）の関係を表さなければならないことです．図3.4の上段の2つの図を比べると，予測変数 PROGRAM の値には0と1があります．これは，レベル2の各モデルでは π_{0i} の違いあるいは π_{1i} の違いの原因が，通常の回帰モデルと同じように PROGRAM にあることを表しています．4つ目は，予測変数の値が同じ個人が異なる変化の曲線を持つことが，各モデルでは許されていることです．これは，レベル2の各式では個人の成長パラメータに確率的ばらつきが許されていなければならないことを意味しています．

以上から，これらのデータに対して次のレベル2サブモデルを立てることができます．

$$\begin{aligned}\pi_{0i} &= \gamma_{00} + \gamma_{01} PROGRAM_i + \zeta_{0i} \\ \pi_{1i} &= \gamma_{10} + \gamma_{11} PROGRAM_i + \zeta_{1i}\end{aligned} \quad (3.3)$$

すべてのレベル2サブモデルがそうであるように，3.3式は2つ以上の式から構成されており，それぞれは通常の回帰モデルと似ています．つまり，この2つの式では個人ごとの成長の軌跡の切片（π_{0i}）と傾き（π_{1i}）が，予測変数 PROGRAM と関係することを想定した結果変数として扱われています．各式は独自の残差（ここでは ζ_{0i} と ζ_{1i}）も持っており，ある個人のレベル1のパラメータ（π）が別の人のパラメータと確率的に異なり得ることを意味しています．

これから述べることですが，レベル2サブモデルの2つの式には7つの母集団パラメータが含まれています．それらは，3.3式で表されている4つの回帰パラメータ（γ）と，すぐ後で定義する3つの残差分散パラメータと残差共分散パラメータです．これらすべては，変化についてのマルチレベルモデルをデータにあてはめれば推定されます．表3.2に各パラメータの名前と定義が示されており，図3.4の下段では，パラメータのふるまいが例示されています．これらの解釈を以下で述べることにします．

3.3.1 レベル2サブモデルの構造的な部分

レベル2サブモデルの構造的な部分にはレベル2のパラメータが4つ（γ_{00}, γ_{01},

3.3 変化の個人差についてのレベル2サブモデル

γ_{10}, γ_{11})含まれており,**固定効果**(fixed effect)と総称されます.固定効果はレベル2の予測変数の値ごとの個人間の変化の軌跡の系統的な違いをとらえています.3.3式において,固定効果のうちの2つ,γ_{00}とγ_{10}はレベル2の切片であり,γ_{01}とγ_{11}の2つはレベル2の傾きです.通常の回帰モデルと同様に興味の中心は傾きです.なぜなら,傾きは個人ごとの成長パラメータに対する予測変数の影響(ここでは $PROGRAM$ の影響)を表しているからです.レベル2のパラメータの解釈は通常の回帰係数と同じように行うことができます.ただし,レベル2のモデルがレベル1の個人ごとの成長パラメータでもある「結果変数」のばらつきを記述していることを忘れてはいけません.

レベル2の固定効果の意味を理解する最も簡単な方法は,特定の予測変数の値を持つ**典型的な個人**(prototypical individual)を考え,その予測変数の値をレベル2サブモデルに代入して結果を考察することです.典型的な不参加者に対するレベル2サブモデルを得るために,例えば3.3式の両式で $PROGRAM$ を0とすると,$\pi_{0i}=\gamma_{00}+\zeta_{0i}$, $\pi_{1i}=\gamma_{10}+\zeta_{1i}$ が得られます.不参加者の母集団では初期値と1年間の変化率を表す π_{0i} と π_{1i} は,レベル2のパラメータ γ_{00} と γ_{10} を平均としてばらついていることをこのモデルは仮定しています.γ_{00} は真の初期値(1歳時点における認知能力のスコア)であり,γ_{10} は1年間の真の変化率です.変化についてのマルチレベルモデルをデータにあてはめて,これらのパラメータを推定すれば,「早期介入プログラムに参加しなかった子どもの,母集団における真の変化の平均的な軌跡はどんなものだろうか」という問いに答えることができます.図3.4の左下には,平均的な母集団の軌跡が描かれています.その切片は γ_{00} で傾きは γ_{10} です.

プログラム参加者に対しても $PROGRAM$ を1として,これを同じように繰り返します.すると,$\pi_{0i}=(\gamma_{00}+\gamma_{01})+\zeta_{0i}$, $\pi_{1i}=(\gamma_{10}+\gamma_{11})+\zeta_{1i}$ が得られます.プログラム参加者の母集団では,初期値と1年間の変化率を表す π_{0i} と π_{1i} は,$(\gamma_{00}+\gamma_{01})$ と $(\gamma_{10}+\gamma_{11})$ が平均となっています.これらの平均と不参加者の平均を比較すると,レベル2のパラメータ γ_{01} と γ_{11} は $PROGRAM$ の影響を表していることがわかります.γ_{01} は平均的な真の初期値に関するグループ間での仮定された違いを表しており,γ_{11} は平均的な真の1年間の変化率に関するグループ間での仮定された違いを表しています.図3.4右下には左下との違いが描かれています.γ_{01} と γ_{11} が非ゼロならば,2つのグループの母集団の平均的な軌跡は異なりますが,もし両方ともが0ならば違いはありません.したがって,2つのレベル2の傾きパラメータは「プログラム参加不参加による真の変化の平均的な軌跡における違いは何だろうか」という問いに対する答えとなります.

3.3.2 レベル2サブモデルの確率的な部分

レベル2の各式には残差が含まれており,それによって各個人の成長パラメータがそれぞれの母平均の周りに散らばっています.3.3式におけるこれらの残差 ζ_{0i},ζ_{1i} は,レベル2の結果変数(個人ごとの成長パラメータ)のうちの,レベル2の予測変数で「説明できない」部分を表しています.残差に関してはほぼ常にそうですが,σ_0^2,σ_1^2,σ_{01} で表記される母集団の分散や共分散ほどには,それらがどのような値であるかには興味がありません.これらの母分散に対する記法は著者や統計パッケージによってかなり異なっています.例えば,Raudenbush & Bryk(2002)ではそれらを τ_{00},τ_{11},τ_{01} としていますが,Goldstein(1995)では σ_{u0}^2,σ_{u1}^2,σ_{u01} としています.

子ども i が不参加の母集団に属しているならば,$PROGRAM$ は 0 をとり,3.3式のレベル2の残差は当該個人の真の初期値と1年間の変化率と,不参加者の切片と傾きの母平均(γ_{00} と γ_{10})との差を表しています.図3.4左下にこの場合の典型的な子どもの軌跡が描かれています.軌跡は真の初期値($\gamma_{00}+\zeta_{0i}$)から始まり,1年間の真の変化率($\gamma_{10}+\zeta_{1i}$)に従って低下しています.他の子どもの軌跡もパラメータ γ_{00} と γ_{10} をその子どもの残差と組み合わせることで描くことができます.下部の図の陰影部分は,母集団の成員の軌跡が存在し得る部分を表しており,1本1本は母集団における不参加者を表しています(全員が数え上げられているならば).同様に,子ども i が参加者の母集団に含まれているならば $PROGRAM$ は 1 をとり,3.3式のレベル2の残差は当該個人の真の初期値と1年間の変化率と,参加者の切片と傾きの母平均($\gamma_{00}+\gamma_{01}$)と($\gamma_{10}+\gamma_{11}$)との差を表すことになります.このグループ内の変化の個人差を表すために,図3.4右下にも陰影部分が描かれています.

レベル2の残差は個人ごとの成長パラメータと,それぞれのパラメータの母平均との差を表しているので,その分散 σ_0^2 と σ_1^2 は個人ごとの真の切片と傾きの平均値周りの散らばりを要約しています.これらの分散は,切片と傾きのうちのモデルの予測変数によって説明された残りを表しているので,それらはじつは**条件つき残差分散**(conditional residual variance)です.モデルの予測変数が存在するという条件のもとで,σ_0^2 は真の初期値の母集団における残差分散を表し,σ_1^2 は1年間の真の変化率の母集団における残差分散を表しています.これらの分散パラメータは,「プログラム参加の影響で説明された後に,真の変化にどれくらい個人差が残っているのだろうか」という問いに対する答えとなります.

レベル2サブモデルを想定することは,個人ごとの初期値と個人ごとの変化率の間に関連性があってよいことも意味します.初期値の大きな子どもは,変化率も大きい(あるいは小さい)かもしれません.この可能性を調べるために,レベル2の残差間に相関を仮定します.ζ_{0i} と ζ_{1i} は,個人ごとの成長パラメータの母平均からの乖離を表しているので,それらの間の母共分散は個人ごとの真の切片と傾きとの関係を要約

したものです．また，それらの残差は条件付きなので，レベル2の残差の母共分散 σ_{01} は，プログラム参加を統制した上での，真の初期値と真の1年間の変化率の間の関係性の大きさと方向性を要約したものです．このパラメータは，「プログラム参加を統制した上で，真の初期値と真の変化率には関係性が残っているだろうか」という問いに対する答えとなります．

変化についてのマルチレベルモデルをデータにあてはめるためには，レベル2の残差に対してある仮定を置かなければいけません (3.2式のレベル1の残差に対して行ったことと同じように)．しかし，ここではレベル2の残差が2つあるので，それらの背後にあるふるまいを**2変量分布** (bivariate distribution) を使って記述します．標準的な仮定は，2つの残差 ζ_{0i} と ζ_{1i} は平均0，未知の分散 σ_0^2 と σ_1^2，そして未知の共分散 σ_{01} を持つ2変量正規分布に従っているというものです．これらの仮定は行列表現を使って簡潔に表すことができます．

$$\begin{bmatrix} \zeta_{0i} \\ \zeta_{1i} \end{bmatrix} \sim N\left(\begin{bmatrix} 0 \\ 0 \end{bmatrix}, \begin{bmatrix} \sigma_0^2 & \sigma_{01} \\ \sigma_{10} & \sigma_1^2 \end{bmatrix} \right) \tag{3.4}$$

行列表現によって，モデルの仮定をきわめて簡潔に表すことができるようになります．大まかにいえば，3.4式は3.2式のレベル1の残差に対する仮定と同じように解釈することができます．右辺の括弧内の1つ目の行列は2変量分布の平均ベクトルです．ここでは，各残差に対して0と仮定しています (一般的な仮定です)．2つ目の行列は2変量分布の分散共分散行列であり，**レベル2の誤差共分散行列** (level-2 error covariance matrix) とも呼ばれます．これは，この共分散行列がレベル2の残差 (あるいは誤差) 共変動を表しているからです．2つの分散 σ_0^2 と σ_1^2 は対角に配され，共分散 σ_{01} は非対角に配されています．ζ_{0i} と ζ_{1i} の共分散は，ζ_{1i} と ζ_{0i} の共分散と同じなので，非対角要素は等しく，つまり $\sigma_{01} = \sigma_{10}$ です．残差分散と共分散のすべての集合，つまりレベル2の誤差分散共分散行列とレベル1の残差分散 σ_ε^2 は，モデルの**分散成分** (variance component) とまとめて呼ばれます．

3.4 変化についてのマルチレベルモデルをデータにあてはめる

マルチレベルモデルをあてはめるためのソフトウェアが普及する以前は，研究者は2章で説明した縦断データ分析のように，その場しのぎの方法を使っていました．つまり，個人内のOLSを別々に個人の成長の軌跡にあてはめ，選択したレベル2の予測変数によって，推定された個人ごとの成長パラメータに対して回帰分析を行っていました (Willett, 1989)．しかし，先に述べたように，この方法には少なくとも2つの欠点があります．それは，①個人ごとの成長パラメータの推定精度は違っており，それは図3.3下の残差分散の違いからもわかっているにもかかわらず，その情報を無

視していることと，②個人ごとの真の成長パラメータ，つまりレベル2サブモデルの本当の結果変数を誤差を含んだ推定値で置き換えてしまうことです．レベル2サブモデルは推定値と予測変数との関係ではなく，パラメータの真値と予測変数との関係を記述するものなのです．

1980年代のはじめ，変化についてのマルチレベルモデルをデータにあてはめるために特化したソフトウェアの開発がいくつかの統計学者のチームで始まりました．そして1990年代のはじめまでには，4つの主要なパッケージが普及しました．それらは，HLM (Bryk, Raudenbush, & Congdon, 1988)，MLn (Rasbash & Woodhouse, 1995)，GENMOD (Mason, Anderson, & Hayat, 1988)，VARCL (Longford, 1993)です．最後の2つはもうサポートされていませんが，HLM (Raudenbush, Bryk, Cheong, & Congdon, 2001) とMLwiN (Goldstein, 1998) は，多様性を増しつつあるマルチレベルモデルを扱うことができるように，修正，拡張，アップグレードが常時続けられています．マルチレベルモデル以外も実行可能なソフトウェアもまた，マルチレベルモデルのプログラムを組み入れています．例えば，SAS PROC MIXEDとPROC NLMIXED (SAS Institute, 2001) やSTATAのxtreg (Stata, 2001) などのxtルーチン，SPLUSのNLMEライブラリー (Pinheiro & Bates, 2001) があります．また，統計学者のチームはBUGS (Gilks, Richardson, & Spiegelhalter, 1996) やMIXREG (Hedeker & Gibbons, 1996) などの新しい専門的なプログラムを開発し続けています．［訳注：上記は原書刊行時点（2003年）の情報です．巻末に翻訳時点（2012年）で利用可能なソフトウェア・プログラム等の入手先をいくつか掲載しましたので，参考にしてください．］

このリストが示しているように，変化を調べるためのモデルのあてはめには様々な選択があり，また発展もしています．私たちは特定のソフトウェアに一定の興味があるわけではありませんし，他のソフトウェア以上にあるソフトウェアを推奨しようと思っているわけでもありません．すべてのソフトウェアはそれぞれ長所を持っており，私たちの研究や本書の中では多くのソフトウェアが使われています．それぞれのソフトウェアは重要な部分に関しては同じことを行っています．つまり，すべてのソフトウェアは，変化についてのマルチレベルモデルをデータにあてはめ，パラメータ推定値を求め，精度を測り，診断を行う，などを実行してくれます．すべてのソフトウェアは，あげられた問いに対して同じまたは似た結果を与えるという実証結果 (Kreft & de Leeuw, 1990) もあります．したがってある意味では，どのソフトウェアを選ぶのかは問題ではありません．しかし，各ソフトウェアはインターフェースの「見た目や雰囲気」，データ入力と前処理の方法，モデルの定式化の過程，推定方法，仮説検定の方略，診断結果の下し方を含む多くの重要な部分について異なっています．あるソフトウェアが自分の研究に対して特別使いやすいと感じるのは，これらの

違いが原因だと思われます．

ここでは，HLM (Raudenbush, Bryk, Cheong, & Congdon, 2001) に実装されている**最尤推定**（maximum likelihood）というある特定の推定方法に注目します．後の章では他の推定法についても説明を行い，他のソフトウェアを適用することで，使用に際してのアドバイス，複数の方法の比較と，ソフトウェアの比較を行います．

3.4.1 最尤推定法の利点

最尤推定法（ML）は現在最も使用されている統計的推定方法です．よく使用される理由の1つは，適切に定義された目標母集団からの大規模な無作為標本に対してきわめて有効だからです．標本サイズが大きい場合にはML推定値には3つの望ましい性質があり，それらは，①**漸近的に不偏**（asymptotically unbiased）である（**一致推定量**（consistent）である），つまり母集団パラメータの未知の真値に収束する，②**漸近的に正規分布に従う**（asymptotically normally distributed），つまりその分布は未知の分散を持つ正規分布に漸近的に従う，③**漸近的に有効**（asymptotically efficient）である，つまりその標準誤差は他の方法で求められたものよりも小さい，です．他の利点として，ML推定値の任意の関数もまたML推定値であることもあげられます．これは，予測された成長の軌跡（初期値と変化率のML推定値から作られています）は，真の軌跡のML推定値であることを意味します．他がすべて同じならば，統計学者は一致性と有効性を持ち，精緻に整備された正規理論が使われており，複雑な量に対しても優れた推定値を与える推定量を好みます．このような理由があるのでML法は魅力的なのです．

ML推定値の魅力的な性質は**漸近的**（asymptotic）なものであることに注意する必要があります．これは，実際の標本データを分析するときには，これらの性質は近似的に成り立っていることを意味します．大標本ではこれらの性質は成り立っているといってよいでしょう．しかし，小標本ではそうではありません[3]．これらの利点を使うためには比較的大きな標本が必要です．そして，どれらくらい大きい必要があるかという問いには単純な答えはありません．確かに10は少なく100,000は大きいといえますが，どれくらい大きければ十分かを断定的にいうことは誰にもできません．横断研究では例えばLong(1997)が最低限100の標本サイズを推奨し，500を「おおむね妥当」だと言っています．一般的なマルチレベルモデルに対しては，Snijders & Bosker(1999)が30以上の標本サイズについて議論しています．このような経験則は

---

[3] この状況はここで許容しているよりも複雑です．縦断データが釣り合っており（各測定時点における観測数が等しく），測定時点が計画的で，欠損値がなく，レベル2の各式で同じ予測変数が使われているならば，制限つきML（restricted ML；4.3.2項を参照のこと）は小標本に対しても（漸近的にではなく）正確です（Raudenbush, 2002（私信））．

大まかな指標を与えますが，私たちはそれらを信用しないことにしています．「どれくらい大きければよいか」という問いに対する答えは，文脈，ML推定の種類による特殊性，データの性質，必要な検定によって異なるのです．その代わりに実用的なアドバイスだけを述べることにします．それは，小標本に対してML推定を使うのであればp値と信頼区間は注意して扱う必要があるということです．

ML推定の計算式の導出はここで扱う範囲や目的を超えています．以下では，変化についてのマルチレベルモデルにML法を使うと何か起きるのかについて大まかな説明を行います．私たちの目的は，なぜML推定は理にかなっていて，なぜそのような有益な特徴を持っているのかを説明することによって，後の章のための概念的基礎を準備することです．数学的に詳しく知りたい読者はRaudenbush & Bryk (2002)，Goldstein(1995)，Longford(1993)を参照してください．

3.4.2 最尤推定法を利用してマルチレベルモデルをあてはめる

最尤推定法は概念的には特定の標本データを観測する確率を最大にするような未知の母集団パラメータを推測する方法です．早期介入研究の例では，103人の子どもに対して観測されるであろう特定の変化のパターンを最も尤もらしくするのが，固定効果と分散成分の推定値です．母集団パラメータに対してML推定値を得るためには，まず**尤度関数** (likelihood function) を構成する必要があります．尤度関数とは，モデルの未知のパラメータの関数として標本データが観測される確率を表したものです．そして，研究者あるいはより正確にいえばコンピュータは，尤度関数が最大になる推定値が見つかるまで，複数の推定値の良さを数値的に比較して調べます．早期介入データに対する尤度関数は，個人―時点データセットに含まれるCOGの値の特定の時間的パターンが観測されるであろう確率の関数です．この特定のパターンが観測される確率を最大化するような固定効果と分散成分の推定値を私たちは探すのです．

すべての尤度関数は確率（あるいは**確率密度** (probability density))の積として表されています．横断データの場合には，自分のデータが観測される確率を通して，各標本は通常1つの項として尤度に貢献します．しかし，縦断データは1つ1つは測定機会を表す複数の観測から構成されているので，各個人は尤度関数に対して個人―時点データセットに含まれるレコードの数分だけの項として貢献します．

各個人の各時点における尤度に対する貢献度を表す項は，想定されたモデルの定式化とモデルの仮定に依存します．マルチレベルモデルは（例えば，3.1式と3.3式で示されている）構造的な部分と，(3.2式と3.4式でそのふるまいが示されている)確率的な部分を含んでいます．構造的な部分はある予測変数の値に対する個人iの時点jにおける真の結果変数の値を表現しており，未知の固定効果の値に依存します．確率的な部分はレベル1とレベル2の残差であり，確率変動の要素をモデルに加える

3.4 変化についてのマルチレベルモデルをデータにあてはめる

ことによって,個人 i の時点 j に対する観測値を構造的に決められた値からばらつかせます.

最尤推定値を得るためには,残差の分布に対して仮定を課す必要もあります.レベル1の残差 ε_{ij} については 3.2 式,レベル2の残差 ζ_{0i} と ζ_{1i} については 3.4 式ですでに述べました.それぞれは平均0の正規分布に従っていることが仮定されており,ε_{ij} は未知の分散 σ_ε^2,ζ_{0i} と ζ_{1i} は未知の分散 σ_0^2 と σ_1^2 と共分散 σ_{01} を持っています.さらに,レベル2の残差はレベル1の残差とは独立であり,すべての残差はモデルの予測変数とは独立であることが仮定されています.

モデルとその背後にある仮定が与えられれば,統計学者は結果変数の分布あるいは確率密度を数学的に表現することができます.この表現には,モデルの構造的な部分から定まる平均と,確率的な部分から定まる分散が含まれています.予測変数(3.3式では *PROGRAM* しかありませんが)においてある値をとる個人がある結果変数の値をとる尤度を,その値を推定したい未知の固定効果と分散成分すべてを使って確率密度関数として表現します.つまり,尤度にはある個人についてある時点で観測された実データも含まれています.

全標本の尤度を求めるには,これまでのやり方を少し拡張すればよく,よく知られている独立な確率の積の性質を利用することになります.1枚のコインを投げたならば,表が出る確率は 0.5 です.2枚のコインを独立に投げたならば,それぞれが表になる確率は 0.5 のままです.しかし,合わせて考えるならば,2枚とも表になる確率は $0.25 (0.5 \times 0.5)$ になります.3枚のコインを独立に投げたならば,3枚とも表になる確率は $0.125 (0.5 \times 0.5 \times 0.5)$ まで減少します.統計学者はこの原則を使って,いま構成したばかりの個人―時点尤度から全標本の尤度を作り出します.はじめに,すべての時点におけるデータセット内の各個人の結果変数の確率密度の値を求めることで,その時点においてある結果変数の値を得る尤度を求めます.そして,それらの項すべての積をとることで,個人―時点データセットに含まれるすべてのデータを同時に観測する尤度の表現が得られます.それぞれの個人―時点尤度はデータと未知のパラメータの関数ですので,それらの積であるすべての標本の尤度も同様です.

未知の母集団パラメータの ML 推定値を得るためには,この確率の積を最大化するような未知のパラメータの値を見つけることになります.概念的には,コンピュータが莫大な数の推定値の候補の1つ1つに対して標本尤度関数の式に従って掛け算することで尤度の数値を求め,尤度関数の最大値を生み出すような推定値が求まるまで,莫大な候補すべての数値を比較することを想像してください.それがこの問いに関して最大尤度を与える推定値になるでしょう.

もちろん,莫大な数の数値探索は高性能のコンピュータであってもたいへんです.微分を行えば探索は容易になりますが,標本尤度関数を構成している確率密度の積に

対する計算の困難さを取り除くことはできません．この探索を容易にするために，統計学者は単純な方法を使っています．それは，尤度関数を最大化するような未知のパラメータの値を探すのではなく，その対数を最大化するような未知のパラメータの値を探す方法です．**対数尤度関数** (log-likelihood function) として知られるこの新しい関数に対して計算を行うことで犠牲になるものは何もありません．なぜなら，対数尤度関数を最大化する値は，もともとの尤度関数も最大化するからです．対数変換を行うことで，含まれていたやっかいな数値計算は単純化されます．それは，①積の対数はそれぞれの対数をとったものの和になり，②対数をとった項の a 乗は，その項の対数に a を掛けたものになるからです．したがって，標本尤度には積と指数の項が含まれていますが，対数変換を行うことによって数値最大化は計算量的により扱いやすくなります．

尤度関数それ自体を最大化するよりは容易ですが，対数尤度関数の最大化にも繰り返し計算が含まれます．変化についてのマルチレベルモデルに対して ML 推定値を与えるすべてのソフトウェアは繰り返し計算を使っています．ソフトウェアは，まず2章で却下したばかりの OLS 法などを通常は適用することで，モデルに含まれるすべてのパラメータに対して合理的な「初期値」を与えます．そして繰り返しを続けるなかで，ソフトウェアは対数尤度関数の最大値を探索するように，徐々に推定値を改善していきます．この探索が収束して，連続する推定値の違いが無視できるくらい小さくなったならば，求められた推定値が出力となります．アルゴリズムが収束しない場合には（これは思っているよりもよく起こってしまうことです），繰り返し回数を増やして探索を続けるか，モデルを改善する必要があります（これらの問題については 5.2.2 項で議論します）．

ML 推定値が見つかったならば，**漸近的な標準誤差** (Asymptotic Standard Error : ase) としてそれらの分散を推定することはコンピュータには比較的容易です．「漸近的な」という形容詞を使うのは，前にも述べたように，ML 標準誤差は大標本においてのみ正確だからです．どのような標準誤差とも同じように，ase はその推定値が得られた精度を測定しており，ase が小さいほど，推定値の精度は良いといえます．

以降では，最尤法を使って 3.1 式と 3.3 式のマルチレベルモデルを早期介入データに対してあてはめてみます．表 3.3 には HLM[4] を使った結果が示されています．まずは，はじめの 4 行の固定効果の推定値について議論して，3.6 節では次の 4 行に示されている分散成分の推定値について議論します．

---

[4] ここで示されている推定値は完全最尤推定値です．4.3 節では，完全最尤推定法と制限つき最尤推定法の区別を行います．

表 3.3 変化についてのマルチレベルモデルを用いて早期介入データの分析を行なった結果 ($n=103$)

		パラメータ	推定値	ase	z
固定効果					
初期値 π_{0i}	切片	γ_{00}	107.84***	2.04	52.97
変化率 π_{1i}	PROGRAM	γ_{01}	6.85*	2.71	2.53
	切片	γ_{10}	-21.13***	1.89	-11.18
	PROGRAM	γ_{11}	5.27*	2.52	2.09
分散成分					
レベル1	個人内の残差 ε_{ij}	σ_ε^2	74.24***	10.34	7.17
レベル2	初期値の残差 ζ_{0i}	σ_0^2	124.64***	27.38	4.55
	変化率の残差 ζ_{1i}	σ_1^2	12.29	30.50	0.40
	ζ_{0i} と ζ_{1i} の共分散	σ_{01}	-36.41	22.74	-1.60

*:$p<.05$, **:$p<.01$, ***:$p<.001$.
このモデルは，レベル1のサブモデルにおいて $AGE-1$，レベル2のサブモデルにおいて $PROGRAM$ を予測変数として，1歳から2歳までの間の認知的能力の変化を推定したものである．
(注) HLM による完全最尤推定．

3.5 推定された固定効果の検討

実証データを扱う研究者は，パラメータの推定値について精査する前に，仮説検定を行うのが普通です．これは，その推定値が検討に値するかどうかを確認するためです．もし推定値が，母集団において効果がないという帰無仮説と矛盾しないのであれば，その符号や大きさを検討しても意味がありません．この，パラメータについて解釈をする前に仮説検定を行うという方法が賢いやり方であることには，私たちも賛成です．しかし本書では教育的な理由から，この順番を逆にして，まず3.5.1項でパラメータの解釈を，そして3.5.2項で仮説検定を論じることにします．これは私たちの今までの経験から，新しい統計学的なことがらを学ぶ際には，まずパラメータの解釈を行ってから検定を実行するという順序の方が，理解しやすいとわかっているためです．この順序は，統計的有意性があるか否かについての判断よりも概念的な理解に重点を置くものです．この順番で学ぶことで，検定している仮説が何であるのかを理解できるようになるでしょう．

3.5.1 推定された固定効果の解釈

レベル2サブモデルにおける固定効果を表すパラメータ（3.3式に含まれる γ の項）は，個人の変化の軌跡に対する予測変数からの影響を定量化したものになりま

す. 私たちの例では，個人の成長パラメータとプログラム参加との関係が，これによって数値化されます. 固定効果の推定値の解釈は，基本的には回帰係数の場合と同様に行います. ただし，固定効果によって表現されたレベル2サブモデルにおける「結果変数」が，じつはレベル1サブモデルにおける個人ごとの成長曲線のパラメータであるという点のみ，回帰分析とは決定的に異なります. なお，ソフトウェアの出力を直接解釈するのに慣れるまでは，固定効果の解釈を行おうとする前に，推定したモデルの構造に相当する式を時間をかけて実際に書き下してみることを，強くお勧めします. 推定したモデルと推定値を体系的に対応づけて示してくれるソフトウェアもありますが（MLwiNなど），多くのソフトウェア（SAS PROC MIXEDなど）では，推定結果を難解な独特の書式で出力するからです. 私たちの例の場合ならば，表3.3に示された$\hat{\gamma}$を，レベル2のサブモデルを表す3.3式に代入すれば，以下のような式を得ることができます.

$$\hat{\pi}_{0i} = 107.84 + 6.85 \, PROGRAM_i$$
$$\hat{\pi}_{1i} = -21.13 + 5.27 \, PROGRAM_i$$
(3.5)

推定されたレベル2サブモデルにおける1本目の式は，$PROGRAM$から初期状態への効果を表しています. また2本目の式は，$PROGRAM$からの1年間の変化率への影響を表しています.

まずはあてはめたサブモデルの最初の部分，初期状態についての解釈から始めましょう. この標本が抽出された母集団における真の初期値（1歳時点でのCOGの値）について，プログラムに参加しなかった子どもたちの平均的な値は107.84であり，参加した子どもたちの値はそれよりも6.85点分だけ高くなる（つまり，平均的な初期値が114.69になる）と推定されています. このように，どちらのグループについても全国標準値である100点よりは高くなっていますが，プログラムに参加した子どもたちは，そうでない子どもたちよりも1歳時点での認知能力が6.85点高いということになります. この初期状態に関する結果から，プログラムへの参加に対する対象者の無作為割り付けが適切になされたかどうか疑わしい，と結論づけたくなるかもしれません. しかしプログラムによる介入が，1回目のデータ収集を行うよりも前，子どもたちが6か月の時点で開始されていたことを思い出してください. つまり，この初期値がわずか7点といえども上昇しているという結果は，生後6か月から1歳までの間の，早期のプログラム介入による影響を反映している可能性があります.

次に，サブモデルの後半部分，1年間の変化率に関する検討を行います. 標本が抽出された母集団における真の変化率について，プログラムに参加しなかった子どもたちの平均的な値は-21.13であり，参加した子どもたちの値はそれよりも5.27点分だけ高くなる（つまり，変化率の平均的な値が-15.86になる）と推定されています. どちらのグループでも認知的能力は時間経過とともに低下していますが，プログ

ラムに参加しなかった平均的な子どもは生後2年目のうちに20点以上も得点が下がるのに対して,プログラムに参加した平均的な子どもは15点ちょっとの減少にとどまるということです.最初にデータについて探索的な検討を行ったときに予想した通り,プログラムによる介入が機能低下の速度を抑えていることがわかります.

固定効果を解釈するもう1つの方法は,典型的な個人について推定された軌跡を図示してみることです.私たちの例のように,2値変数である予測変数を1個しか含まない単純な分析の場合ですら,典型的な軌跡を視覚的に検討することはきわめて重要です.今回のマルチレベルモデルでは,プログラムに参加した子どもたち($PROGRAM=1$)と参加しなかった子どもたち($PROGRAM=0$)という2種類のグループを考えれば十分です.これらの値を3.5式に代入すれば,両グループの初期値と変化率について,以下のような推定値が得られます.

$$\begin{aligned} PROGRAM=0 \text{ の時}: \quad & \hat{\pi}_{0i}=107.84+6.85(0)=107.84 \\ & \hat{\pi}_{1i}=-21.13+5.27(0)=-21.13 \\ PROGRAM=1 \text{ の時}: \quad & \hat{\pi}_{0i}=107.84+6.85(1)=114.69 \\ & \hat{\pi}_{1i}=-21.13+5.27(1)=-15.86 \end{aligned} \tag{3.6}$$

これらの値を利用して,各グループの典型的な個人について推定された変化の軌跡を描いたものが,図3.5になります.この図は,先ほど述べたような数値からの解釈を補強する役割を果たしてくれます.プログラムに参加した平均的な子どもは,そうでない子どもに比べると1歳時点における認知的能力の得点が高く,またその後の減少も緩やかであることがわかります.

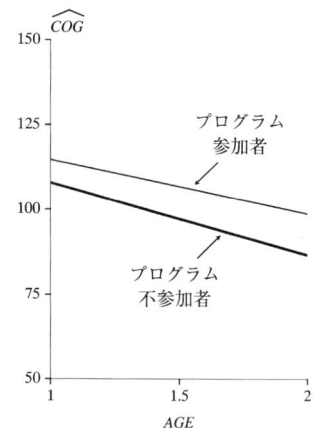

図 3.5 推定された変化についてのマルチレベルモデルの結果の図示

早期介入データにおけるプログラムに参加した平均的な子どもたちと参加しなかった平均的な子どもたちの,典型的な変化曲線.

3.5.2　固定効果に関する一母数検定

マルチレベルモデルのレベル2サブモデルにおいても，普通の回帰分析の場合と同じように，1つ1つの固定効果（各々のγ）ごとに1母数の統計的仮説検定を行うことができます．この検定においては，パラメータが事前に指定した任意の値に等しいという帰無仮説を設定することが可能です．しかし最もよく利用されるのは，モデルに含まれるその他の予測変数からの影響を統制したとき，母集団における当該予測変数からの固定効果が0であるという帰無仮説 $H_0:\gamma=0$ の，両側対立仮説 $H_1:\gamma\neq 0$ に対する検定です．ただし，最尤法によって推定を行った場合の，この仮説検定の性質については，漸近的にしか明らかにされていません（例外的な場合については，p. 63の注3）を参照してください）．各固定効果について前述のような帰無仮説を設定した場合，以下に示すおなじみの z 統計量を求めて，仮説検定を実行します．

$$z=\frac{\hat{\gamma}}{\mathrm{ase}(\hat{\gamma})} \tag{3.7}$$

マルチレベルモデルを扱うほとんどのソフトウェアは，この値を出力してくれるはずです．もしそうでない場合でも，簡単に手計算で求めることが可能です．ただし，この値を何という名前で呼んでいるかが，ソフトウェアによってばらばらである点には注意してください．z 統計量（z-statistic），z 比（z-ratio），準 t 統計量（quasi-t-statistic），t 統計量（t-statistic），t 比（t-ratio）などといった異なる表記が，同じものを指すために用いられています．例えば，ここで紹介している例を分析している HLM では，この統計量は「t 比」として表示されています．またほとんどのソフトウェアでは，検定を容易にするために，統計量に対応した p 値や信頼区間を，あわせて出力してくれます[5]．

表3.3には，6列目に z 統計量の値が，4列目の推定値に付記された上付きの＊として p 値の近似値が，それぞれ固定効果の仮説検定に関する結果として示されています．4つの固定効果に関する帰無仮説のすべてが棄却されており，これはプログラムへの参加が子どもの認知的発達に与える影響を考えるためには，すべてのパラメータが何らかの役割を果たしているものとして解釈を行わなければならないことを示唆しています．特に，レベル2サブモデルの切片 γ_{00}，γ_{10} に対する帰無仮説が（0.1%水準で）棄却されていることから，プログラムに参加しなかった子ども達の1歳時点での認知能力の平均的な得点は0点ではなく（当然です！），その後の時間経過に伴って認知能力が減少していくということがわかります．また，レベル2サブモデルの傾き γ_{01}，γ_{11} に対する帰無仮説が（5%水準で）棄却されていることから，認知能力

---

[5] 注2）で述べたような状況下においては，すべての検定が正確検定となるため，「t 統計量」と呼ぶのが適切である（Raudenbush, 2002（私信））．

の初期値と変化率の双方におけるプログラム参加の有無による差は,統計的に有意なものであると結論づけることが可能です.

3.6 推定された分散成分の検討

推定された分散・共分散成分の解釈は,固定効果の場合よりも難しいものになります.というのは,これらの数値そのものが必ずしも絶対的な意味を持つわけではなく,また助けとなるような図示の方法も存在しないからです.特に1つのモデルについてのみ推定を行った場合,分散の大きさを評価する基準が存在しないため,解釈は非常に困難です.このため分散・共分散成分を検討する際には,仮説検定の占める比重が大きくなります.なぜなら仮説検定を行えば,少なくとも何らかの比較基準(例えば,帰無仮説として用いられたパラメータ=0という値など)が設定されることになるからです.

3.6.1 推定された分散成分の解釈

分散成分は,マルチレベルモデルのあてはめを行った後に残る,レベル1とレベル2の双方における,結果変数の変動性の量を評価した値です.レベル1サブモデルにおける残差分散 σ_ϵ^2 は,平均的な個人の結果変数の値が,その人の真の変化の軌跡による予測値から,どの程度ずれる可能性があるのかという変動性を表しています.私たちの例におけるこの値は74.24でしたが,これ自体に絶対的な意味づけを行うことは困難です.4章において,複数のモデルを推定して得られた分散成分を相対的に比較して解釈する方法を解説します.

レベル2のサブモデルにおける分散成分は,すべての予測変数(今回の例の場合ならば $PROGRAM$)からの影響を統制した時に,変化の軌跡が個人間でどの程度違うものになる可能性があるのかという変動性を表しています.3.4式のような行列表記を用いると,私たちの例におけるレベル2の分散成分は,次のように書き表すことができます.

$$\begin{bmatrix} 124.64 & -36.41 \\ -36.41 & 12.29 \end{bmatrix}$$

次の項で取り上げる仮説検定によって,これらの値のうち σ_0^2 だけが統計的に有意に0ではないということが明らかになります.そこでここでは,このパラメータについてのみ論じることにします.しかし,特に比較のための基準が存在しないため,124.64という値が大きいのか小さいのか決めることはできません.ただいえるのは,この値がプログラム参加からの影響を統制した状態でも残る,認知能力の真の初期値の,個人間でのばらつきの大きさを定量化したものである,ということだけです.

3.6.2 分散成分に関する一母数検定

分散成分に関する検定は，分析に投入した予測変数以外のものによって説明されるかもしれない結果変数の残差のばらつきが，まだ残っているかどうかを検討するものです．分散成分がどのレベルのものであるか（レベル1かレベル2か）によって，追加することのできる予測変数は変わってきます．ただしどちらのレベルであっても，行われる検定自体はほとんど同じものであり，当該パラメータの母集団における値が0であるという帰無仮説（$H_0: \sigma^2 = 0$）を，値が0ではないという対立仮説（$H_1: \sigma^2 \neq 0$）に対して検定を行うのが一般的です．

この仮説検定を実行するためには，2つの異なる方法が考えられます．本章では，これらのうち比較的簡単な手法である**一母数検定**を紹介します．いくつかのソフトウェアは，この検定の結果を，z 統計量（推定された分散成分と，その漸近的な標準誤差の比）という形で出力してくれます．またソフトウェアによっては z 統計量を2乗して，自由度1の χ^2 統計量として出力している場合もあります．一母数検定の利点は，とても単純です．それは今扱っている例のように，データに対して1つの統計モデルだけをあてはめた場合であっても，その分散成分の相対的な大きさについて，少なくとも0と比較することで検討が可能になるということです．

しかし残念ながら，この検定の性質，形式，有効性については，統計学者の間で評価が割れています．Miller(1986)やRaudenbush & Bryk(2002)など多くの研究者たちが，この検定は正規性からの逸脱に敏感であるため，その有効性には疑問が持たれるということを，かなり以前から指摘してきています．またLongford(1999)は，この検定が標本サイズやバランスの不釣り合い（個人ごとに測定の回数が異なること）からも影響を受けやすく，誤った結論を導く恐れがあるのでこれ以上利用されるべきではないと主張しました．このように一母数検定には不正確なところがありますが，それでも私たちは，この検定を細心の注意を払いつつ利用することをお勧めしたいと思います．なぜなら，その手軽さは大きな利点であるからです．4.6節では，分散成分に関する様々な仮説を検定することのできる，より高度な方法も紹介します．私たちは，通常はこちらの方法を利用することを推奨します．

表3.3には，分散共分散成分に関する一母数検定の結果が示されています．上から3つ目までは順に，母集団において「レベル1サブモデルの残差分散 σ_ϵ^2 が0である」，「レベル2サブモデルの初期値に関する残差分散 σ_0^2 が0である」，「レベル2サブモデルの変化率に関する残差分散 σ_1^2 が0である」という帰無仮説についての検定を行っています．また一番下の検定は，母集団において「レベル2サブモデルにおける初期状態と変化率の残差間の共分散 σ_{01} が0である」という帰無仮説を設定しています．これは，プログラム参加の有無からの影響を統制した上でもなお，認知的能力の真の初期状態と真の1年間の変化率の間には相関があるかどうか，を検定すること

になります.

　私たちのデータの場合, 2つの帰無仮説だけが (0.1%水準で) 棄却されました. レベル1の残差分散 σ_ε^2 に関する検定の結果は, レベル1の結果変数の値の違いについて, 今回投入した予測変数だけでは説明できない (何か他の変数によって説明されるかもしれない) 変動が残っていることを示唆しています. この個人内変動の残りを説明するためには, 例えば子どもの家庭にある本の数, 親子間の相互作用の量などといった時変性の予測変数を, レベル1のサブモデルに追加するという方法などが考えられます.

　また初期値に関するレベル2の残差分散 σ_0^2 に対する検定の結果は, 真の初期値 π_{0i} の値について, プログラム参加からの影響を差し引いてもなお, 個人間での違いが残ることを示唆しています. したがって対処としては, 新しい説明変数を追加することが考えられますが, 今度はレベル2の分散成分 (真の初期値の残差の分散) を予測するような変数でなければならないことに注意してください. すなわち, 時不変の予測変数と時変の予測変数の双方をマルチレベルモデルに追加することを検討しなければならないのです.

　残り2つの分散成分については, 帰無仮説が棄却されませんでした. まず, σ_1^2 に関する帰無仮説が棄却されなかったということは, 認知能力の1年間の変化率の真値について, 子どもたちの間の予測し得るすべての変動を, *PROGRAM* だけで説明できるということを示唆しています. また σ_{01} に関する帰無仮説が棄却されなかったということは, 認知能力の真の変化の軌跡において, その切片と傾きの間には相関がない, すなわち, 真の初期状態と真の1年間の変化率の間には何の関係もない, ということを示唆しています (ただしこれは, あくまで *PROGRAM* からの影響を差し引いた後で, の話です). 以上の結果から, 私たちが推定したモデルからは, レベル2の残差 ζ_{1i} を取り除いてもよいかもしれない, という可能性を読み取ることができます. なぜなら ζ_{1i} は, それ自体の分散も, ζ_{0i} との共分散も, 統計的には0であるとみなしてさしつかえないからです. この問題については, 後の章で詳しく取り上げることにします.

4

変化についてのマルチレベルモデルでのデータ分析

We are restless because of incessant change, but we would
be frightened if change were stopped.　　—Lyman Bryson

　3章では，変化についてのマルチレベルモデルを構築するために一対の統計モデルを使用しました．この説明の中で，レベル1サブモデルは，それぞれの人が時間の経過とともにどう変化するかを説明し，レベル2サブモデルは変化の個人差と予測変数との関係性を説明しました．簡単な文脈でこうした考えを紹介するために，1つの推定法（最尤法），1つの予測変数（2値データ），および変化について単一のマルチレベルモデルに焦点をあてました．

　ここでは，変化についてのマルチレベルモデルの定式化，推定，および解釈を深く掘り下げます．新しいデータセットの導入に続き（4.1節），レベル1サブモデルとレベル2サブモデルを単一の方程式にまとめる，モデルの合成的な定式化を提示します（4.2節）．新しい合成モデルは，そのまま別の推定法の議論へとつながっていきます（4.3節）．

　2つの新しい方法，**一般化最小二乗法**（generalized least squares: **GLS**）と**反復一般化最小二乗法**（iterative generalized least squares: **IGLS**）を，それぞれ説明するだけでなく，さらに完全なアプローチと制限つきアプローチの2つのタイプの違いについても説明します．

　章の残りの部分では，データ分析の現実的な問題に焦点を合わせます．私たちの目標は，どのようにして考えをまとめ，一貫したアプローチでモデルのあてはめを実行するかを学ぶのを手助けすることです．4.4節では，いかなる分析でも常に最初にあてはめるべき2つの「標準的な」変化についてのマルチレベルモデル，**無条件平均モデル**（unconditional means model）と**無条件成長モデル**（unconditional growth model），を提示します．そして，その後の比較にきわめて有益な基準がどのように得られるかについて論じます．4.5節では，変化についてのマルチレベルモデルに，時不変な予測変数を追加するための方略を検討します．その後，複雑な仮説を検証する方法（4.6節，4.7節）と，モデルの仮定と残差の検討（4.8節）について論じます．4.9節で，3章で紹介した探索的な個人ごとのOLS推定値の代わりとなる，個

人成長の軌跡の「モデルに基づく」推定値を示すことによって4章をまとめます．技術的な詳細より，むしろ概念と方略を強調するために，①線形の個人成長モデル，②全員が同じデータ収集スケジュールを共有する時間構造化データセット，③単一の統計ソフトウェア（MLwiN）の使用，という制限を設けて説明を行っていきます．

4.1 例：青年期のアルコール摂取の変化

大規模な薬物乱用の研究の一部として，Curran, Stice, & Chassin(1997) は82人の若者から3回にわたる縦断データを集めました．ティーンエイジャーたちは14歳から毎年，前年のアルコール摂取量を査定する4項目の質問に回答しました．彼らは8件法（0=「まったくない」から7=「毎日」）の尺度を用い，①ビールやワインを飲んだか，②強い酒を飲んだか，③続けて5杯以上飲んだか，④酔いつぶれたか，という4つの行動の頻度を評定しました．また，データセットにはアルコール摂取に関する2つの潜在的な予測変数，親がアルコール依存症であるかどうかを表す2値変数（COA）と若者の仲間の飲酒を測定する変数（$PEER$）も含まれています．この後者の予測変数は，初回のデータ収集時に集められた情報に基づいています．参加者たちは6件法の尺度（0=「誰もいない」から5=「全員」）で，時々（1番目の項目）と日常的（2番目の項目）に飲酒している自分の友人の割合を評定しました．

本章では，親のアルコール依存症の既往歴と早期の仲間の飲酒によって，青年期における個人のアルコール摂取量の変化の軌跡が異なるかどうかについて検討します．話を進める前に，私たちが分析する結果の値 $ALCUSE$ と，連続的な予測変数 $PEER$ は，それぞれの変数の構成項目に対する参加者の反応の合計を算出し，その**平方根**を計算したものであることを述べておきます[訳注1]．結果変数を変換することによって，レベル1サブモデルでの AGE に関しての線形性を仮定することができるようになります．そして予測変数の変換で，レベル2サブモデルでは $PEER$ との線形関係を仮定できるようになります．こうした変換を行わない場合，必要となる線形性の仮定を破ることを避けるためには，両方のレベルで非線形モデルを仮定する必要があるでしょう．不安を感じるようであれば，各項目のもとの尺度がどのみち恣意的なものであることを思い出してください．通常の回帰分析のように，加工されていない変数に非線形モデルをあてはめるより，変換した変数に線形モデルをあてはめた方が，分析はしばしばより明確なものになります．4.8節でマルチレベルモデルの仮定が支持されているかどうかを評価するための方略を紹介する際に，この問題についてさらに論じていきます．そして6章では，線形性の仮定を緩めたモデルそのものについて紹介し

訳注1) この例ではこうしたけれども，必ずしも一般的な作業ではない．

ていきます．

モデル指定のための情報を得るために，図4.1に，より大きい標本から無作為に選ばれた8人の青年の経験的な変化プロットにOLS推定により得られた線形の軌跡を重ね合わせたものを示します．これら8例のすべて，および示されなかった他の74例の大部分において，（変換された）$ALCUSE$とAGEとの関係は，14から16歳の間で線形であるように見えます．このことは，Y_{ij}が時点jにおける青年iの$ALCUSE$の値で，AGE_{ij}はその時点でのその人の年齢（年単位）を示している場合，青年の年齢に関して線形であるようなレベル1の個人成長モデル $Y_{ij} = \pi_{0i} + \pi_{1i}(AGE_{ij} - 14) + \varepsilon_{ij}$ を仮定できることを示しています．私たちは切片の解釈を容易にするため，14歳（データ収集の初回の年齢）でAGEを中心化しました．

モデル定式化に慣れてくるにつれ，一般的な変数$TIME_{ij}$を用いてレベル1モデルを記述する方が，$(AGE_{ij} - 14)$のような特定の研究における予測変数を用いるより簡単であることがわかるでしょう．

$$Y_{ij} = \pi_{0i} + \pi_{1i} TIME_{ij} + \varepsilon_{ij} \tag{4.1}$$

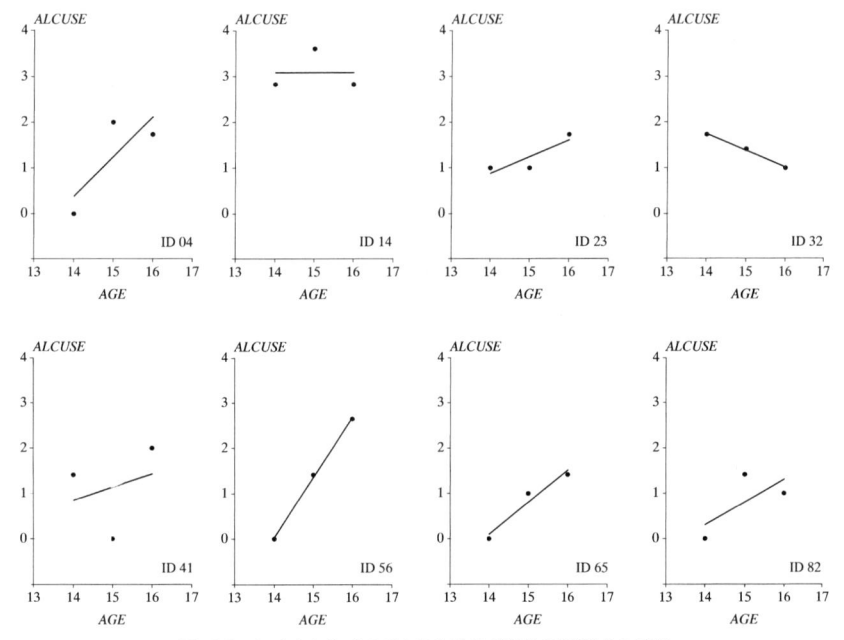

図 4.1 レベル1サブモデルにおける最適な関数形式の特定

アルコール摂取研究における8名の参加者の経験的成長プロットに，OLS推定された曲線を重ね合わせたもの．

この式は、結果変数や時間の尺度にかかわらず、すべての縦断データセットに適用できる一般的なものです。そのパラメータの解釈は通常の変数名を用いる場合と同じです。この標本が抽出された母集団において、

- π_{0i} は個人 i の真の初期値、$TIME_{ij}=0$ の時の結果変数の値を表す。
- π_{1i} は研究期間中の個人 i の真の変化率を表す。
- ε_{ij} は時点 j における個人 i の結果変数のうち、予測不可能な部分の割合を表す。

また引き続き、ε_{ij} が平均 0 分散 σ_ε^2 の正規分布から独立に抽出されることを仮定しており、さらに、ε_{ij} はレベル 1 予測変数 $TIME$ と無相関で、時点間で等分散です。

レベル 2 サブモデルの指定の参考とするために、探索的な分析の結果として、無作為に選ばれた 32 人の青年について OLS 推定で得られた線形の変化の軌跡を図 4.2 に提示します。この図を作成するため、私たちは 2 回、はじめは COA（上段）で、続いて $PEER$（下段）で、この部分標本を 2 つのグループに分割しました。$PEER$ は連続変数なので、下段は標本平均で 2 つの群に分けたものになります。太い線は軌跡が重なっている、つまりより太い線ほど、より多くの軌跡があることを示します。それぞれのプロットは、変化について個人間でかなりの不一致があることを示していますが、いくつかのパターンもみられます。上段ではいくつかの極端な軌跡を除くと、アルコール依存症の親を持つ子どもは一般に、より高い切片（しかし急な傾きではない）を持っています。下段では、14 歳時点で飲酒をする友人が多い青年ほど、自身もより飲酒をするようにみえますが（すなわち、彼らはより高い切片を持っている傾向があります）、しかし、彼らのアルコールの摂取は、より遅い割合で増加するようにみえます（彼らはより緩やかな傾きを持っている傾向があります）。このことは COA と $PEER$ の両方が変化の予測変数として有効であり、それぞれさらなる検討に値することを示唆します。

今度は、変化の個人間の差についてのレベル 2 サブモデルを仮定します。話を簡単にするため、ここでは COA のみに焦点を合わせ、真の初期値（π_{0i}）と真の変化率（π_{1i}）に関する 2 つの部分からなるレベル 2 サブモデルを利用することで、COA からの仮定された効果を表現します。

$$\begin{aligned}\pi_{0i} &= \gamma_{00} + \gamma_{01} COA_i + \zeta_{0i} \\ \pi_{1i} &= \gamma_{10} + \gamma_{11} COA_i + \zeta_{1i}\end{aligned} \tag{4.2}$$

レベル 2 サブモデルにおいて、

- レベル 2 の切片 γ_{00} と γ_{10} は、親がアルコール依存症ではない（$COA=0$ の）子どもの、母集団における平均的な初期値と変化率を表します。もし両方のパラメータが 0 なら、親がアルコール依存症ではない平均的な子どもは、14 歳時点でまったく飲酒をせず、また 14~16 歳の間、アルコール消費量が変化しないということになります。

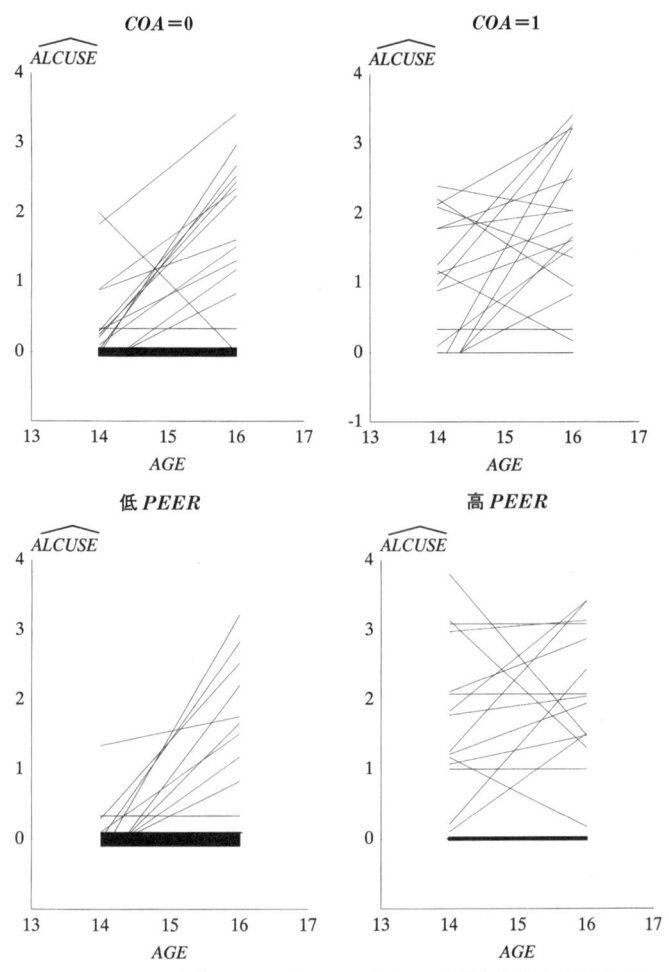

図 4.2 選択された予測変数のレベル別に OLS 推定により得られた軌跡を調べることによる，変化に対する予測変数の可能性の特定

親のアルコール摂取状況 COA（上段）と友人のアルコール摂取状況 $PEER$（下段）ごとに別々に示した，アルコール使用データに対する OLS 推定により得られた軌跡.

- レベル 2 の傾き γ_{01} と γ_{11} は，親がアルコール依存症の子どもにおける COA の変化の軌跡に対する効果を，初期値と変化率の増分（または減少）として表します．もし両方のパラメータが 0 なら，親がアルコール依存症である平均的な子どものアルコール使用の初期値は，アルコール依存症ではない両親を持つ平均的な子どもと同程度であり，その変化率も同様に違いがないということになります．

- レベル 2 の残差 ζ_{0i} と ζ_{1i} は，レベル 2 サブモデルにおいて説明されていない初期値や変化率の部分を表します．それらは，グループの平均的な動向からの個人の変化の軌跡の逸脱の度合いを示しています．

引き続き，ζ_{0i} と ζ_{1i} は，平均 0，分散 σ_0^2 と σ_1^2，共分散 σ_{01} の 2 変量正規分布から独立に抽出されたと仮定しています．さらに，それらはレベル 2 の予測変数 COA と無相関であり，COA のすべての値において等分散であるとも仮定されています．

通常の回帰分析のように，他の予測変数を含むようにレベル 2 サブモデルを変更することができます．例えば，COA を $PEER$ に置き換えたり，もしくは $PEER$ を今のモデルに追加するなどです．4.5 節では，この変更，調整について説明します．変化についての合成マルチレベルモデルの構築という新しい知識を紹介できるように，今のところ，レベル 2 予測変数が 1 つの場合の説明を続けます．

4.2 変化についてのマルチレベルモデルの合成的な定式化

上述したレベル 1・レベル 2 ごとの表現は，変化のためのマルチレベルモデルの唯一の定式化ではありません．もしレベル 2 サブモデルをレベル 1 サブモデルに代入して 1 つの合成モデルにすると，より倹約的な表現をすることができます．合成的な表現は，レベル 1・レベル 2 ごとの定式化と数学的にはまったく同一ですが，サブモデルごとに分けたときとは違う仮説の書き表し方ができますし，また，マルチレベルモデルを取り扱う統計ソフトウェアのうち，その多くにおいて（たとえば，MLwiN や SAS の PROC MIXED），この合成モデルの形での定式化が求められます．

合成的な定式化を導くためには，まず，レベル 1 とレベル 2 のサブモデルで関連のあるペアはいくつかの共通項を持っていることを理解しておく必要があります．具体的には，レベル 1 のサブモデルの個人ごとの成長パラメータは，レベル 2 のサブモデルの結果変数になっています．つまり，レベル 2 のサブモデルの π_{0i} と π_{1i}（4.2 式）をレベル 1 のサブモデル（4.1 式）の中に以下のように代入すると，2 つのサブモデルをつぶして合成することができます．

$$\begin{aligned} Y_{ij} &= \pi_{0i} + \pi_{1i} TIME_{ij} + \varepsilon_{ij} \\ &= (\gamma_{00} + \gamma_{01} COA_i + \zeta_{0i}) + (\gamma_{10} + \gamma_{11} COA_i + \zeta_{1i}) TIME_{ij} + \varepsilon_{ij} \end{aligned}$$

最初の小括弧には，レベル 1 の切片 π_{0i} の代わりにレベル 2 のサブモデルの式が入っています．2 つめの小括弧には，レベル 1 の傾き π_{1i} の代わりにレベル 2 のサブモデルの式が入っています．式を展開して整理すると，**変化についての合成マルチレベルモデル**を導くことができます．

$$\begin{aligned} Y_{ij} =\, & [\gamma_{00} + \gamma_{10} TIME_{ij} + \gamma_{01} COA_i + \gamma_{11}(COA_i \times TIME_{ij})] \\ & + [\zeta_{0i} + \zeta_{1i} TIME_{ij} + \varepsilon_{ij}] \end{aligned} \quad (4.3)$$

ここでもう一度，大括弧はモデルの構造的な部分と確率的な部分を区別するために使用しています．

4.3式に表した合成的な定式化は，レベル1・レベル2ごとの定式化に比べてより複雑にみえるかもしれませんが，この2つの表現は論理的にも数学的にも同一のものです．結果変数（Y_{ij}）と予測変数（TIMEとCOA）の間の関係は，どちらの定式化でも同じです．それぞれの定式化は，想定した関係をどのようにまとめるのかという点においてのみ異なっており，どちらの方法も，マルチレベルモデルが表現することに関して価値のある洞察を提供してくれます．レベル1・レベル2ごとの定式化の長所は，私たちの考える概念的な枠組みを直接反映していることです．すなわち，私たちはまず個人内の変化に焦点をあて，次に変化の個人間差に焦点をあてています．また，この定式化では，どのパラメータが初期値の個人間差を表し（γ_{00}とγ_{01}），どのパラメータが変化率の個人間差を表すのか（γ_{10}とγ_{11}）が直接的に表現されているので，モデルの説明を直観的に理解することができます．一方，合成的な定式化の長所は，コンピュータが繰り返し推定を行う場合に，どのような統計モデルを実際にデータにあてはめているかを明確にできる点にあります．

合成モデルを紹介するにあたって，このモデル表現がレベル1・レベル2ごとの定式化よりも一律にすぐれているとはいいません．本書の残りの部分では両方の表現を使用し，常により目的に合ったほうを採用します．時としてレベル1・レベル2ごとの定式化が実際上適していると感じることがありますし，また別の時には代数的に倹約的である合成的な定式化を選ぶこともあります．両方の定式化とも有用なので，それぞれの定式化について同程度に扱えるように時間をかけることをお勧めします．その助けとなるように，以下では，合成モデル自体の構造的な部分と確率的な部分について掘り下げて考えていきます．

4.2.1 合成モデルの構造的な部分

変化についての合成マルチレベルモデルの構造的な部分は，4.3式の最初の大括弧ですが，少なくともはじめは見慣れない感じがするかもしれません．しかしそんなことはありません．この部分には，すべての予測変数が入っていて（COAとTIME），さらに，今ではおなじみになりましたが，$\gamma_{00}, \gamma_{01}, \gamma_{10}, \gamma_{11}$の固定効果も入っています．3章では，$\gamma$はレベル2の予測変数の値によって区別された個人ごとの平均的な変化の軌跡を表す，ということを示しました．つまり，γ_{00}とγ_{10}はアルコール依存症ではない親を持つ子どもたちの平均的な軌跡の切片と傾きで，（$\gamma_{00}+\gamma_{01}$）と（$\gamma_{10}+\gamma_{11}$）はアルコール依存症患者を親に持つ子どもたちの平均的な軌跡の切片と傾きです．

γの解釈は，合成モデルにおいても同じです．同じであることを示すために，モデ

4.2 変化についてのマルチレベルモデルの合成的な定式化

ルの構造的な部分にある COA にそれぞれの値を代入し、母集団の平均的な変化の軌跡を再現してみましょう。COA は 0 か 1 の 2 つの値しかありませんので、再現は簡単です。アルコール依存症ではない親を持つ子どもたちの場合は、4.3 式に 0 を代入してみるとわかります。

$$\begin{pmatrix} \text{アルコール依存症で} \\ \text{はない親を持つ子ど} \\ \text{もの平均的な軌跡} \end{pmatrix} = \gamma_{00} + \gamma_{10} TIME_{ij} + \gamma_{01} 0 + \gamma_{11}(0 \times TIME_{ij}) \\ = \gamma_{00} + \gamma_{10} TIME_{ij} \quad (4.4a)$$

これは、前の段落で書いたように、切片 γ_{00}、傾き γ_{10} の軌跡を表します。さらに、アルコール依存症の親を持つ子どもたちの場合は、4.3 式に 1 を代入してみるとわかります。

$$\begin{pmatrix} \text{アルコール依存症の} \\ \text{親を持つ子どもの平} \\ \text{均的な軌跡} \end{pmatrix} = \gamma_{00} + \gamma_{10} TIME_{ij} + \gamma_{01} 1 + \gamma_{11}(1 \times TIME_{ij}) \\ = (\gamma_{00} + \gamma_{01}) + (\gamma_{10} + \gamma_{11}) TIME_{ij} \quad (4.4b)$$

これも先に書いたように、切片 $(\gamma_{00} + \gamma_{01})$、傾き $(\gamma_{10} + \gamma_{11})$ の軌跡を表します。

これらについての解釈は同じですが、合成モデルにおける γ は、変化のパターンを異なった方法で表現しています。4.3 式にある合成モデルの定式化は、$ALCUSE$ がどのように $TIME$ と個人ごとの成長パラメータと関連し、個人ごとの成長パラメータはどのように COA と関連しているのかを仮定しているのではありません。この定式化は、$ALCUSE$ は①レベル 1 の予測変数 $TIME$、②レベル 2 の予測変数 COA、そして③レベルをまたいだ (cross-level) 交互作用 $COA \times TIME$ によって同時に定められることを仮定しています。この点から考えると、合成モデルの構造的な部分は、$TIME$ と COA を予測変数に持ち、γ_{10} と γ_{01} はそれぞれの予測変数の主効果、γ_{11} はレベルをまたいだ交互作用項のパラメータを表す普通の回帰モデルと非常によく似ています。

レベル 1・レベル 2 ごとの定式化ではこれに相当する項はみられないにもかかわらず、レベルをまたいだ交互作用はどのように生じたのでしょうか。この交互作用項は、合成モデルを作るとき「展開」を行った際に現れました。パラメータ γ_{11} は、代入前は COA とのみ関連していましたが、レベル 2 のサブモデルをレベル 1 のサブモデルの適切な位置にある π_{1i} に代入するときに、$TIME$ と掛け算することになります。そして、合成モデルにおいては、このパラメータは $COA \times TIME$ と関連するようになります。この関連は、以下のような論理で考えると合点がいきます。レベル 1・レベル 2 ごとの定式化において γ_{11} が非ゼロであるとき、変化の軌跡の傾きは COA の値に従って異なります。別の言い方をすれば、$TIME$ の効果 (この効果は変化の軌跡の傾きによって表されます) は COA のレベルによって異なる、ということ

になります．1つの予測変数（*TIME*）の効果が他の予測変数（*COA*）のレベルによって異なるとき，2つの変数の間には交互作用があるといいます．合成モデルにおけるレベルをまたいだ交互作用はこの効果を表しています．

4.2.2 合成モデルの確率的な部分

合成モデルの**ランダム効果**（random effects）は，4.3式の2番目の大括弧です．この表現は固定効果の表現よりも理解しづらいものであり，別個のサブモデルを用いた表記における単純な誤差項からはだいぶ異なっています．しかしご想像の通り，突き詰めていくと，レベル1・レベル2ごとの定式化も合成的な定式化も同じ意味を持ちます．さらに，合成モデルにおけるこれらの効果の構造は，縦断データにおける経時的な残差のふるまいについての仮定に関する深い洞察を与えてくれます．

この確率的な部分の解釈の仕方を理解するために，ランダム効果は各個人の真の変化の軌跡をどのようにその当該の母集団の平均的な軌跡の周辺に散らばらせるのかを3章で説明したことを思い出してみましょう．例えば，切片 γ_{00}，傾き γ_{10} となっている4.4a式で，アルコール依存症ではない親を持つ子どもたちの母集団の平均的な軌跡について考えてみると，レベル2の残差 ζ_{0i} と ζ_{1i} は，個人 i の軌跡をこの平均から異なるようにしています．したがって，個人 i つまりアルコール依存症ではない親を持つある特定の子どもの真の軌跡は，切片 $(\gamma_{00}+\zeta_{0i})$，傾き $(\gamma_{10}+\zeta_{1i})$ となります．この軌跡がいったん決まった後で，レベル1の残差 ε_{ij} が，測定時点 j における個人のデータを真の個人の軌跡の周囲にランダムに散らばらせます．

ある特定の予測変数の値が異なる個人の真の軌跡を導くと，合成モデルがどのようにこの概念化を表現しているのかがわかります．4.3式を使うと，もし子ども i がアルコール依存症ではない親を持つ場合は（*COA*=0），以下の通りに書くことができます．

$$Y_{ij}=[\gamma_{00}+\gamma_{10}TIME_{ij}+\gamma_{01}0+\gamma_{11}(0\times TIME_{ij})]+[\zeta_{0i}+\zeta_{1i}TIME_{ij}+\varepsilon_{ij}]$$
$$=[\gamma_{00}+\gamma_{10}TIME_{ij}]+[\zeta_{0i}+\zeta_{1i}TIME_{ij}+\varepsilon_{ij}]$$
$$=(\gamma_{00}+\zeta_{0i})+(\gamma_{10}+\zeta_{1i})TIME_{ij}+\varepsilon_{ij}$$

これは上述した通り，切片が $(\gamma_{00}+\zeta_{0i})$，傾きは $(\gamma_{10}+\zeta_{1i})$ の真の軌跡を表しています．また，もし子ども i がアルコール依存症の親を持つ場合は（*COA*=1），以下の通りに書くことができます．

$$Y_{ij}=[\gamma_{00}+\gamma_{10}TIME_{ij}+\gamma_{01}1+\gamma_{11}(1\times TIME_{ij})]+[\zeta_{0i}+\zeta_{1i}TIME_{ij}+\varepsilon_{ij}]$$
$$=[(\gamma_{00}+\gamma_{01})+(\gamma_{10}+\gamma_{11})TIME_{ij}]+[\zeta_{0i}+\zeta_{1i}TIME_{ij}+\varepsilon_{ij}]$$
$$=(\gamma_{00}+\gamma_{01}+\zeta_{0i})+(\gamma_{10}+\gamma_{11}+\zeta_{1i})TIME_{ij}+\varepsilon_{ij}$$

これは，切片が $(\gamma_{00}+\gamma_{01}+\zeta_{0i})$，傾きは $(\gamma_{10}+\gamma_{11}+\zeta_{1i})$ の真の軌跡を表しています．

4.2 変化についてのマルチレベルモデルの合成的な定式化

合成マルチレベルモデルの際立った特徴は，その「合成残差」にあります．4.3式の右辺にある2番目の大括弧の中の3つの項が合成残差です．

$$\text{合成残差}: [\zeta_{0i} + \zeta_{1i} TIME_{ij} + \varepsilon_{ij}]$$

合成残差は単純な和ではありません．それどころか，2番目のレベル2の残差 ζ_{1i} は，他の残差と足し合わされる前に，レベル1の予測変数 $TIME$ と掛け合わさっています．しかし，その奇妙な構成にもかかわらず，合成残差の解釈はじつにわかりやすいものです．合成残差は，個人 i の測定時点 j における Y の観測値と予測値の差分を表しています．

この合成残差の数学的な形式から，測定機会ごとの残差についての2つの重要な性質が読み取れます．これらの性質は，レベル1・レベル2ごとの定式化では簡単にはわからないものですが，個人内で**自己相関していて等分散が仮定できない**（autocorrelated and heteroscedastic）ということです．以下では簡単に記述するにとどめて，より詳細には7章で説明しますが，これらの性質は，変化する結果変数の繰り返し測定の残差につきものなのです．

残差に等分散が仮定できない場合，各個人の結果変数の説明できない部分は測定時点を通じて不均一な分散を持つことになります．不均一な分散はいろいろな原因によりますが，1つの大きな原因は除外された予測変数の効果によるものです．つまり，結果変数に実際には関連がある変数を含め損ねた結果ということです．これらの効果については式中に適切な項が存在しないため，デフォルトで，残差ということでひとくくりにしています．もしそれらの影響が測定時点を通じて異なるとしたら，残差の大きさも変わるかもしれず，それが不均一な分散を作り出します．合成モデルは，レベル2の残差 ζ_{1i} を介して，この不均一な分散を考慮に入れています．ζ_{1i} は，合成残差の中で予測変数 $TIME$ を乗じるので，その大きさは測定時点を通じて（少なくとも，線形のレベル1のサブモデルの場合は，線形に）異なります．もし合成残差の大きさに測定時点を通じて体系立った違いがあれば，そこには付随して残差分散の違い，つまり不均一な分散があります．

もし残差が自己相関する場合，各個人の結果変数の説明できない部分は繰り返しの測定時点を通じてお互いに相関することになります．ここでも，除外された予測変数が共通の原因になるので，それらの効果は残差ということでひとくくりにされます．それらの効果は経時的にそれぞれの残差に対して同じように表れるかもしれないので，個人の残差は測定時点を通じて関連するかもしれません．4.3式の合成残差の中に，時不変的な ζ_{0i} と ζ_{1i} があることによって，残差は自己相関します．ζ_{0i} と ζ_{1i} は添字の「i」だけ持っていて，「j」は付いていないので，それぞれの測定時点における各個人の合成残差を同じように特徴づけ，これが時点を通じた自己相関の可能性を生み出しています．

4.3 推定法（再考）

3.4節で推定法について議論した際には，最尤推定（ML）法を扱いました．その際にも述べたことですが，変化についてのマルチレベルモデルをあてはめるためには，他の推定法を用いることもできます．本節では，4.3.1項で**一般化最小二乗法**（GLS）と**反復一般化最小二乗法**（IGLS）による推定を扱います．これらは，よく知られた通常の最小二乗法（OLS）を拡張したものです．また，4.3.2項では最尤推定法についてさらに深く掘り下げ，**完全最尤推定**（full maximum-likelihood）と**制限つき最尤推定**（restricted maximum-likelihood）の**区別**について論じます．最後に，4.3.3項ではその他の様々な方法を取り上げ，またどのように推定法を選択するとよいのかを論じます．

4.3.1 一般化最小二乗推定

一般化最小二乗（GLS）推定は通常の最小二乗法（OLS）を拡張したものです．GLSを用いることによって，残差についてより複雑な仮定を持った統計モデルのあてはめが可能になります．OLSと同様に，GLSも残差二乗和[1]を最小化するパラメータの推定値を求めます．しかし，OLSでは残差を独立かつ等分散と設定するのに対し，GLSでは残差が自己相関を持つことができ，また一様の仮定も必要ありません．GLSは変化についての合成マルチレベルモデルの状況に適しているといえます．

変化についての合成マルチレベルモデルのあてはめに，どのようにGLSを使えるのかを理解するためには，まず2章で扱った（あまり能率的ではありませんでしたが），探索的OLSによる分析を思い出してください．2.3節で扱った探索的分析は，後に紹介した変化についてのマルチレベルモデルのレベル1・レベル2の定式化によく似たものでした．2.3節では，モデルのあてはめのためにOLS法を2回に分けて用いました．最初に，探索的レベル1分析において，個人—時点データセットを個人ごとの部分に（*ID* によって）分け，結果変数の *TIME* への回帰直線を個人内で別々にあてはめました．次に，探索的レベル2分析において，今得られた個人の成長パラメータの推定値を予測変数に回帰しました．しかし，変化についての合成マルチレベルモデルによって，2.3節の時のように部分ごとに分けて分析するのではなく個人—時点データセットをそのまま利用して，モデルの構造的部分で結果変数（ここでは *ALCUSE*）を予測変数（ここでは *TIME*, *COA*, *COA*×*TIME*）に回帰することができます．これによって，データセットを個人ごとの部分に分割することなく，最

---

[1] GLSは多変量重みつき二乗和を最小化します（Raudenbush, 2002（私信））．

4.3 推定法（再考）

も関心のある対象である固定効果（$\gamma_{00}, \gamma_{10}, \gamma_{01}, \gamma_{11}$）を推定することができます．

個人—時点データセット全体でOLSによってこの回帰分析を行う場合には，結果として得られる回帰係数（$\gamma_{00}, \gamma_{10}, \gamma_{01}, \gamma_{11}$の推定値）は合成モデルの固定効果の不偏推定値になります．しかし残念ながら，合成モデルの確率的な部分の残差は独立・等分散という「古典的な」仮定を満たさないため，その回帰係数の標準誤差は仮説を適切に検定するために必要な望ましい性質を持ちません．つまり，個人—時点データセット全体を扱うには，OLSを使ったアプローチは不適切だということです．個人—時点データに対して合成モデルを直接あてはめて固定効果を適切に推定するには，GLS推定法が必要になります．

ここで，1つ難問があります．個人—時点データセット全体に対して回帰分析によって合成モデルの固定効果を推定するためには，GLS法が必要なことがわかりました．しかし，GLS分析を行うには，**真の誤差共分散行列**の中身について知る必要があります．具体的には，GLS推定において誤差の構造を説明するためには，母集団における残差間の自己相関と，残差分散の不均一性を知る必要があります．しかし，もちろんこれらの母集団の値は未知であり，分析者が知ることはできません．私たちが情報を持っているのは標本についてであり，母集団についてではないのです．これにより難問が生じます．すなわち，個人—時点データセットにおける変化についての合成マルチレベルモデルにおいて適切な分析を行うためには，実際には分析者に知ることのできない情報が必要になるのです．

GLSはこの難問に，2段階アプローチをとることで対処します．第一に，OLS法を使って個人—時点データセット全体において *ALCUSE* を予測変数である *TIME*, *COA*, *COA*×*TIME* に回帰することによって合成モデルをあてはめ，その残差を使って誤差共分散行列を推定します．次に，推定された誤差共分散行列をあたかもそれが真の誤差共分散行列であるかのように扱って，合成モデルをGLSによってあてはめなおします．この過程においては，第一段階ではOLSによって固定効果の初期値（最初の推定値）が得ていることになります．これらの初期値から結果変数の予測値が得られ，それぞれの人のそれぞれの時点における残差を計算することができます．母集団の誤差共分散行列は，この残差を使って推定されます．第二段階では，第一段階で得られた誤差共分散行列の推定値は合成モデルの母集団における誤差共分散行列を正しく表しているとの仮定のもとに，更新された固定効果のGLS推定値とその標準誤差を計算します．もちろん実際の分析では，これらのプロセスはコンピュータが行うため，分析者には見えないのが普通です．

2段階のGLS推定が良い性質を持つのであれば，もっとたくさんの段階を使ったGLS推定はもっと良い性質を持つでしょうか？ この単純な発想に基づく方法は，GLSの拡張である反復一般化最小二乗法（IGLS）として知られます．IGLSでは，

まずOLSで推定しその推定値を使ってGLSによってモデルをあてはめ直す，という手順を1度だけ行うのではなく，コンピュータにこの手順を繰り返し行わせ，各回ごとに1つ前の回の固定効果の推定値を使って誤差共分散行列を推定し直し，さらに改良された固定効果のGLS推定値を得るのです．繰り返しの各回の後に，コンピュータに現在の推定値が前回よりも改善されているかを確認させることができます．もし改善していなければ（この判断には分析者が定義する，もしくはソフトウェアパッケージがデフォルトで採用している基準を使います）繰り返しの過程が収束したのだと考え，計算をやめて推定値・その標準誤差・モデルの適合度を出力します．

どんな繰り返し計算にもいえることですが，IGLSの収束は必ず保障されているわけではありません．データセットが小さかったりひどく釣り合いがとれていない場合，もしくは提案するモデルがあまりに複雑な場合には，IGLSは永遠に繰り返し計算をし続けるかもしれません．これを避けるために，すべてのソフトウェアパッケージは各分析における繰り返し計算の回数の上限（これは，分析者が望むなら変更することができます）を定めています．IGLSが事前に定めた回数の繰り返し計算を行っても収束しない場合には，上限の値を大きくして再度挑戦することができます．それでもまだ収束しないのであれば，得られた推定値は不正確かもしれませんので，注意して扱う必要があります．IGLS推定法の具体例については本章の後の方で扱います．また，収束しない場合については5.2節で議論します．

4.3.2 完全最尤推定と制限つき最尤推定

統計学者は，**完全最尤**（FML）推定と**制限つき最尤**（RML）推定の2種類の最尤推定法を区別します．これらは共通の目的を持つ推定法の2つの亜種であり，尤度関数をどのように構成するかが異なるために，パラメータ推定と仮説検定のための方法論も異なります．分析者は，どちらの最尤推定法を使うかを，モデルをあてはめる前に選択しなければなりません．さらに重要と考えられる点として，利用するソフトウェアパッケージがデフォルトとして使用する方法はどちらなのかを理解しなければなりません（もっとも，普通は設定を変えることができますが）．

3章の時点でははっきりと述べませんでしたが，これまでに論じてきた最尤推定法とはFML法でした．3.4節で述べた尤度関数は，実際に得られた標本データのすべてを同時に観測する同時確率を分析したものでした．FML推定では，データ，仮説的なモデル，およびその仮定の関数である標本尤度は，すべての未知パラメータ，つまり固定効果（γ）と分散成分（$\sigma_e^2, \sigma_0^2, \sigma_1^2, \sigma_{01}$）の両方を含みます．FMLでは，コンピュータはこの尤度関数を同時に最大化するこれらの母集団パラメータの推定値を求めます．

FML推定法に問題がないわけではありません．尤度関数を構成し最大化する方法

4.3 推定法(再考)

論的な問題により,分散成分のFML推定値($\hat{\sigma}_e^2, \hat{\sigma}_0^2, \hat{\sigma}_1^2, \hat{\sigma}_{01}$)は固定効果のFML推定値($\hat{\gamma}$)を含んだ形で与えられます.このために,分散成分の推定においては固定効果の値を既知として扱うことになってしまい,固定効果についての不確実性が無視されることになります.このように固定効果の推定に割り当てられるべき自由度を与えそこねることによって,FMLは分散成分のために残された自由度を過大評価することになり,それによって分散成分を過小推定してしまいます.このため,標本サイズが小さい場合,FMLは分散成分のバイアスのある推定値を与えます(漸近的には不偏です).

この懸念から,統計学者は制限つき最尤法(RML; Dempster, Laird & Rubin, 1977)を開発しました.FMLとRMLのどちらも変化についてのマルチレベルモデルに使われるときには多数回の数値的な繰り返し計算を必要とするので,両者の違いを代数的に示すことはできません.しかし,これらの方法を使って横断データに対する線形回帰分析のようなより簡単なモデルをあてはめるときにも似たようなことが問題となりますので,繰り返し計算を必要としない形で推定値を書き下すことのできるこの文脈において両者の違いを例示することにします.

まず,横断データにFMLを使って線形回帰分析モデルをあてはめる場合について考えましょう.$Y_i = \beta_0 + \beta_1 X_{1i} + \beta_2 X_{2i} + \cdots + \beta_p X_{pi} + \varepsilon_i$という単純な回帰モデルによって結果変数$Y$(予測変数$X_1, \cdots, X_p$に基づく)から標本サイズ$n$で予測することを考えます.ここで$i$は個人を表す添字であり,$\varepsilon_i$は通常通り平均0・等分散$\sigma_\varepsilon^2$の正規分布に従う残差を表します.もしも何らかの方法によって回帰パラメータの**母集団における真値**を知ることができたならば,個人iについての残差は$\varepsilon_i = Y_i - (\beta_0 + \beta_1 X_{1i} + \beta_2 X_{2i} + \cdots + \beta_p X_{pi})$となります.このとき,未知の残差分散$\sigma_\varepsilon^2$のFML推定量は,残差の2乗和を標本サイズ$n$で割った

$$\hat{\sigma}_\varepsilon^2 = \frac{\sum_{i=1}^{n} \varepsilon_i^2}{n} \tag{4.5a}$$

となります.ここでは回帰係数の母集団の値は既知と仮定しましたので,残差の計算のために回帰係数を推定する必要がなく,残差分析の計算に自由度nが残されました.

もちろん実際には,回帰パラメータの真の母集団における値を知ることはできません.したがって,それらは標本データを使って推定することになり,残差の推定値は

$$\hat{\varepsilon}_i = Y_i - (\hat{\beta}_0 + \hat{\beta}_1 X_{1i} + \hat{\beta}_2 X_{2i} + \cdots + \hat{\beta}_p X_{pi})$$

となります.この推定値を4.5a式に代入すると,残差分散のFML推定値

$$\hat{\sigma}_\varepsilon^2 = \frac{\sum_{i=1}^{n} \hat{\varepsilon}_i^2}{n} \tag{4.5b}$$

を得ることができます．FML推定量（$\hat{\beta}'$）の関数自身もまたFML推定量になるからです．

4.5b式のFML法によって推定された残差分散の式の分母が，標本サイズnであることに注目してください．この分母を用いることは，このパラメータの推定に標本がもともと持っている自由度をすべて利用できると仮定していることに対応します．しかし，残差の計算のためには$(p+1)$個の回帰パラメータを推定しましたので，ここで$(p+1)$の自由度を使ってしまったことになります．残差分散の不偏推定値は，ここで自由度を使ったことに対応して，4.5b式の分母を減らします．

$$\hat{\sigma}_\varepsilon^2 = \frac{\sum_{i=1}^{n}\hat{\varepsilon}_i^2}{n-(p+1)} \quad (4.5c)$$

4.5b式と4.5c式における推定された残差分散の違いは，変化についてのマルチレベルモデルにおける完全最尤法と制限つき最尤法の違いと同じです．RMLと同様に，4.5c式は残差分散（分散成分）の推定の前に行った，回帰パラメータ（固定効果）の推定に関係する不確実性を考慮しています．一方，FMLと同様に，4.5b式はそれを考慮していません．

RML推定値はどのように計算されるのでしょうか？ Patterson & Thompson (1971) とHarville(1974) による方法論の研究により，概念的に興味深い方略が提案されました．それは，分散成分のRML推定値は標本残差（標本データではなく）を観測する尤度を最大化するものである，というものです．ここでも繰り返し計算が利用されます．まず，なんらかの方法（OLSやGLSであることが多いです）によって固定効果γを推定します．次に，通常の回帰分析の場合と同様に，このγを使って各個人の各時点での残差を推定します（観測値と予測値の引き算です）．レベル1・レベル2残差についての標準的な仮定，つまり独立性・等分散性・正規性の仮定のもとで，残差とその分布に関する未知の分散成分についてこの特殊な「データ」（つまり，残差）を観測する尤度を書き下すことができます．そして制限つき尤度の対数をとり，それを最大化することによって，最後に残った未知パラメータである（固定効果γは既知と仮定していますので）分散成分のRML推定値を求めることができます．

FML法とRML法を比較して，それぞれがどのような利点を持つのかについての議論が何十年にもわたって繰り広げられてきました．Dempsterら（1977, p.344）はRMLを「より直観的に正しい」と述べましたが，実際のところRMLがFMLよりも一方的にすぐれていることは証明されていません．Kreft & de Leeuw(1998) はマルチレベルをあてはめるためのこれらの方法論を比較したシミュレーション研究のレビューにおいて，明らかにすぐれた方法を見出してはいません．彼らは，あいまい

さが生まれてしまうのは，RML推定において小標本でのバイアスが低下するのに伴い，精度も低下してしまうからだと示唆しています．

どちらの手法も一方的にすぐれているのではないとしたら，どうしてわざわざ両者を区別するのでしょうか？　重要な点として，この2つの方法を使って計算される適合度を表す統計量（4.6節で導入されます）は，モデルの異なる部分を扱っているという事実があります．FMLのもとではモデル全体のあてはまりの良さが記述されますが，RMLのもとでは確率的な部分（ランダム効果）のあてはまりのみが記述されるのです．このことから，FMLから求められた適合度の統計量はどんなパラメータの（固定効果でも分散成分でも）仮説検定にも使うことができますが，RMLから得られた適合度の統計量は固定効果の仮説検定には用いることができず，分散成分の仮説検定にしか使えないことになります．この違いは，すぐ後で述べるように，モデル構築とデータ分析の一環としての仮説検定に関する重要な洞察を与えてくれます．分散成分のみが異なるモデルを比較する場合にはどちらの推定法も使うことができますが，固定効果と分散成分の両方が異なるモデルを比較する場合にはFML法を使う必要があります．さらに問題を難しくしている要因として，ソフトウェアによってデフォルトとされている推定法が異なるという事実があります（どのようなソフトウェアでも，どちらの方法とも使用できますが）．例えば，SAS PROC MIXEDはRMLをデフォルトとしていますが，MLwiNとHLMはFMLをデフォルトにしています．ですので，コンピュータプログラムを使う際には，どちらの最尤推定法がデフォルトとされているかを確認しておく必要があります．精度を上げたい，もしくはより多くの仮説検定を行いたいといった理由によってデフォルトとされていない推定法を利用したい場合には，望ましい推定値が得られていることを確認してください．

4.3.3　推定についての実用上のアドバイス

GLS法と最尤推定法は同じ推定法ではありません．両者はモデルをあてはめるための異なる方法論であり，私たちにランダム効果の分布について異なった仮定を置くことを可能にします．GLS推定値は，残差の重みつき関数を最小化することによって得られます．ML推定値は対数尤度を最大化することによって得られます．ML推定値のみが，残差が正規分布に従うことを要求します．こうした違いがありますので，同じデータと同じモデルの同じパラメータについての，GLS推定値とML推定は異なり得ます．厄介なことに，この両者はどちらも同じ母集団パラメータの不偏推定値を与えるのですが，その推定値自体は異なり得ます．推定法を比較する大規模なシミュレーション研究も行われていますが（Draper, 1995；Brown & Draper, 2000），限られたデータに基づいた比較からは，実用上両者は似たような結論を与えることが示唆されています（Kreft, de Leeuw, & Kim, 1990）．

GLS と ML の推定値が一致する，よく知られた条件が 1 つあります．ML 推定のために用いられる通常の正規分布の仮定が正しいのであれば，GLS 推定値は ML 推定値と一致します[2]．つまり，3 章と同様に ε と ζ に正規性を仮定してよいのであれば，GLS 推定値は ML 推定値と同じ漸近不偏性，効率性，正規性を有します．そして，仮説検定を行うためには結局正規性の仮定を使うことになりますから，たいていのデータ分析ではこの正規性の仮定は受け入れざるを得ず，了解も得られやすいものです．したがって，本書の残りの部分では，変化についてのマルチレベルモデルに標準的な正規性の仮定を利用し続けることにします．

GLS と ML は，マルチレベルモデルをデータにあてはめるために通常よく利用される方法です．両者は様々なパッケージに様々な外観で登場します．HLM と SAS PROC MIXED には FML と RML が登場します．STATA xtreg は GLS アプローチを使います．MLwiN は IGLS とその拡張版である制限つき IGLS（RIGLS）を使います．これは GLS における RML 版に相当するものです．さらに，毎年新しい推定のアプローチが登場します．ですので，特定の推定法について，もしくは特定のパッケージにおける実装について述べたとしても，それはすぐに時代遅れになるでしょう．しかし，目的がデータ分析なのであれば（推定法の開発ではないのであれば），こうしたソフトウェアの改変は問題ではありません．教養のあるユーザーであるためには統計モデル，その仮定，そしてそれがどのように現実を表現しているかだけを理解すればよいのです．推定法の数学的な詳細はそれよりも重要性の低いものです．そうはいっても，少なくともここで述べた概念的な程度には，ML 法と GLS 法になじむための時間をとったほうがよい理由を 3 つあげることができます．第一に，どのようにモデルをあてはめるかについての少なくとも概念的な理解なくしては，信頼のおける分析を行ったりパラメータの推定値を解釈したりすることができません．第二に，これらの方法論はそれぞれに特有の仮定のもとで，望ましい統計学的性質を持つものです．第三に，たいていの新しい方法は，これらの方法から派生したものか，これらの方法の欠点を改善するものです．つまり，ML 法と GLS 法は生き続けるのです．

---

[2] じつは，GLS において最小化される重みつき 2 乗和の構成法によっては，正規性が成り立っていても ML と GLS が同一にならないこともあります．重みが残差分散と共分散の ML 推定値に基づくものであれば，GLS 推定量は ML 推定値を与えます（Raudenbush, 2002（私信））．

4.4 最初のステップ：変化についての2つの無条件マルチレベルモデルのあてはめ

仮説は明確になりました，個人一時点データセットも作りました，探索的分析も行いました，推定法も決めました，そして使うソフトウェアも決めました．さてみなさんは，見込みのある予測変数を投入したモデルのあてはめを今すぐにでも始めたいという衝動に駆られていると思いますが，その前にまず，本節で紹介する2つの単純なモデルをあてはめてみることをお勧めします．

2つのモデルとは，**無条件平均モデル**（4.4.1項）と**無条件成長モデル**（4.4.2項）です．これらの無条件モデルは，結果変数の変動を2つの重要な方法で分割し定量化します．1つは時点にかかわらず個人で分割する（無条件平均モデル）方法で，もう1つは個人と時間の両方で分割する（無条件成長モデル）方法です．これらの分析の結果によって，①検討するに値するような系統的な変動が結果変数にみられるか，②その変動はどこに存在しているか（個人内か個人間か），を明らかにすることが可能になります．さらに，4.4.3項で説明するように，続けて行うモデル構築の成否を評価するために必要な2つの重要なベースライン（基準）も提供してくれます．

4.4.1 無条件平均モデル

無条件平均モデルは，常に最初にあてはめなくてはならないモデルです．このモデルは結果変数の経時的な変化を記述するものではなく，単純に結果変数の変動を記述し，切り分けるものです．このモデルの最大の特徴は，どのレベルにも予測変数が含まれていないことです．

$$Y_{ij} = \pi_{0i} + \varepsilon_{ij}$$
$$\pi_{0i} = \gamma_{00} + \zeta_{0i} \tag{4.6a}$$

いつもの通り，ここでの仮定は

$$\varepsilon_{ij} \sim N(0, \sigma_\varepsilon^2) \text{ かつ } \zeta_{0i} \sim N(0, \sigma_0^2) \tag{4.6b}$$

です．レベル2の残差はζ_{0i}1つなので，レベル2でも**単変量正規性**を仮定します（レベル2の残差が2つある時のような**二変量正規性**ではありません）．

無条件平均モデルは，レベル1では個人iの真の変化の軌跡は完全に平坦で，その値はπ_{0i}であることを表しています．時間に関する予測変数を含む傾きの項が式にないために，この軌跡は傾くことができないのです．レベル2サブモデルの1つの部分は，これらの平坦な軌跡は個人間でその高さが異なるかもしれないけれど，母集団のすべての成員における平均的な高さはγ_{00}であることを示しています．高さにみられる個人間の変動は予測変数とはまったく関連づけられていません．これは変化とはま

ったくいえないものですし,このモデルによってあなたの標本データが生成されたとは思いたくないかもしれませんが,いつでもこのモデルのあてはめから始めることをお勧めします.なぜならば,結果変数の全体の変動を意味のある形で分割してくれるからです.

分散の分割がどのようにしてなされるのかを理解するため,個人の平坦な変化の軌跡は単なる**平均値**であることに注目してください.個人 i の Y の真の平均値は π_{0i} です.母集団全員の Y の真の平均値は γ_{00} です.分散分析の言葉を借りれば,π_{0i} は**個人平均**で,γ_{00} は**全平均**ということになります.無条件平均モデルでは,個人 i の時点 j において観測された Y の値は,これらの平均値からの偏差で表されると考えます.時点 j において,Y_{ij} は個人 i の真の平均(π_{0i})から ε_{ij} だけ離れていると考えます.よって,レベル1の残差は,Y_{ij} と π_{0i} の間の「距離」を測定した,「個人内偏差」ということになります.さらに,個人 i の真の平均である π_{0i} は,母集団の真の平均値である γ_{00} から ζ_{0i} だけ離れているということになります.よってレベル2の残差は,π_{0i} と γ_{00} の間の「距離」を測定した,「個人間」偏差ということになります.

4.6b式の分散成分は,母集団全員におけるこれらの偏差の変動をまとめて表示したものになります.σ_ε^2 は,「個人内」分散を表しており,自身の平均値を中心としたデータの散らばりをならしたものです.σ_0^2 は,「個人間」分散を表しており,全平均を中心とした各個人のデータ(個人平均)の散らばりをならしたものです.この無条件平均モデルをあてはめたおもな理由は,各レベルに存在する結果変数の変動を表している分散成分を推定するためです.さらに,仮説検定によって,引き続き分析を行う価値があるだけの十分な変動がそのレベルにおいてみられているかを確認することができます.もし分散成分の値が0であったならば,説明するには分散が小さすぎるので,そのレベルにおいて結果変数の変動について予測を試みるのはあまり意味のあることではありません.もし分散成分の値が0ではなかったならば,説明できる可能性があるような変動がそのレベルにおいて見られるということになります.

表4.1のモデルAは,アルコール摂取量のデータに無条件平均モデルをあてはめた結果です.1つだけある固定効果,γ_{00} は,全平均,すなわちすべての時点および対象者についての結果変数の平均値の推定値になります.γ_{00} に関する帰無仮説が棄却されている($p<.001$)ことから,14歳から16歳の平均的な青年の平均的なアルコール摂取量は,0ではないということが確認されました.もとの尺度での値を得るために,0.922を二乗すると0.85となり,この時期に青年はアルコールを飲むが,その量はたいしたことはないという結論が得られました.

次に,このあてはめの主たる目的であるランダム効果について検討してみましょう.個人内の推定された分散である σ_ε^2 は 0.562 です.個人間の推定された分散であ

る σ_0^2 は 0.564 です.3.6 節で使った 1 母数の仮説検定を行うと,両方とも 0.1% 水準で帰無仮説を棄却することができます(これらの検定は間違った結論を導くこともありますが(3.6.2 項を参照)私たちはこれらの結果を表 4.1 に示しています.というのは,少なくともこのデータに関しては,4.6 節で紹介するよりすぐれた方法での検定でも同じ結果を得たからです).平均的な青年のアルコール摂取量は,時間の経過とともに変化し,また個人間でも違いがあるという結論を出すことができます.それぞれの分散成分は 0 とは有意に異なるので,アルコール摂取量の個人内変動,個人間変動のいずれについても予測変数と関係づけることができるという望みが持てます.

無条件平均モデルには,個人内および個人間の分散成分を数値で相対的に評価する,というまた別の目的もあります.このデータセットでは偶然ほぼ同じ値になりました.これらの値の相対的大きさを定量化するための有用な統計量は,**級内相関係数**,ρ というものです.これは,結果変数の全変動のうち,個人間変動の占める割合を表しています.Y の全変動は,単純に個人内の分散成分と個人間の分散成分との和なので,母集団における級内相関係数は以下の式で表されます.

$$\rho = \frac{\sigma_0^2}{\sigma_0^2 + \sigma_\epsilon^2} \tag{4.7}$$

ρ は,表 4.1 に示されている推定された 2 つの分散成分を 4.7 式に代入することで計算することができます.このデータについては,

$$\hat{\rho} = \frac{0.564}{0.564 + 0.562} = 0.50$$

となり,アルコール摂取量の全変動の半分は,青年の個人間の差異によるものであることがわかります.

級内相関係数にはまた別の役割もあります.級内相関係数は,合成無条件平均モデルの残差の自己相関の大きさを要約しています.なぜそうなるかを理解するために,4.6a 式のレベル 2 サブモデルをレベル 1 サブモデルに代入し,次のような合成無条件平均モデルを作ってみましょう.

$$Y_{ij} = \gamma_{00} + (\zeta_{0i} + \varepsilon_{ij}) \tag{4.8}$$

この式では,Y_{ij} は 1 つの固定効果 γ_{00} と,1 つの合成残差($\zeta_{0i} + \varepsilon_{ij}$)から構成されると表現されています.各個人は各時点において異な合成残差を持っています.しかし,合成残差に含まれている各項の添字に注目してください.レベル 1 の残差である ε_{ij} には i と j の 2 つの添字がありますが,レベル 2 の残差である ζ_{0i} には,i しかありません.各個人は各時点において異なる ε_{ij} を持ちますが,ζ_{0i} については各時点で同じになります.個人 i の合成残差の中に,ζ_{0i} が繰り返し現れることによって,残差が時点間でつながりを持つようになるのです.残差の自己相関係数は,このつな

表 4.1 変化についてのマルチレベルモデルの分類法

		パラメータ	モデル A	モデル B
固定効果				
初期値 π_{0i}	切片	γ_{00}	0.922***	0.651***
			(0.096)	(0.105)
	COA	γ_{01}		
	PEER	γ_{12}		
変化率 π_{1i}	切片	γ_{10}		0.271***
				(0.062)
	COA	γ_{11}		
	PEER	γ_{12}		
分散成分				
レベル1	個人内	σ_ε^2	0.562***	0.337***
			(0.062)	(0.053)
レベル2	初期値	σ_0^2	0.564***	0.624***
			(0.119)	(0.148)
	変化率	σ_1^2		0.151**
				(0.056)
	共分散	σ_{01}		−0.068
				(0.070)
擬 R^2 統計量および適合度				
	$R_{y,\hat{y}}^2$			.043
	R_ε^2			.40
	R_0^2			
	R_1^2			
	乖離度		670.2	636.6
	AIC		676.2	648.6
	BIC		683.4	663.0

~: $p<.10$, *: $p<.05$, **: $p<.01$, ***: $p<.001$.

これらのモデルは14歳から16歳の間の ALCUSE をレベル1では AGE−14 を, レベル2の予測変数をもとの値のまま投入している. モデル F と G では中心化した値
(注) MLwiN による完全 IGLS 推定.

4.4 最初のステップ

をアルコール摂取のデータ ($n=82$) にあてはめた結果

モデル C	モデル D	モデル E	モデル F (CPEER)	モデル G (CCOA & CPEER)
0.316***	−0.317***	−0.314***	0.394***	0.651***
(0.131)	(0.148)	(0.146)	(0.104)	(0.080)
0.743***	0.579***	0.571***	0.571***	0.571***
(0.195)	(0.162)	(0.146)	(0.146)	(0.146)
	0.694***	0.695***	0.695***	0.695***
	(0.112)	(0.111)	(0.111)	(0.111)
0.293***	0.429***	0.425***	0.271***	0.271***
(0.084)	(0.114)	(0.106)	(0.061)	(0.061)
−0.049	−0.014			
(0.125)	(0.125)			
	−0.150〜	−0.151〜	−0.151〜	−0.151〜
	(0.086)	(0.085)	(0.085)	(0.085)
0.337***	0.337***	0.337***	0.337***	0.337***
(0.053)	(0.053)	(0.053)	(0.053)	(0.053)
0.488**	0.241**	0.241**	0.241**	0.241**
(0.128)	(0.093)	(0.093)	(0.093)	(0.093)
0.151*	0.139*	0.139*	0.139*	0.139*
(0.056)	(0.055)	(0.055)	(0.055)	(0.055)
−0.059	−0.006	−0.006	−0.006	−0.006
(0.066)	(0.055)	(0.055)	(0.055)	(0.055)
.150	.291	.291	.291	.291
.40	.40	.40	.40	.40
.218	.614	.614	.614	.614
.000	.079	.079	.079	.079
621.2	588.7	588.7	588.7	588.7
637.2	608.7	606.7	606.7	606.7
656.5	632.8	628.4	628.4	628.4

ル 2 では COA と $PEER$ の様々な組合せにより予測したものである．モデル C, D, E は
を投入している．

がりの大きさを表しています．無条件平均モデルでは，誤差の自己相関係数は，級内相関係数そのものなのです．よって，各個人について，時点間のどの組合せ—時点1と時点2，時点2と時点3，時点1と時点3—においても，相関係数の平均は0.50と推定します．これは値としてはかなり大きいですし，これらのデータのOLS分析に課されている残差自己相関ゼロという条件からはかけ離れています．自己相関係数については，7章で詳細に検討していきます．

4.4.2 無条件成長モデル

論理的に考えて，次のステップはレベル1サブモデルに予測変数 $TIME$ を導入することです．4.1節で行った探索的分析に基づいて，線形の変化の軌跡を仮定し，以下のように定式化します．

$$Y_{ij} = \pi_{0i} + \pi_{1i}TIME_{ij} + \varepsilon_{ij}$$
$$\pi_{0i} = \gamma_{00} + \zeta_{0i} \qquad (4.9a)$$
$$\pi_{1i} = \gamma_{10} + \zeta_{1i}$$

ここでの仮定は

$$\varepsilon_{ij} \sim N(0, \sigma_\varepsilon^2) \quad \text{かつ} \quad \begin{bmatrix} \zeta_{0i} \\ \zeta_{1i} \end{bmatrix} \sim N\left(\begin{bmatrix} 0 \\ 0 \end{bmatrix} \begin{bmatrix} \sigma_0^2 & \sigma_{01} \\ \sigma_{10} & \sigma_1^2 \end{bmatrix}\right) \qquad (4.9b)$$

となります．モデルに含まれる予測変数は $TIME$ だけなので，このモデルを**無条件成長モデル**と呼びます．

最初に，4.9a式の無条件成長モデルを4.6a式の無条件平均モデルと比較することから始めましょう．比較が容易になるように，これらのモデルと以降にあてはめることになるモデルも表4.2にまとめました．個人 i の時点 j における Y_{ij} がその個人特有の平均値から ε_{ij} だけ乖離するとする代わりに，（無条件成長モデルは）Y_{ij} は彼または彼女の真の変化の軌跡から ε_{ij} だけ乖離したものであるとしています．言い換えると，レベル1でどのように定式化するかを変更すると，レベル1の残差が表すものが変化することになります．さらに，無条件成長モデルでは，変化率（π_{1i}）の個人差を表す部分が，レベル2サブモデルの2番目の部分として加えられています．しかしながら，（レベル2のサブ）モデルには，実質的な予測変数が含まれていないので，レベル2のサブモデルの各式は，単純に個人の成長パラメータ（π_{0i} あるいは π_{1i}）は，切片（γ_{00} あるいは γ_{10}）とレベル2残差（ζ_{0i} または ζ_{1i}）の和であることを表しているにすぎません．

レベル1の定式化に変更を加えることによって起こる重大な結果は，分散成分の意味も変化するということです．レベル1の残差分散である σ_ε^2 は，（個人特有の平均値ではなく）個人特有の線形の変化の軌跡を中心とした散らばりを表しています．レベル2の残差分散 σ_0^2 と σ_1^2 は，初期値と変化率の個人間の変動を表しています．これら

4.4 最初のステップ

表 4.2 変化についてのマルチレベルモデルの分類法のアルコール摂取のデータへのあてはめ

モデル	レベル1モデル	レベル1/レベル2 レベル2モデル	合成モデル
A	$Y_{ij} = \pi_{0i} + \varepsilon_{ij}$	$\pi_{0i} = \gamma_{00} + \zeta_{0i}$	$Y_{ij} = \gamma_{00} + (\varepsilon_{ij} + \zeta_{0i})$
B	$Y_{ij} = \pi_{0i} + \pi_{1i}TIME_{ij} + \varepsilon_{ij}$	$\pi_{0i} = \gamma_{00} + \zeta_{0i}$ $\pi_{1i} = \gamma_{10} + \zeta_{1i}$	$Y_{ij} = \gamma_{00} + \gamma_{10}TIME_{ij}$ $+ (\varepsilon_{ij} + \zeta_{0i} + \zeta_{1i}TIME_{ij})$
C	$Y_{ij} = \pi_{0i} + \pi_{1i}TIME_{ij} + \varepsilon_{ij}$	$\pi_{0i} = \gamma_{00} + \gamma_{01}COA_i + \zeta_{0i}$ $\pi_{1i} = \gamma_{10} + \gamma_{11}COA_i + \zeta_{1i}$	$Y_{ij} = \gamma_{00} + \gamma_{01}COA_i + \gamma_{10}TIME_{ij} + \gamma_{11}COA_i \times TIME_{ij}$ $+ (\varepsilon_{ij} + \zeta_{0i} + \zeta_{1i}TIME_{ij})$
D	$Y_{ij} = \pi_{0i} + \pi_{1i}TIME_{ij} + \varepsilon_{ij}$	$\pi_{0i} = \gamma_{00} + \gamma_{01}COA_i + \gamma_{02}PEER_i + \zeta_{0i}$ $\pi_{1i} = \gamma_{10} + \gamma_{11}COA_i + \gamma_{12}PEER_i + \zeta_{1i}$	$Y_{ij} = \gamma_{00} + \gamma_{01}COA_i + \gamma_{02}PEER_i + \gamma_{10}TIME_{ij}$ $+ \gamma_{11}COA_i \times TIME_{ij} + \gamma_{12}PEER_i \times TIME_{ij}$ $+ (\varepsilon_{ij} + \zeta_{0i} + \zeta_{1i}TIME_{ij})$
E	$Y_{ij} = \pi_{0i} + \pi_{1i}TIME_{ij} + \varepsilon_{ij}$	$\pi_{0i} = \gamma_{00} + \gamma_{01}COA_i + \gamma_{02}PEER_i + \zeta_{0i}$ $\pi_{1i} = \gamma_{10} + \gamma_{12}PEER_i + \zeta_{1i}$	$Y_{ij} = \gamma_{00} + \gamma_{01}COA_i + \gamma_{02}PEER_i + \gamma_{10}TIME_{ij}$ $+ \gamma_{12}PEER_i \times TIME_{ij}$ $+ (\varepsilon_{ij} + \zeta_{0i} + \zeta_{1i}TIME_{ij})$
F	$Y_{ij} = \pi_{0i} + \pi_{1i}TIME_{ij} + \varepsilon_{ij}$	$\pi_{0i} = \gamma_{00} + \gamma_{01}COA_i + \gamma_{02}CPEER_i + \zeta_{0i}$ $\pi_{1i} = \gamma_{10} + \gamma_{12}CPEER_i + \zeta_{1i}$	$Y_{ij} = \gamma_{00} + \gamma_{01}COA_i + \gamma_{02}CPEER_i + \gamma_{10}TIME_{ij}$ $+ \gamma_{12}CPEER_i \times TIME_{ij}$ $+ (\varepsilon_{ij} + \zeta_{0i} + \zeta_{1i}TIME_{ij})$
G	$Y_{ij} = \pi_{0i} + \pi_{1i}TIME_{ij} + \varepsilon_{ij}$	$\pi_{0i} = \gamma_{00} + \gamma_{01}(COA_i - \overline{COA})$ $\quad + \gamma_{02}CPEER_i + \zeta_{0i}$ $\pi_{1i} = \gamma_{10} + \gamma_{12}PEER_i + \zeta_{1i}$	$Y_{ij} = \gamma_{00} + \gamma_{01}(COA_i - \overline{COA}) + \gamma_{02}CPEER_i$ $+ \gamma_{10}TIME_{ij} + \gamma_{12}CPEER_i \times TIME_{ij}$ $+ (\varepsilon_{ij} + \zeta_{0i} + \zeta_{1i}TIME_{ij})$

これらのモデルは14歳から16歳の間のALCUSEをレベル1ではAGE-14を、レベル2ではCOAとPEERの様々な組合せにより予測したものである。モデルC, D, EはレベルEの予測変数をもとの値のまま投入している。モデルFとGでは中心化した値を投入している。モデルをあてはめた結果については、表4.1に示した。

の分散成分を推定することによって,レベル1の変動と,レベル2の2種類の変動を区別することができるようになり,また変化の個人間差が真の初期値の個人間差によるものなのか,真の変化率の個人間差によるものなのかを確かめることができるようになります.

表4.1のモデルBの列に,アルコール摂取量のデータに無条件成長モデルをあてはめた結果を載せています.固定効果であるγ_{00}とγ_{10}は,母集団の平均的な変化の軌跡の開始時の値(初期値)と傾きの推定値となります.それぞれについて帰無仮説は棄却された($p<.001$)ことから,ALCUSEについての平均的な真の変化の軌跡は,0と有意に異なる0.651という切片を持ち,0と有意に異なる+0.271という傾きを持つことが示されました.レベル2には予測変数がないため,図4.3の左の図に示したようにこの軌跡を簡単にプロットすることができます.平均的な青年のアルコール摂取量は低い状態にとどまっていますが,ALCUSEは14歳から16歳にかけて,0.65から1.19と着実に増加していると推定されます.この軌跡が親のアルコール依存症の既往歴,あるいは友人の早期のアルコール摂取によって系統的に変化するかは,この後すぐに確かめていきます.

引き続き分析を行う希望が持てるかどうかを見きわめるために―レベル2の予測変数が説明できるくらい個人の初期値あるいは変化率に,統計的に有意な変動があるかどうかということですが―,分散成分を検討してみましょう.これまでのところで,

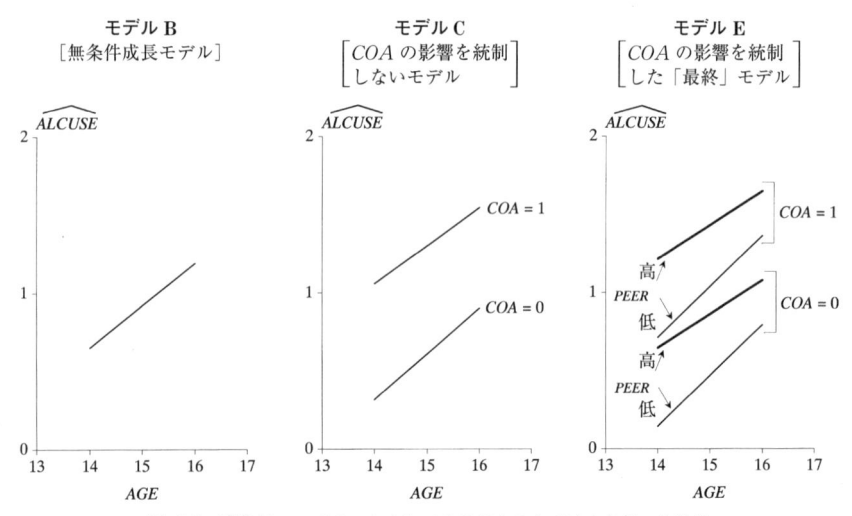

図4.3 変化についてのマルチレベルモデルのあてはめを行った結果

表4.1に示された3つのモデルによる典型的な軌跡.モデルBは無条件成長モデル,モデルCはCOAの影響を統制しないモデル,モデルEはCOAの影響を統制した「最終」モデル.

固定効果より分散成分の方が，多くの場合より興味深いものだということにみなさんはだんだんと気づき始めていると思います．レベル1の残差分散であるσ_ε^2は，各個人の観測された結果変数が，各個人の真の変化の軌跡を中心として平均的にどの程度散らばっているのかを表しています．もし，真の変化の軌跡が年齢に関して線形であったとすると，無条件平均モデルよりレベル1残差とレベル1残差分散が小さくなり，無条件成長モデルは観測された結果変数のデータの予測について，より有効であるということになるでしょう．σ_ε^2の値をモデルAとモデルBで比較してみると，40％小さくなっています（0.562から0.337）．$ALCUSE$の個人内変動の40％は線形の$TIME$と系統的な関連を持つと結論づけられます．モデルBの分散成分についての帰無仮説を棄却できる（$p<.001$）ことから，レベル1にはまだ何か重要な個人内変動が残されていることがわかります．このことは，レベル1サブモデルに，実質的な予測変数を導入した方が得るものが大きいということを示唆しています．このデータセットのレベル2の予測変数のように**時不変**ではなく，レベル1サブモデルに実際に投入する予測変数は**時変**なものでなくてはならないため，これについての説明は5.3節まで保留します．

レベル2の分散成分は個人の成長パラメータの予測できない分散の大きさを定量化したものです．σ_0^2は，真の初期値の予測できない変動（π_{0i}のγ_{00}を中心としたばらつき）を定量化し，σ_1^2は，真の変化率の予測できない変動（π_{1i}のγ_{10}を中心としたばらつき）を定量化します．それぞれの帰無仮説が棄却（それぞれ$p<.001$と$p<.01$）されたので，真の初期値および真の変化率，双方ともに非ゼロの分散があるといえます．このことは，それぞれのパラメータの異質性を説明するために，レベル2の予測変数を投入してみる意味があることを示唆します．これを実行したとき，それぞれの分散成分である0.624と0.151は，予測変数の効果の数量的な基準となります．この分散成分を無条件平均モデルの推定値と比較はしません．なぜならば，$TIME$をモデルに導入することによって，それらの数値の解釈が異なってくるからです．

レベル2残差の，母集団における共分散σ_{01}の解釈は，無条件成長モデルでは重要です．レベル2の残差の関係性を表すだけではなく，母集団における真の初期値と真の変化率との共分散を定量化しているからです．これは，14歳時点でより多くのアルコールを摂取していた青年は，時間とともにより速く（遅く）摂取量が増加するかどうかを確かめられることを意味しています．この共分散を関連する分散成分の積の平方根で割って，相関係数として表せば解釈はより簡単になります．

$$\hat{\rho}_{\pi_0\pi_1} = \hat{\rho}_{01} = \frac{\hat{\sigma}_{01}}{\sqrt{\hat{\sigma}_0^2 \hat{\sigma}_1^2}} = \frac{-0.068}{\sqrt{(0.624)(0.151)}} = -0.22$$

$ALCUSE$の真の変化率と14歳時点での$ALCUSE$のレベルの間には，弱い負の相

関が認められますが，帰無仮説を棄却することができないので，無相関（ゼロ）であるかもしれないという結論を出すことができます．

マルチレベルモデルの合成された定式化（4.10 式）を検討することによって，無条件成長モデルの残差についてさらに情報を得ることができます．

$$Y_{ij} = \gamma_{00} + \gamma_{10} TIME_{ij} + (\zeta_{0i} + \zeta_{1i} TIME_{ij} + \varepsilon_{ij}) \tag{4.10}$$

各個人は，各時点 1 つずつ，合計 j 個の合成残差を持っています．オリジナルのレベル 1 とレベル 2 の残差（ζ_{1i} については，足し算の括弧の中にまとめられる前に，$TIME_{ij}$ が掛けられています）の和から構成されている合成残差の構造から，予想される異分散性と自己相関が導き出されます．これは，縦断データの分析において必要となるかもしれないものです．

最初に，合成残差の分散を検討してみましょう．ここに提示していない数学的な計算結果から，時点 j の合成残差の母分散は，次のように表すことができます．

$$\sigma^2_{Residual_j} = \sigma^2_0 + \sigma^2_1 TIME_j^2 + 2\sigma_{01} TIME_j + \sigma^2_\varepsilon \tag{4.11}$$

表 4.1 のモデル B の推定された分散成分を代入すると，以下のようになります．

$$(0.624 + 0.151 TIME_j^2 - 0.136 TIME_j + 0.337)$$

$TIME$ に，14 歳時（$TIME_1 = 0$），15 歳時（$TIME_2 = 1$），そして 16 歳時（$TIME_3 = 2$）を代入すると，合成残差分散の推定値として，それぞれ $0.961, 0.976, 1.293$ を得ることができます．極端に分散が異なっているというわけではありませんが（特に 14 歳時と 15 歳時），これは私たちが横断データの残差で仮定する完全な等分散性は満たしていません．

さらに，ここに提示していない数学的な計算結果から，時点 j と j' の間の合成残差の自己相関については，次のように表すことができます．

$$\rho_{Residual_j Residual_{j'}} = \frac{\sigma^2_0 + \sigma_{01}(TIME_j + TIME_{j'}) + \sigma^2_1 TIME_j TIME_{j'}}{\sqrt{\sigma^2_{Residual_j} \sigma^2_{Residual_{j'}}}} \tag{4.12}$$

ここで，分母にある残差分散は 4.11 式から得られます．残差分散の推定値と $TIME$ の値を 4.12 式に代入すると，残差の自己相関は，時点 1 と時点 2 で 0.57，時点 2 と時点 3 で 0.64，時点 1 と時点 3 で 0.44 となります．このことから，時点間で残差間に実質的な自己相関がみられることが明らかになりました．このふるまいについては，7 章で検討します．

4.4.3　結果変数の説明された分散を定量化する

2 つの無条件モデルは，潜在的に予測可能な結果変数の変動があるかどうかということを検討し，もしあるならば，どこにあるかを調べます．このデータでは，個人内変動と個人間変動はだいたい同じ程度であるという結論を無条件平均モデルの検討から導くことができました．無条件成長モデルは，個人内変動のある部分は線形の

$TIME$ で説明ができ，さらに真の初期値と真の変化率の双方の個人間変動はレベル 2 の予測変数で説明できる可能性があることを示唆しています．

重回帰分析では，結果変数の変動のうちモデルに投入されている予測変数で説明で・き・る・部・分・を R^2（あるいは調整済み R^2）統計量で定量化します．変化についてのマルチレベルモデルにおいては，同じような統計量を定義することはより困難です．なぜならば，結果変数の変動はいくつかの分散成分に分割されるからです．ここでは，σ_ε^2, σ_0^2 そして σ_1^2 です．結果として，統計学者はまだ適切な要約について合意をするに至っていません．以下に，結果変数の変動のどれくらいがマルチレベルモデルの予・測・変・数・で説明されるかを定量化する，いくつかの**擬 R^2 統計量** (pseudo-R^2 statistics) を紹介します．最初に，伝統的な R^2 統計量と似た統計量を用いて全・変・動・の・うち説明された部分を定量化します．次に，レベル 1 とレベル 2 の結果変数の変動を，伝統的な調整済み R^2 統計量と似た統計量を使って分割します．これらの擬 R^2 統計量は，皆さんがこれらの計算と解釈を注意深く行えば，データ分析の道具として有用です．

a. 結果変数の全分散の説明された部分の全体的な要約

重回帰分析では，R^2 統計量の要約を計算する 1 つの簡単な方法は，結果変数の観測値と予測値の標本相関を 2 乗することです．変化についてのマルチレベルモデルでも，同じアプローチをとることができます．みなさんに必要なのは，①各個人の各時点での結果変数の予測値を計算する，そして②観測値と予測値の標本相関を 2 乗する，という手順を実行することです．結果として得られた擬 R^2 統計量は，結果変数の変動のうち，そのマルチレベルモデルの特定の予測変数の組合せによって「説明された」部分の割合を表します．

表 4.1 の下部に，あてはめたモデルごとに，この擬 R^2 統計量（$R^2_{y,\hat{y}}$ と表記しています）を掲載しました．この統計量は，各個人の各時点における $ALCUSE$ の観測値と予測値の相関を計算することで算出しました．例えばモデル B においては，個人 i の時点 j における予測値は $\hat{Y}_{ij} = 0.651 + 0.271 TIME_{ij}$ です．このデータセットに含まれる個人は全員同じ測定スケジュールを共有しているので (0, 1, そして 2)，モデル B では予測値が 3 つだけ得られます．

$$\hat{Y}_{i1} = 0.651 + 0.271(0) = 0.651$$
$$\hat{Y}_{i2} = 0.651 + 0.271(1) = 0.922$$
$$\hat{Y}_{i3} = 0.651 + 0.271(2) = 1.193$$

個人一時点データセット全体において，これらの予測値と観測値の標本相関は 0.21 なので，擬 R^2 統計量は 0.043 になります．$ALCUSE$ の全変動のうち，4.3% は線形の時間と関係があると結論づけることができます．このモデルに実質的な予測変数を追加すると，この擬 R^2 統計量が増加するのか，さらに増加するとすればどのくら

いか，ということを検討することができます．

b. 分散成分から計算された擬 R^2 統計量

モデルに投入された予測変数では説明ができなかった結果変数の変動の部分である残差の変動は，比較のための別の基準を提供してくれます．いくつかのモデルをあてはめたとき，追加した予測変数がそれまで説明できなかった部分を説明することで，残差の変動は減少することが期待されるでしょう．この減少の程度が，あてはまりの改善の度合いを数値化したものになります．減少が大きければ予測変数は大きな違いをもたらしていることを示唆します．もし減少が小さい，あるいはゼロであれば，予測変数は違いをもたらしてはいないことを示唆します．このような減少の程度を共通のものさしで測るため，予測変数を追加するたびに**残差分散減少率**（proportional reduction in residual variance）を計算します．

それぞれの無条件モデルは，比較の基準となる残差分散を算出します．無条件平均モデルは，ベースラインの σ_ϵ^2 の推定値を算出し，無条件成長モデルは，ベースラインの σ_0^2 と σ_1^2 を算出します．それぞれが独自の擬 R^2 統計量の算出につながります．

まず，無条件平均モデルと無条件成長モデルの間における個人内残差分散 σ_ϵ^2 の減少について検討してみましょう．表 4.1 に示されているように，最初のレベル 1 残差分散の推定値は 0.562 で，最初のモデル変更で 0.337 まで減少します．この 2 つのモデルの基本的な違いは，$TIME$ という変数の投入で，この擬 R^2 統計量は，個人内変動の「時間（$TIME$）で説明された」部分を定量化したものになります．この統計量は以下のようにして計算します．

$$\text{擬 } R_\epsilon^2 = \frac{\hat{\sigma}_\epsilon^2(\text{無条件平均モデル}) - \hat{\sigma}_\epsilon^2(\text{無条件成長モデル})}{\hat{\sigma}_\epsilon^2(\text{無条件平均モデル})} \tag{4.13}$$

アルコール摂取量のデータでこの値は $(0.562 - 0.337)/0.562 = 0.400$ となります．よって，$ALCUSE$ の個人内変動の 40.0% は線形の $TIME$ で説明ができるという結論を出すことができます．この分散をさらに小さくするたった 1 つの方法は，時変の予測変数をレベル 1 サブモデルに追加することです．このデータセットにはそのような予測変数はないので，$\hat{\sigma}_\epsilon^2$ は表 4.1 に掲載されているその後のモデルでも変化しません．

私たちは，1 つまたはそれ以上のレベル 2 予測変数を追加することによって生じるレベル 2 の残差分散の比率の減少を定量化する擬 R^2 統計量の計算のためにも，同じようなアプローチをとることができます．各レベル 2 残差分散の成分は，それ自身の擬 R^2 統計量を持っています．σ_0^2 と σ_1^2 の 2 つのレベル 2 の分散成分を持つレベル 1 の線形変化モデルは，2 つの擬 R^2 統計量を持っています．これらの成分のベースラインの推定値は，無条件成長モデルから計算されます．その後のすべてのモデルにおいて，擬 R^2 統計量は以下の式で計算されます．

$$\text{擬 } R_\varepsilon^2 = \frac{\hat{\sigma}_\varepsilon^2(\text{無条件成長モデル}) - \sigma_\varepsilon^2(\text{後続のモデル})}{\hat{\sigma}_\varepsilon^2(\text{無条件成長モデル})} \tag{4.14}$$

表4.1の下側に各モデルのこれらの統計量の推定値を掲載しています．次の節で，引き続き行うモデルのあてはめの結果を評価する際に，これらの比率の減少について検討します．

しかしその前に，擬R^2統計量が潜在的に持っている深刻な欠点について指摘することで本節を締めくくりたいと思います．常に値は正（あるいは0）になる伝統的なR^2統計量と異なり，擬R^2統計量は負の値をとることがあるのです！　通常の回帰分析では，予測変数を追加することは一般的に残差分散を減少させ，R^2値を増加させます．追加された予測変数がどれも意味のないものであっても，残差分散は変化しませんし，R^2値も変化しません．変化についてのマルチレベルモデルの場合にも，予測変数の追加は，一般的には分散成分を減少させ，擬R^2統計量を増加させます．しかし，モデル内の複数の部分に明らかな関係性があるために，予測変数を追加することで分散成分の大きさが大きくなってしまうという，極端なケースに直面することがあります．このような事態はいつも，結果変数の変動すべて，あるいはほとんどが個人内あるいは個人間に起因するような場合に起こります．そして，あるレベルに予測変数を1つ追加することでそのレベルの残差分散は減少しますが，別のレベルの残差分散を増加させる可能性があるのです．その結果，擬R^2統計量は負の値になり，控えめにいっても憂慮すべき結果であるといわざるを得ない状況になります．Kreft & de Leew(1998, pp. 117-118) や Snijders & Bosker(1999, pp. 99-109) は，このような現象について数学的な説明を行っており，擬R^2統計量を計算し解釈をする際には，注意が必要であると明言しています．

4.5　モデル構築のための実践的データ分析

健全な統計モデルには，すべての必要な予測変数は含まれる一方，余分なものは含まれません．しかし，どうすれば良い予測変数と悪い予測変数とを区別できるのでしょうか．私たちが勧めるのは，理論とリサーチ・クエスチョン，そして統計的エビデンスの組合せに依拠することです．絶対に，コンピュータに機械的に予測変数を選ばせてはいけません．コンピュータは，リサーチ・クエスチョンも，そのもととなった先行研究も知りません．また，直接的な関心のある予測変数と，ただ効果を統制したいだけの予測変数との区別もできません．

本節では，アルコール摂取量のデータを用いて，データ分析手順の一例を説明します．この特定のデータを見ることを通じて，一般的な原則を抽出するわけです．4.5.1項では，統計モデルの**分類**という考えを導入し，リサーチ・クエスチョンに取

り組むための系統的な手順を開始します。4.5.2項では、この分類の中で適用されたモデルを比較し、パラメータ推定値とそれに関する検定、擬R^2統計量を解釈します。4.5.3項では、分析結果を図示する方法を実例で示します。4.5.4項では、予測変数の効果を表現する別の方法について論じます。本章の残りの節では、以上の基本的原則を用いて、モデル構築に関する他の重要な話題を紹介していきます。

4.5.1 統計モデルの分類

統計モデルの**分類**とは、複数のモデルを系統的に配列することをいい、これらのモデルがセットとなって初めてリサーチ・クエスチョンに取り組むことができます。この分類中の各モデルは、それ以前のモデルを目的に沿って拡張したものです。モデルの各要素の比較検討は、予測変数の個別および複合的な効果を明らかにします。ほとんどのデータ分析者は、意味のある結果を得るために繰り返し分析を行います。良い分析は、事前に厳密に定められた順序で進むわけではないのです。

予測変数を投入・保持・除外する決定を行うには、論理、理論、および先行研究の組合せに依拠し、これらに慎重な仮説検定とモデル適合の比較を補うとよいでしょう。まずはじめに、あなたは各予測変数の効果を個別に検討するかもしれません。その次に、(効果を統制したい他の予測変数を含んだ上で) 主要な関心のある予測変数に焦点をあてるかもしれません。通常の回帰分析と同様に、あなたは予測変数を1つずつ投入することも、グループとして投入することもできます。また、交互作用項や尺度変換を用いて関数形式の問題に取り組むこともできます。あなたが分類を発展させるにつれ、あなたは「最終モデル」に向けて前進することになります。この「最終モデル」を解釈することで、あなたのリサーチ・クエスチョンに取り組むことができます。「最終モデル」と括弧つきで書くのは、永遠に最終的である統計モデルはないからです。「最終モデル」は単に、より良いモデルが見つかるまでその地位を占めているにすぎません。

縦断データを分析する時は、横断データの世界で培われた直観とスキルを最大限利用するようにしてください。ただし、縦断データの分析はより複雑です。というのは、縦断データの分析は①**複数のレベル2の結果変数**(個人成長パラメータ)を含み、そのそれぞれが予測変数と関連し得、また②**複数の種類の効果**、すなわち固定効果と分散成分を含むためです。レベル1の線形変化サブモデルに含まれるレベル2の結果変数は2つあります。ただし、より複雑なレベル1サブモデルにはもっと多く含まれるかもしれません。最も簡単な方法は、まずはすべてのレベル2サブモデルにおいて、各レベル2予測変数を同時に投入することです。ただし、以下で示すように、それらが最後まで残る必要はありません。個人成長パラメータは各々独自の予測変数を持ち得ます。したがってモデル構築の1つの目的は、どの予測変数がどのレベル1

パラメータを予測するのに重要なのかを明らかにすることになります．また，各レベル2サブモデルは固定効果とランダム効果を含み得ますが，いずれも必ず必要というわけではありません．ランダム効果の数の少ないモデルの方がより倹約的に現実を記述し，より明確な洞察を与えることもあります．

モデルをあてはめる前に，時間をかけて①主たる予測変数と②統制したい予測変数を区別するようにしてください．前者は，その効果に主要な関心があるものです．後者は，その効果を除去したいものです．現実的，理論的関心は，たいていこの分類作業を助けてくれます．アルコール摂取量のデータについては，私たちの分類と分析手順はリサーチ・クエスチョンによって異なってくるでしょう．もし関心が親の影響にあるなら，COAが主たる予測変数でPEERが統制したい予測変数となります．そしてCOA単体の効果を評価し，次にPEERを統制した上でCOA独自の効果を評価することになるでしょう．しかし，もし関心が友人の影響にあるなら，PEERが主たる予測変数でCOAが統制したい予測変数となります．そしてPEER単体の効果を評価し，次にCOAを統制した上でPEER独自の効果を評価することになるでしょう．異なる分類の枠組みは同じ「最終モデル」に到達することもあるかもしれませんが，その道筋は異なっているでしょう．時には，異なる分析の枠組みが異なる「最終モデル」に到達することもあります．それらは，いずれもそれぞれのリサーチ・クエスチョンに答えるよう設計されたものです．

本章の残りの部分では，研究の関心が親のアルコール依存症の効果にあると想定します．PEERは統制したい予測変数となります．この想定により，私たちは表4.1と4.2に表された分析手順を採用することになります．モデルCは，初期値と変化の両方の予測変数としてCOAを含んでいます．モデルDには，両方のレベル2サブモデルにPEERが加えられています．モデルEは，モデルDを単純化したもので，個人成長パラメータの1つ（変化率）へのCOAの効果が除外されています．モデルFとGについては，4.5.4項で扱います．

4.5.2 あてはめたモデルの解釈

あてはめたモデルは，すべて解釈する必要はありません．特に，分析途中の意思決定をガイドするために設計されたモデルについてはそうです．得られた知見を学会発表や論文で報告する時は，説得的なストーリーを倹約的に示すのに必要となる，扱える範囲のモデル数に絞る方がよいでしょう．これには無条件平均モデル，無条件成長モデル，そして「最終モデル」が最低限含まれます．重要な途中段階やそれ自体興味深いストーリーを提供するなら，中間的モデルを提示したいこともあるかもしれません．

表4.1の4～8列目は，私たちの分類における5つのモデルについて，パラメータ

推定値と関連する一母数検定を示しています（最後の2つのモデルについては4.5.4項で扱います）．私達は，このような表を常に作成することをお勧めします．というのは，それによりあてはめたモデルを系統的に比較することができ，予測変数を追加したり除外したりした場合に何が起こるかがわかるからです．推定された固定効果と分散成分，およびそれに関連する検定について逐次的に検討，比較していくことにより，①初期値と変化率のばらつきが徐々に説明されていくか否か，どのように説明されていくかを確かめることができ，②どの予測変数がどのばらつきを説明するのかを明らかにすることができます．固定効果の検定は，保持すべき予測変数を明らかにするのを助けてくれます．分散成分の検定は，結果変数に予測されるべきばらつきがまだ残っているか否かを明らかにするのを助けてくれます．これらの結論を統合することで，予測されるべき結果変数のばらつきの源がどこにあり，そのばらつきを説明するのに最も効果的な予測変数が何なのかを明らかにするのに役立てることができます．モデルAとBについてはすでに4.3節で扱ったので，ここではモデルCからみていくことにしましょう．

a. モデルC：統制されていない COA の効果

モデルCには，初期値と変化の両方の予測変数として COA が含まれています．ここでの4つの固定効果の解釈は単純です．①親がアルコール依存症でない平均的な子どもの ALCUSE の初期値の推定値は 0.316 ($p<.001$)，②親がアルコール依存症の子どもとそうでない子どもにおける，ALCUSE の推定された初期値の差異は 0.743 ($p<.001$)，③親がアルコール依存症でない平均的な子どもの ALCUSE の変化率の推定値は 0.293 ($p<.001$)，④親がアルコール依存症の子どもとそうでない子どもにおける，ALCUSE の推定された変化率の差異は0と区別できない（-0.049, n.s.）．このモデルは，私たちのリサーチ・クエスチョンへの統制されていない答えを提供します．すなわち，親がアルコール依存症の子どもは，そうでない子どもより初期状態においてより多くアルコールを摂取するものの，14歳から16歳の間のアルコール摂取の変化率においては両群に差異はない，ということが示唆されています．

次に，分散成分についてみていきましょう．モデルCにおける，統計的に有意な個人内分散成分（$\hat{\sigma}_\varepsilon^2$）は，モデルBの場合と同一です．これは，時変的予測変数（もしデータにあれば）の効果を検討する必要性を強調しています．この結果の安定性は予想されたことです．というのも，レベル1予測変数を追加していないのですから（ただし，反復推定により生じる不確実性のために，推定値が異なることもあり得ます）．しかし，レベル2分散成分は変化しています．$\hat{\sigma}_0^2$ は，モデルBと比較して21.8%も減少しました．これは依然として統計的に有意なので，初期値については潜在的に説明され得る残差のばらつきが残っているということになります．$\hat{\sigma}_1^2$ は変化しませんでしたが，これも依然として統計的に有意であり，変化率について引き続

き潜在的に説明され得る残差のばらつきが存在することを示唆しています．これらの分散成分は，**偏分散** (partial variance)，または**条件つき分散** (conditional variance) と呼ばれます．というのは，これらの分散は，モデルの予測変数によって説明されずに残った，変化についての個人間差を表しているからです．結論として，私たちは *PEER* のようなレベル 2 予測変数の効果を検討すべきであるといえます．それがレベル 2 の残差のばらつきのいくらかを説明するかもしれないからです．

COA と変化率の間に関連がない場合，*COA* を即座に除外してしまう分析者もいます．しかし，私たちはこの誘惑には負けてはいけません．*COA* は私たちにとって重要な主たる予測変数であり，私たちはその効果の全容を評価したいからです．もしその後の分析結果が *COA* を除外すべきであると示唆し続けるなら，私たちはいつでも *COA* を除外することができます（モデル E において実際にそうします）．

b. モデル D：統制された *COA* の効果

モデル D は，*ALCUSE* の初期値と変化率に与える *COA* の効果を評価しますが，その際に初期値と変化率に与える *PEER* の効果を統制します．レベル 2 の切片がモデル C から大きく変化したことに注意してください．$\hat{\gamma}_{00}$ は $+0.316$ から -0.317 へと符号が変わりました．$\hat{\gamma}_{10}$ は 0.293 から 0.429 へと 50% 増加しました．レベル 2 予測変数をモデルに加えた時には，このような変化は予想されることです．というのは，レベル 2 の各切片は，それぞれのレベル 2 サブモデルにおけるすべての予測変数の値が 0 の時の，関連する個人成長パラメータの値を表しているからです．*COA* という 1 つの予測変数しか持たないモデル C において，切片 ($\hat{\gamma}_{00}, \hat{\gamma}_{10}$) が表しているのは，親がアルコール依存症でない子どもの初期値と変化率です．予測変数が 2 つあるモデル D においては，切片 ($\hat{\gamma}_{00}, \hat{\gamma}_{10}$) が表しているのは，親がアルコール依存症でない子どもの一部，*PEER* の値もゼロの子どもの初期値と変化率です．それぞれのパラメータについて帰無仮説が棄却されているので ($p < .001$)，親がアルコール依存症でなく 14 歳時点の友人がアルコールを飲まない子どもは，ゼロではない量のアルコールを摂取している，と結論づけられるかもしれません．しかし，この結論は誤りです．というのは，初期値 (π_{0i}) についてあてはめられた切片 ($\hat{\gamma}_{00}$) の符号は負 (-0.317) であり，このパラメータの信頼区間は負のゼロを含まない範囲をとっていることが示唆されるからです．*ALCUSE* は負の値を取り得ないため，この信頼区間には説得力がありません．通常の回帰分析と同様に，観察され得る予測変数の値の組合せに対応する時であっても，あてはめられた切片は説得力を持たないかもしれません．レベル 2 切片を解釈しやすくする方法については，4.5.4 項で扱います．

モデル D の残りのパラメータは，通常の予想通りの解釈ができます．γ_{01} と γ_{11} は，*PEER* の効果を統制した後の，親がアルコール依存症の子どもとそうでない子どもの *ALCUSE* の差異を表しています．γ_{02} と γ_{12} は，*COA* の効果を統制した後の，

$PEER$ 1単位の変化により生じる $ALCUSE$ の差異を表しています．私たちの焦点は COA の効果にあるので，私たちは後者よりも前者の効果により関心があります．したがって，私たちは以下のように結論づけることができます．$PEER$ の効果を統制した上で，①親がアルコール依存症の子どもとそうでない子どもの $ALCUSE$ の初期値の推定された差異は 0.579（$p<.001$）で，②親がアルコール依存症の子どもとそうでない子どもの $ALCUSE$ の変化率の推定された差異は 0 と区別できない（-0.014, $n.s.$）．このモデルは，私たちのリサーチ・クエスチョンに対する統制された答えを提供してくれます．先程と同様に，親がアルコール依存症の子どもは，そうでない子どもより初期状態においてより多くアルコールを摂取するものの，14歳から16歳の間のアルコール摂取の変化率においては両群に差異はない，と結論づけることができます．初期の $ALCUSE$ にみられる差異の程度は，$PEER$ が統制された後は小さくなっています．2群の間に最初に見出された差異のうちの少なくともいくらかは，この予測変数に帰属できる可能性があります．

次に，関連する分散成分についてみていきましょう．モデルDと，無条件成長モデルBを比較すると，$\hat{\sigma}_\epsilon^2$ は（予想通り）変化しない一方で，$\hat{\sigma}_0^2$ と $\hat{\sigma}_1^2$ は両方とも減少しています．まとめると，$PEER$ と COA は初期値のばらつきの61.4%，変化率のばらつきの7.9%を説明しています．固定効果（$\hat{\gamma}_{00}$ と $\hat{\gamma}_{10}$）はモデル間で比較できないのに対し，これらのランダム効果はモデル間で比較できることに注意してください．これは，ランダム効果が表すのがレベル1成長パラメータ（π_{0i} または π_{1i}）の残差分散であり，その意味は後続のモデルにおいても変わらない一方，対応する（レベル2の）固定効果はそうではないためです．

$\hat{\sigma}_0^2$ と $\hat{\sigma}_1^2$ に関する帰無仮説が棄却されたことは，初期値と変化率の両方に，まだ予測されていないばらつきがあることを示唆しています．もし私たちのデータが他の個人レベル（時不変）の予測変数を含んでいれば，このばらつきを説明するためにそれをレベル2サブモデルに投入したかもしれません．しかし，今私たちはそのような変数を持っていません．そして，変化率に与える COA の効果に関するパラメータ（γ_{11}）の仮説検定は，モデルCとDにおいて，変化率の予測変数としてそれが必要ないことを示唆しています．他のすべての固定効果と対照的に，γ_{11} は帰無仮説が棄却できなかった唯一のパラメータです．COA は私たちが焦点をあてている主たる予測変数ではありますが，私たちはより倹約的なモデルを得るためにこれを除くべきである，と結論づけることができます．

c．モデルE：統制された COA の効果についての仮の「最終モデル」

モデルEは，$PEER$ を初期値と変化率両方の予測変数として含みますが，COA は初期値のみの予測変数として含んでいます．表記を簡単にするため，私たちはこれを仮に「最終モデル」と呼びます．しかし，急いで付け加えなければならないのは，こ

こで一時的にモデル改善を停止するという私たちの決断は，ここに示していない多くの他の分析に基づいている，ということです．特に，私たちは非線形性や交互作用などの関数形式の問題を検討しましたが，（本来の結果変数と予測変数の尺度をすでに変換したこと以外には）いずれを支持するエビデンスも得られませんでした．これらの問題は，4.8節と，後の章において変化のマルチレベルモデルを拡張する際に扱います．

これまでに，そろそろあなたはモデルEの固定効果を直接解釈できるようになっているはずです．*PEER*の効果を統制すると，親がアルコール依存症の子どもとそうでない子どもの，*ALCUSE*の初期値の推定された差異は0.571（$p<.001$）です．また，親のアルコール依存症を統制すると，*PEER*の1点の差異ごとに，*ALCUSE*の平均的初期値は0.695高くなり，*ALCUSE*の平均的変化率は0.151低くなります．私たちは，親がアルコール依存症の子どもは，そうでない子どもに比べて初期状態においてより多くのアルコールを摂取しているものの，14歳から16歳の間の摂取量の変化率には差がない，と結論づけることができます．また，*PEER*は初期のアルコール摂取量と正に関連しているが，摂取量の変化率とは負に関連している，と結論づけることができます．友人がよりアルコールを摂取する14歳の子どもは，そうでない子どもと比べてその時点ではより多くのアルコールを摂取する傾向がありますが，彼らの継時的な摂取量の増加率はより緩やかです．

モデルEのランダム効果をモデルDと比較して検討すると，$\hat{\sigma}_\varepsilon^2$, $\hat{\sigma}_0^2$, $\hat{\sigma}_1^2$ に差がないことがわかります．このことから，変化に与える*COA*の効果を除外してもほとんど何も失わなかったことが確認できます．さきほどと同様に，関連する3つの帰無仮説すべてが棄却されたことは，予測変数を加えることで説明できる可能性のある，まだ予測されていないばらつきがあることを示唆しています．レベル2残差の母集団共分散 σ_{01} は，*COA*と*PEER*の定式化された効果を統制した上での，初期値と変化の2変量関係を要約しています．言い換えれば，これは真の初期値と変化の間の偏共分散です．その推定値-0.006は，無条件成長モデルの推定値-0.068と比べてさえ小さい値です．これに関する仮説検定は，母集団においてこの値が十分ゼロであり得ることを示しています．私たちは，*PEER*と*COA*の効果を統制した後では，アルコール摂取量の初期値と変化率の間には関連がない，と結論づけることができます．

4.5.3 典型的な変化の軌跡を図示する

数字による要約は，モデル適合の結果を表現する方法の1つにすぎません．縦断データの分析に関しては，典型的な個人についてあてはめられた軌跡をグラフにした方が，結果を伝える上でより強力な方法でしょう．このグラフがとりわけ有用なのは，推定されたレベル2の切片が，ありそうにないまたはもっともらしくない予測変数の

組合せについてのものである時です.モデルEの時がそうでした(初期値についてのモデルの推定された切片が負であったことに示されています).マルチレベルモデルを扱うソフトウェアの中には,このようなグラフを扱うものがあります.もし手元のソフトウェアにその機能がなくても,以下で示すようにその計算は簡単で,どんな表計算ソフトや描画プログラムを使っても作成することができます.

まずモデルCから始めましょう.このモデルには初期値と変化の両方へのCOAの効果が含まれています.表4.1から,以下のようなレベル2についてあてはめられたモデルが得られます.

$$\hat{\pi}_{0i} = 0.316 + 0.743 COA_i$$
$$\hat{\pi}_{1i} = 0.293 - 0.049 COA_i$$

各グループについて推定された値は,COAに0と1を代入することで得られます.

$$COA_i = 0 \text{ の時} \begin{cases} \hat{\pi}_{0i} = 0.316 + 0.743(0) = 0.316 \\ \hat{\pi}_{1i} = 0.293 - 0.049(0) = 0.293 \end{cases}$$

$$COA_i = 1 \text{ の時} \begin{cases} \hat{\pi}_{0i} = 0.316 + 0.743(1) = 1.059 \\ \hat{\pi}_{1i} = 0.293 - 0.049(1) = 0.244 \end{cases}$$

親がアルコール依存症でない平均的な子どもは,切片が0.316で傾きが0.293の推定された軌跡を持つことがわかります.また,親がアルコール依存症の平均的な子どもは,切片が1.059で傾きが0.244の推定された軌跡を持つことがわかります.

図4.3の中段に,これらのあてはめられた軌跡を図示しました.軌跡の高さが劇的に異なるのに対して,傾きにはほとんど差がない(有意でない)ことに注意してください.表4.1でこれらの効果を数字で表現した場合とは異なり,このグラフでは,親がアルコール依存症の子どもが各年齢においてどの程度高い $ALCUSE$ を持つかが示されており,また傾きの類似性が強調されています.

あてはめられた軌跡は,合成的な定式化を直接扱うことによっても得られます.$Y_{ij} = \cdots$ というモデルCの合成的定式化において,COAに2つの値を代入することで以下のような2つの軌跡が得られます.

$$COA_i = 0 \text{ の時} \begin{cases} \hat{Y}_{ij} = 0.316 + 0.743(0) + 0.293 TIME_{ij} - 0.049(0) TIME_{ij} \\ \hat{Y}_{ij} = 0.316 + 0.293 TIME_{ij} \end{cases}$$

$$COA_i = 1 \text{ の時} \begin{cases} \hat{Y}_{ij} = 0.316 + 0.743(1) + 0.293 TIME_{ij} - 0.049(1) TIME_{ij} \\ \hat{Y}_{ij} = 1.059 + 0.244 TIME_{ij} \end{cases}$$

合成モデルを直接扱うことにより,$TIME$ の関数として表現されたモデル上の軌跡を得ることができます.

この方法を複数の予測変数(連続変数も含むかもしれません)を持つモデルに拡張するのは簡単です.予測変数のあらゆる値ごとに推定された関数を導く代わりに,予測変数の**典型的**な値を選び,それらの値の**組合せ**について推定された関数を導くので

4.5 モデル構築のための実践的データ分析

す．予測変数ごとにたくさんの典型的な値を選びたくなるかもしれませんが，その数は制限することをお勧めします．そうしないと，グラフが込み入ってしまい，目的である解釈しやすさが損なわれてしまうからです．

予測変数の典型的な値は，以下の方法のうち1つ（またはそれ以上）を選ぶことができます．

- **現実的に興味深い値を選ぶ**：この方法は，カテゴリカルな予測変数や直観に訴える値のある予測変数（アメリカなら8, 12, 16の教育年数など）に適しています．
- **一定の範囲のパーセンタイル値を使う**：代表的な値を持たない連続変数については，一定の範囲のパーセンタイル値（25%, 50%, 75%または10%, 50%, 90%）を使うことを考えるとよいでしょう．
- **標本平均±0.5(または1) 標準偏差を使う**：　代表的な値を持たない連続変数の場合のもう1つの方法です．
- **標本平均を使う**：　予測変数の効果を図示するのではなく統制したいだけの場合，値を標本平均にしてください．こうすることで，その予測変数を統制した上での，「平均的な」モデル上の軌跡が描けます．

整数を使う（尺度にとって適切なら）か，わかりやすい分数（$1/4, 1/2, 3/4$ など）を使えば説明は簡単になります．典型的な値を得るために標本データを使う時は，個人一時点データセットではなく，もともとの個人データセットにおける時不変の予測変数について計算してください．また，すべての実質的な予測変数に関心があるなら，予測変数の典型的な値のすべての組合せについてモデル上の軌跡を描くようにしてください．他の予測変数を統計的に統制した上で特定の予測変数に焦点をあてたい場合は，統制したい変数の値を平均値にしてその影響を除いてください．

図4.3の右側は，モデルEから得られた4人の典型的な個人についてのあてはめられた軌跡を示しています．この図を作成するためには，私たちは $PEER$ について典型的な値を選ばなければなりませんでした．$PEER$ の標準偏差0.726に基づき，私たちは0.655と1.381という値を選びました．これは，標本平均（1.018）から標準偏差半分だけ離れた値です．表記の簡略化のため，私たちはこれらの値を「低」$PEER$，「高」$PEER$ と名づけます．レベル1・2の定式化を用いて，あてはめられた値は以下のように計算できます．

$PEER$	COA	初期値 ($\hat{\pi}_{0i}$)	変化率 ($\hat{\pi}_{1i}$)
低	No	$-0.314 + 0.695(0.655) + 0.571(0) = 0.141$	$0.425 - 0.151(0.655) = 0.326$
低	Yes	$-0.314 + 0.695(0.655) + 0.571(1) = 0.712$	$0.425 - 0.151(0.655) = 0.326$
高	No	$-0.314 + 0.695(1.381) + 0.571(0) = 0.646$	$0.425 - 0.151(1.381) = 0.216$
高	Yes	$-0.314 + 0.695(1.381) + 0.571(1) = 1.217$	$0.425 - 0.151(1.381) = 0.216$

アルコール摂取量のあてはめられた軌跡は，親のアルコール依存症歴と友人のアルコール摂取の両方によって異なります．PEER の各水準において，親がアルコール依存症の子どもの軌跡は，親がアルコール依存症でない子どもの軌跡より一貫して上方にあります．しかし，PEER もまた影響しています．友人がアルコールを摂取する 14 歳は，その時点においてはより多くのアルコールを摂取する傾向があります．親のアルコール依存症歴に関係なく，高 PEER のあてはめられた変化の軌跡は低 PEER に比べ高くなっています．しかし，PEER は経時的な ALCUSE の変化に対して負の効果を持っています．典型的な変化の軌跡の傾きは，親のアルコール依存症歴に関係なく，高 PEER ではおよそ 33% 小さくなっています．ただし，この負の効果は，初期値に与える PEER の正の効果を相殺するには十分でないことも指摘しておきます．低い変化率にかかわらず，高 PEER の変化の軌跡は，低 PEER の軌跡を下回らないのはいうまでもなく，接することさえありません．

4.5.4 解釈しやすくするために，予測変数を中心化する

2 章においてレベル 1 サブモデルを導入する際，時間を表す予測変数を中心化することの解釈上の利点について論じました．時間をそのまま予測変数として投入するよりも，それぞれの観測値から定数を引いた，$AGE-11$ (2 章)，$AGE-1$ (3 章)，$AGE-14$ (本章) のような変数を作った方がよいと私たちは提案しました．時間を中心化することのおもな理由は，その方が解釈が簡単になることです．時間を表す予測変数から定数を引いた場合，レベル 1 サブモデルの切片 π_{0i} は，その特定の年齢 (=11，1，または 14 歳) における Y の真値を表すことになります．この定数が，研究におけるデータ収集の第一時点と同じであるならば，さらに解釈を単純化することができます．つまり，π_{0i} は個人 i の真の「初期値」を表すことになります．

ここでは，この再尺度化の方法を時不変の予測変数，COA や PEER に拡張します．なぜ時不変の予測変数を中心化する必要があるのかを理解するために，表 4.1 と 4.2 のモデル E についてもう一度考えてみましょう．レベル 2 のあてはめられた切片 $\hat{\gamma}_{00}$ と $\hat{\gamma}_{10}$ は，その解釈が困難でした．というのは，いずれも，関連するレベル 2 サブモデルにおけるすべての予測変数の値が 0 の時の，レベル 1 の個人成長パラメータ (π_{0i} または π_{1i}) を表しているからです．もしレベル 2 サブモデルが数多くの予測変数を持っていたり，そのうちのいくつかの予測変数についてゼロが妥当な値ではなかったりする場合，その時の推定された切片の解釈は難しくなります．パラメータの直接的な解釈に加え，典型的な変化の軌跡を作成することはどんな場合でも可能ですが，分析をする前に予測変数を中心化してパラメータの直接的な解釈ができるようにした方が簡単な場合がしばしばあります．

時不変の予測変数を中心化する最も簡単な方法は，各観測値から標本平均を引くこ

とです.予測変数をその標本平均で中心化する場合,レベル2のあてはめられた切片は,初期値(または変化率)の平均的な予測値になります.その他の意味のある値を用いて時不変の予測変数を中心化することも可能です.例えば,アメリカ国民の教育年数を表す予測変数にとって,12は中心化に適した定数となるでしょう.IQテストの得点にとっては,100が中心化に適した定数となるでしょう.中心化は,中心化に用いる定数が現実的に意味がある場合に最も機能します.これは,予測変数に慣れている人にとってその定数が直観的な意味を持つから,あるいはその定数が標本平均に対応するからです.中心化は,連続的な予測変数,2値的な予測変数のどちらにも同等に有用な方法です.

表4.1と4.2におけるモデルFとGは,時不変の予測変数である*PEER*と*COA*を標本平均で中心化した時に何が生じるかを示しています.各モデルは,初期値への*COA*の効果,および初期値と変化率両方への*PEER*の効果を含むという点で,私たちの仮の最終モデルであるモデルEと等しいものです.モデルEとの違いは,モデルFをあてはめる前には*PEER*を標本平均1.018で中心化しており,モデルGをあてはめる前には*COA*も標本平均0.451で中心化してある点です.ソフトウェアの中には(HLMなど),対話型メニューのボタンを切り替えることで予測変数を中心化してくれるものがあります.その他のソフトウェアでは(MLwiN, SUS PROC MIXEDなど),プログラムを書いて新しい変数を作成しなけらばなりません(*CPEER* = *PEER* − 1.018と計算する,など).1つだけ注意すべき点は,標本平均は個人データセットで計算しなければならないということです.そうしないと,たまたま多くの測定時点を持つ個人が過剰に重みづけられてしまいます(今のデータのように個人一時点データセットが完全に釣り合いがとれていない限り).

中心化が解釈にどう影響するか実際に評価するために,表4.1の最後の3列を比較して,何が同じで何が変化したのかみてみましょう.*COA*と*PEER*のパラメータ推定値は,中心化しても同じままです.これは,*PEER*や*COA*などの予測変数の効果についての結論は,中心化によって影響されないということです.すなわち,$\hat{\gamma}_{01}$は0.571,$\hat{\gamma}_{02}$は0.695,$\hat{\gamma}_{12}$は−0.151のままです(標準誤差もそのままです).もう1つ,各分散成分も同じままだということにも気づくと思います.これは,レベル1とレベル2の残差の分散成分についての結論も,レベル2予測変数の中心化によって影響を受けないということを示しています.

モデルE, F, Gで異なっているのは,各レベル2サブモデルの切片のパラメータ推定値(とその標準誤差)です.これらの推定値が異なるのは,表しているパラメータの意味が異なるからです.

- *PEER*も*COA*も中心化されていない場合(モデルE),切片は,14歳時の友人がまったくアルコールを摂取しておらず,親がアルコール依存症でない子ども

($PEER=0$, $COA=0$) のアルコール摂取量を意味しています.
- $PEER$ が中心化され COA が中心化されていない場合 (モデル F), 切片は, $PEER$ が平均値であり, 親がアルコール依存症でない子どものアルコール摂取量を意味しています ($PEER=1.018$, $COA=0$).
- $PEER$ と COA の両方が中心化されている場合 (モデル G), 切片は, 平均的な調査参加者, すなわち $PEER$ と COA が平均値である調査参加者のアルコール摂取量を示しています ($PEER=1.018$, $COA=0.451$).

もちろん, この最後の個人は本当に存在するわけではありません. というのは, COA は 2 つの値, 0 と 1 しかとらないからです. しかし, 概念的には, 平均的な調査参加者という考えはとても直観に訴えるものがあります.

モデル F のように $PEER$ のみを中心化し COA は中心化しない場合, レベル 2 の切片は, 親がアルコール依存症でない「平均的な」子どもについて表現していることになります. $\hat{\gamma}_{00}$ はそのような子どもの真の初期値の推定値となり (0.394, $p<.001$), $\hat{\gamma}_{10}$ はそのような子どもの真の変化率の推定値となります (0.271, $p<.001$). 後者の推定値は, 無条件成長モデルであるモデル B から変化していないことに注意してください. モデル G で, $PEER$ に加えてさらに COA も中心化した場合には, 各レベル 2 切片は, 無条件成長モデル (B) の対応するレベル 2 切片と同じ値になります[3].

モデル E, F, G に実質的な違いがないなら, どれが一番良いでしょうか. $PEER$ と COA の両方を中心化するモデル G の利点は, レベル 2 切片が無条件成長モデル (B) の切片と同じになるということです. この一致のために, 特段の理由がなければ, 多くの研究者は 2 値的変数を含むすべての時不変の予測変数を全平均によって中心化してしまいます. そうすることで, 予測変数を追加しても結果がほとんど変化しなくなるからです. モデル E には別の利点があります. 各予測変数は本来の尺度を維持しているため, どの予測変数が中心化されどれがそうでないのか, おぼえる必要がないことです. 効果の多寡が明らかにされた予測変数は, もともとのデータに含まれている予測変数と同じものです.

しかし, どちらのモデルも文脈を考慮するものではありません. どちらのモデルも, 私たちの特定のリサーチ・クエスチョンを反映していないのです. ただ代数的に

---

[3] 全平均による中心化には他にも利点があります. それは, レベル 2 予測変数を追加することで, レベル 1 個人成長モデルがどの程度精確さを増したかを評価できるようになることです. これは, 関連する標準誤差の変化の大きさを比較することによって可能になります. この例では, モデル B からモデル G までレベル 2 切片は変化しませんがその標準誤差が小さくなっています (初期値は 0.105 から 0.080 に, 変化率は 0.062 から 0.061 に). このことは, マルチレベルモデルに COA と $PEER$ を加えたことが, 平均的な個人の成長の軌跡の推定精度を改善したことを表しています.

考えるのではなく，研究上の関心（今の場合は親のアルコール依存症歴の効果）を考えるならば，私たちにとってはモデル F が好ましいモデルです．この決定は，2 値的な予測変数 *COA* のパラメータの解釈しやすさに依拠しています．ゼロはただあり得る値であるだけでなく，特に意味のある値です（すなわち，親がアルコール依存症でない子どもを意味します）．したがって，*COA* を中心化して，無条件成長モデルのパラメータ推定値と一貫性を保つ必要はほとんどありません．*PEER* についてとなると，私たちの好みは変わってきます．*COA* と比べて *PEER* にはさほど関心を持っていないので（私たちは *PEER* を統制したい予測変数とみなしています），この変数を中心化し̇な̇い̇理由はほとんどありません．私たちの目的は，*PEER* を統制した上での *COA* の効果を評価することです．*PEER* をその平均値に中心化することで，*PEER* を統計的に統制することと，レベル 2 切片の解釈が合理的で信頼に足るものになることという目標を両方達成することができます．したがって本章の残りの部分では，私たちはモデル F を「最終モデル」として採用します（私たちは「」を使い続けます．このモデルさえ後の分析で他のモデルにその地位を譲るかもしれないことを強調するためです）．

4.6 乖離度統計量を用いたモデルの比較

表 4.1 や 4.2 に示したようなモデルの系統分類を行う中で，3 章で紹介した一母数検定の方法を用いて，私たちは固定効果や分散成分についての仮説検定を行いました．この検定は，単純なモデルをより複雑にするべきなのか（モデル B から C へ移ったときのように），あるいは複雑なモデルをより単純にするべきなのか（モデル D から E へ移ったときのように），といった決断の助けとなり，私たちの意思決定を容易にしてくれます．しかし 3.6 節でも述べた通り，統計学者たちはこれらの検定の性質，形式，有効性について，異議を唱えています．特に分散成分の検定については反対意見が強いため，いくつかのマルチレベルモデルのソフトウェアは，通常の設定では検定結果を出力しないようにしているほどです．そこでここでは代替手段として，**乖離度統計量**（deviance statistic）に基づいた推論の方法を紹介します（どうやら統計学者たちはこちらの方が好みのようです）．このアプローチのおもな特徴は，①統計的にすぐれた性質を持っている，②複数のパラメータを同時に扱う **複合検定**（composite test）が可能になる，③第一種の過誤（帰無仮説 H_0 が真である場合に，誤ってこれを棄却する確率）の累積を抑えることができる，というものです．

4.6.1 乖離度統計量

乖離度統計量を理解する最も簡単な方法は，最尤推定の基本原理に立ち返ることで

す.3.4節で述べたように,最尤推定値は対数尤度関数,すなわち実際にデータとして得られたすべての標本が観測される同時尤度の対数をとったものを,数値的に最大化することによって求められています.対数尤度関数の形はあてはめたモデルや設定した仮定によって変わりますが,必ずすべての未知パラメータ(γやσ)とデータを含みます.つまり最尤推定値とは,対数尤度を最大化するような未知パラメータ($\hat{\gamma}$や$\hat{\sigma}$)の値のことなのです.

最尤推定の副産物として,データと特定のパラメータの推定値の組合せによって決定される対数尤度関数の値を得ることができます.統計学者はこの値のことを**標本対数尤度** (sample log-likelihood) 統計量,もしくは省略してLL統計量と呼びます.最尤推定法を利用するすべてのソフトウェアは,このLL統計量(もしくはこれを変換したもの)を出力します.一般的には,もし同じデータに対して複数のモデル候補をあてはめた場合,LL統計量が大きいモデルほどあてはまりが良いことになります.また,もし推定したモデルのLL統計量が負の値になっている場合には,絶対値が小さい(0に近い)ほど,あてはまりが良いことを意味します(この解釈については混乱する人もいるようなので,明確な形で述べておくことにします).

乖離度統計量とは,①いま推定した「現行モデル (current model)」と,②データに完全にあてはまる,より一般的なモデルである「飽和モデル (saturated model)」という2つのモデルの対数尤度統計量を比較するものです.ただし後述する理由のため,乖離度は対数尤度の差に-2を掛けたものとして定義されています.

$$乖離度 = -2[LL_{\text{current model}} - LL_{\text{saturated model}}] \quad (4.15)$$

乖離度は,与えられたデータの下で可能な範囲で最良であるモデルと比べて,現行モデルがどの程度悪いのかを定量化するものです.乖離度統計量が小さいモデルほど,推定できるうちでの良いモデルということになります.逆に乖離度統計量が大きいモデルほど,悪いモデルです.乖離度統計量という概念は見慣れないのでとまどうかもしれませんが,おそらく読者のみなさんは既に回帰分析において同じものを使っているはずです.じつは,残差の2乗和 ($\sum_{i=1}^{n}(Y_i - \hat{Y}_i)^2$) が,乖離度と同一のものなのです.

乖離度統計量を計算するためには,飽和モデルの対数尤度統計量が必要になります.しかし幸運なことに,変化についてのマルチレベルモデルにおいては,これは簡単に得ることができます.なぜなら,この場合の飽和モデルはデータに完全に適合するために十分なだけのパラメータを含んでいるので,個人一時点データセットに含まれるすべての値を再現することができるからです.これはすなわち,尤度関数(得られた標本を完璧に再現する確率)の最大値が1になることを意味します.1の対数をとったものは0ですから,飽和モデルの対数尤度統計量は0です.したがって4.15式右辺の2番目の項は無視することができるので,変化についてのマルチレベルモデ

ルにおける乖離度統計量は，次のように定まります．

$$乖離度 = -2LL_{\text{current model}} \quad (4.16)$$

つまり乖離度統計量は，単に標本対数尤度に-2を掛けたものになるので，多くの統計学者（と分析のためのソフトウェア）は，この値のことを$-2\log L$や$-2LL$と表します．その名前の通り，乖離度が小さいモデルほど良いモデルであると判断します．

なお，-2を掛けて対数尤度を乖離度に変換する作業は，意味のない表面的な手続きというわけではありません．一般的な正規理論の仮定の下では，同じデータに対してあてはめられたネストするモデルの組の乖離度統計量の差が，既知の分布に従います．これにより，競合するモデルの適合度の差に関する仮説の検定を，乖離度統計量を比較することによって行うことが可能になります．この原理に基づく手法が**尤度比検定**（likelihood ratio test）と呼ばれているのは，対数の差が比の対数に等しいという性質があるためです．

4.6.2 いつ，どのようにして乖離度統計量を比べるべきか？

アルコール摂取量のデータに対してあてはめた7つのモデルの乖離度統計量が，表4.1に示されています．乖離度はモデルAの値が最も大きく670.16で，一番小さいものでモデルDの588.69と様々な値をとっていますが，その大きさや符号についてすぐに解釈をすることはできないということを，最初にお断りしておきます（また，モデルE, F, Gの乖離度統計量が同じ値であることにも注意が必要です．1つ以上のレベル2予測変数を中心化することは，この統計量にはまったく反映されないのです）．

2つのモデルの乖離度統計量を比較するためには，モデルが一定の条件を満たしていることが必要になります．まず最低でも，①双方のモデルは同じデータを用いて推定されている，②片方のモデルがもう片方にネストしている，という2つの条件が必要です．データの同一性に関する条件を満たすためには，個人—時点データセットから，どちらか片方のモデルにおいて欠測のある変数が含まれるすべてのレコードを消去しておかなければなりません．たとえ1件でもこうしたレコードが残っていれば，比較をすることは不可能です．ネストに関する条件が意味するのは，どちらか片方のモデルにパラメータに関する制約を追加することで，もう一方のモデルを表現できるようになっていなければならない，ということです．一番よく使われる制約は，1つ以上のパラメータを0と置く，というものです．ある「制限された」モデル（より推定したパラメータの少ないモデル）に含まれるパラメータのすべてが「フル」モデルに含まれているならば，前者は後者に対してネストしているということになります．

ただし変化についてのマルチレベルモデルにおいて乖離度統計量を比較するためには，さらに3つ目の条件が必要になります．マルチレベルモデルは，固定効果（γ）

と分散成分（σ）という2種類のパラメータを含んでいるので，フルモデルと制限されたモデルの違いについても，3種類の異なる状況（固定効果が異なっている，分散成分が異なっている，固定効果と分散成分の両者において異なっている）が考えられるからです．利用した推定法（完全最尤推定か制限つき最尤推定か）に応じて，検定することのできる違いのタイプが決まっています．この制限は，推定法を支える基本原理の違いによって生じるものです．FML（あるいはIGLS）法では標本データの尤度を最大化しますが，RML（あるいはRIGLS）法では標本残差の尤度を最大化します．このため，FML法における乖離度統計量はモデル全体（固定効果と分散成分の両方）に関する適合を表しますが，RML法の乖離度統計量はモデルの確率的な部分に関する適合のみを表すことになります（これはRML推定の過程では，固定効果は「既知のもの」として値が固定されているためです）．したがって，ここで行なっているようにFML推定を利用したならば，固定効果と分散成分のありとあらゆる組合せにおいて異なるモデルの差について，乖離度統計量を用いて検討することが可能です．しかし，もしRML推定を利用した場合には，分散成分において異なっているモデルの比較についてしか乖離度統計量を用いることはできません．いくつかのマルチレベルモデルのソフトウェア（例えばSASのPROC MIXEDなど）では，デフォルトの推定法がRMLになっているため，注意が必要です．仮説検定のために乖離度統計量を利用する前に，自分がどの推定法を用いたのかについてきちんと把握しておきましょう．

これらの条件を満たすようなモデルの組について推定を行うならば，検定の実行は簡単です．フルモデルと制限されたモデルの乖離度統計量の差（乖離度のデルタ，ΔDと呼ばれることも多いです）は，制限されたモデルにおいて追加された制約が正しいという帰無仮説の下で，追加された独立な制約の数に等しい自由度（$d.f.$）を持つχ^2分布に漸近的に従います．例えばモデルどうしの差がパラメータ1個だけならば，検定の自由度は1ということになります．3個のパラメータにおいて違っているならば，自由度は3です．他の統計的仮説検定と同じように，適切な自由度における臨界値とΔDを比較して検定統計量の方が値が大きければ，帰無仮説H_0を棄却することになります．

4.6.3 乖離度に基づく仮説検定の実行手続き

表4.1のモデルは完全IGLS法によって推定されたものなので，ここに示されている乖離度統計量は，固定効果にのみ差がある組合せ（例えばモデルB，C，DやモデルE，F，G）と固定効果と分散成分の両方に差がある組合せ（例えばモデルAをその他すべてのモデルと比較する）の，どちらの比較にも利用することが可能です．ただし2つのモデルの比較をする前に，①データセットがモデル間で等しいことを確か

4.6 乖離度統計量を用いたモデルの比較

める（ここでは等しいです），②片方のモデルがもう片方にネストしていることを確認する，③追加されている制約の数を数える，の3つの手続きが必要となります．

まずは，2つの無条件モデルから始めてみることにしましょう．モデルBに対して，$\gamma_{10}=0$，$\sigma_1^2=0$，$\sigma_{01}=0$という3つの独立な制約を追加することで，モデルAを導くことができます．この組合せの乖離度統計量の差は $(670.16-636.61)=33.55$ となりますが，これは自由度3の χ^2 分布における 0.1% 臨界値である 16.27 をはるかに超える値です．よって，制約を置いた3つのパラメータすべてが0であるという帰無仮説は，0.1% 水準で棄却できることになります．したがって，無条件成長モデルは無条件平均モデルよりもあてはまりが良いと結論づけられます（この結論は，各パラメータに対する一母数検定によって示唆されていたのと同じものです）．

乖離度統計量に基づく検定が特に便利なのは，1個（もしくはそれ以上）の予測変数をレベル2サブモデルの各式へ同時に追加した場合の，適合度の変化を比較したい状況です．例えばモデルBからモデルCへ移ると，変数 *COA* を初期値と変化率の双方に対して予測変数として追加することになります．この2つのモデルは，後者に対して2つの独立な制約（γ_{01} と γ_{11} が0に等しい）を追加することで前者のモデルを得られるので，乖離度統計量の差 $(636.61-621.20)=15.41$ に対して自由度2の χ^2 分布を用いて検定を行うことができます．この乖離度の差は 0.1% 臨界値 (13.82) よりも大きいので，γ_{01} と γ_{11} の両方が0であるという帰無仮説は棄却されます（より厳密には，γ_{11} については値が0であると結論づけることになります．なぜならモデルDにおける一母数検定で，このパラメータについてのみ帰無仮説を棄却することができないからです．また，このパラメータについてのみ違いがあるモデルDとEを比較してみても，自由度1に対して0.01というわずかな乖離度の差しかありません）．

乖離度に基づく検定は，固定効果の部分は等しく，ランダム効果についてのみ差があるようなネストをしているモデルの比較にも用いることが可能です．原理的にはこれまでに述べた例とまったく同じですが，この話題を特に取り上げるのは，①制限つきの推定法（RML法またはRIGLS法）を利用している場合，これが唯一の乖離度を比較することが可能なタイプの組合せである，②これまでは検討してこなかった重要な疑問である「マルチレベルモデルには，すべてのランダム効果が含まれていなければならないのか」を検討することができる，という2つの理由のためです．

これまでふれてきたすべてのモデルにおいて，レベル2サブモデルにおける各個人成長パラメータ（π_{0i} と π_{1i}）についての式には，対応する残差（ζ_{0i} と ζ_{1i}）が含まれていました．これはモデルに対して3つの分散成分（σ_0^2, σ_1^2, σ_{01}）を追加することを意味しています．これら3つは，常にあらねばならないものなのでしょうか．場合によっては，より倹約的なモデルを使った方がよいのではないでしょうか．こういっ

た疑問に答えるためには，ランダム効果をモデルから取り除いてみればいいのです．具体例として，モデル F のレベル 2 サブモデルにおける 2 番目の式から残差 ζ_{1i} を削除した，次のようなモデルについて考えてみましょう．

$$Y_{ij} = \pi_{0i} + \pi_{1i} TIME_{ij} + \varepsilon_{ij}$$
$$\pi_{0i} = \gamma_{00} + \gamma_{01} COA_i + \gamma_{02} CPEER_i + \zeta_{0i}$$
$$\pi_{1i} = \gamma_{10} + \gamma_{12} CPEER_i$$

ただし，$\varepsilon_{ij} \sim N(0, \sigma_\varepsilon^2)$，$\zeta_{0i} \sim N(0, \sigma_0^2)$ と仮定しています．マルチレベルモデルの用語を借りるならば，このモデルにおいて私たちは個人成長率を「固定」し，個人間で値がランダムにばらつくことがないように設定しています（ただし CPEER の値によって個人成長率が変化することは認めています）．このように 1 つのレベル 2 残差を取り除くことで（注意してください．残差はパラメータではありません），2 つの分散成分（σ_1^2 と σ_{01}）が削除されたことになります（これらはパラメータです）．

この制限されたモデルにおける固定効果の部分はモデル F とまったく同じなので，これらの両方が 0 であるという複合帰無仮説を，乖離度統計量の比較によって検定することが可能です．制限されたモデルを推定してみると，乖離度は 606.47 であるという結果が得られました（この値は表 4.1 には含まれていません）．これをモデル F の乖離度である 588.70 と比べると，その差は 18.77 となります．この値は，自由度 2 の χ^2 分布における 0.1% 臨界値（13.82）を越えているので，帰無仮説は棄却されます．したがって ALCUSE の年間変化率については，CPEER 以外のレベル 2 予測変数によって予測可能であるかもしれない残差のばらつきが残っているので，これに関係した項はモデル式の中に残しておかなければならないということになります．

4.6.4 AIC と BIC：情報量規準を用いたネストしていないモデルの比較

ネストしているモデルの組については，乖離度統計量を用いることで様々な重要な仮説を検定することができます．しかし，あなたがよりすぐれたデータ解析者たらんとするならば，ネストしていないモデルの組を比較したいと考える場合もあるでしょう．特に異なる予測変数を含むようなモデル候補どうしを比較したいときに，こういった状況に遭遇することが多いはずです．

相互に関連し合っているような複数の予測変数をどのように組み合わせて用いるのが，ある 1 つの潜在的な構成概念の影響をとらえるのに最適かを決定したい，という場面を考えてみましょう．例えば，親の社会経済的地位（socioeconomic status：SES）が子どもの結果変数に与える影響を統制したいが，様々な SES の指標（母親もしくは父親の学歴，職業，収入など）のうち，どれを用いるべきかがわからない，というような状況です．主成分分析を用いてすべての変数をまとめた指標値を作ることもできますが，異なる予測変数の組合せのうち，どれが一番あてはまりが良いのか

4.6 乖離度統計量を用いたモデルの比較

にも興味があるのではないでしょうか．例えば父親に関する測定値のみを用いたモデルと，母親に関する測定値のみを用いたモデル，あるいは両親の測定値を用いるが収入に関する指標しか利用しないモデル，などです．こういったモデルはネストの関係にはない（あるモデルに制約を追加しても，別のモデルを表現することはできません）ため，そのあてはまりを乖離度統計量を用いて比較することはできません．

こういったモデルの相対的なあてはまりの良さを比較するための特別な指標として，ここでは**赤池情報量規準**（Akaike information criteria：AIC, Akaike, 1973）と**ベイズ情報量規準**（Bayesian information criteria：BIC, Schwarz, 1978）の2つを取り上げます．乖離度統計量と同じく，これらの指標も対数尤度統計量に基づいて計算されます．しかし LL 統計量をそのまま用いるのではなく，事前に定められた基準に基づいて，LL 統計量の値にペナルティを科している（値を悪くしている）のが特徴です．AIC のペナルティは，モデルに含まれるパラメータの数に基づいて決定されています．これは，モデルにパラメータを追加することは，たとえそれが効果を持たないものであっても LL 統計量を増大させる効果があるので，乖離度を差し引かなければならないという考え方をしているためです．BIC はさらに一歩踏み込んでいます．BIC のペナルティは，モデルに含まれるパラメータの数だけではなく，標本サイズにも基づいています．標本サイズが大きいほど，単純なモデルよりも複雑なモデルを選ぶためには，より大きな適合の改善が必要である，という考え方をしています．どちらの指標についても結果は−2 を掛ける形で計算されるので，情報量規準の値の目盛りは乖離度統計量と同じような感覚で扱うことが可能です（ただし計算の過程で考慮されるパラメータの数は，推定に完全最尤法と制限つき最尤法のどちらを用いたかによって変わることに注意してください）．完全最尤法を利用した場合，固定効果と分散成分の両方が，パラメータの数となります．しかし制限つき最尤法を用いた場合，想像がつくと思いますが，分散成分だけを考慮することになります．

情報量規準を形式的な式で表すと，以下のようになります．

情報量基準
　　＝−2［LL−(標本サイズに基づく調整値)(モデルに含まれるパラメータの数)］
　　＝乖離度＋2(標本サイズに基づく調整値)(モデルに含まれるパラメータの数)

AIC の場合，標本サイズに基づく調整値は 1 になります．BIC の場合，標本サイズの対数をとったものの 2 分の 1 です．ただし BIC については，標本サイズとして研究において対象とした個人の人数を用いるべきなのか，あるいは個人−時点データセットに含まれるレコードの数を用いるべきなのかが定かではありません．Raftery (1995) では前者の方法を用いることが推奨されており，ここではそれに従うことにします．

AIC と BIC は，片方のモデルがもう一方にネストしていない場合であっても，そ

れらが同じデータセットを用いて推定されたものであるならば，比較することが可能です．AICとBICのどちらも，情報量規準の値が小さいほどあてはまりが良い，と判断します．表4.1に示されたモデルはすべて隣接するモデルにネストする形になっているので，情報量規準による比較を利用する必要は必ずしもありません．しかし情報量規準を用いた例を示すために，モデルBとモデルCを比較してみましょう．モデルBは6個のパラメータ（2つの固定効果と4つの分散成分）を，モデルCは8個のパラメータ（さらに2個の固定効果）を含んでいます．標本数は82なので，モデルBのAICの値は $636.2+2(1)(6)=648.6$，BICの値は $636.6+2(\ln(82)/2)(6)=663.0$ となります．これに対してモデルCは，AICが $621.2+2(1)(8)=637.2$，BICが $621.2+2(\ln(82)/2)(8)=656.5$ です．どちらの指標においてもモデルCの方がBよりも良いとされているので，乖離度統計量の比較の場合と同じ結論が得られることになります．

AICやBICに基づく比較は，ある種の「科学に裏打ちされた職人技」のようなところがあります．乖離度統計量の比較には χ^2 分布に基づく客観的で標準的な手続きが定められていますが，情報量規準の比較は，必ずしもそうではありません．情報量規準に大きな差がある場合には値が小さいほうが良いと断言できますが，差が小さい場合，判断が難しくなります．さらにいうならば，統計学者たちは情報量規準におけるどの程度の差が「小さい」ものであり，どの程度の差が「大きい」のかについて，意見の一致をみていません．Raftery(1995)は，BICの素晴らしさをほめたたえる論文において，0～2の差は「弱い」，2～6の差は「確かである」，6～10の差は「明らかである」，そして10以上の差は「きわめて明らかである」と述べています．しかし情報量規準がモデル比較における万能薬であると結論づけるのは早計です．Gelman & Rubin(1995)では，情報量規準は「的はずれなものであり，特別な場合にのみ思いがけず有効に機能することもある」(p.165) と述べられています．したがって本書では，情報量規準の利用には注意が必要であるということを明記した上で，従来の手法によるモデル比較ができない場合においてのみ，情報量規準を用いることをお勧めしておきます．

4.7　固定効果に関する複合仮説のワルド統計量を用いた検定

複合仮説を検定するための方法は，乖離度統計量を用いた比較だけというわけではありません．ここでは「パラメータの推定値を標準誤差で割る」という仮説検定の方法を一般化したものである**ワルド統計量**（Wald statistic）を紹介します．ワルド統計量の大きな長所は，その一般性の高さにあります．利用した推定法に関係なく，複数の効果に関する複合仮説の検定を行うことが可能です．つまり，制限つきの推定法

を利用したときには乖離度に基づく検定では異なる固定効果を持つモデルを比較することはできませんが，ワルド統計量ならば，このような状況でも対応できるということになります．

例えば，ある特定のタイプの子ども，つまりアルコール依存症でない親を持ち $PEER$ の値も平均的であるような子どもの真の変化の軌跡が，「帰無」軌跡（切片が0, 傾きも 0 であるような軌跡）とは異なるのかどうかを検討したい場合を考えてみましょう．これは，アルコール依存症でない親を持つ平均的な子どもが，14歳時点でまったく飲酒をしておらず，その後時間が経っても同じ状態を保っているか，という問いにほかなりません．

この複合仮説を検定するためには，まずすべてのパラメータを含んだモデルを考えなければなりません．ここでは，モデル F の合成的な定式化 $Y_{ij} = \gamma_{00} + \gamma_{01}COA_i + \gamma_{02}CPEER_i + \gamma_{10}TIME_{ij} + \gamma_{12}CPEER_i \times TIME + [\zeta_{0i} + \zeta_{1i}TIME_{ij} + \varepsilon_{ij}]$ から始めるのが簡単でしょう．必要なパラメータを特定するためには，ここから目標集団，つまりアルコール依存症でない親を持ち $CPEER$ の値が平均的であるような子どもにおける，真の変化の軌跡を導けばいいのです．$COA=0$ と $CPEER=0$ を代入すれば，$E[Y_j|COA=0, CPEER=0] = \gamma_{00} + \gamma_{01}(0) + \gamma_{02}(0) + \gamma_{10}TIME_{ij} + \gamma_{12}(0) \times TIME_{ij} = \gamma_{00} + \gamma_{10}TIME_{ij}$ となります．ただし，$E[\cdots]$ という表記は，期待値を表すものであり，ここでは $COA=0$, $CPEER=0$ であるような子どもの母集団における平均的な変化の軌跡であることを意味しています．期待値を取ることによってレベル 1 とレベル 2 の残差が消えていますが，これはすべての残差がそうであるように，その平均が 0 であるためです．この軌跡が母集団における帰無軌跡とは異なっているかどうかを検定するために，複合帰無仮説を以下のように定式化します．

$$H_0: \gamma_{00}=0 \text{ かつ } \gamma_{10}=0 \tag{4.17}$$

この同時仮説は，母集団の軌跡に関する複数の仮定を合成したものであり，各パラメータについて別個に独立な命題を設定しているものではありません．

次に，帰無仮説を**一般線形仮説** (general linear hypothesis) という名前で知られている形に表現し直す作業を行います．一般線形仮説とは，モデルに含まれる固定効果が適切に選ばれた定数（整数，小数，分数，0 のいずれでもかまいません）と掛け合わされ，それらの和が別の定数（0 であることが普通です）に等しいという形での定式化です．また，このパラメータと定数の重みつき線形結合は，**線形対比** (linear contrast) と呼ばれます．モデル F は 5 つの固定効果を含んでいる（本当に興味があるのはそのうち 2 つだけですが）ので，4.17 式を一般線形仮説の形で表現すると，次のようになります．

$$H_0: \begin{array}{l} 1\gamma_{00}+0\gamma_{01}+0\gamma_{02}+0\gamma_{10}+0\gamma_{12}=0 \\ 0\gamma_{00}+0\gamma_{01}+0\gamma_{02}+1\gamma_{10}+0\gamma_{12}=0 \end{array} \tag{4.18}$$

それぞれの式には5つの固定効果のすべてが含まれていますが、掛け合わせる定数（重み）が注意深く選択されることで、必要なパラメータである γ_{00} と γ_{10} だけに関する条件が表されていることがわかります。この表記法はパラメータの記号に関する変更を最小限に抑えることができるので、様々な統計的仮説検定において広く利用されています。

ただしほとんどのソフトウェアでは、一般線形仮説を行列表記の形式で表現することが求められます。これを用いると、検定仮説を、①掛け合わされる定数を含む行列（4.18式における0と1）と、②パラメータを含むベクトル（γ）、という2つの部分に分解することが可能になります。掛け合わされる定数を含む行列は**制約行列**（constraints matrix）もしくは**対比行列**（contrast matrix）と呼ばれ、C と表されることが多いです。この行列を作成するためには、一般線形仮説に含まれている定数項を、そのままの順序と配置で行列に直します。4.18式から制約行列を構成すると、以下のようになります。

$$C = \begin{bmatrix} 1 & 0 & 0 & 0 & 0 \\ 0 & 0 & 0 & 1 & 0 \end{bmatrix}$$

これに対してパラメータを含むベクトルは、一般に**パラメータベクトル**（parameter vector）と呼ばれ、γ で表されます。γ を作成するためには、制約行列の場合と同じように、一般線形仮説に含まれるパラメータをそのままの順番で取り出して配置します。

$$\gamma = [\gamma_{00} \quad \gamma_{01} \quad \gamma_{02} \quad \gamma_{10} \quad \gamma_{12}]$$

このとき一般線形仮説は、行列 C とベクトル γ を転置したものの積として、次のような形で構成できることになります。

$$H_0 : \begin{bmatrix} 1 & 0 & 0 & 0 & 0 \\ 0 & 0 & 0 & 1 & 0 \end{bmatrix} \begin{bmatrix} \gamma_{00} \\ \gamma_{01} \\ \gamma_{02} \\ \gamma_{10} \\ \gamma_{12} \end{bmatrix} = \begin{bmatrix} 0 \\ 0 \end{bmatrix}$$

この形式は、一般的に $H_0 : C\gamma' = 0$ と書き表すことが可能です。あるモデルにおいて、検定する仮説が変われば C の中身も変わりますが、γ の要素は同じままである、ということになります。

この $C\gamma' = 0$ の形式で表すことができる一般線形仮説は、そのすべてについて、ワルド統計量を用いて検定することが可能です。通常の手続きではパラメータの推定値と標準誤差を比較するのに対して、ワルド統計量を用いる検定では、パラメータの重み付き線形結合の2乗を、その分散の推定値と比較します。推定値の分散は標準誤差の2乗ですから、ワルド統計量は z 統計量の2乗とよく似た形をしています（実際

4.7 固定効果に関する複合仮説のワルド統計量を用いた検定

のところ、1つの固定効果の値が0であるという帰無仮説を検定するためのワルド統計量は、普通のz統計量の2乗そのものになります)。ワルド統計量Wは、一般的な線形性の仮定の下で値が0であるという帰無仮説を扱う場合、自由度が行列$\boldsymbol{C}$の行数に等しいχ^2分布に従います(これは$\boldsymbol{C}$の行数が、帰無仮説において要求される独立な制約の数を表しているためです)。ここで考えている検定仮説の場合、自由度2において51.01というワルド統計量の値が得られます。これは4.18式に示された複合帰無仮説を、0.1%水準で棄却することが可能な値です。

一般線形仮説は、変化に関するもっと複雑な複合検定仮説も扱うことができます。例えば、図4.2に示したOLS回帰によって推定された変化の軌跡について考察したときに、アルコール依存症ではない親を持つグループにおいて、CPEERの値が低い子どもはCPEERが高い子どもよりもアルコール摂取量の初期値が低く、その後の変化が急激である場合が多いことがわかります。このため、前者のグループのアルコール摂取量は、後者のグループに後から追いつくのではないか、と考えられます。これは、データ収集の後半の方の年齢、例えば16歳時点において、2つのグループの真の変化の軌跡の垂直的な位置が重なっているかどうか、という問いにほかなりません。

この検定を行うためには、特定のパラメータについて注意深く検討する必要があります。そして先ほどの場合と同様に、推定したモデルに対して適切な予測変数の値を代入していきます。まず、COAの値は0に固定します(アルコール依存症ではない親を持つ子どもについて考えているからです)。またCPEERが低い群と高い群について、それぞれCPEERに-0.363と$+0.363$という値を代入します(これは中心化した変数において、平均0から$0.5 \times$標準偏差分だけ上下にずれたところに相当する値を用いています)。結果として、次のようなモデルの定式化が導かれます。

$$E[Y_j | COA=0, CPEER=low] = \gamma_{00} + \gamma_{01}(0) + \gamma_{02}(-0.363) + \gamma_{10} TIME_{ij}$$
$$+ \gamma_{12}(-0.363) \times TIME_{ij}$$
$$= (\gamma_{00} - 0.363\gamma_{02}) + (\gamma_{10} - 0.363\gamma_{12}) TIME_{ij}$$
$$E[Y_j | COA=0, CPEER=high] = \gamma_{00} + \gamma_{01}(0) + \gamma_{02}(0.363) + \gamma_{10} TIME_{ij}$$
$$+ \gamma_{12}(0.363) \times TIME_{ij}$$
$$= (\gamma_{00} + 0.363\gamma_{02}) + (\gamma_{10} + 0.363\gamma_{12}) TIME_{ij}$$

さらに16歳におけるALCUSEの予測値の値を得るために、$TIME = (16-14) = 2$をこれらの式に代入すると、以下のようになります。

$$E[Y_j | COA=0, CPEER=low] = \gamma_{00} - 0.363\gamma_{02} + 2\gamma_{10} - 2(0.363)\gamma_{12}$$
$$E[Y_j | COA=0, CPEER=high] = \gamma_{00} + 0.363\gamma_{02} + 2\gamma_{10} + 2(0.363)\gamma_{12}$$

これらを用いて、どのようにしてアルコール摂取量が後から追いつくという仮説を表現すればよいのでしょうか。もし低CPEER群が本当に追いつくのであれば、16

歳時点における両群の期待値は同じになるはずです．したがって，これらの期待値が等しいと置くことで，複合帰無仮説は次のように定めることができます．

$$\gamma_{00} - 0.363\gamma_{02} + 2\gamma_{10} - 2(0.363)\gamma_{12} = \gamma_{00} + 0.363\gamma_{02} + 2\gamma_{10} + 2(0.363)\gamma_{12}$$

この式を変形して整理すると $\gamma_{02} + 2\gamma_{12} = 0$ になるので，一般線形仮説の形で再表現した帰無仮説は，

$$H_0: 0\gamma_{00} + 0\gamma_{01} + 1\gamma_{02} + 0\gamma_{10} + 2\gamma_{12} = 0 \tag{4.19}$$

となります．4.18式で扱った複合帰無仮説が2本の式で構成されていたのとは異なり，ここでは複合帰無仮説が1本の式のみであることに注意してください．これは，独立な制約の数が減少したことに伴う結果です．先ほどの仮説では，2つの独立な命題（1つは γ_{00} に関するものであり，もう1つは γ_{10} に関するもの）を同時に検定していたので，2本の別々の式が必要でした．しかし今回の仮説は，2つのパラメータ（γ_{02} と γ_{12}）を扱ってはいるものの，検定する命題は1つのみであるため，必要な式も1本だけとなっています．これに伴い，制約行列 C の次元も減少することになります．

次に，帰無仮説を行列形式の表現に直さなければなりません．モデルそのものは変わっていないので，パラメータベクトル γ は4.18式のときのまま，特に変化はありません．しかし帰無仮説は変わったので，制約行列は変更しなければなりません．4.19式から制約を表す数値を抜き出すことで，$C = [0\ 0\ 1\ 0\ 2]$ と定まります．

制約が1本しかないので，当然のことながら，C もまた1つの行だけを持つ形になります．これを利用して複合帰無仮説を，検定のために必要な $C\gamma' = 0$ という代数的な形式で表現すると，

$$H_0: \begin{bmatrix} 0 & 0 & 1 & 0 & 2 \end{bmatrix} \begin{bmatrix} \gamma_{00} \\ \gamma_{01} \\ \gamma_{02} \\ \gamma_{10} \\ \gamma_{12} \end{bmatrix} = [0]$$

となります．この検定を実行してみると，一般的な統計的有意水準において帰無仮説が棄却できる（$\chi^2 = 6.23$，$p = .013$）ことがわかります．したがって，両グループにおける真の変化の軌跡は，16歳までには重ならないと結論づけられます．別の言い方をするならば，アルコール依存症でない両親を持つ低 CPEER 群のアルコール摂取量は，高 CPEER 群の摂取量に追いつくわけではない，ということです．

一般線形仮説を利用した仮説検定は，多くの研究仮説を表現することが可能なため，強力で柔軟な枠組みとなります．特に複数のレベル2予測変数に関する**オムニバス検定**（omnibus test）を行う場合，予測変数の組によって差が生じているかどうかを全体で一括して検討することができるため，非常に有効です．また，名義変数や順

序変数を複数の指標変数を用いて再表現して予測変数とした場合でも，このアプローチを利用すれば，全体としての効果の検定やサブグループ間での対比較の評価を行うことができます．

ワルド統計量は分散成分に関する検定も扱うことが可能ですが，私たちは，こちらの用途ではワルド統計量は用いない方がよいと考えています．なぜなら，この検定を小標本下で利用するための理論は，まだほとんど整備されていないからです．分散成分を含む検定における W の分布は，標本サイズがきわめて多いときにのみ，標本サイズが無限大に近づくにつれて（漸近的に）χ^2 分布に収束します．このため本書では，ワルド統計量を分散成分に関する複合帰無仮説の検定に利用することはお勧めしません．

4.8 モデルの仮定の許容度の評価

統計モデルをあてはめるときはいつでも仮定が必要となります．例えば，線形回帰モデルをあてはめるために ML 法を使うときには，誤差が独立に同じ分散の正規分布に従っていることを仮定することになります．仮定を置くことでパラメータ推定，結果の解釈，仮説検定へと研究を進めることができるようになります．しかし，得られた結果の妥当性は仮定を受け入れることのできる度合い（許容度）に依存します．あり得ない仮定を持ったモデルをあてはめることは，欠陥があると知っているモデルをデータにあてはめることと同じくらい意味のないことです．仮定を逸脱することは，バイアスのある推定値や誤った標準誤差を求めてしまったり，誤った推論をしてしまうことにつながります．

変化についてのマルチレベルモデルをあてはめるときにもまた，仮定が必要となります．そして，モデルはより複雑なので，仮定もまたより複雑になり，各レベルにおいて構造的な部分と確率的な部分の両方の性質に対する仮定が必要となります．構造的な部分の式は，結果変数と予測変数との関係を表す真の関数形についての仮定を具体的に表しています．レベル 1 では，仮定される個人の変化の軌跡の形が，（これまで仮定してきたように）線形あるいは（第 6 章で仮定するように）非線形で定式化されています．また，レベル 2 では各個人の成長パラメータと時不変な予測変数との関係が定式化されています．そして，通常の回帰分析と同様に，レベル 2 の関係も（これまで仮定してきたように）線形またはより複雑な形（非線形，非連続，または相互作用項を含むかもしれません）で定式化されます．確率的な部分の式は，そのレベルの結果変数（レベル 1 の Y_{ij} またはレベル 2 の π_{0i} と π_{1i}）のうち，モデルの予測変数で説明しきれない部分に関する仮定を具体的に表しています．それらの性質と値を私たちは知らないので，誤差の分布に対して何らかの仮定を置くことになります．典型

的にはレベル1では1変量の正規性，レベル2では2変量の正規性が仮定されます．

仮定の許容度を調べることなしには分析は完了しません．仮定の許容度を評価するのに必要なデータ（標本が抽出された母集団に関する情報）を持っていないわけですから，もちろん，仮定の許容度に関して完全に確信が持てるわけでは決してありません．仮定は個人の真の変化の軌跡，個人の真の成長パラメータとレベル2の予測変数との母集団における関係や，各個人に対する真の誤差について表現しています．調べることができるのは，標本の量に関する観測された性質，つまりあてはめられた個人の成長曲線，推定された個人の成長パラメータや，標本残差だけです．

あてはめたすべての統計モデルについて，課されている仮定について調べなければいけないのでしょうか．そうであると言いたいところではありますが，現実的な観点から，私たちはそうではないと言います．モデルについて繰り返し調べることは効率的でも現実的でもありません．その代わりに，はじめにあてはめたいくつかのモデルと，採用したモデルや積極的に解釈したモデルの仮定を調べることを提案します．

以下の3項で，マルチレベルモデルの仮定の単純な検証方略を説明します．4.8.1項では関数形に関する評価方法についてみていきます．基本的な考え方についてはすでに説明しましたが，しっかりと説明するためにここでも再び説明します．次に，回帰分析でよく知られた方法を拡張することで，マルチレベルの文脈における正規性の検証（4.8.2項）と等分散性の検証（4.8.3項）について扱います．表4.3には，この作業の各段階において行うべきことが要約されています．

4.8.1 関数形の検証

変化についてのマルチレベルモデルにおける関数形の仮定の検証を行うための最も直接的な方法は，「結果変数と予測変数」の散布図を各レベルで描いて調べてみることです．

- **レベル1**： 各個人について経験的成長プロットを調べ，OLS推定された個人の成長の軌跡を重ねてみます．そうすれば，仮定された形が適切か否かが確認できるでしょう．
- **レベル2**： 個人の成長パラメータのOLS推定値とレベル2の予測変数との散布図を描きます．そうすれば，レベル2における仮定された関係性が適切か否かが確認できるでしょう．

図4.1の8人の被験者中で線形な個人の成長という仮説が適切にみえるのはID 23, 32, 56, 65番であり，そうでなさそうなのは04, 14, 41, 82番です．しかし，測定誤差の影響があるかもしれないので，これらの4人が線形から系統的に外れていると述べることは困難です．他の対象者についても経験的成長プロットを調べたところ，同様の結論が導かれました．

4.8 モデルの仮定の許容度の評価

表 4.3 アルコール摂取量データに対する表 4.1 と表 4.2 のモデル F を使った、変化についてのマルチレベルモデルの仮定のチェック方略の説明

仮定と、仮定が支持される場合に期待されること	レベル 1 残差 $\hat{\varepsilon}_{ij}$	アルコール摂取量データでわかること レベル 2 残差 $\hat{\zeta}_{0i}$	レベル 2 残差 $\hat{\zeta}_{1i}$
形状：個人の変化の線形的軌跡であり、個人の成長パラメータとレベル 2 の予測変数の間には線形関係がある。	ほとんどの青年は年齢に関して線形に変化することを経験的成長プロットは示唆している。何人かについては、データが少数（3 波）しかないために曲線性を主張することが難しいので、直線の軌跡は理にかなった近似といえる。	COA は 2 値なので、π_{0i} には線形性の仮定はない。2 つの極端なデータポイントを除けば、π_{0i} と PEER のプロットは強い線形関係を示している。	COA は 2 値なので、π_{1i} には線形性の仮定はない。π_{1i} と PEER のプロットは弱い線形関係を示している。
正規性：レベル 1 とレベル 2 のすべての残差は正規分布に従っている。	$\hat{\varepsilon}_{ij}$ と正規スコアのプロットは正規性を示唆している。正規性を主張する別の根拠として、標準化された $\hat{\varepsilon}_{ij}$ と ID のプロットがある。このプロットには逸脱したデータポイントはない。	$\hat{\zeta}_{0i}$ と正規スコアのプロットは正規性を示唆している。標準化もまた正規性を主張する根拠となる。このプロットには逸脱したデータポイントには若干の床効果がみられる。	$\hat{\zeta}_{1i}$ と正規スコアのプロットは、少なくとも分布の右側のあたりでは正規性が示唆される。左端のあたりでは押しつぶされているようである。正規化を主張する別の根拠として、標準化を逸脱したデータポイントのプロットには逸脱したことがあげられる。結果変数にはやはり床効果がみられる。
等分散性：すべての予測変数の各値におけるレベル 1 とレベル 2 の残差の等分散性	$\hat{\varepsilon}_{ij}$ と AGE のプロットでは等分散性がおおよそ成立していることを示唆している。	$\hat{\zeta}_{0i}$ と COA のプロットは COA の両方の値において等分散性が成立していることを示唆している。PEER とのプロットでも、少なくとも 2 以下の値までは成立している。これ以上の値については、判断するには数が少なすぎる。	$\hat{\zeta}_{1i}$ と COA のプロットは COA の両方の値において等分散性が成立していることを示唆している。PEER とのプロットでも、少なくとも 2 以下の値までは成立している。これ以上の値については、判断するには数が少なすぎる。

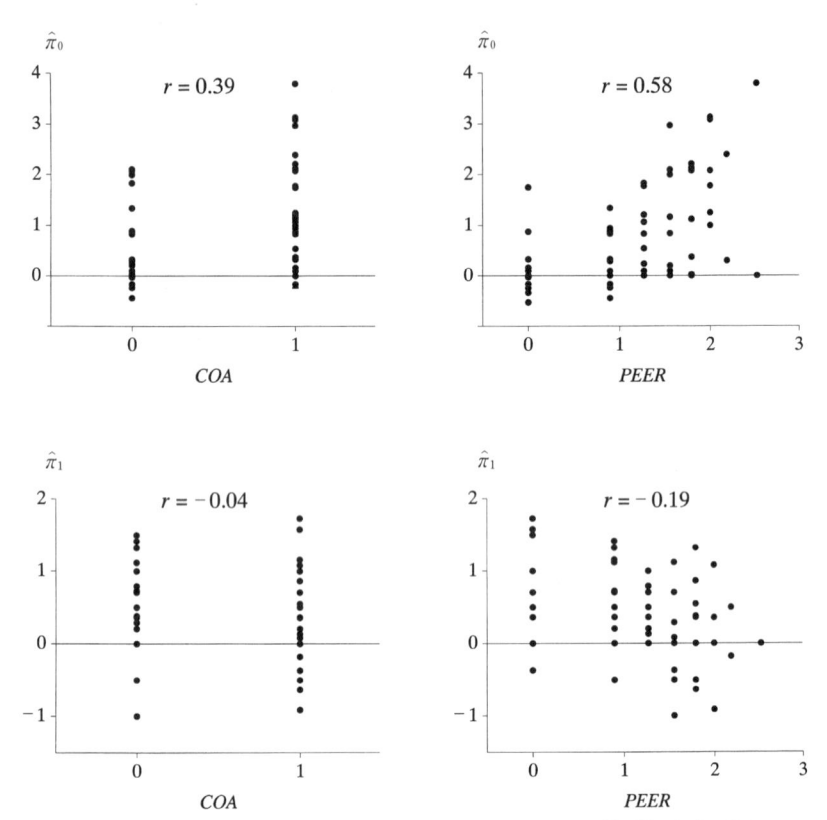

図 4.4 変化についてのマルチレベルモデルにおけるレベル 2 の線形性の仮定の検証
OLS 推定された個人の成長パラメータ（切片と傾きに関する）と，選択された予測変数との散布図．左が予測変数 COA，右が予測変数 $PEER$ に関するもの．

　レベル 2 の仮定に関しては，OLS 推定された個人の成長パラメータと 2 つの具体的な予測変数との散布図が描かれている図 4.4 を見るとよくわかります．左の小図 2 枚は COA に関するものですが，2 値の予測変数に関しては線形モデルが自動的に受け入れられるので，評価はできません．右の 2 枚は $PEER$ に関するものです．レベル 2 の関係は（少数の例外を除けば）はっきりと線形に見えるでしょう．

4.8.2 正規性の検証

　ほとんどのマルチレベルモデルのパッケージは，レベル 1 とレベル 2 の残差 ε_{ij}, ζ_{0i}, ζ_{1i} の推定値を出力してくれます．これらの推定値 $\hat{\varepsilon}_{ij}$, $\hat{\zeta}_{0i}$, $\hat{\zeta}_{1i}$ を「素残差（raw residual）」と呼ぶことにします．通常の回帰と同じように，これらのふるまい

は探索的分析によって調べることができます．型通りの正規性の検定を行うこともできますが（ウィルクス-シャピロ統計量やコロモゴロフ-スミルノフ統計量などを使うことで），我々は残差の分布を目で見て調べる方法を好みます．

各素残差（レベル1について1つ，レベル2について2つ）に対して，各値とそれに対応する**正規スコア**（normal score）との散布図である**正規確率プロット**（normal probability plot）を調べます．もし正規分布であるなら，プロットは線形になります．線形性からの逸脱は，正規性からの逸脱を意味します．図4.5（次頁）の左の列からわかるように，アルコール摂取量に対してモデルFをあてはめた場合のレベル1の残差 $\hat{\varepsilon}_{ij}$ とレベル2の残差 $\hat{\zeta}_{0i}$ の正規確率プロットは線形に見えます．しかし，レベル2の2つ目の残差 $\hat{\zeta}_{1i}$ のプロットは曲がっており，変数の値の小さい部分のプロットが期待されるよりも中心に近くなっています．2つ目のレベル2の残差は変化率の個人間の変動のうち，説明しきれていない部分を表しているので，この分布の値の小さい部分の変動は限定されているのだと判断できます．これは，ALCUSE はもともと「床」が0に制約されており，そのため変化率のとり得る値が制限されることに由来するのかもしれません．

1変量プロットであろうと，予測変数との2変量プロットであろうと，**標準化残差** (standardized residual) のプロットは，正規性の仮定の許容度についての情報を与えてくれます．素残差が正規分布に従っているならば，約95%の標準化残差がその中心から±2標準偏差以内に収まります（つまり，絶対値が2よりも大きいのは約2.5%だけです）．しかし，正規分布ではない分布にも約5%の観測値がその端に収まるものが存在しますので，この大まかな目安は注意して扱う必要があります．

標準化残差をIDごとにプロットすることで，極端な値を持つ個人を特定することもできます（図4.5の右のように）．一番上のプロットではレベル1の標準化残差は正規理論の仮定に適合しているようにみえます．つまり，大部分は中心から2標準偏差以内に収まっており，2と3の間にはそれに比してほとんどなく，それ以上には誰もいません．レベル2の標準化残差については，負の残差は少ない傾向があり，両方のプロットとも，その中心に「引っ張られて」いることがうかがえます．この傾向は2つ目のレベル2の残差 $\hat{\zeta}_{1i}$（下のプロット）で非常に顕著ですが，$\hat{\zeta}_{0i}$ のプロットについてもその傾向があります．また，値の小さい部分が押し固められたようになっているのは，やはり結果変数 ALCUSE が0の「床」を持っていることに原因がありそうです．

4.8.3 等分散性の検証

予測変数に対して素残差をプロットすることで等分散性の仮定を検証することができます．つまり，レベル1の残差とレベル1の予測変数，レベル2の残差とレベル2

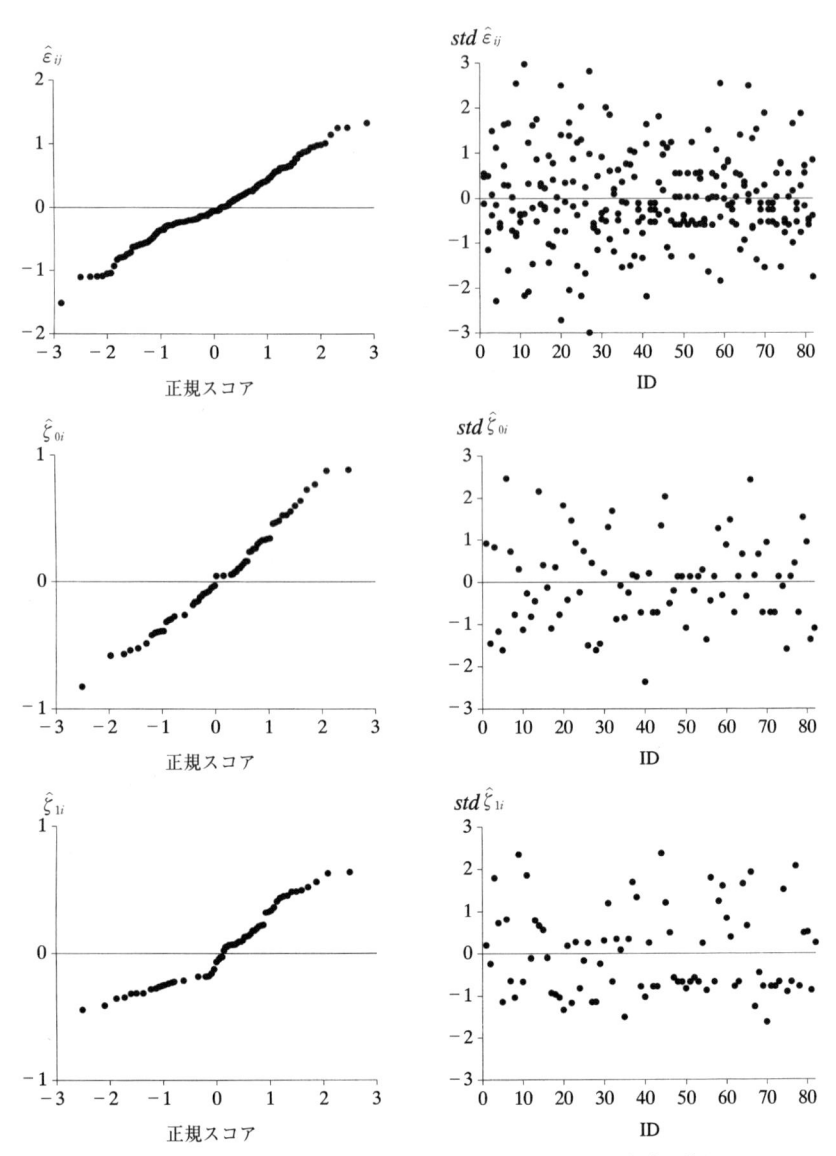

図 4.5 変化についてのマルチレベルモデルにおける正規性の仮定の検証

左の図はレベル1とレベル2の素残差の正規確率プロットを，右の図はIDごとのレベル1とレベル2の標準化残差を表している．

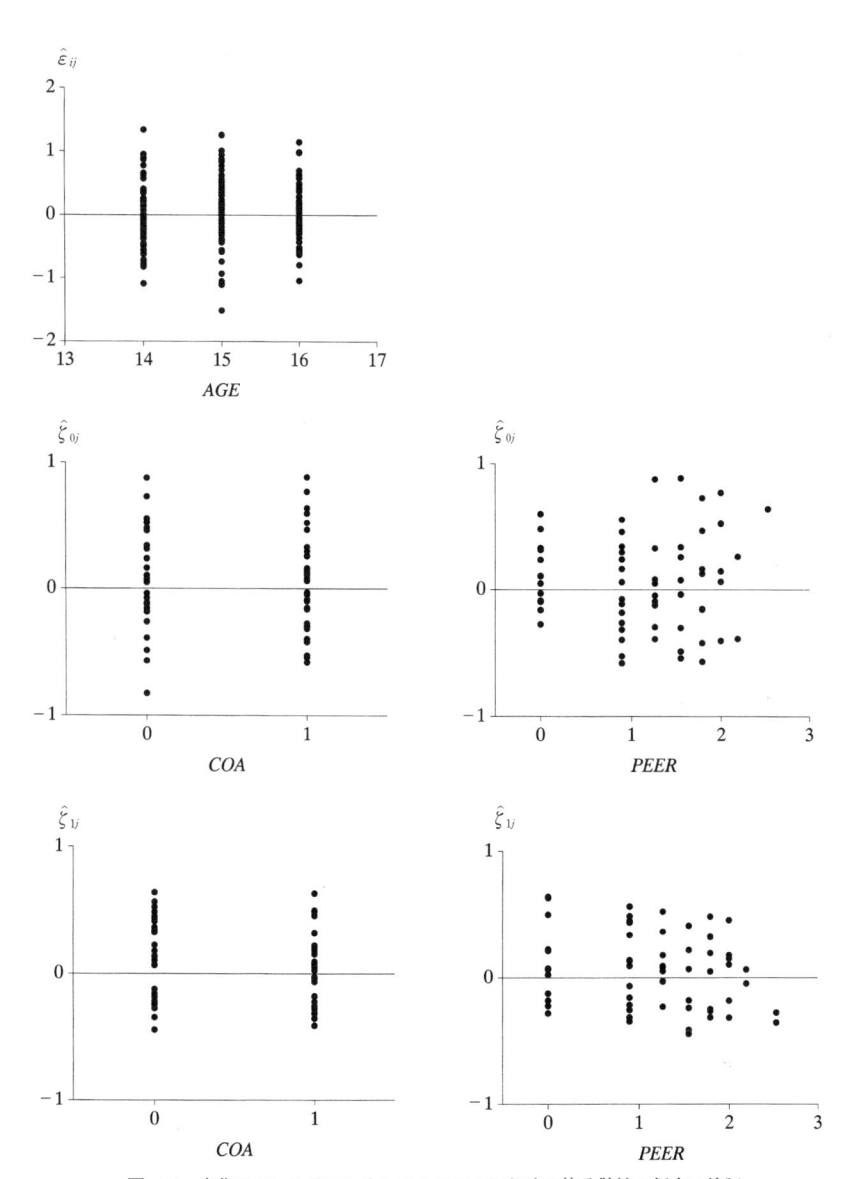

図 4.6 変化についてのマルチレベルモデルにおける等分散性の仮定の検証

一番上の図はレベル 1 の素残差とレベル 1 の予測変数 AGE のプロット．残りの図は，レベル 2 の素残差とレベル 2 の予測変数 COA と $PEER$ のプロット．

の予測変数の散布図を描きます．もしも仮定が成り立つのであれば，予測変数のすべての値において残差の変動はおおよそ等しくなるでしょう．図4.6はアルコール摂取量のデータに対するモデルFにおけるこれらのプロットを表しています．

レベル1の残差 ε_{ij} は全年齢においておおよそ等しい範囲と変動を持っています．レベル2の残差を COA に対して描いた場合も同様です．しかし，レベル2の残差を $PEER$ に対して描いてみると，予測変数の値が最も高い場合（$PEER>2.5$）において変動性が急激に小さくなっており，この範囲で分散が等質でない可能性が示唆されています．しかし，少ない標本数（たった82人）ですので明確な結論を得ることは困難です．このため，モデルの基本的な仮定は満たされているものとすることにしました．

4.9 個人の成長パラメータのモデルに基づく（経験ベイズ）推定値

変化についてのマルチレベルモデルの利点の1つは，個人の成長パラメータの推定精度が改善されることです．これまで，非効率とは知りながらも探索的OLS推定値を示し続けてきました．この節では，OLS推定値とあてはめたモデルから得られた母平均の推定値を組み合わせることによって，よりすぐれた推定値を示します．結果として得られる軌跡は，**モデルに基づく**（model-based）**推定値**あるいは**経験ベイズ**（empirical Bayes）**推定値**と呼ばれ，標本内の特定の個人の成長の軌跡を示したい場合には通常最もお勧めの方法です．

モデルに基づく推定値を得るためには2つの方法があります．1つ目はOLS推定値と母平均の推定値の重みつき平均を構成する方法です．2つ目の方法は，私たちがここで採用する方法ですが，モデルの概念的基礎と密接につながっています．その方法では，はじめに，個人の予測変数に基づいた母集団における平均的な軌跡を得ます．そして，その推定値に（レベル2の残差を使うことで）個人に特有の情報を加えます．

まずは，特定のモデルの推定値を使って，データセットに含まれる各個人の母集団における平均的な成長の軌跡を求めましょう．アルコール摂取量のデータに対するモデルFを使うと以下が得られます．

$$\hat{\pi}_{0i}=0.394+0.571COA_i+0.695CPEER_i$$
$$\hat{\pi}_{1i}=0.271-0.151CPEER_i$$

各個人の観測された予測変数の値をこれらの式に代入することで，その個人の母集団における平均的な軌跡が得られます．例えば，ID 23番の対象者は，親がアルコール依存症で，14歳のときの友人は飲酒をしていなかった（したがって，$CPEER$ の値は -1.018 になります）ので以下が得られます．

$$\tilde{\pi}_{0,23} = 0.394 + 0.571(1) + 0.695(-1.018) = 0.257$$
$$\tilde{\pi}_{1,23} = 0.271 - 0.151(-1.018) = 0.425 \tag{4.20}$$

この軌跡は14歳のときに0.257から始まって，1年ごとに線形的に0.425ずつ上昇することを表しています．

この直感的で魅力的な方法には欠陥があります．この方法を使うと，予測変数の値の組合せが同じ個人に対しては，同一の軌跡が得られてしまうのです．実際，この方法は4.5.3項で典型的な個人のあてはめられた軌跡を得るために使った同じ方法と区別できません．4.20式で表現される軌跡は，アルコール依存症の親を持ち，小さいころの友人が飲酒していなかった平均的な子どもの期待値を表しています．しかしここで求めたいものは，ID 23番というこの個人の軌跡です．この対象者のOLSによる軌跡はモデルをあてはめることによって得られた利点を活用していません．この対象者の母集団における平均的な軌跡は，初期値と変化率に個人間での変動が許されるというモデルの重要な性質を十分に活かしてはいないのです．

各個人の成長パラメータとその人の母集団における平均的な軌跡とを区別しているレベル2の残差 $\hat{\xi}_{0i}$ と $\hat{\xi}_{1i}$ が，ミッシング・リンクとなります．各個人は独自の残差のセットを持っているので，あてはめられたモデルの値にそれらを加えることができます．

$$\tilde{\pi}_{0i} = \hat{\pi}_{0i} + \hat{\xi}_{0i}$$
$$\tilde{\pi}_{1i} = \hat{\pi}_{1i} + \hat{\xi}_{1i} \tag{4.21}$$

この式では，母集団における平均的な軌跡と区別するために，モデルに基づく推定値に対して~を付けています．母集団の平均に対して残差を加えることで，同じ予測変数の値によって定められた仲間の集団から，各個人を区別することができるようになります．ほとんどのマルチレベルのソフトウェアはこれらの残差（あるいはモデルに基づく推定値そのもの）を出力してくれます．例えば，アルコール依存症の親を持ち，友人が飲酒していなかったID 23番については，この個人のレベル2の残差0.331と0.075を加えることで，以下のようなモデルに基づく個人の成長の軌跡の推定値を得ることができます．

$$\tilde{\pi}_{0,23} = 0.257 + 0.331 = 0.588$$
$$\tilde{\pi}_{1,23} = 0.425 + 0.075 = 0.500$$

これらの推定値はともに上で得られた母集団の平均的な値よりも高いことに注目してください．

図4.7は，図4.1で描かれた8人の個人の観測データに加えて，3種類のあてはめられた軌跡を示しています．それらは，①OLS推定された軌跡（破線），②母集団の平均的な軌跡（細線），③モデルに基づく個人の軌跡（太線）です．はじめに，すべてのプロットにわたって母集団における平均的な軌跡（細線）が最も安定しており，

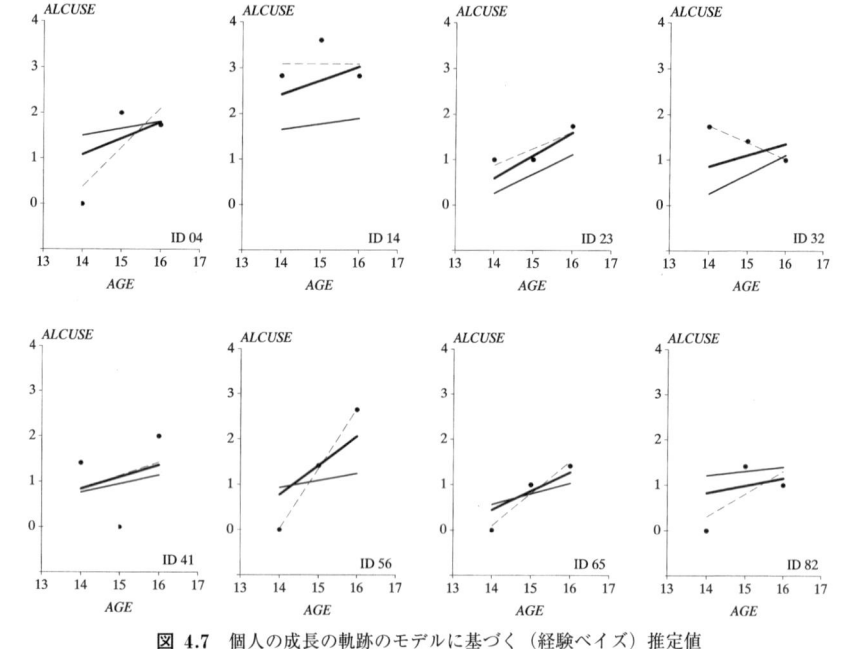

図 4.7 個人の成長の軌跡のモデルに基づく（経験ベイズ）推定値

各プロットは，観測された ALCUSE の測定値（データポイントとして），OLS をあてはめたときの軌跡（破線），母集団の平均的な軌跡（細線），モデルに基づく経験ベイズ推定値による軌跡（太線）．

個人間での変動が最も小さいことがわかるでしょう．これらは特定の予測変数の値を同じように持っている個人のグループの平均的な軌跡なので，他と比べて安定的であるのは予想されていたことです．たとえ観測された結果変数データが異なっていたとしても，同じ予測変数の値を持つ人々は同じ平均的な軌跡を持つのです．母集団の平均的な軌跡は個人のふるまいを反映していませんので，変動が最も小さくなりがちです．

次に，モデルに基づく推定値と OLS 推定値（太線と破線）について調べてみます．これらは我々が求めている個人に関する情報を与えてくれるように作られています．3 人の対象者（ID 23, 41, 65 番）については推定値間の違いは小さいですが，4 人の対象者（ID 4, 14, 56, 82 番）については違いが顕著で，ID 32 番についてはきわめて大きな違いがあります．これらの違いが生じるのは，異なる方法によって各軌跡が推定されており，各方法ごとにデータの使い方が違っているからです．このことは，ある方法が「正しく」，別の方法が「間違っている」ことを意味しているのではありません．各方法はそれぞれがすぐれた統計的性質をいくつか持っています．

OLS 推定値は不偏ですが効率が良くはありません．モデルに基づく推定値は不偏ではありませんが，より正確です．

今度は，モデルに基づいた各軌跡（太線）が，OLS による軌跡と母集団の平均的な軌跡（破線と細線）の間に収まっていることに注目してください．これは，以前にも少しふれた，モデルに基づく方法の特徴です．数値的には，モデルに基づく推定値は OLS による軌跡と母集団の平均的な軌跡の重みつき平均なのです．OLS 推定値が正確ならば，それに大きな重みを与え，OLS 推定値が不正確ならば，母集団の平均的な軌跡に大きな重みを与えます．OLS 推定値は個人ごとの違いが顕著なので，モデルに基づく推定値もまた個人ごとに異なっています．しかし，母集団の平均的な軌跡はより安定的なので，モデルに基づく推定値の違いはより小さくなります．このように，属性を共有する他者からの情報を利用することで，個人の推定値が正確なものになる方法のことを，**説得力を借用する** (borrowing strength) と統計学者はいいます．この場合には，モデルに基づく推定値はその個人の仲間のグループ（同じ予測変数の値を持っている）の平均的な軌跡に向かって**縮約** (shrink) しています．このように推定値を組み合わせることによって，よりすぐれた，より正確な推定値を得ることができます．

モデルに基づく推定値は，比較的少数のパラメータを推定すればよいのでより正確です．変化についてのマルチレベルモデルで分析を行うときには，すべての個人は同じレベル 1 の残差分散 $\hat{\sigma}_\varepsilon^2$ を持っていることを仮定しています．一方，OLS による軌跡をあてはめるときには，標本に含まれる各個人に対して別々のレベル 1 分散を推定しています．変化についてのマルチレベルモデルで比較的少ないパラメータを推定すればよいことは，それがよりすぐれた精度を持っていることを意味しています．

OLS とモデルに基づく軌跡のどちらかを選択する際には，**不偏性**と**精度** (precision) のどちらの基準に重きを置くのかを決める必要があります．統計学者は精度を勧めます．精度を高めることこそが，マルチレベルモデルをあてはめることの基本的な動機なのです．モデルに基づく推定値の長所をほめるばかりでなく，最後に注意も述べておきます．推定値の質はモデル適合の質に大きく依存するのです．モデルに欠陥があるときには，特にレベル 2 の成分が誤って定式化されているときには，モデルに基づく推定値もまた欠陥を持ったものになってしまいます．

実際にはどのようにこうしたモデルに基づく推定値を使えばよいのでしょうか．Stage(2001) は 1 年生時の読みの流暢さと 2 年生時の音読の熟練度の変化との関係を評価した研究において，この方法の持つ威力を簡単な例を使って示しています．彼は，4 波の 2 年生時のデータに対して変化についてのマルチレベルモデルをあてはめることから始めて，1 年生時の成績は初期値に対しては強い予測変数ですが，変化率に対しては統計的に有意な予測変数ではないことを示しました．Stage は 2 年生時の

終わりまでにそれぞれの子どもが読むことのできた語数の経験ベイズ推定値（モデルに基づく推定値）を計算し，それらの推定値を①2年生時の終わりまでに読むことができたと実際に確認されたそれぞれの子どもの語数，②子どもごとの単純 OLS 回帰分析を使うことで，読むことができるだろうと予測されたそれぞれの子どもの語数，と比べました．Stage が述べるところでは，2年生の終わりの時点で観測されたスコアや OLS 推定された2年生の終わりの時点での予測スコアではなく，その年の終わりの時点での子どもの状態をより精度よく推定できる経験ベイズ推定値に基づいて，学校側は子どもにサマースクールのプログラムを（読む能力向上のために）受けさせるかどうかを判断した方がよいということです．

5

時間的な変数 *TIME* をより柔軟に扱う

Change is a measure of time.

—Edwin Way Teale

　これまでの章で説明に用いてきた縦断データセットには，分析を簡略化できる2つの構造的な特徴があります．それは，釣り合い型で (balanced)，時間構造化されている (time-structured) という特徴です．前者は全員が同じ回数測定されていること，後者はそれぞれの測定時点が個人間で同じであることを意味します．ですので，これまでの分析は，①個人の特徴や環境が変わらないような時不変な予測変数（時間的な変数 *TIME* そのものは除きます）を用いることと，②レベル1の個人成長パラメータを「初期状態」と「変化率」と無理やり表現させる，時間的な変数 *TIME* を用いることに限定されていました．

　変化についてのマルチレベルモデルは，これまでの例が示してきたよりもはるかに柔軟なモデリングが可能です．ほとんど，もしくはまったく調整することなく，同じ方法論を用いて，より複雑なデータセットを分析することができます．データの測定時点が不規則な間隔であっても，測定回数や測定時点が回答者ごとに異なっていてもかまいません．個人ごとにそれぞれのデータ収集のスケジュールがあり，測定時点の数も個人ごとに際限なくばらばらであってもよいのです．ですので，変化の予測変数も時間的に不変であっても可変であってもよく，レベル1サブモデルでは様々な興味深い方法でパラメータを設定することができます．

　本章では，変化についてのマルチレベルモデルをこれらの新しい条件のもとでどのようにあてはめるのかをみていきます．まず5.1節では，測定時点の数は一貫しているけれども測定の間隔が不規則である場合にはどうすればよいのかを説明します．次に5.2節では，測定時点の数も個人ごとに異なる場合の対処法について説明し，欠測データの問題─縦断データで不均衡をもたらす最もよくある原因─についても取り扱います．5.3節では，データ分析の際に時間的に可変な予測変数をどうやって組み込めばよいのか説明します．最後に，5.4節では，*TIME* の主効果を表現するのに別の方法を用いる理由と方法について説明します．

5.1 間隔が一定ではない測定時点

多くの研究者は，調査や実験参加者がそれぞれ同じ時点で測定されるように目標を立てて，研究を計画します．2章で紹介した逸脱行動に対する耐性のデータでは，回答者は 11, 12, 13, 14, 15 歳の5時点において測定されています．3章で紹介した早期介入に関するデータでは 12, 24, 36 か月の3時点，第4章で紹介したアルコール使用に関するデータでは 14, 15, 16 歳の3時点において測定が行われています．時間構造化されたデザインに基づいた個人—時点データセットは釣り合い型で，時間的な変数は，図 2.1 や表 3.1 における年齢の変数（AGE）のように，研究に参加しているすべての人は同一のリズムを刻むように並びます．

しかし，時として，時間構造化されたデータを集めようと試みたにもかかわらず，実際の測定時点が異なってしまうことがあります．そのばらつきはしばしばフィールドワークやデータ収集の現実的な問題によるものです．例えば，Ginexi, Howe, & Caplan(2000) は，失業による心理的な影響を検討する際，失業後 1, 5, 11 か月に面接調査を予定する時間構造化された研究計画を立てました．しかしながら，いざ研究を始めてみると，面接のタイミングは当初予定していたものとは大きく変わってしまいました．1回目の面接調査は失業の2日後から61日後に行われましたが，2回目は111日後から220日後，3回目は319日後から458日後でした．Ginexi らは，回答者の結果変数と予定された面接の回数とを関連づけることもできたでしょうが，代わりに失業後の日数の方が測定時点としてより良い指標になっていることを説得的に論じています．ゆえに，彼らの研究の調査参加者はそれぞれ独自のデータ収集のスケジュールがあることになります．例えば，ある人は初回の面接は失業して31日後，2回目は150日後，3回目は356日後で，別の人はそれぞれ23日後，162日後，401日後といった具合です．

そして，多くの研究者はまた，測定時点が実験参加者ごとに変わってしまうことをよくわかったうえで，研究を計画します．例えば，**加速コホート**（accelerated cohort）デザインが用いられることがあります．加速コホートデザインとは，年齢が不均一なコホートを一定期間追いかけるものです．対象者（回答者）は最初から年齢が異なっていますので，たいていの場合，測定時点ではなく，年齢が分析のための適切な定量化方法になり（時間の定量化方法に関しては，1.3.2 項の議論も参照してください），観測される測定時点も個人ごとに異なります．こういったことは，実際に，4章で小さなデータセットを抜粋して紹介したアルコール摂取量の研究でも生じていることです．つまり，14歳で初めて研究に参加した人は 15, 16 歳の時点で再度面接調査に参加し，同時に，15 歳や 16 歳で初回の面接調査を受けた人は，それぞれ

16, 17歳，17, 18歳の時点で再度調査に参加しています．加速コホートデザインの長所は，より少ない測定時点数によって，より長い時間間隔を経た変化をモデリングできることです．上の例でいうと，3回の測定時点で14歳から18歳までの5年間の経年変化を追えます．しかし残念ながら，普通の条件下では，このようなデータセットは，最初と最後の方の年齢時点においてケース数がより少なくなるため，レベル1サブモデルの定式化を複雑にすることがあります．

本節では，これまでの章で解説した方法を，測定時点の間隔が一定ではないデータセットを分析する際にどのように用いればよいのかを説明します．これらのデータセットを扱うために必要なのは，個人—時点データセットにおいて，時間的な予測変数のコーディングを若干変更することだけで，モデルの定式化，パラメータの推定，実質的な結果の解釈はこれまで通りです．分析がいかにシンプルであるかを説明するために，まずは測定時点の数は一貫していて測定の間隔が様々なデータセットについて議論することから始めたいと思います．測定時点の数もばらつきのあるデータセットについては5.2節で説明します．

5.1.1 測定の間隔にばらつきのあるデータセットの構造

ここでは，Children of the National Longitudinal Study of Youth (CNLSY) から抽出した小さな標本を用いて，測定の間隔にばらつきのあるデータセットの分析方法について説明します．今回のデータセットは，89人のアフリカ系アメリカ人の子どもの Peabody Individual Achievement Test (PIAT) の読む能力に関するサブテストの得点のもので，3時点の縦断データです．子どもたちは，データ収集の最初の年であった1986年に6歳でした．2回目のデータ収集は1988年に行われ，子どもたちは8歳に，3回目は1990年に行われ，子どもたちは10歳になっていました．ここでは，無条件成長モデルに注目して述べます．レベル2の予測変数に関する分析はこれまでと変わりませんので，特にはふれません．

表5.1は，今回用いる個人—時点データセットからの抜粋です．このデータの構造はこれまでに示してきたすべての個人—時点データセットと実質的に同じであることにお気づきになると思います．ただ，今回のデータセットには，$WAVE$（測定回数），AGE（年齢），$AGEGRP$（年齢グループ）という3つの時間的な経過を意味する変数が含まれているというのが唯一の違いです．どのようなモデルでもこれらの時間的な変数のうち1つだけを用いますが，このように時間についての複数の定量化方法（しばしばメタメータ (metameters) と呼ばれます）を取り得ることが，時間構造化されていないデータセットにおける際立った特徴といえます．

$WAVE$ は，最もシンプルですが分析を行う際には3つの中で最も有用ではありません．1, 2, 3という値は研究のデザインは反映しますが，リサーチ・クエスチョンに

表 5.1 読み能力研究の個人—時点データセットからの抜粋

ID	WAVE	AGEGRP	AGE	PIAT
04	1	6.5	6.00	18
04	2	8.5	8.50	31
04	3	10.5	10.67	50
27	1	6.5	6.25	19
27	2	8.5	9.17	36
27	3	10.5	10.92	57
31	1	6.5	6.33	18
31	2	8.5	8.83	31
31	3	10.5	10.92	51
33	1	6.5	6.33	18
33	2	8.5	8.92	34
33	3	10.5	10.75	29
41	1	6.5	6.33	18
41	2	8.5	8.75	28
41	3	10.5	10.83	36
49	1	6.5	6.50	19
49	2	8.5	8.75	32
49	3	10.5	10.67	48
69	1	6.5	6.67	26
69	2	8.5	9.17	47
69	3	10.5	11.33	45
77	1	6.5	6.83	17
77	2	8.5	8.08	19
77	3	10.5	10.00	28
87	1	6.5	6.92	22
87	2	8.5	9.42	49
87	3	10.5	11.50	64
...	...	...	...	...

(注) $TIME$ は $WAVE$, $AGEGRP$, AGE という 3 つの異なる変数を用いて記録された.

取り組むに際してはあまり実質的な意味合いを持ちません. $WAVE$ は測定時点における子どもの年齢と同じではありませんし,測定時点間の年齢差を表すわけでもありません.ですので,この時間的変数はレベル 1 サブモデルを考える際には有効ではありません.実証的な研究者は,他の時間的な変数の方が一般的にはより説得的である場合でも,$WAVE$(もしくは,データ収集を行った年)のようなデザイン変数を用いた個人成長モデルを自明であるかのように仮定してしまうことがあるので,この問題についてきちんと言及しておきます.

AGE は,検査が行われた日の子どもの実際の年齢(一番近い月まで)を特定する

5.1 間隔が一定ではない測定時点

ものですので、より良い予測変数です。ID 04 番の子どもは、1 時点目の時にちょうど 6 歳になったので、年齢のところには 6.00 と記録されています。ID 87 番の子どもは 1 時点目の時にもうすぐ 7 歳になろうかという時期だったので、6.92 と記載されています。生まれ月と検査を行った測定時点がランダムに分布している場合に予想される通り、1 時点目における子どもの平均年齢は 6.5 歳でした。もしデータの収集が計画通りに進んだとしたら、子どもの平均年齢は、次の 2 回の測定時点においてそれぞれ 8.5, 10.5 歳となったはずです。そして実際にも、年齢はそれらの値の周辺でばらついていました。2 回目の測定時点の時には、最も若い子どもは 8 歳になったばかりであり、最も年齢が上の子どもは 9 歳をゆうに超えていました。同様に、3 回目の測定時点の時には、最も若い子どもは 10 歳になったばかりであり、最も年齢が上の子どもはほとんど 12 歳でした。多くの縦断研究と同様に、この CNLSY も時間の経過に伴って「測定時点のずれ (occasion creep)」が徐々に起こっています。測定時点間の時間的な間隔が広がり、測定時点における実際の年齢が研究計画で想定したものを超えてしまっています。今回のデータセットでは、2 時点目の子どもの平均年齢は 8.9 歳、3 時点目では 11 歳近くでした。

3 つめの時間的な変数である $AGEGRP$ は時間構造化された予測変数であり、デザイン変数である $WAVE$ よりも実質的な意味があります。6.5, 8.5, 10.5 という値は、それぞれの測定時点における子どもの「期待される年齢」を示します。この時間構造化された予測変数は、不規則な間隔の予測変数である AGE と数値的に同等なスケールで時間を刻みます。$AGEGRP$ を個人—時点データセットに加えることでわかるのは、時間構造的か不規則かというデータセットの特徴は、モデルの前提として使用される時間的な予測変数の**リズム** (cadence) に依存しているにすぎないということです。つまり、もし $AGEGRP$ を用いたモデルを前提とするとデータセットは時間構造化されたものとなり、もし AGE を用いたモデルを前提とするとデータセットは時間構造的なものにはなりません。

変化についてのマルチレベルモデルは、レベル 1 の予測変数の個人特有のリズムが全員同じであるか、あるいは個人ごとに異なるかは問題にしません。時間的な変数の実際の数値を用いてモデルをあてはめるので、間隔は重要ではないのです。変数のリズムにかかわらず、比較可能なモデルを仮定し、あてはめを行うことができます。このことよりもはるかに重要なのは、レベル 1 サブモデルの関数形の選択です。個人の成長軌跡を描くために、線形変化で表現すべきでしょうか、それともより複雑な形状のものにすべきでしょうか。そして、この決定は、モデル構築のために選ばれた時間的な予測変数に依存するのでしょうか。

これらの問いに答えるために、図 5.1 に 9 人の子どもたちの PIAT の得点のプロットと OLS 回帰による線形変化の軌跡を示しました。各小図では、それぞれの時間

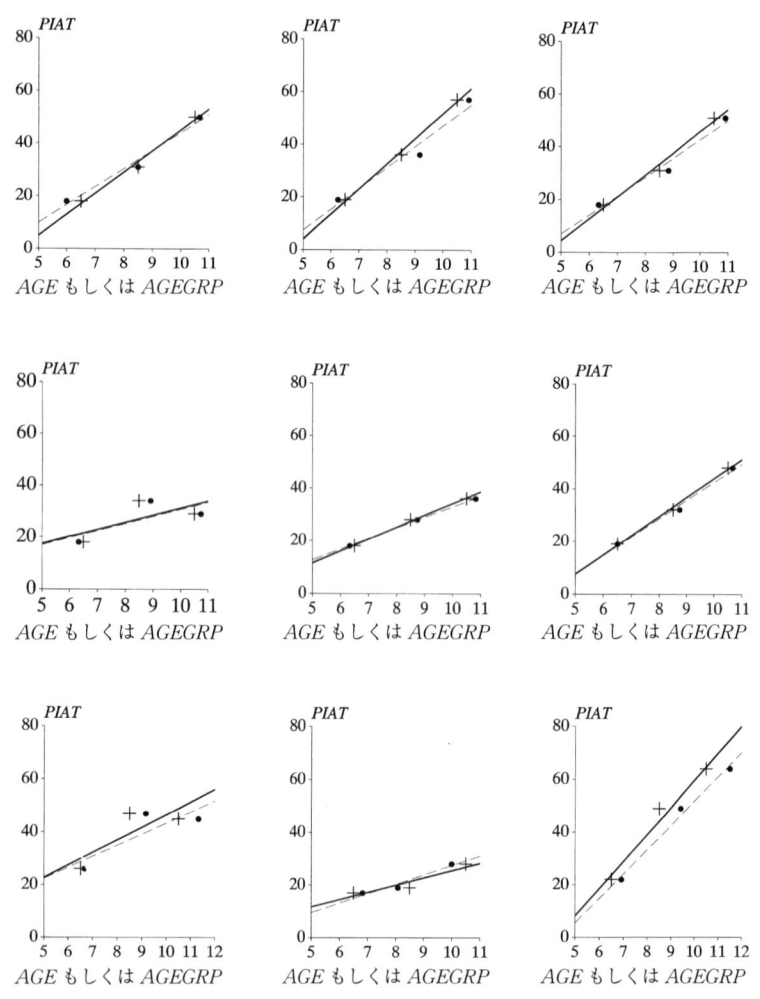

図 5.1 時間的な変数 $TIME$ の時間構造的な表現と時間構造的でない表現の比較

読む能力の研究に参加した 9 人の子どもたちの得点の変化のプロットと OLS 回帰による線形変化の軌跡を示した．＋マークと実線によるプロットはデータ収集時に予定された子どもの年齢を用いたものを，・と破線によるプロットはそれぞれの子どもの実際に観測された年齢を用いたものを，それぞれ記録している．

的な予測変数を一度に表現するために，子どもたちの PIAT の得点を二度プロットしています．AGE をプロットする際には「・」と破線を用い，$AGEGRP$ をプロットする際には「＋」と実線を用いています．3 つの測定時点だけのデータなので，どちらの時間的な変数を用いたとしても，線形変化の個人成長モデル以上のことを議論

するのは難しそうです.

　もし両方の時間的な予測変数を用いた線形変化の個人成長モデルを仮定することができた場合,どちらを用いるのがよいでしょうか.先ほど述べたように,検査実施時点の子どもについてより正確な情報を与えてくれるので,AGE のほうが好ましいと考えられます.なぜこの正確な情報を脇に置いて,等間隔であるものの必然的に正確性を欠く $AGEGRP$ を用いるのでしょうか.しかし,これは多くの研究者が縦断データを分析する際に行なっていることで,実際に私たちも3章および4章で行なったことです.そこでは,調査参加者の正確な年齢の代わりに,整数を使いました.3章の子どもの例では12,18,24か月,4章の10代のティーンエージャーの例では,14,15,16歳といった具合です.図5.1の各小図におけるあてはめられた2つのOLS回帰の軌跡はかなり近いので,正確性を失う程度はわずかかもしれませんが,差分が非常に大きい子どももいます.この問題を実証的に検討するために,2つの変化についてのマルチレベルモデルをデータにあてはめてみます.レベル1の時間的な予測変数として,一方は $AGEGRP$ を用いて,他方は AGE を用います.この分析によって,等間隔ではないデータセットの分析の仕方を実際に示すことができますし,さらに,時間の代替的な定量化方法の長所を実証的に評価することの重要性を説明することもできて,一石二鳥です.

5.1.2　マルチレベルモデルを仮定して,測定の間隔にばらつきのあるデータにあてはめる

　どちらの時間的な変数を用いてモデルの表現を行うにしても,同じ方法論を用いて,変化についてのマルチレベルモデルを仮定し,あてはめて,解釈を行うことになります.4.9a式と4.9b式にある無条件成長モデルに関する一般的な定式化を使って,Y_{ij} を測定時点 j における子ども i の PIAT の得点とし,$TIME_{ij}$ はどちらかの時間的な変数を表すことにしましょう.

$$Y_{ij} = \pi_{0i} + \pi_{1i} TIME_{ij} + \varepsilon_{ij}$$
$$\pi_{0i} = \gamma_{00} + \zeta_{0i} \quad (5.1a)$$
$$\pi_{1i} = \gamma_{10} + \zeta_{1i}$$

ここに

$$\varepsilon_{ij} \sim N(0, \sigma_\varepsilon^2) \text{ かつ } \begin{bmatrix} \zeta_{0i} \\ \zeta_{1i} \end{bmatrix} \sim N\left(\begin{bmatrix} 0 \\ 0 \end{bmatrix}, \begin{bmatrix} \sigma_0^2 & \sigma_{01} \\ \sigma_{10} & \sigma_1^2 \end{bmatrix}\right) \quad (5.1b)$$

AGE と $AGEGRP$ をともに1時点目における子どもの平均年齢である6.5歳に中心化するなら,パラメータには通常の解釈が成立します.この標本が抽出された母集団において,γ_{00} は平均的な子どもの真の初期状態(6.5歳時)を,γ_{10} は6歳から11歳までの間の平均的な子どもの真の年間変化率を表します.σ_ε^2 は子ども個人の真の

変化の軌跡の周辺における個人内のばらつき，σ_0^2 と σ_1^2 は初期状態と年間変化率の子ども間のばらつきを表します．

レベル1の成長モデルにおいて，$AGE-6.5$ や $AGEGRP-6.5$ のような具体的な表現を用いる代わりに $TIME_{ij}$ という一般的な表現を用いると，以下のような解釈が可能です．$TIME_{ij}$ には個人を表す i と時間を表す j の両方の添え字が付いているので，どちらの予測変数を用いても同じモデルを仮定することができます．もし $TIME$ が $AGEGRP-6.5$ のことを表すならデータセットは時間構造的ですし，$AGE-6.5$ を表すならデータセットは時間構造的ではありません．データ分析の観点からすると，使用する統計ソフトウェアに合わせて適切な時間的な変数で定式化するだけですが，解釈の観点からすると，この違いにはまだ議論の余地があります．

表5.2は，2つの無条件成長モデルをデータにあてはめた結果を表したものです．結果の左側の列は $AGEGRP-6.5$ を用いたときのもの，右側の列は $AGE-6.5$ を用いたときのものです．それぞれはSASのPROC MIXEDで完全最尤推定を用いて推定されました．初期状態 γ_{00} のパラメータ推定値は21.16と21.06でほとんど同

表 5.2 CNLSYの読み能力のデータに無条件成長モデルをあてはめた際に，時間的な変数 $TIME$ の主効果を2通りの表現を用いて表した結果 ($n=89$)

		パラメータ	$TIME$を表す予測変数	
			$AGEGRP-6.5$	$AGE-6.5$
固定効果				
初期値 π_{0i}	切片	γ_{00}	21.1629***	21.0608***
			(0.6143)	(0.5593)
変化率 π_{1i}	切片	γ_{10}	5.0309***	4.5400***
			(0.2956)	(0.2606)
分散成分				
レベル1	個人内	σ_ε^2	27.04***	27.45***
レベル2	初期値	σ_0^2	11.05*	5.11
	変化率	σ_1^2	4.40***	3.30***
適合度				
	乖離度		1819.8	1803.9
	AIC		1831.9	1815.9
	BIC		1846.9	1830.8

*：$p<.05$，**：$p<.01$，***：$p<.001$．
左の列に示したモデルは$AGEGRP-6.5$という予測変数を用いてデータセットを時間構造化して扱ったもの，また右の列に示したモデルはそれぞれの測定時点でそれぞれの子どもの実年齢を用いてデータセットを時間構造化せずに扱ったもの．

(注) SAS PROC MIXED による完全最尤推定．共分散成分 σ_{01} も推定したが表中には示していない．

じ，子ども個人内のばらつき σ_ϵ^2 のパラメータ推定値も 27.04 と 27.45 でほとんど同じでした．しかし，似通った結果なのはここまでです．傾きのパラメータ γ_{10} に関しては，推定された成長率は $AGEGRP-6.5$ の方で 0.5 ポイント大きくなりました（$AGEGRP-6.5$ では 5.03，$AGE-6.5$ では 4.54）．この違いは，研究が行われる 4 年間を経て，PIAT 得点で 2 ポイントの違いへと積み上がってしまいます．同じく，2 つのレベル 2 の分散成分も $AGEGRP-6.5$ のモデルの方で大きくなっています．

なぜレベル 1 の予測変数として $AGE-6.5$ を用いて測定時点の間隔を非等間隔としてデータセットを扱う時よりも，$AGEGRP-6.5$ を用いて時間構造化されたものとして扱う時の方が，これらの推定値はより大きくなるのでしょうか．$AGEGRP$ は，2 時点目と 3 時点目において，実際に観測されるのよりも早い段階の年齢時点（8.5 歳と 10.5 歳）と関連があるので，線形的な成長の場合，より大きな固定効果を得ることになります．もし同じだけの上積みをより短い期間で得ようと思ったら，傾きはより急になります．時間構造化された予測変数を持つモデルはより大きな推定された分散成分を示します．なぜなら，時間構造化された予測変数を持つモデルは，それぞれの子どものデータが検査時点の年齢と関連する場合として比較してあてはまりが悪く，初期状態と成長率において説明できない分散がより多くあるからです．言い換えれば，本来は時間構造化されていないデータセットをまるで時間構造化されているかのように扱うことは，分析に誤差を持ち込んでいるようなものです．この誤差は，子どもの検査時点の実際の年齢を時間的な予測変数として用いることによって軽減することができます．

最後に，レベル 1 の時間的な変数として $AGEGRP$ を用いたモデルは，AGE を用いたモデルよりもあてはまりが悪くなります．$AGEGRP$ を用いたモデルでは，傾きは不適切に大きくなり，不正確に急激な得点の上昇を示唆してしまい，初期状態と成長率において説明できない分散がより多くあります．時間的な予測変数として AGE を用いたモデルの長所は，より小さな AIC や BIC によってモデルが支持されることです．つまり，結論はこうです．時間構造化されていないデータを「無理やり」時間構造化されたものとして扱ってはいけません．時間を扱うための定量化方法がいくつかある場合には（これはしばしばあることだと思うのですが），他の時間についての定式化の可能性について精査してください．最初の選択が常に最も良い選択ではないかもしれません．とりわけ，その選択が研究の実質的な内容ではなく研究のデザインに関連したものである場合は特に注意してください．

5.2 測定時点の数が異なる場合

いったん測定時点の間隔が個人ごとに異なることを許容すると，測定時点の**数**も異

なることを許容するのはもはや小さなジャンプでしかありません.統計学者は,こういったデータセットを**非釣り合い型**(unbalanced)といいます.ご想像の通り,釣り合い型の方が分析は楽です.モデルはより簡単にパラメータを設定でき,ランダム効果はより正確に推定され,コンピュータ・アルゴリズムもより速く収束します.

しかし,変化についてのマルチレベルモデルの大きな長所は,非釣り合い型のデータに対しても簡単にあてはめることができるという点です.繰り返しのある分散分析のような方法とは異なり,変化のマルチレベルモデルを用いると,データの測定回数にばらつきのあるデータセットを分析するのは直接的でわかりやすいはずです.一般的な方法を説明するために,まず5.2.1項では新しいデータセットを導入します.このデータセットは,測定時点の数が個人ごとに1回から13回まで幅広く異なります.次に5.2.2項では議論を広げ,データが非釣り合い型である場合の定式化と推定の問題について検討します.最後に5.2.3項では,非釣り合いをもたらす潜在的な原因,とりわけ欠測データについて議論し,それらが統計分析にどのように影響を与えるのかを議論します.

5.2.1 個人ごとに測定時点の数が異なるデータセットを分析する

Murnane, Boudett, & Willett (1999) は,National Longitudinal Survey of Youth (NLSY) のデータを用いて,男性の高校中退者の労働市場経験を追跡しました.多くのパネル調査研究と同様に,NLSY にもたくさんの厄介な問題がありました.例えば,以下のような4つの問題点です.①データ収集の最初の時点において,男性の年齢が14歳から17歳までばらつきがありました.②後続して行われた測定時点の中に,1年後のものもあれば2年後のものもありました.③それぞれの測定時点の面接調査は,暦年の中で様々に異なる時点で行われていました.④回答者はそれぞれの面接の時に2つ以上の仕事について答えることができました.さらに,個人特有の学校教育と就業形態はさらなる問題を引き起こしました.被調査者はそれぞれ異なる時期に学校を退学して,異なる時期に就職していた上に,彼らは異なる時期に転職していました.共通する時間的な尺度で賃金を追跡するため,Murnane らは,それぞれの回答者が初めて働き始めた日から時間をカウントすることにしました.これによって,それぞれの回答者の時間給を彼らの職歴の中の適切な時点と関連づけることができます.この結果得られたデータセットは,通常ではない時間スケジュールを持ち,測定の間隔だけではなくて測定の回数にもばらつきを持ちます.

表5.3は,個人一時点データセットの一部です.インフレ率を調整するために,それぞれの時間給はすべて一貫して1990年時点のドルに換算して表記されています.賃金のデータで一般的にみられる歪度の問題を解決し,個人の賃金の軌跡を線形に近づけるために,ここでは賃金の自然対数をとって,*LNW* の列に示しています.こ

5.2 測定時点の数が異なる場合

表 5.3 高校中退者の賃金研究の個人—時点データセットからの抜粋

ID	EXPER	LNW	BLACK	HGC	UERATE
206	1.874	2.028	0	10	9.200
206	2.814	2.297	0	10	11.000
206	4.314	2.482	0	10	6.295
332	0.125	1.630	0	8	7.100
332	1.625	1.476	0	8	9.600
332	2.413	1.804	0	8	7.200
332	3.393	1.439	0	8	6.195
332	4.470	1.748	0	8	5.595
332	5.178	1.526	0	8	4.595
332	6.082	2.044	0	8	4.295
332	7.043	2.179	0	8	3.395
332	8.197	2.186	0	8	4.395
332	9.092	4.035	0	8	6.695
1028	0.004	0.872	1	8	9.300
1028	0.035	0.903	1	8	7.400
1028	0.515	1.389	1	8	7.300
1028	1.483	2.324	1	8	7.400
1028	2.141	1.484	1	8	6.295
1028	3.161	1.705	1	8	5.895
1028	4.103	2.343	1	8	6.900

の結果をもともとのドルの単位に戻すためには真数をとればよく，たとえば，$e^{(2.028)} = 7.60$ ドル/時間となります．

　時間的な変数 $EXPER$ は，LNW の各観測値と関連づけられたその男性の職歴における特定の時点（直近の日）を表します．ここで，測定時点の数と間隔にばらつきがあることにお気づきになるかと思います．ID 206 番の人は 3 回の測定時点を持ち，それぞれ労働力人口としてカウントされ始めてから 1.874，2.814，4.314 年経過後であることを意味します．ID 332 番の人は 10 回の測定時点を持ち，初回は労働力人口に入った直後に職に就き，その後おおよそ毎年別の職に就いています．ID 1028 番の人は 7 回の測定時点を持ち，最初の 3 回は働き始めてから最初の半年間に集中しています（0.004，0.035，0.515 年）．すべての標本を通じて，測定時点についてみてみると，77 人の男性が 1 回もしくは 2 回，82 人が 3・4 回，166 人が 5・6 回，226 人が 7・8 回，240 人が 9・10 回，そして 97 人が 11 回以上でした．最も早い測定時点はその人が仕事を始めた初日で，最も遅いのは 13 年後に就業した職についてのものです．

　データの測定時点の数が個人ごとに異なるデータセットは，本書の中で初めて登場しました．これまでの章で，測定回数は最低 3 回はあった方がよいと書きましたが，

今回のデータセットでは，中には測定回数が3回よりも少ない場合もあります．変化についてのマルチレベルモデルのよいところは，その人がデータセットの中で何回測定されたかにかかわらず，すべての人のデータを推定に用いることが可能であることです．38人は1回だけ，39人は2回だけしか測定されていませんが，すべて推定のために用います．測定回数の少ない人のデータは，個人内のばらつきについての情報はあまり（もしくはまったく）提供してくれません．つまり，分散成分の推定には役には立ちません．しかし，必要に応じて，固定効果の推定には役に立ちます．結局のところ，それぞれの人のあてはめられた軌跡は，①観測された軌跡と②予測変数の値によって定められた，モデルに基づく軌跡の組合せによってできています．

変化についてのマルチレベルモデルを非釣り合い型のデータにあてはめるためには，特別な手続きは必要とはしません．統計ソフトウェアを用いてモデルを適切に定式化してあげればよいだけです．個人-時点データセットに，十分な測定時点数を持つ十分な人数のデータが含まれていれば，数値アルゴリズムを収束させる際に難しいことはないでしょう．ただ，データが過度に非釣り合いである場合や検証したいモデルの複雑さに比して非常に多くの人が非常に少ない測定時点しか持たない場合には，推定に問題が生じるかもしれません．さしあたってのところは，今回のデータセットは非常に多くの人が非常に多くの測定時点で回答しており推定も容易ですので，これを用いて説明していきます．推定の問題を特定して解決するための方法は5.2.2項で議論します．

表5.4は，3つの変化についてのマルチレベルモデルを賃金のデータにあてはめた結果を示したものです．推定にはSASのPROC MIXEDによる完全最尤法を用いました．まずは無条件成長モデルであるモデルAの結果についてみていきましょう．EXPERの正で統計的に有意な固定効果は，インフレ調整後の賃金が時間の経過を経て上昇していることを示しています．結果変数であるLNWは対数変換されていますので，これのパラメータ推定値である$\hat{\gamma}_{10}$は線形成長率を意味しません．しかし，普通の回帰分析の場合と同様に変換し直せば解釈は容易になります．線形関係のある結果変数Yが自然対数に変換されており，$\hat{\gamma}_{10}$は予測変数Xの回帰係数ですので，$100(e^{(\hat{\gamma}_{10})}-1)$は，$X$が1上がった時の$Y$の**パーセント変化率**を表します．EXPERの単位は年ですので，この変換を行うと賃金の年間の上昇率が得られます．$100(e^{(0.0457)}-1)$を計算すると，4.7という値が得られます．つまり，高校中退者のインフレ調整後の時間給は，彼らが労働力人口としてカウントされるようになってから，平均的に年間で4.7%上昇していることがわかります．

適切な個人成長モデルを定式化した後，今度はレベル2の予測変数を通常の方法で加えます．モデルAで初期状態と変化率両方の分散成分が統計的に有意になっていることが，レベル2にも予測変数を入れてみることの根拠になります．モデルBと

表 5.4 高校中退者の賃金データを3つの変化についてのマルチレベルをあてはめた結果 ($n=888$)

	パラメータ	モデル A	モデル B	モデル C
固定効果				
初期値 π_{0i} 切片	γ_{00}	1.7156***	1.7171***	1.7215***
		(0.0108)	(0.0125)	(0.0107)
($HGC-9$)	γ_{01}		0.0349***	0.0384***
			(0.0079)	(0.0064)
$BLACK$	γ_{02}		0.0154	
			(0.0239)	
変化率 π_{1i} 切片	γ_{10}	0.0457***	0.0493***	0.0489***
		(0.0023)	(0.0026)	(0.0025)
($HGC-9$)	γ_{11}		0.0013	
			(0.0017)	
$BLACK$	γ_{12}		-0.0182**	-0.0161***
			(0.0055)	(0.0045)
分散成分				
レベル1 個人内	σ_ε^2	0.0951***	0.0952***	0.0952***
レベル2 初期値	σ_0^2	0.0543***	0.0518***	0.0518***
変化率	σ_1^2	0.0017***	0.0016***	0.0016***
適合度				
乖離度		4921.4	4873.8	4874.7
AIC		4933.4	4893.8	4890.7
BIC		4962.1	4941.7	4929.0

* : $p<.05$, ** : $p<.01$, *** : $p<.001$.
モデル A は無条件成長モデル，モデル B は初期状態と変化率の両方について，修了した最高学年（$HGC-9$）と人種（$BLACK$）の効果を含むもの．モデル C は縮小モデルで，（$HGC-9$）は初期状態のみを，$BLACK$ は変化率のみを予測するとするモデル.
(注) SAS PROC MIXED による完全最尤推定．共分散成分 σ_{01} も推定したが表中には示していない．

モデル C では，①高校中退者の人種／民族，②彼らが中退するまでに修了した学年，という2つの予測変数の効果を検討します．今回の標本は，白人 438 人，アフリカ系 246 人，ラテン系 204 人から構成されています．3グループに分けて分析してみましたが，ラテン系と白人の中退者の軌跡は統計的に区別されなかったため，今回示している人種／民族の予測変数はアフリカ系であるかどうかを表す $BLACK$ という変数1つのみです．これまでに修了した最高学年歴（HGC）は6年生（日本の小学校6年生に相当）から 12 年生（高校3年生に相当）までの幅を持つ連続変数です．平均は 8.8 で標準偏差は 1.4 でした．わかりやすくするため，今回の分析では HGC を中心化して $HGC-9$ というスケールし直した変数を用います．HGC から平均値の 8.8 に近い値である9を引いて，今回の標本の平均値に近い意味のある値の周辺に中心化

されるようにしました．中心化についての説明は 4.5.4 項を参照してください．

表 5.4 のモデル B はそれぞれの予測変数を初期状態および変化率の固定効果と関連づけたものです．推定された固定効果の結果をみると，$HGC-9$ は初期状態とだけ関連があり，$BLACK$ は変化率とだけ関連があります．というわけで，レベル 2 のサブモデルに関して Model B で観測されたことを反映して，モデル C をあてはめてみました．初期状態に関する $HGC-9$ の固定効果 $\hat{\gamma}_{01}$ は 0.0384 で，0.1% 水準で統計的に有意です．これは，学校により長くとどまった中退者の方が就業直後の時点においてより多く稼いでいることを意味します．学校に残った人たちの方が学校を早くに去ってしまった仲間よりもより多くのスキルを獲得したからであると推察できます．変化率に関する $BLACK$ の固定効果 $\hat{\gamma}_{12}$ は -0.0161 で，0.1% 水準で統計的に有意です．これは，アフリカ系男性は，白人・ラテン系男性と比較して，賃金の上昇が緩やかであることを意味します．レベル 2 の分散成分が統計的に有意になっていますが，これは初期状態と変化率両方においてまだ説明されていない個人間のばらつきがあることを示唆しています．5.3.3 項と 6.1.2 項では，残りの分散のいくらかを説明するために，他の予測変数を加えた検討を行います．

図 5.2 はモデル C で示された固定効果を要約したものです．典型的な 4 人の高校中退者，すなわち白人・ラテン系で 9 年生（日本の中学 3 年生に相当）で中退，アフリカ系で 9 年生で中退，白人・ラテン系で 12 年生で中退，アフリカ系で 12 年生で中退した者の賃金の軌跡を示しています．4.5.3 項で説明した 2 段階のプロセスを経てこういった軌跡を描きました．まずモデル C における $BLACK$ の 2 値（0 と 1），それから $HGC-9$ における 2 つの典型的な値（0 と 3，それぞれ 9 年生と 12 年生に対応します）を代入しました．このプロットは，賃金の軌跡における教育と人種につい

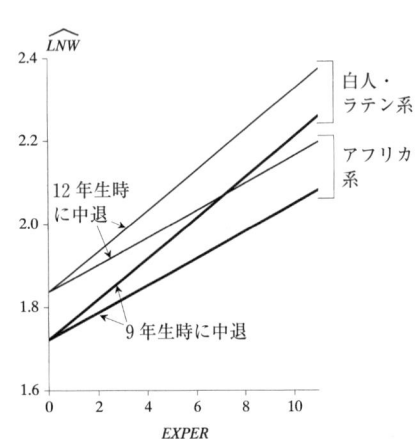

図 5.2 変化についてのマルチレベルモデルをあてはめた結果の図示

表 5.4 のモデル C に基づいた，4 人の典型的な中退者（9 年生時／12 年生時で中退したアフリカ系／白人・ラテン系）の賃金の自然対数の軌跡．

ての統計的に有意で大きな効果を示しています．高校中退者でも学校に長くとどまれば，職に就いた時に高い賃金を得られます．しかし，人種の効果は重要で，初期の賃金ではなく変化率に対して影響を与えています．平均的なアフリカ系中退者は，最初の時点では平均的な白人・ラテン系の中退者と比較して時間給に差はないのですが，アフリカ系男性の賃金の年間の上昇率はより低いのです．修了した最高学年歴を統制した上で，賃金の平均的な年間の上昇率を計算すると，白人・ラテン系は $100(e^{(0.0489)}-1)=5.0\%$ で，アフリカ系は $100(e^{(0.0328)}-1)=3.3\%$ となります．時間を経ると，この人種差が学校に残ったことによる初期のアドバンテージを消してしまいます．最初に働き始めてから7年が経過した時点で，12年生まで学校に残ったアフリカ系男性が9年生で退学した白人・ラテン系の男性に比べて低い時間給しか得られません．

5.2.2 非釣り合い型のデータセットを分析する時に起こるかもしれない実際上の問題

5.2.1項では，非釣り合い型のデータをモデルにあてはめたときに特に何も問題には出くわしませんでした．最も複雑なモデルであったモデルCでもたったの3回で収束しましたし，モデル中のすべてのパラメータを推定することができました．しかし，データセットが過度に非釣り合いである場合，すなわち測定時点の数が十分である人が少なすぎる場合には，コンピュータの繰り返し計算のアルゴリズムが収束せず，1つもしくはいくつかの分散成分が推定できないことがあるかもしれません．

データの非釣り合いはなぜ固定効果ではなく分散成分に対して影響を与えるのでしょうか．どんなに非釣り合いな個人—時点データセットであろうとも，一般に，固定効果の推定は通常の回帰モデルの回帰係数の推定と同様，難しくはありません．この理由を説明するために，合成形式で表現したマルチレベルモデルから始めてみましょう．簡単のために，無条件成長モデルを用います．

$$Y_{ij}=[\gamma_{00}+\gamma_{10}TIME_{ij}]+[\zeta_{0i}+\zeta_{1i}TIME_{ij}+\varepsilon_{ij}] \tag{5.2a}$$

2番目の大括弧にある合成された誤差項を $\varepsilon_{ij}^*=[\zeta_{0i}+\zeta_{1i}TIME_{ij}+\varepsilon_{ij}]$ と表現し直すと，5.2a式を以下のように書くことができます．

$$Y_{ij}=\gamma_{00}+\gamma_{10}TIME_{ij}+\varepsilon_{ij}^* \tag{5.2b}$$

5.2b式は，普通の回帰モデルと似ています．β の代わりに γ が，ε_{ij} の代わりに ε_{ij}^* が入っていると考えてください．両者の違いは，合成された残差 ε_{ij}^* は独立で平均0，分散 $\sigma_{\varepsilon^*}^2$ の正規分布に従うことを仮定しない点です．その代わりに，ζ_{0i}，ζ_{1i}，ε_{ij} といった構成要素を仮定します．具体的には以下のような仮定です．

$$\varepsilon_{ij}\sim N(0,\sigma_\varepsilon^2) \text{ かつ } \begin{bmatrix}\zeta_{0i}\\\zeta_{1i}\end{bmatrix}\sim N\left(\begin{bmatrix}0\\0\end{bmatrix},\begin{bmatrix}\sigma_0^2 & \sigma_{01}\\\sigma_{10} & \sigma_1^2\end{bmatrix}\right)$$

分散成分についてのこれらの複雑な仮定は推定をややこしくしています．

ここで次のような思考実験をしてみましょう．まず，合成残差に関する単純な仮定を満たしている場合を考えます．合成残差は独立で正規分布に従う，$\varepsilon_{ij}^* \sim N(0, \sigma_{\varepsilon^*}^2)$ とします．これはレベル2の残差 ζ_{0i} と ζ_{1i} は常に0であると仮定するのと同じことです．また，それらに関連する分散成分も同様です．つまり，σ_0^2 と σ_1^2 はともに0です．マルチレベルモデルの言葉でいえば，切片と変化率を固定して，それらを個人間を通じて一定にするということになります．個人が1時点でしかデータがなかろうと多くの時点で測定されていようと，2つの固定効果と1つの分散成分の推定は，普通の回帰モデルの問題です．必要なのは，レベル1サブモデルの関数形を定式化するのに，個人―時点データセットに $TIME_{ij}$ が十分な数だけ入っていること，つまり Y_{ij} と $TIME_{ij}$ を2次元にプロットした時に十分なだけデータ点があることです．時間構造化されたデータセットにおいては，全員がすべての時点で測定されているので，このプロットは縦縞を描きます．このようなわけで，少なくとも3時点のデータが必要になります．3時点のとき，縦縞がちょうどその3時点を通ります．時間構造化されていないデータセットにおいては，データ点はより「水平的に」拡散するため，このばらつきのある測定間隔によって，固定効果はより推定されやすくなります．これによって，固定効果を推定するのに十分なだけの $TIME_{ij}$ の値がある限り，個人ごとのデータの数の最低限度が緩和される，つまり3時点よりも少ない測定時点しか持たないデータを含むことも許容されます．

次に，これらの単純化した仮定を満たしていない場合を考えます．これらの方が一般的にあり得ることです．多くの人が少ない時点でしか測定されていないと，分散成分の推定は難しくなります．測定時点の間隔のばらつきは助けにはなりますが，問題の解決にはならないかもしれません．分散成分の推定を行うためには，個人内の残差のばらつき，つまり固定効果を超えた残差のばらつきを，定量的に評価できるのに十分な人数が十分な時点で測定されたデータが必要です．もしデータの中に測定時点の数が少なすぎる人があまりにもたくさん入っていると，この残差のばらつきは定量的に評価できません．

数値計算が困難になって分散成分が推定できなくなるのはどのような場合なのでしょうか．この問題については，データがどの程度非釣り合いなのか，モデルはどれくらい複雑なのか，測定時点の数の少ない人と多い人の割合，時変な変数は含まれているか（これについては5.3節でも議論します）などあまりにも多くの問題がかかわってきているので，いちがいに答えを出すことはできません．データの非釣り合いがひどい場合に，コンピュータの数値アルゴリズムは理論的におかしな値を返してきたり収束しなかったりするといっておけば十分でしょう．各統計ソフトウェアのプログラムは，「解は求めましたが，プログラムが返した解をそのまま鵜呑みにはせず，主体

a. 境界制約

多くのパラメータは**境界制約**（boundary constraints）を持っています．理論的には取り得ない値を制限するということです．分散や相関係数と同じように，マルチレベルモデルにおける分散・共分散成分にも明確な制約があります．まず，分散成分は負の値を取りません．そして，相関の形で表された共分散は必ず-1から1の間の値を取ります．とりわけ，非釣り合いなデータの場合，推定作業の複雑さと繰り返し計算アルゴリズムの性質ゆえに，マルチレベルモデルのプログラムは，時として，限界値に達したもしくはそれを超えたパラメータ推定値を生成してしまいます．こういったことが起こると，プログラムはもっともらしくない推定値や限界値を出力してきます（例えば，分散成分が0に固定されたりしたのかもしれません）．

境界制約に達してしまったかどうかはどうやってわかるのでしょうか．警告サインはプログラムによって異なります．SAS PROC MIXEDであれば，プログラム・ログのウィンドウに「G行列（分散成分の分散共分散行列）が正定値ではありません」と出ます．デフォルトでは，SASは問題となっている推定値を限界値に固定します．MLwiNは，そういったお知らせはしてくれませんが，その代わりに，問題となっている推定値とそれに関連するすべての推定値を限界値に固定します．出力結果を見たときに，もし推定値が0ちょうどになっていたら，境界制約に出くわした可能性が高いことを意味します．HLMは，警告のメッセージを出して，この問題を回避するように計算アルゴリズムを修正します．どのソフトウェアを用いた場合でもそうですが，収束に達するまでの繰り返し計算の回数が多すぎると，「境界」に近づいているとわかります．

こういった類の重要な決定をコンピュータ・プログラムの判断任せにしないことをおすすめします．どのプログラムを使っているかにかかわらず，境界制約は主体的に判断すべきです．たいていの原因はモデルの確率的な部分の過剰な定式化にあるので，モデルを単純にすることが一般的な解決方法です．実際的な解決方法は，モデルがあてはめられるまで，問題を引き起こしているランダム効果を1つかそれ以上体系的に取り除いた，代わりのモデルを比較してあげることです．予測変数の効果の**固定化**（fixing）として知られるこの方略を用いると，この問題はたいてい解決します．

先ほど分析したばかりの賃金に関するより大きなデータから，目的をもって選択された小さなデータセットを用いて，この手法について説明します．今回，この標本は，境界制約が生じるであろう極端に非釣り合いなものになることを期待して，教育目的のために作成しました．

この新しいデータセットは，賃金データの中で3回以下しか測定されていない124人の男性のデータから構成されています．47人が3回，39人が2回，38人が1回だけそれぞれ測定されました．EXPER の変数で，最も早いものは0.002，最も遅いもので7.768でした．このデータセットは明らかにもともとのデータセットからの無作為標本ではありません．

表5.5は，先のものよりも標本サイズの少ないデータに対してあてはめられた3つのモデルの結果を表したもので，それぞれのモデルは，表5.4で最終的なモデルとしたモデルCに基づいています．これまでと同様に，それぞれのモデルはSAS PROC MIXEDで最尤法を用いてあてはめられました．最初のモデル，これは表5.4のモデルCで用いたものと同じモデルですが，線形的な成長の推定された分散成分 $\hat{\sigma}_1^2$ がちょうど0になっています．これは境界の問題が起こっているという一般的なサインで，SAS PROC MIXED を用いても MLwiN を用いても同じです．0という推定値

表5.5 高校中退者の賃金データから作成した極端に非釣り合いなサブ・データセットを，表5.4のモデルCに3つの異なるアプローチを用いてあてはめた結果の比較（$n=124$）

		パラメータ	モデル A デフォルトの モデル	モデル B 境界制約を除 いたモデル	モデル C 変化率を固定 化したモデル
固定効果					
初期値 π_{0i}	切片	γ_{00}	1.7373***	—	1.7373***
			(0.0476)		(0.0483)
	($HGC-9$)	γ_{01}	0.0462~	—	0.0458~
			(0.0245)		(0.0245)
変化率 π_{1i}	切片	γ_{10}	0.0516*	—	0.0518*
			(0.0211)		(0.0209)
	$BLACK$	γ_{12}	−0.0596~	—	−0.0601~
			(0.0348)		(0.0346)
分散成分					
レベル1	個人内	σ_ε^2	0.1150***	0.1374***	0.1148***
レベル2	初期値	σ_0^2	0.0818**	0.0267	0.0842***
	変化率	σ_1^2	0.0000	−0.0072	—
適合度					
	乖離度		283.9	—	283.9
	AIC		297.9	—	295.9
	BIC		317.6	—	312.8

~：$p<.10$，*：$p<.05$，**：$p<.01$，***：$p<.001$．
モデル A は SAS PROC MIXED のデフォルトのオプションを用い，モデル B では分散成分に対する境界制約を取り除いた．モデル C では変化率のレベル2残差を取り除き，それに関連する分散成分（と共分散成分）も同様に除いた．

（注） SAS PROC MIXED による完全最尤推定．共分散成分 σ_{01} も推定したが表中には示していない．

は常に疑わしいものです．ここでは計算アルゴリズムが境界制約に当たったことを意味します（SAS は，関連する共分散成分が 0 とはならないことを許容しますが，MLwiN はそれもすべて 0 に固定します）．

表 5.5 のモデル B は，データに特定のモデルをあてはめるのに，かなりがんばった試みの結果を示したものです．何をしたのかというと，デフォルトの境界制約を緩和するようなソフトウェアのオプションを用いて，分散成分が負でも許容できるようにしました．中でもとりわけ釣り合いの取れていないデータを分析する際に，自動的にかかる補正を取り除いてみると，境界制約の問題を明確にしやすくなります．残念ながら，今回のケースでは，繰り返し計算アルゴリズムは収束しませんでした（この問題については，すぐ次の項で説明します）．しかし，推定された変化率の分散成分は，最後の繰り返し計算の時に負の値になっています．これは論理的におかしいことです．これらのことは，モデルを単純化することの必要性を示すサインでもあります．

表 5.5 のモデル C は，線形な成長率の分散成分とそれに関連する共分散成分を 0 に固定するという制約を課したものです．このモデルの乖離度統計量はデフォルトのモデル A とまったく同じ値になっています．これはパラメータを固定することに意味があったことを示しています．AIC や BIC の値をみてもわかる通り，パラメータの数を減らしてもモデル C の適合度は悪くなりませんでした．これは，もともとのデータからの無作為抽出ではないこのデータセットを用いた場合には，表 5.4 の最後の列に示されていた $BLACK$ の若干の効果を超えて，賃金の軌跡の傾きに体系的な誤差のばらつきがあることは確認できなかったということを意味しています．

b. 非収束

4.3 節で説明したように，すべてのマルチレベルモデルのプログラムは，モデルのあてはめのために繰り返し計算のアルゴリズムを実装しています．これらのアルゴリズムは，一連の繰り返し計算を通じて，対数尤度統計量のような適合度基準を比較し，そして，適合度基準の変化が十分に「小さくなった」時に収束します．ユーザの側でどれだけ小さければ小さいといえるのかを決めてもよいのですが，すべてのプログラムは，一般的には，変動割合が任意に小さくなるまで，というデフォルトの基準を持っています．その基準を満たせば，アルゴリズムは**収束**します．つまり，繰り返し計算は止まります．かなりの回数の繰り返し計算を行っても基準を満たさないのであれば，それらの推定値は疑ってかかるべきです．

収束するまでには何回の繰り返し計算が必要なのでしょうか．データがたいへん構造化されていて，かつモデルが単純であれば，収束まではほんの数回の繰り返し計算しかかかりませんし，ほとんどのプログラムで定められているデフォルトの回数以内で問題なく収束します．非釣り合いのデータセットを複雑なモデルにあてはめると，収束に至るまで数百回，数千回の繰り返し計算を必要とします．ただし，HLM や

MLwiN のようなマルチレベルモデルに特化したパッケージのアルゴリズムを用いれば，SAS PROC MIXED のような多目的プログラムを用いた場合に比べて，たいていより早く収束します．

データへのあてはめを行うすべてのモデルについて，とりわけ釣り合いのとれていないデータに対してあてはめを行うモデルについては，アルゴリズムが収束したかどうか必ず確認を行なってください．モデルの複雑さが問題となる場合には，プログラムのデフォルトの最大繰り返し数の上限が収束に至るには少なすぎるかもしれません．すべての統計パッケージは，繰り返し計算の回数を増やすことができます．もしアルゴリズムが収束しないようであれば，収束するまで順次回数を増やしてください．プログラムの中には，分散・共分散成分の初期値を与えてあげることによって，収束までの道のりが容易になるものもあります．

どれだけ繰り返し計算を行ったとしても，そしてどれだけ事前情報を与えたとしても，アルゴリズムが収束しない時はあります．**非収束**(nonconvergence) は数多くの原因に由来しますが，よくある原因としては，まったく特定化されていないモデルと不十分なデータの2つがあげられます．この2つの組合せは最悪です．非常にたくさんの繰り返し計算を行ってデータにモデルをあてはめる際には，分散成分を念入りに検討して，初期状態と変化率に関するレベル2の誤差を許容することができるだけの十分な情報があるかどうかを見きわめてください（6章で説明する方法を用いて非線形のモデルをあてはめる時は，他の分散成分についても注意深く精査してください）．いかなるデータも限られた情報量しか持たないことをおぼえておいてください．複雑なモデルを仮定することはできますが，そのモデルを常にデータに対してあてはめられるとは限りません．

境界制約以外の他の問題も非収束の原因となることも指摘しておきます．1つは，変数の尺度単位の問題です（しかし，これは簡単に修正可能です）．もし結果変数の値が小さすぎる場合には，分散成分も小さくなります．これによって，丸め込み誤差の問題が起こって非収束に至ることがあります．結果変数の値に対して，100 や 1000，その他 10 の倍数を単純に掛け算してあげればこの問題点は改善されます．予測変数の尺度単位もまた問題となることがありますが，しかし先ほどとは逆の方向に調整すれば大丈夫です．例えば，時間的な変数に関しては，変化率の大きさを増やすように，より短い時間単位からより長いものへ（例えば，日単位から月単位へ，月単位から年単位へ）調整します．ただし，こういった類の変換は，本質的な研究結果に対して表面的な効果しか持っていません（つまり，それらの変換は，対数尤度の値やそれに関連する統計量を変化させますが，検定の結果には影響を与えません）．

5.2.3 欠測の様々なタイプを区別する

非釣り合いなデータについての説明は，その根底にある原因の説明抜きにしては終われません．非釣り合いを計画的に研究デザインの中に組み込むこともありますが，多くの場合のデータの非釣り合いは，スケジュールの問題，約束の反故，標本の損耗，データ処理の間違いなど，計画的なものではありません．もし一度データ収集から漏れた人が後に標本に戻ってきたら，さらなる非釣り合いが生じます．例えば，NLSY の年間の標本損耗率は，最初の 13 年間で残っているもともとの標本のうちの 5% 未満と低いのですが，多くの参加者（回答者）は一度か二度の測定時点において欠測があります．MaCurdy, Mroz, & Gritz (1998) は，NLSY の標本の損耗について包括的な研究を行い，ずっと調査を受け続けている群・脱落した群・一度脱落したがサンプルに戻ってきた群には，多くの差異があることを示しています．先ほど示したばかりの賃金のデータに関連するところでいうと，雇用されていない人と以前に高い賃金を得た人について，標本の損耗が大きいことがわかっています．

計画的ではないデータの非釣り合い—とりわけ，標本の損耗やその他の潜在的に体系立った原因に由来するもの—は，推論の説得力を弱めてしまうかもしれません．これは，モデルをあてはめる技術的な能力の問題というよりはむしろ信頼できる一般化に関する実質的な問題です．この問題について精査する際に，統計家たちは，データの非釣り合いの観点からではなく，**欠測データ** (missing data) の観点からこの問題の枠組みをとらえます．変化についてのマルチレベルモデルをあてはめるとき，各個人の観測記録は彼らの根底にある真の成長軌跡から得られた無作為標本であるということが暗黙のうちに仮定されます．研究のデザインが適切で，最初から含まれるようなバイアスもなく，すべての人がすべての計画された時点で測定されているとしたら，その観測データはこの仮定を満たすでしょう．しかし，誰かが 1 人でも 1 回以上の時点で測定されていなかったら，その観測データはこの仮定を満たさないかもしれません．今回の場合では，パラメータ推定値が偏ったものとなるかもしれませんし，結論の一般化が間違ったものになるかもしれません．

1 つ前の段落で，「でしょう (will)」とは書かずに「かもしれません (may)」という言葉を使ったのに注意してください．欠測それ自体は必ずしも問題があるというわけではないので，そのように書きました．欠測が問題となるかどうかは，統計家たちが**欠測のタイプ** (types of missingness) と呼んでいるものによります．このトピックに関する重要な著作として Little (1995) があげられます．この本は Rubin と共著で書かれた前の著作 (Little & Rubin, 1987) を改訂したものです．Little (1995) では，欠測を①**完全にランダムな欠測** (missing completely at random: MCAR)，②**共変量依存型の脱落** (covariate dependent dropout: CDD)，③**ランダムな欠測** (missing at random: MAR) の 3 つに区別しています（Schafer, 1997 も参照してく

ださい).Laird(1988)でも明らかにされているように,これら3つの欠測の条件下で,変化についてのマルチレベルモデルをあてはめた結果は正しく一般化可能です.Laird はこの3つの欠測の条件を**無視可能な無回答**(ignorable nonresponse)としてまとめています.

データがMCARであるといえるとき,その観測値は,計画通りに観測され,欠測をまったく含まないデータからの無作為標本であることを示します.時不変な予測変数はたいてい研究が始まるときに測定されるので,それらの値が欠測することは稀です.その結果,マルチレベルモデルが時変の予測変数を含まない場合,欠測する可能性がある唯一の予測変数は TIME それ自体ということになります(つまり,計画された測定時点が欠測となる場合です).これは,もしいずれかの時点において測定が行われる確率が,①特定の時間,②実質的な予測変数の値,③結果変数の値(これは明らかに観測されていませんが)の3つと独立である場合,縦断データはMCARであることを意味します.先ほど分析したNLSYの賃金データに関していうと,もしいずれかの時点で賃金データが観測される確率が,個人の職歴の中の特定の時点,その他すべての予測変数,まだ観測されていない賃金と独立であれば,MCARの仮定を論証することができます.被調査者が面接を受けることがありそうもないという特定の日があることはあり得ません.ある特定の日に面接調査を受けたくないということがある場合にはそういうことになりますが,その可能性は低そうです.しかしまた,欠測は個人の賃金やその他潜在的に観測されていない特徴によって体系的に変化してはいけません.MaCurdyら1998)は,NLSYのデータでは,先の2番目と3番目の条件は満たされていないことを説得力をもって示しています.

MCARの仮定がNLSYデータでは受け入れられないという結論は別に驚くものではありません.MCARの仮定はとりわけ制限が厳しく,もしこの条件を満たしたら素晴らしいといえますが,実際にそうなることは稀です.共変量依存型の脱落(CDD)は,より制限の厳しくない仮定で,欠測の確率と観測された予測変数の値(共変量)との関連を許容します.欠測の確率が TIME や観測された実質的な予測変数のいずれかと体系的に関連していたとしても,データはCDDであるといえます.NLSYの賃金データでいうと,仮に面接を受けたくない特定の日があったとしても,CDDの仮定は妥当であるといえます.欠測が,今回扱った2つの観測された予測変数—人種や修了した最高学年(HGC)のいずれかに応じて体系的に変化しても問題ありません.それらの観測された予測変数をマルチレベルモデルに含めることによって,バイアスの可能性を弱め,経験的な結果を適切に一般化することができるようになります.

MCARやCDDの仮定を満たす可能性を立証する際に大きな問題となるのは,いずれかの時点で起こる欠測の確率は関連する結果変数の同時期の値と関連しない,と

いうことを示す必要があることです．この結果変数は観測されていませんので，まさに必要となるデータを欠いていて，経験的に支持することができません．実質的な議論と思考実験だけが何とか役に立ちます．観測されていない結果変数と欠測の確率の潜在的な関係はいずれも MCAR や CDD の仮定の説得力を弱めてしまいます．例えば，NLSY の賃金データに関して，もしとりわけ高額か低額の賃金をもらっている人がこの NLSY の面接調査に参加していないということであれば，いずれの仮定も支持できないことになります（もちろん，その他の多くの縦断データセットに関しても同様に支持されません）．

　幸いにして，より制限の厳しくない欠測のタイプ—MAR—があります．このタイプのほうが縦断研究において一般的です．MAR の仮定は，変化についてのマルチレベルモデルの妥当な一般化を許容してくれます．データが MAR であるとき，欠測の確率はいかなる観測データに依存しても構いません．予測変数であってもいかなる結果変数であっても構いません．しかし，欠測の確率がいかなる予測変数や結果変数のいずれにおいても，観測されていない値に依存してはいけません．ですので，もし NLSY データにおける欠測の確率が観測された予測変数（つまり，*BLACK* と *HGC*）と賃金のデータのみに依存することがいえれば，MAR の仮定を論証することができます．観測された結果変数のデータへの依存を許容することによって，データの数多くの欠点は打ち消され，MCAR や CDD の仮定を満たしそうもない時であっても，MAR の仮定の信憑性は支持されるということがしばしばあります．

　MAR は一般的な仮定に見えますが，精査することなくしてこの仮定を受け入れるべきではありません．Greenland & Finkle(1995)は，MAR の仮定を横断調査において検証し，この仮定を満たすのは難しいことを示しています．彼らは，この点について説明するために，異性愛者か同性愛者かという性的嗜好性についての質問に答えない確率は，回答者の真の性的嗜好性と相関があるだろうと主張しています．この点については賛成できますが，しかし個人の結果変数の値が性的嗜好性を適切に反映することもたくさんあります（この場合には MAR が仮定できます）．しかし，この主張ですら誤りとなることもあります．例えば，回復期にあるアルコール依存者が禁酒状態についての質問に回答し続けることができるかどうかは，そもそも彼らが禁酒していられるかどうかに関連しそうです．こういった体系的なパターン［禁酒できていなければ参加してこない］は，仮に検証不可能な場合であっても，MAR の仮定を無効にしてしまいます［禁酒状態を予測する他の変数が観測されていないため］．

　実際のところは，それらの欠測の仮定が支持されるかどうかを評価することの責務は分析者次第です．どのタイプの無視できる欠測であっても，妥当に結果を推論することができますので，自分の研究にとって最も信頼性が高いと思われる仮定は何かを決める必要があります．分析者は，自分にとって最も厳しい批判者として行動すべき

です.査読者よりも分析者の方がより厳しくあるべきです.MAR は最も制限の厳しくない仮定ですので,最終的な試練となります.肝心な問題は,欠測の確率は(他のすべての時点で観測された結果変数を所与として)観測されていない当該時点の結果変数と関連しないと仮定してもよいかどうかという点です.NLSY の賃金データでは,MAR の仮定を壊すような2つの説明可能なシナリオを検証することに注力しました.特定の測定時点において面接調査を受けないようなことがある場合,彼らはとりわけその時点で,①「高い」賃金を稼いでいた,②「低い」賃金しか稼いでいなかった,という2つです.高い賃金を稼いでいた場合は,仕事を切り上げて調査に参加するための時間を作りたくないという理由で,低い賃金しか稼いでいなかった場合は,面接者にその低い賃金の値を明らかにしたくないという理由で,面接調査を受けたくないと思うことが考えられます.しかし,現在の賃金は(たとえ観測されていなかったとしても),過去と将来の賃金と高い相関がありますので,上記のようなリスクは最小限度でしょう.したがって,今回の賃金のデータではそういったことが欠測を引き起こす根底の原因にはなっていなさそうであると結論づけ,MAR の仮定の信頼性を支持しました[1].

これら3つの欠測の仮定のうち1つも満たさない場合には,変化についてのマルチレベルモデルを行う際に補正を加える必要があります.現在は,**選択モデル** (selection model) と**パターン混合モデル** (pattern mixture model) という2つの異なる方略が用いられています.選択のアプローチでは,「完全」データのための統計モデルと欠測を生じさせる選択のプロセスのためのモデルという2つのモデルを立てます.パターン混合のアプローチでは,欠測のパターンの数をいくつか特定して,それからそれらのパターンごとに分類されたマルチレベルモデルをあてはめます.さらなる詳細な情報は,Hedeker & Gibbons(1997),Little(1995),Little & Yau(1998)を参照してください.

5.3 時変の予測変数

時変の(時間変化する)予測変数は,その**値**が時間によって変化し得る変数です.時不変な予測変数は個人の静的な状態を記録するのに対し,時変の予測変数は各測定時点で変化しうる個人の状態を記録します.値が自然に変わる時変の予測変数もありますし,値が測定によって変わる場合もあります.

---

[1] 変化についてのマルチレベルモデルの基本的な利点は,3つすべての欠測の仮定のもとでも使用できることにあります.これは,他の縦断データの分析方法とは対照的に有効な点です.例えば,Diggle, Liang, & Zeger(1994) の一般化推定方程式 (GEE) によるアプローチは,MCAR の仮定を必要とします.

10代の雇用が家族と過ごす時間に与える影響を調べた40年間にわたるShanahan, Elder, Burchinal, & Conger (1996)の研究では，3つの時変の変数を調べました．すなわち，①週あたりの平均労働時間，②年あたりの賃金，③賃金が非余暇活動（教科書や貯金など）に使われたかどうか，です．12歳半の段階では，平均的な若者は週あたり16.3時間を家族と過ごしました．時間が経つにつれて，この時間は平均して1年につき週あたり1.2時間だけ減少しました．10代の雇用は，正・負双方の効果がありました．より多く賃金を稼ぐ若者はそうでない若者よりもこの減少が急でしたが，さらに非余暇活動にお金をかける若者や特に長時間働く若者の場合には平均的により多くの時間を家族と過ごしていました（もっとも，彼らの減少率は緩やかというわけではありませんでしたが）．著者たちは以下のように結論づけています．

「若年労働は社会的な発達に潜在的に正の影響を及ぼし得る．ただし，これは賃金，出費のパターン，労働時間，…といったその各種次元が，若者のライフコース全般とどのように合致するかに依存する．」(p.2198)

本節では，変化についてのマルチレベルモデルに，時変の予測変数をどのように入れることができるかを示します．まず5.3.1項では，時変の予測変数の主効果を含むモデルをどのようにパラメータ化し，解釈し，グラフィカルに表示するかを示します．5.3.2項では，時変の予測変数の効果が時間とともに変化するモデルを扱います．5.3.3項では，時変の予測変数を再中心化する方法を論じます．この方法は解釈の手助けとなります．最後に5.3.4項でいくつかの注意点について述べます．時変の予測変数が提供する分析上のすぐれた点について述べたのち，明確で説得力のある結論を導くことをためらわせるような，複雑な概念的問題を提起します．

5.3.1 時変の予測変数の主効果を含める

概念的には，変化についてのマルチレベルモデルに時変の予測変数の主効果を含めることに，特別な方法論は必要ありません．その理由の鍵は，個人─時点データセットの構造にあります．時不変であるか時変であるかにかかわらず，各予測変数はそれぞれの時点に独自の値をとりますので，これらの値がそれぞれの人の複数の測定値の間で変化するか否かは些末な問題でしかないのです．時不変な予測変数の値は一定の値のままですが，時変の予測変数の値は変わります．ただそれだけのことなのです．

一般的なアプローチを，Ginexiら(2000)の失業が抑うつ症状に与える影響を調べた研究を使って例示しましょう（これは5.1節で簡単にふれたデータです）．地域の職業安定所から254名の調査対象者を得て，研究者らは失業後すぐ（2か月以内）の失業者に面接を行うことができました．その後，3〜8か月後と10〜16か月後に，フォローアップの面接を行いました．参加者は，20の抑うつ的な症状を経験する頻度を4件法で尋ねるうつ病自己評価尺度（CES-D; Radloff, 1977）に毎回回答しまし

た．CES-Dの得点は，症状がまったくない場合に0点，症状が最も重い場合に80点となり，この範囲の値をとります．

半数を少し超える参加者（$n=132$）は，すべての面接時点において失業していました．ほかの参加者は，様々な再雇用のパターンを示しました．62人は，最初の面接後はいつも職がありました．41人は2度目の面接でも失業中でしたが，3度目の面接では職がありました．19人は2度目の面接で職がありましたが，3度目の面接では失業していました．失業の効果を，時変の予測変数 UNEMP を使って調べることにします．表5.6の個人一時点データセットに示すように，UNEMP は個人 i の各測定時点での失業状態を表します．ID 7589番と55697番の参加者はいつも失業中なので，彼らの UNEMP の値はいつも1です．他の参加者の失業状態は変化したので，その UNEMP の値も変化しています．ID 65641番は2度目と3度目の面接時は就業していました（1-0-0 のパターン）．ID 65441番は3時点目では職がありました（1-1-0 のパターン）．ID 53782番は2度目の面接では職がありましたが3度目には再失業していました（1-0-1 のパターン）．どの個人についても，UNEMP の値は最初の時点以外では0または1の値をとり得ます（研究デザイン上，最初の時点では全員が失業しています）．

例によって，実質的な予測変数を含めない無条件成長モデルから始めましょう．

$$Y_{ij} = \pi_{0i} + \pi_{1i} TIME_{ij} + \varepsilon_{ij}$$
$$\pi_{0i} = \gamma_{00} + \zeta_{0i} \quad (5.3a)$$
$$\pi_{1i} = \gamma_{10} + \zeta_{1i}$$

表 5.6 失業研究の個人一時点データセットからの抜粋

ID	MONTHS	CES-D	UNEMP
7589	1.3142	36	1
7589	5.0924	40	1
7589	11.7947	39	1
55697	1.3471	7	1
55697	5.7823	4	1
65641	0.3285	32	1
65641	4.1068	9	0
65641	10.9405	10	0
65441	1.0842	27	1
65441	4.6982	15	1
65441	11.2690	7	0
53782	0.4271	22	1
53782	4.2382	15	0
53782	11.0719	21	1

ここで

$$\varepsilon_{ij} \sim N(0, \sigma_\varepsilon^2) \text{ かつ } \begin{bmatrix} \zeta_{0i} \\ \zeta_{1i} \end{bmatrix} \sim N\left(\begin{bmatrix} 0 \\ 0 \end{bmatrix}, \begin{bmatrix} \sigma_0^2 & \sigma_{01} \\ \sigma_{10} & \sigma_1^2 \end{bmatrix}\right) \quad (5.3b)$$

です.

表 5.7 のモデル A は,このモデルをデータにあてはめた結果を表しています. $TIME_{ij}$ は,参加者 i に面接 j をした日と,彼の失業日との間の月数を表します.失業した最初の日 ($TIME_{ij}=0$) においては,平均的な人は非ゼロである CES-D 得点 17.67 点 ($p<.01$) をとります.時間が経つにつれて,この水準は月あたり 0.42 の割合 ($p<.001$) で線形に減少します.初期状態と変化率の分散成分はともに統計的に有意であり,このことは個人に独自な予測変数の効果をさらに探ることの有用性を

表 5.7 失業データ ($n=254$) に各種の変化についてのマルチレベルモデルをあてはめた結果

		パラメータ	モデル A	モデル B	モデル C	モデル D
固定効果						
合成モデル	切片 (初期値)	γ_{00}	17.6694** (0.7756)	12.6656*** (1.2421)	9.6167*** (1.8893)	11.2666*** (0.7690)
	TIME (変化率)	γ_{10}	−0.4220*** (0.0830)	−0.2020* (0.0933)	0.1620 (0.1937)	
	UNEMP	γ_{20}		5.1113*** (0.9888)	8.5291*** (1.8779)	6.8795*** (0.9133)
	UNEMP× TIME	γ_{30}			−0.4652* (0.2172)	−0.3254** (0.1105)
分散成分						
レベル 1	個人内	σ_ε^2	68.85***	62.39***	62.03***	62.43***
レベル 2	切片	σ_0^2	86.85***	93.52***	93.71***	41.52***
	変化率	σ_1^2	0.36*	0.46**	0.45**	—
	UNEMP	σ_2^2	—	—	—	40.45*
	UNEMP× TIME	σ_3^2	—	—	—	0.71**
適合度						
	乖離度		5133.1	5107.6	5103.0	5093.6
	AIC		5145.1	5121.6	5119.7	5113.6
	BIC		5166.3	5146.4	5147.3	5148.9

*: $p<.05$,**: $p<.01$,***: $p<.001$.

これらのモデルは時間変化する予測変数 UNEMP の関数として失業後の当該月の CES-D 得点を予測する.モデル A は無条件成長モデルである (5.4 式を見よ).モデル B は UNEMP の主効果を固定効果として追加している (5.5 式を見よ).モデル C はさらに UNEMP と線形な TIME の交互作用を追加している (5.7 式を見よ).モデル D は UNEMP が固定効果とランダム効果の両方を持つことを許している (5.10 式を見よ).モデルの合成的な定式化との整合性のため,固定効果の順番を変えて表示していることに注意せよ.

(注) SAS PROC MIXED による完全最尤推定.各モデルはそれぞれ対応する共分散パラメータを持つが,スペースの制約のため表示していない.

示唆しています.

a. 合成的な定式化を使う

多くの参加者はいずれ職を見つけますので,無条件成長モデルでは不十分な可能性が高いです.雇用が抑うつ症状を緩和するならば,標本の半数が再雇用されたことによって観測された減少を説明できるでしょうか.レベル1／レベル2の表現のみを使うなら,この問題に取り組むモデルを仮定することは難しいかもしれません.特に,時変の予測変数を,どのモデルのどこにおけばよいのか明らかではありません.これまでのところ,個人に独自の変数はレベル2のサブモデルにおいて,レベル1の成長パラメータの予測変数として登場しています.ここから実質的な予測変数はいつもレベル2に現れるのだと結論づけたくなるかもしれませんが,それは間違いです!

時変の予測変数をどのように含めるかを理解するために最も簡単な方法は,マルチレベルモデルの合成的な定式化を用いることです.レベル1／レベル2の定式化を使って時間変化する予測変数をモデルに含めることができないわけではありませんが(これをどのように行うかはすぐ後で説明します),こうした予測変数の効果がどのように働くのか,およびどのようなモデルの種類をあてはめるのかを学ぶには,合成的な定式化から始めるのが簡単です.

まず,無条件成長モデルの合成的な定式化を考えます.5.3a式の2番目と3番目の式を最初の式に代入すると,

$$Y_{ij} = [\gamma_{00} + \gamma_{10}TIME_{ij}] + [\zeta_{0i} + \zeta_{1i}TIME_{ij} + \varepsilon_{ij}] \tag{5.4}$$

が得られます.4章と同様に,モデルの固定効果の部分と確率的な部分を大括弧で区別します.最初の大括弧内の固定効果の部分は標準的な回帰モデルと似た形ですので,時変の予測変数 $UNEMP$ の主効果を

$$Y_{ij} = [\gamma_{00} + \gamma_{10}TIME_{ij} + \gamma_{20}UNEMP_{ij}] + [\zeta_{0i} + \zeta_{1i}TIME_{ij} + \varepsilon_{ij}] \tag{5.5}$$

と書き加えることができます.$UNEMP$ の2つの添字は時変の特性を表しています.5.5式では,個人 i の時点 j における Y の値が,① 失業後の月数($TIME$)と,② 失業者の同時点での $UNEMP$ の値と,③ 個人に独自な3つの残差 ζ_{0i}, ζ_{1i}, ζ_{ij} とに依存します.

このモデルは,時間変化する予測変数の主効果について何を物語るのでしょうか.γ で表される固定効果は本質的に回帰係数ですので,通常行われるように解釈することができます.

- γ_{10} は失業状態を統制した CES-D 得点の月あたり変化率の母平均
- γ_{20} は失業者と就業者の間の,CES-D 得点の時点を通した母平均の差

切片 γ_{00} は論理的に不可能な状態の値です.つまり,失業した初日($TIME=0$)において雇用されている($UNEMP=0$)人の値です.通常の回帰分析でもいえることですが,切片はこのようにデータの範囲(もしくは論理的に可能な範囲)から外れた

値をとることがあり得ます．しかし，それによってほかのパラメータの妥当性が下がることはありません．

図5.3を見ることによって，モデルの仮定についてさらに掘り下げることができます．この図は，モデルから導かれる4つの平均的な母集団軌跡を示したものです．図3.4と同様に，これらの軌跡は実質的な予測変数を特定の値で置き換えることによって得たものです．しかし UNEMP は時間とともに変化するので，これを**時変のパターン**で置き換えることになります（定数で置き換えるのではありません）．全員が初期状態としては失業ですので，UNEMP は4つの異なるパターンのうちの1つをとります．つまり，①常に失業中の参加者を表す 1-1-1，②すぐに仕事を見つけて雇用され続ける参加者を表す 1-0-0，③しばらく失業中だがやがて仕事を見つける参加者を表す 1-1-0，④すぐに仕事を見つけるが再度失業してしまう参加者を表す 1-0-1 です．各パターンは，図5.3 に示すように異なる母集団の軌跡を示します．

左上の小図の切れ目のない軌跡は，この研究でいつも失業中だった被験者たちの抑うつ症状の予測される変化を表します．彼らの UNEMP の値は変化しませんので，そこから導かれる平均的な軌跡は線形になります．この1本の線は，いつも失業中だった被験者たちがみなこの線に従うことを意味しているのではありません．個人に独自の残差 ζ_{0i} と ζ_{1i} は，個人ごとに独自の傾きと切片を持ち得ます．しかし，いつも失業中である参加者の真の軌跡は，その切片や傾きの値にかかわらず，すべて線形になります．

図5.3の残りの軌跡は UNEMP の時間変化の異なるパターンを反映しています．これまでの章の母集団軌跡と異なりこれらは非連続的です．この非連続性は，2値をとり時変であるという UNEMP の特性の直接的な結果です．1-0-0 のパターンに対する右上の小図は，5か月後に職を得て働き続ける参加者に仮定される母集団軌跡を表します．1-1-0 のパターンに対する左下の小図は，10か月後に職を得て働き続ける参加者に仮定される軌跡を表します．1-0-1 のパターンに対する右下の小図は，5か月後に職を得て10か月後に再び失業する参加者に仮定される軌跡を表します．

これらの仮定される軌跡を示す際には，注意点が2つあります．第一に，それぞれの図の上部と下部の間を点線でつないで示していますが，モデルが示しているのは実線の部分のみです．点線は，失業状態が軌跡の変化と関連していることを強調するために用いています．第二に，これらがモデルから導かれる唯一の軌跡というわけではありません．最初の小図（左上）についていえば，個人に独自の残差 ζ_{0i} と ζ_{1i} が，それぞれ独自の切片と傾きを持つ，ほかの多数の非連続的な軌跡の存在を示唆しています．しかし，このモデルは UNEMP の効果を定数として制約していますので，どの個人についても軌跡の間のギャップは同一であり，UNEMP と関連するパラメータ γ_{20} です（5.3.2項では，この仮定を緩和します）．

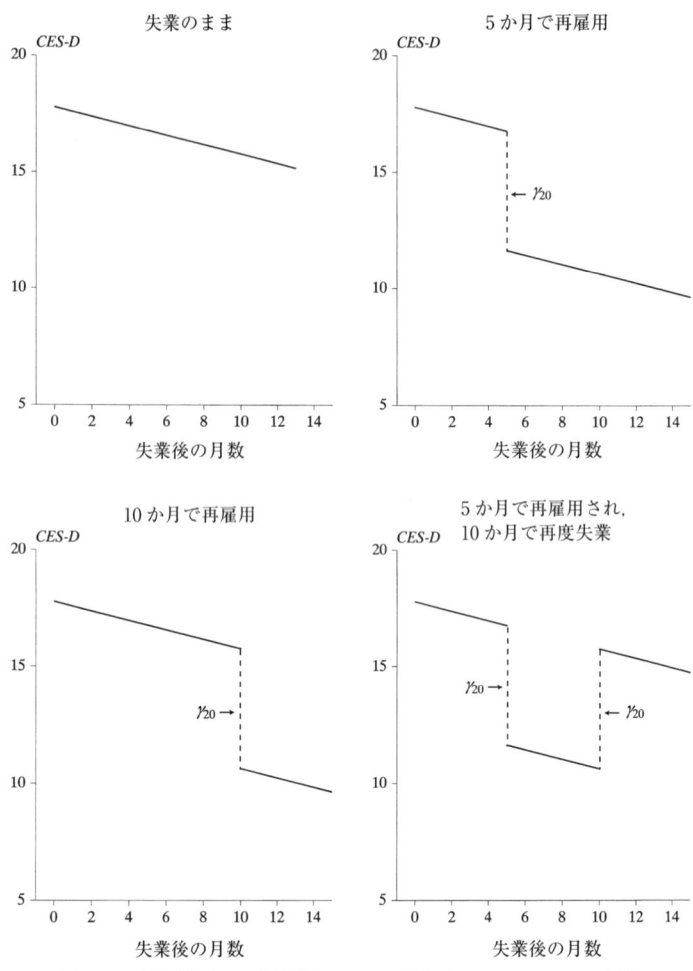

図 5.3 時間変化する予測変数についての適切なレベル1モデルの同定

時間変化する失業（$UNEMP$）がCSE-D得点に及ぼす影響についての，5.5式より導かれる母集団における4つの平均軌跡．各パネルにおいて，失業の影響の大きさは定数である（γ_{20}）が，$UNEMP$ は時間変化するため，失業・再雇用の各種パターンに対応して異なる母集団における平均軌跡がモデルから導かれる．

表 5.7 のモデル B は，このモデルをデータにあてはめた結果を表します．$TIME$ についてのパラメータの推定値 $\hat{\gamma}_{10}$ をみると，CES-D 得点の月あたりの減少率がモデル A の場合の 0.42 から 0.20 へと，有意ではあるものの半分の大きさになっています．このことは，再雇用は CES-D 得点の観測された減少をいくらか説明することを示唆します．この結論は，①失業者の平均 CES-D 得点が 5.11 ポイント高くなっ

ているという,統計的に有意 ($p<.001$) で大きな UNEMP の効果と,②1つパラメータを加えることにより乖離度統計量の差分が 25.5 となり ($p<.001$),AIC と BIC の値も大幅に小さくなるという,モデル B と比較したモデル A のあてはまりの悪さによってさらに裏づけられます.分散成分については本節後半で議論します.

図 5.4 の左小図は,典型的なモデル B の軌跡を示しています.UNEMP の様々な推移回数を反映したたくさんの異なる非連続的な軌跡を示す代わりに,ここでは 2 つの連続的な軌跡のみを示します.上側はいつも失業であった参加者のもので,下側は 3.5 か月以降常に雇用されていた参加者のものです.2 つの軌跡のみを示すことにより,混乱が回避され,最も極端な対比が可能になります.研究デザイン上,$UNEMP=0$ の場合のあてはめられた軌跡は,参加者が職を得て面接ができる最も早い場合である 3.5 か月から始まります.それ以前の時点についても表すために,$TIME=0$ までこの軌跡を外挿した点線も示しました.このモデルは UNEMP の主効果のみを含みますので,2 つのあてはめられた軌跡は平行に制約されています.

これら 2 つのあてはめられた軌跡は,モデル B における失業状態の主効果をどのように表すのでしょうか.もしもこの研究が,いつも失業・いつも雇用という 2 つの静的な群を追跡したものであったならば,これら 2 つの軌跡はモデルから得られる唯一の軌跡であったでしょう.しかし,今回は UNEMP が時変なので,モデル B は可

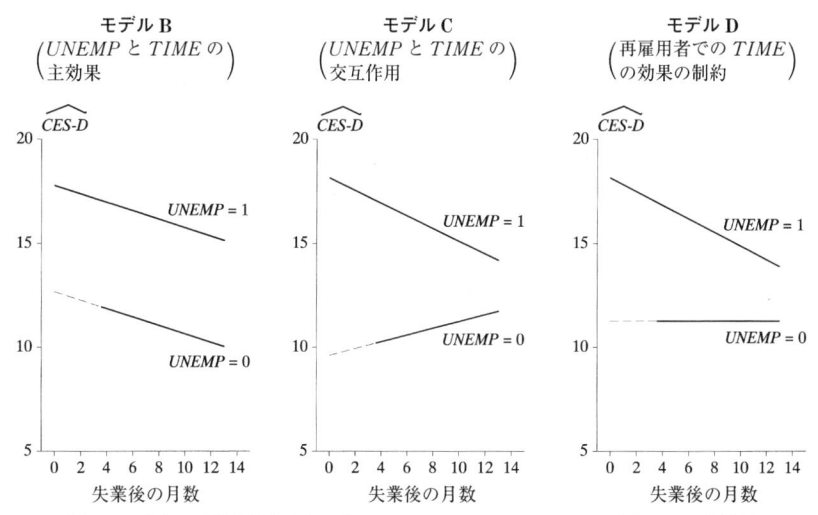

図 5.4 時変の予測変数を含む変化についてのマルチレベルモデルをあてはめた結果の図示

表 5.7 に示した 3 つのモデルからの典型的な軌跡.モデル B (UNEMP と TIME の主効果),モデル C (UNEMP と TIME の交互作用),モデル D (再雇用者の TIME の効果を 0 に制約).

能な非雇用／雇用のパターンごとに，たくさんの抑うつ得点の軌跡を示します．これらの追加される軌跡はどこにいってしまったのでしょうか？　ここでは，示されている極端な場合の軌跡を，モデルが示すすべての非連続な軌跡を包含する概念的な**包絡線**ととらえる見方が役立つでしょう．もし $UNEMP$ が定数のままであるなら，個人はある抑うつの軌跡の上にとどまります．もし $UNEMP$ が変化するなら，その軌跡も変わります．この研究では最初の面接時点では全員が失業しているので，全員が上側の軌跡からスタートすることになります．新しい仕事を見つけた時点で，その参加者は下側の軌跡に移動します．そして，雇用され続ける参加者はそのまま下側の軌跡にとどまりますが，その仕事を失ってしまった参加者は上側の軌跡に戻ります．概念的には，たくさんの点線の縦線が上側と下側を相互に結んでいて，それが雇用状態の変化を表しているのだと考えてください．こうした包絡線の内側に位置するたくさんの軌跡の集合が，モデルによって表されるプロトタイプの完全な集合になります．

b.　レベル1／レベル2の定式化を使う

合成的な定式化のもとでの時変の予測変数の導入について述べましたが，続いて同じモデルをレベル1／レベル2の定式化のもとで表すことを考えることにします．この表記により，時変の予測変数の効果がどのように働くかについて，さらなる知見を与えてくれます．また，これにより変化についてのマルチレベルモデルをレベル1／レベル2ごとに定式化する必要のあるHLMなどのソフトウェアを使って時変の予測変数を扱うことが可能になります．

すでに合成的な定式化が与えられたもとでレベル1／レベル2の定式化を導くには，後ろ向きに考えます．言い換えると，レベル2のサブモデルをレベル1のサブモデルに代入して合成的な定式化を導くことができましたが，今度は合成モデルを，それを構成するレベル1の部分とレベル2の部分に分解するのです．時間に独自な添字 j はレベル1のみでしか使うことができないので，時変の予測変数は，すべてレベル1で登場する必要があります．したがって，5.5式の合成的な主効果モデルについてのレベル1のサブモデルは，

$$Y_{ij} = \pi_{0i} + \pi_{1i}TIME_{ij} + \pi_{2i}UNEMP_{ij} + \varepsilon_{ij} \tag{5.6a}$$

と表すことができます．時間とともに変化する個人に独自の予測変数は，レベル2ではなくレベル1に登場します．今回のように時不変な予測変数がない場合には，対応するレベル2のサブモデルは単純に，

$$\begin{aligned}\pi_{0i} &= \gamma_{00} + \zeta_{0i} \\ \pi_{1i} &= \gamma_{10} + \zeta_{1i} \\ \pi_{2i} &= \gamma_{20}\end{aligned} \tag{5.6b}$$

となります．

これらのレベル2モデルの式を5.6a式のレベル1モデルの式に代入すれば，5.5

式の合成的な定式化が得られることを確認できます．時不変な予測変数の効果を加える場合には，通常と同様にそれらはレベル2サブモデルに加えられます．

5.6b式の3番目の，UNEMPについてのパラメータπ_{2i}の式は，レベル2の残差を含まないことに注意してください．これまでに登場したマルチレベルモデルには，個人に独自の予測変数の効果は母集団の構成員にわたって一定であるという，似たような制約がありました．時不変な予測変数はレベル2の残差を許すための個人内変動を持たないので，この仮定が必要です．しかし時変の予測変数については，この5.6b式の最後の式を

$$\pi_{2i} = \gamma_{20} + \zeta_{2i} \tag{5.6c}$$

と簡単に改変することができます．これによって，母集団の構成員にわたってUNEMPの効果がランダムに変動することを許すことができます．この残差の追加によって，図5.3の仮定された軌跡間の間隔が一定という仮定を緩和することができます．この新しいモデルをデータにあてはめるには，5.3b式に示したような残差についての分布の仮定を改変します．一般に，すべてのレベル2残差を含む多変量正規分布の仮定を拡張して用います．

$$\varepsilon_{ij} \sim N(0, \sigma_\varepsilon^2) \text{ かつ } \begin{bmatrix} \zeta_{0i} \\ \zeta_{1i} \\ \zeta_{2i} \end{bmatrix} \sim N\left(\begin{bmatrix} 0 \\ 0 \\ 0 \end{bmatrix}, \begin{bmatrix} \sigma_0^2 & \sigma_{01} & \sigma_{02} \\ \sigma_{10} & \sigma_1^2 & \sigma_{12} \\ \sigma_{20} & \sigma_{21} & \sigma_2^2 \end{bmatrix} \right) \tag{5.6d}$$

残差ζ_{2i}の追加によって，3つの分散成分σ_2^2，σ_{20}，σ_{21}が追加されることに注意してください．

これらの項を追加可能であるからといって，追加すべきだということにはなりません．それをする前に，追加されるパラメータが，①必要で，②データから推定可能であるか否か，を判断しなければなりません．最初の問題に答えるには，時間を統制したあと，雇用がCES-D得点に与える効果が個人間でランダムに変化するべきか否かを検討します．イエスと早急に結論づけてしまう前に，ランダムな変化について取り上げていることを思い出してください．非雇用の効果が個人間で体系的に変動する場合には，この仮説を反映する実質的な予測変数を追加することができます．ここでの問題は，さらに進んでUNEMPの効果がランダムに変動することを許す残差を追加すべきか否かです．もちろん，さらに注意が必要なのは2番目の点，すなわちこの追加パラメータが推定可能かどうかです．個人あたり3回の（場合によってはより少ない）測定時点では，追加された分散成分の推定に十分なだけのデータが得られていない場合が多いです．実際，このより複雑なモデルをあてはめようとした場合には，5.2.2項で述べたような境界制約が生じてしまいます．したがって，十分な根拠とデータがない限りにおいては，時間変化する予測変数がレベル2で変動することを自動的に許したいという欲求に打ち勝つことを推奨します（5.3.2項で実際にこれについ

て考えてみます).

モデルが複雑になってきましたので,いくつかの実践的なアドバイスを述べておきましょう (これは私たちの失敗の経験から生まれたものです).時変の予測変数を含める場合には,コンピュータ・ソフトウェアにモデルを指定する前に,モデル全体を書き出してみることを推奨します.この追加の手間を勧めるのは,どのランダム効果を含めるかがいつも自明とは限らないからです.たとえば 5.6b 式では,レベル 2 サブモデルは最初の 2 つのパラメータをランダム効果,3 番目を固定効果とする必要がありました.言い換えると,このモデルをあてはめる場合,一貫しないようにみえるレベル 2 サブモデルの組合せを使わなければならないのです.縦断的な分析の多くの側面について言えることですが,「通常の」モデルの設定は,あなたがあてはめたいモデルとは異なる可能性があるのです.

c. 時変の予測変数と分散成分

4.5.2 項では,時不変の予測変数を含めることによって一般に分散成分の大きさがどのように変化するかを論じました.①時不変の予測変数は個人内の変動をあまり説明しないので,レベル 1 の分散成分 σ_ε^2 は相対的にあまり変化しませんが,②時不変な予測変数が初期状態または変化率の個人間変動をある程度説明する場合,レベル 2 の分散成分である σ_0^2, σ_1^2 は減少します.一方,時変の予測変数は個人内と個人間の両方で変動しますので,これら 3 つの分散成分すべてに影響し得ます.そして以下で示すように,レベル 1 の分散成分の大きさの減少は解釈することができますが,レベル 2 の分散成分の大きさの減少にはあまり意味がないことが多いです.

表 5.7 のモデル A と B を使って一般原則を示すことができます.無条件成長モデル (モデル A) に UNEMP を追加すると,個人内の分散成分 σ_ε^2 の大きさは 9.4% 減少します (68.85 から 62.39 になります).4.4.3 項の 4.13 式の方法論を用いると,時変の失業状態は CES-D 得点の変動の 9% 強を説明すると結論づけることができます.時変の予測変数はレベル 1 のモデルに追加され,レベル 1 の残差 ε_{ij} の大きさを減少させましたので,これはわかりやすい解釈です.

しかし,レベル 2 の分散成分 σ_0^2, σ_1^2 の観測された変動に意味づけを与えることは不可能に近いです.モデル A から B に移行すると,両方の推定値が増加するのです!この可能性は 4.4.3 項でふれましたが,実際にこのようなパターンに出くわすのはこれが初めてのケースになります.このレベル 2 の分散成分の変化では時変の予測変数の効果を評価できないという一見すると矛盾するようにも思える現象は,対応するレベル 1 サブモデルで説明されます.主効果としてであれ交互作用としてであれ,時変の予測変数を追加すると個人成長パラメータの意味が変わります.なぜならば,

- 切片パラメータ π_{0i} が,すべてのレベル 1 予測変数,つまり TIME だけでなく時変の予測変数の値も 0 であるときの結果変数の値になる,

- 傾きパラメータ π_{1i} が，時変の予測変数の効果を統制した，条件つきの変化率になる，

からです．各パラメータが表す母集団における量が変わると，対応するレベル2の分散成分の意味も変わります．ですので，こうした分散成分の大きさをモデル間で比較することには意味がないのです．

したがって，時変の予測変数をモデルに含めるかどうかを決めるにあたっては，時変の予測変数の固定効果と，対応する適合度指標に依拠しなければなりません．時変の予測変数を含めた際の分散成分の減少率を計算したい欲求にかられるかもしれませんが，それを行うための意味のある方法論は存在しません．

5.3.2 時変の予測変数の効果が時間とともに変化することを許容する

失業状態は軌跡の傾きにも影響するでしょうか？　以前の章では，最初に，予測変数を初期状態と変化率の両方に関連づけました．しかし，モデルBは $TIME$ と $UNEMP$ の主効果のみを含みますので，軌跡は平行に制約されています．

軌跡の傾きが失業状態によって変化するモデルを定式化する方法は多数あります．最初に試みるとよい最も簡単なアプローチは，主効果モデルに（ここでは $UNEMP$ と $TIME$ の）積を追加することです．

$$Y_{ij} = [\gamma_{00} + \gamma_{10} TIME_{ij} + \gamma_{20} UNEMP_{ij} + \gamma_{30} UNEMP_{ij} \times TIME_{ij}] \\ + [\zeta_{0i} + \zeta_{1i} TIME_{ij} + \varepsilon_{ij}] \quad (5.7)$$

5.7式は，時不変な予測変数と $TIME$ の交互作用を含む4.3式で示した合成モデルとよく似ていることがわかります．両者の違いは，単に表面上のものです．①実質的な予測変数（ここでは $UNEMP$，先の例では COA）が時間変化を表すための追加の添字 j を持つこと，そして，②関連する固定効果（γ）を異なる添字で表すこと，の2点です．

表5.7のモデルCはこのモデルをデータにあてはめた結果です．$TIME$ と $UNEMP$ の交互作用は統計的に有意でした（$\hat{\gamma}_{30} = -0.46$, $p < .05$）．どんな交互作用についてもいえることですが，これは2通りに解釈できます．①失業状態がCES-D得点に与える影響が時間とともに変動する，②時間経過に伴うCES-D得点の変化率が失業状態によって異なる，という2通りです．しかし，こうした解釈の問題にこだわるよりも，図5.4の中央に示したこのモデルの典型的な軌跡に注目してください．予期せぬパターンが見られます．CES-D得点は失業者では減少していますが，再雇用者ではその逆です．再雇用者のCES-D得点は増加しているように見えます！$TIME$ の主効果のパラメータ推定値 $\hat{\gamma}_{10} = 0.16$ をみると，この異例な現象の理由がわかります．つまり，それは統計的に有意ではなく，さらにその標準誤差 0.19 よりも小さな値です．再雇用者の変化率の推定値はゼロではありませんでしたが，母集団

の真の変化率がゼロであったとしてもこの値を得ることは十分あり得るのです．

このことから，再雇用者の軌跡の傾きを水平（つまりゼロ）と制約し，失業者の軌跡は時間とともに減少することを許した分析をした方がよいと考えられます．標準的な回帰モデルの場合と同様，この目的は $TIME$ の主効果を除くことで達成されます．

$$Y_{ij} = [\gamma_{00} + \gamma_{20} UNEMP_{ij} + \gamma_{30} UNEMP_{ij} \times TIME_{ij}] + [\zeta_{0i} + \zeta_{1i} TIME_{ij} + \varepsilon_{ij}] \tag{5.8}$$

このモデルをデータにあてはめ，失業状態ごとに得られたあてはめられた軌跡をみると，$UNEMP=0$ のとき $\hat{Y}_{ij} = \hat{\gamma}_{00}$，$UNEMP=1$ のとき $\hat{Y}_{ij} = (\hat{\gamma}_{00} + \hat{\gamma}_{20}) + \hat{\gamma}_{30} TIME_{ij}$ であることがわかります．

このモデルの構造的な部分は，望ましい特徴を持った軌跡をもたらします．つまり，①雇用者は，$\hat{\gamma}_{00}$ の水準で水平な直線を示し，②失業者は，切片 $\hat{\gamma}_{20} + \hat{\gamma}_{00}$，傾き $\hat{\gamma}_{30}$ の傾斜した直線を示します．

しかし，このモデルは構造的な部分と確率的な部分が一致していないため，これをあてはめることはしません．5.8式の2つの大括弧の集合の要素を比較すると，このモデルは①$TIME$ のランダム効果 ζ_{1i} を含む一方，対応する主効果は含まない（$TIME$ の主効果を除いたときにモデルから γ_{10} を除きました），②$UNEMP$ と $TIME$ の交互作用の固定効果（γ_{30}）を含む一方，対応するランダム効果は含まないことがわかります．したがって，固定効果とランダム効果をより適切に配置した代替案として

$$Y_{ij} = [\gamma_{00} + \gamma_{20} UNEMP_{ij} + \gamma_{30} UNEMP_{ij} \times TIME_{ij}] \\ + [\zeta_{0i} + \zeta_{3i} UNEMP_{ij} \times TIME_{ij} + \varepsilon_{ij}] \tag{5.9}$$

というモデルを考えます．ここでは $UNEMP \times TIME$ の交互作用項が，固定効果とランダム効果の両方として登場していることに注意してください．しかし，5.9式のモデルをデータにあてはめようとすると，AICとBICの値はモデルCの値と比べて大きな（つまり，悪い）値になります．このモデルは互いに完全にネストしていないので，検定を行うことができません．また結果を表5.7にも示していません．

したがって，モデルCが好ましいようにみえるかもしれません．しかしそう結論づける前に，前節で提起された問いを思い出しましょう．$UNEMP$ の効果は母集団の中で一定なのでしょうか．以前この効果を（$TIME$ の主効果を含むモデルBを拡張することによって）ランダムに変動させてみようとした際には，モデルをデータにあてはめることができませんでした．しかし今回は再雇用者の軌跡が水平になるようにモデルの構造的な部分を制約しましたので，5.8式にはおかしなところがあることがわかります．この式は誤差 ζ_{0i} を含めることで再雇用者の軌跡がランダムに変動することを許容しながら，非雇用者に関連する切片の増分 γ_{20} がランダムに変動することを許容していません（対応する誤差 ζ_{2i} がありません）．なぜ再雇用者の軌跡の水

平な水準がランダムに変動するのを許容しながら，この水平な水準の増加（これが失業者の切片となります）がランダムに変動することは許容しないのでしょうか．モデル C よりも 5.9 式のモデルのあてはまりが悪いのは，おそらくこの非現実的なほど厳しいランダム効果への制約のためと考えられます．

このことを確かめるため，次のモデル D をあてはめます．

$$Y_{ij} = [\gamma_{00} + \gamma_{20} UNEMP_{ij} + \gamma_{30} UNEMP_{ij} \times TIME_{ij}] \\ + [\zeta_{0i} + \zeta_{2i} UNEMP_{ij} + \zeta_{3i} UNEMP_{ij} \times TIME_{ij} + \varepsilon_{ij}] \quad (5.10)$$

このモデルは，各固定効果に対応するランダム効果を持つことを許容したものです．このモデルをあてはめた結果は表 5.7 の最後の列，および図 5.4 の右小図に示しました．解雇の直後には，母集団の平均的な失業者の CES-D 得点は 18.15（＝11.27＋6.88）となります．時間とともに新しい状態に慣れていき，CES-D 得点は月あたり－0.33 の割合で減少します（$p < .01$）．仕事を見つけた人の CES-D 得点は，仕事が前の解雇後すぐに見つかった場合には 6.88 点，12 か月後に見つかった場合には 2.92 点だけ（14.24－11.27）失業状態の人より低い値になります．以前失業状態だった人が職を見つけ雇用され続けた場合，CES-D 得点が時間を経て体系的に変化するという証拠は見つかりませんでした．このモデルは，モデル C よりも時間に伴う CES-D 得点の変化のパターンをより現実的に表現できていると考えられます．実質的な観点からよりすぐれているだけでなく，パラメータが（表 5.7 に示された分散成分や表には示されていない共分散成分も）追加されているにもかかわらず AIC の値はより良く，BIC はほとんど同等となっています．

この例が，時変の予測変数の効果についての重要な仮説の検証方法，さらに，どの結果変数が時間とともに変化するかを調べるほかの方法（ここでは CES-D 得点が時間だけでなく再雇用によっても変化する）を示してくれることを期待しています．6 章で示すように，時変の予測変数を含められることは，分析の機会を広げます．レベル 1 の個人の成長モデルが滑らかで線形である必要はなく，非連続や曲線でもよいのです．これによって，母集団の標本を生み出すプロセスについての仮定を，より良く反映したレベル 1 サブモデルを仮定し，あてはめることができるようになり，またそういった仮説がデータからどれだけ支持されるかを評価することができるようになります．しかしこうした種類の分析を行うための確かな基礎を築くためには，時変の予測変数を扱う上で生じるほかの問題についても考えなくてはなりません．まずは，中心化の問題から始めたいと思います．

5.3.3 時変の予測変数を再中心化する

4 章で時不変の予測変数に関連するパラメータの解釈を論じた際には，再中心化という方法について紹介しました．これは，予測変数の値から定数を引いて，そのパラ

メータの意味を変えることでした．予測変数の全標本平均を引き算することもありましたし（**全平均中心化**として知られています），実質科学的に関心のある値を引き算することもありました（たとえば修了した最終学年から9を引くなど）．ここでは時変の予測変数に使うことができる類似の方法論について述べます．

具体的に説明するため，表5.4にまとめられた高校中退者の賃金のデータを再び取り上げましょう．合成形のモデルCを，$Y_{ij} = [\gamma_{00} + \gamma_{10} TIME_{ij} + \gamma_{01}(HGC_i - 9) + \gamma_{12} BLACK_i \times TIME_{ij}] + [\zeta_{0i} + \zeta_{1i} TIME_{ij} + \varepsilon_{ij}]$ と表現することができます．このデータを集めた研究者たちが行なったように，地元地域における失業率 $UERATE$ という時変の予測変数が賃金に影響を与えている可能性を考えましょう．

$$Y_{ij} = [\gamma_{00} + \gamma_{10} TIME_{ij} + \gamma_{01}(HGC_i - 9) + \gamma_{12} BLACK_i \times TIME_{ij} \\ + \gamma_{20} UERATE_{ij}] + [\zeta_{0i} + \zeta_{1i} TIME_{ij} + \varepsilon_{ij}] \quad (5.11)$$

詳細な分析によって $UERATE$ の賃金の対数への効果は時間とともに変化しないことがわかりましたので，ここでは $UERATE$ の主効果に焦点を絞って扱います．

4.5.4項で述べた時不変な予測変数についての再中心化の方法論を用いると，$UERATE$ を分析に含める方法としては

- その素得点
- **個人―時点データセット**における全平均（7.73）からの偏差
- ほかの意味のある定数（たとえば研究時点における一般的な失業率である，6, 7, 8 など）からの偏差

といったものがあり得ます．どの方法論をとっても，実際上同じ結論に達します．5.11式のモデルをそれぞれについてあてはめると，たった1つの例外である切片 γ_{00} を除いては，まったく同じパラメータの推定値・標準誤差・適合度指標の値が得られます．5.11式をよく見るとこの理由がわかります．回帰分析の場合と同様に，主効果を追加してもモデルの残りのパラメータの意味は変わりません．$UERATE$ が素得点の場合，γ_{00} は失業がない地域に住む（$UERATE = 0$）9年生で退学した（$HGC - 9 = 0$）アフリカ系男性の最初の雇用日（$EXPER = 0$）の平均対数賃金の推定値を表します．$UERATE$ が全平均で中心化されている場合には，γ_{00} は「平均」的な失業率の地域に住む同様の男性の平均対数賃金の推定値を与えます．しかしこの「平均」は測定時点と測定回数が人によって異なる個人―時点データセットについて計算されますので，実際的にはあまり意味がないかもしれません．

したがって，時変の予測変数を再中心化する場合には，全平均ではなく実質的な意味のある定数（例えばここでは7）を使って中心化することがしばしば好まれます．これによって，γ_{00} は失業率が7％の地域に住む人の平均的な対数賃金を表すことになります．このモデルをあてはめた結果が，表5.8の最初の列に示されています．5.2.1項と同様に，このパラメータの推定値は $100(e^{(-0.0120)} - 1) = -1.2$ を計算するこ

とによって解釈できます．つまり，地域の失業率の1％の差は，対応する賃金の1.2％の減少と関連づけられることになります．

中心化がモデルの解釈にあまり影響を与えないとすれば，どうしてこの話題を取り上げたのか疑問に思われるかもしれません．その理由は3つあります．①この話題がマルチレベルモデルの文献で大きな関心を集めていること（例：Kreftら，1995；Hofmann & Gavin, 1998），②コンピュータプログラムによっては，予測変数をインタラクティヴなメニューの単純なボタン操作によって簡単に再中心化できる機能を提供していること，③このほかにも意味のある再中心化の方法があること，です．1つの定数を使って再中心化ができるだけでなく，個人ごとに与えられたたくさんの定数

表 5.8 高校中退者の賃金データ（$n=888$）についての表5.4のモデルCで，地域の失業率（$UERATE$）に時間変化する予測変数の3種類の異なる定式化を追加した結果

		パラメータ	モデルA (7で中心化)	モデルB (個人内で中心化)	モデルC (時点1で中心化)
固定効果					
初期値 π_{0i}	切片	γ_{00}	1.7490***	1.8743***	1.8693***
			(0.0114)	(0.0295)	(0.0260)
	($HGC-9$)	γ_{01}	0.0400***	0.0402***	0.0399***
			(0.0064)	(0.0064)	(0.0064)
	$UERATE$	γ_{20}	-0.0120***	-0.0177***	-0.0162***
			(0.0018)	(0.0035)	(0.0027)
	中心値からの $UERATE$ の偏差	γ_{30}		-0.0099***	-0.0103***
				(0.0021)	(0.0019)
変化率 π_{1i}	切片	γ_{10}	0.0441***	0.0451*	0.0448***
			(0.0026)	(0.0027)	(0.0026)
	$BLACK$	γ_{12}	-0.0182***	-0.0189***	-0.0183***
			(0.0045)	(0.0045)	(0.0045)
分散成分					
レベル1	個人内	σ_ε^2	0.0948***	0.0948***	0.0948***
レベル2	初期値	σ_0^2	0.0506***	0.0510***	0.0503***
	変化率	σ_1^2	0.0016***	0.0016***	0.0016***
適合度					
	乖離度		4830.5	4827.0	4825.8
	AIC		4848.5	4847.0	4845.8
	BIC		4891.6	4894.9	4893.7

*：$p<.05$，**：$p<.01$，***：$p<.001$．
モデルAは（$UERATE-7$）を追加．モデルBは各個人の平均で $UERATE$ を中心化．
モデルCは各個人の最初の測定時点における $UERATE$ の値で $UERATE$ を中心化．
（注） SAS PROC MIXED による完全最尤推定．共分散成分 σ_{01} も推定したが，表中には示していない．

を使った再中心化も行うことができます．この方法は文脈内もしくは群平均の中心化としても知られており，以下で紹介します．

文脈内中心化の背後にある基本的な考え方はシンプルです．それは，時変の予測変数を1つの変数を使って表す代わりに，予測変数を，結果変数の個々の変動要因を別々に表す複数の成分変数へと分解するというものです．時変の予測変数を分解する方法には様々なものがありますが，ここでは特に2つを述べておきます．

- 個人内中心化：個人 i についての平均失業率 $\overline{UERATE_{i0}}$ と，この平均からの各時点での失業率の偏差（$UERATE_{ij} - \overline{UERATE_{i0}}$）を含める．
- 時点1中心化：個人 i についての時点1での失業率 $UERATE_{i1}$ と，この初期値からの以降の失業率の偏差（$UERATE_{ij} - UERATE_{i1}$）を含める．

文脈内中心化を用いると，時変の予測変数を複数の方法で表現することができます．個人内中心化を行うと時不変な平均の値とこの平均からの偏差，時点1中心化を行うと時不変な初期値とその値からの偏差で表現できます．このほかに考えられる文脈内中心化法についてもいえることですが，上記の両者の目的は，予測変数をその効果についてより洞察を与えてくれる方法で表現することです（もちろん，個人内中心化は後の節で述べるような内生性の解釈の問題を生じます）．

表5.8の最後の2つの列は，変化についてのマルチレベルモデルを個人内中心化された $UERATE$ を使ってあてはめた結果（モデルB）および同じく時点1中心化された $UERATE$ での結果（モデルC）を表します．それぞれが，地域の失業率が中退者の賃金に与える負の影響について異なる観点からの知見を与えてくれます．モデルBは，賃金と失業率の2つの側面との関連を明らかにします．それは，①その経時的な平均，つまり平均的な失業率が低いほど賃金も低いこと，②それぞれの時点における平均と比較した相対的な大きさ，です．モデルCは賃金が時間変化する失業率の別の2つの側面と関連することを示しています．それは①中退者が最初に労働市場に入ったときのその初期値，②この初期値からの後続のそれぞれの時点における増分もしくは減少分です．これらの中心化という選択肢のいずれかは，素得点を用いた時に比べて明らかにすぐれているでしょうか？　互いにモデルがネストしていませんので乖離度統計量は計算できませんが，AICおよびBICの値を比較すると，これら3つはおよそ同等でしたが，BICはややモデルAを支持し，AICはややモデルCを支持しました．

時変の予測変数の効果を表すための方法論は，ここで示したものが唯一というわけではありません．これを最初に紹介したのは，予測変数の効果を表す面白い方法をみなさんが実質的に考える助けになればと願ってのことです．常に中心化しろ，もしくはするな，と定められた通りに推奨することは建設的ではありません．そうではなく，どんな表現を行うとあなたが研究の対象としている現象についてもっとも良い知

5.3.4 重要な注意：逆方向因果の問題

個人の変化する特徴とその環境との間の関係，もしくは個人の結果変数の間の関係を統計モデルによって表現できる可能性には，多くの研究者が興奮します．しかしながら，ここでは，時変の予測変数が示す解釈の困難性に焦点をあてたいと思います．一般に**逆方向因果**もしくは**内生性**として知られるこの問題は，「鶏が先か卵が先か」という常套句と同種のものです．X と Y の間に相関があるとき，$\dot{X}$ が $\dot{Y}$ の原因であると結論づけることができるでしょうか．それとも $\dot{Y}$ が $\dot{X}$ の原因である可能性もあるでしょうか．

すべてではありませんが，多くの時変の予測変数にはこの種の問題が生じます．どのようなものが最も影響を受けやすいかを明らかにするため，時変の予測変数を4つのグループに分けましょう．すなわち，**確定した** (defined) **変数**, **付属する** (ancillary) **変数**, **文脈的な** (contextual) **変数**, **内的な** (internal) **変数**[2]です．個人の成長モデリングの文脈では，分類は予測変数の時点 t_{ij} における値が①事前に与えられているか，と②参加者の同時結果変数に影響を受けている可能性があるか，の度合いに基づきます．参加者が自身の予測変数の値を管理することが可能であればあるほど，推論は困難になります．

データの収集以前に研究対象となる全員の時間変化する予測変数の値があらかじめ決定している場合，それを**確定した変数**と呼びます．確定した予測変数の値は誰も（被験者も研究者も）その値を変えることができませんので，逆方向因果の問題には影響を与えません．ほとんどの確定した変数はそれ自体が時間の関数です．*TIME* の値はただ単に測定値の時点に依存しますので，*TIME* に関するすべての表現は常に確定した変数となります．時間の周期的な側面を反映する，季節（秋，夏，…）や記念日（記念月，非記念月）などは，その定量化方法が選ばれた時点でその値も決まりますので，やはり時変の予測変数です．外的なスケジュールによって値が決まる予測変数もやはり確定した変数です．Ginexi ら (2000) が仮に各参加者の時間変化する失業保険という変数を加えていたとすれば，失業保険の支給額は同一のスケジュールを反映するだけですのでその値は確定した変数です．同様に，無作為化試験において時変の漸減投薬計画の効果を比較する場合には，研究者が事前に投薬量のスケジュールをすべて決めておけば，個人の服薬量は確定した変数です．異なる個人は異なる量

---

[2]「確定した」「付属する」「内的な」という用語は Kalbfleisch & Prentice (1980) によって最初に導入されました．もう1つののカテゴリである「文脈的な」は，Blossfeld & Rohwer (1995) と Lancaster (1990) のアイディアに基づくものです．

を異なる時点で服薬しても，その投薬スケジュールがあらかじめ定められたものであれば，予測変数は確定した変数です．

時変の予測変数の値は参加者とは無関係な外部の確率的な過程によって決まるため，被験者によって影響されないとき，それを**付属する**変数と呼びます．ここで「確率的な過程」という言葉を使ったのは，確定した予測変数と違い，付属する予測変数は時間とともに不規則にふるまい得ることを強調するためです．被験者の誰もが直接的に付属する予測変数の値に影響を与えることはできないため，逆方向因果の問題には影響を与えません．大半の付属する予測変数は，被験者が生きている物理的もしくは社会的な環境の変化し得る特性を潜在的に評価するものです．例えばSouth(1995)の離婚の研究では，米国を382の結婚市場地域に分け，国勢調査のデータを用いて，各市場において別の配偶者を得ることのできる可能性を評価する時変の予測変数を構成しました．この**結婚可能性指標**は，被験者にとっての「その地域で結婚することが可能な」未婚者の数を，被験者の配偶者にとっての「その地域で結婚することが可能な」未婚者の数と対比したものです．被験者は全員既婚であり地域の結婚市場の一部とはなり得なかったため，この予測変数は付属的な変数です．これから結婚しようとする人の研究の場合のように被験者が地域市場の一部になる場合には，この予測変数は近似的に付属する変数といえます．なぜなら，①最も小さい結婚市場でも50万人の人がおり，1人の被験者が与えられる寄与は無視できる程度であり，②配偶者を見つけられるかどうかの可能性によって，ある特定の地域に移動する個人は少ないからです．この論理に従うと，高校退学者の賃金の分析データで使われた地域の失業率は，近似的に付属する変数だといえます．ほかの付属する予測変数としては，天気(Young, Meaden, Fogg, Cherin, & Eastman, 1997)やランダムに割りあてられた処遇があります．

文脈的な時変の予測変数も同様に「外的な」確率的過程を記述するものですが，夫と妻，親と子，教師と生徒，雇用者と従業員などのようにより関係が近いものである場合です．関係が近接しているため，文脈的な予測変数は個人の同時結果変数の値によって影響されることがあります．そしてその場合，逆方向因果の問題を生じ得ます．逆方向因果が問題であるかどうかを評価するためには，特定の状況を分析しなければなりません．例えば，両親の離婚がメンタルヘルスに及ぼす影響を30年にわたって調べたCherlin, Chase-Lansdale, & McRae(1998)の研究では，7～10歳，11～15歳，16～22歳，23～33歳の4つの発達段階において子どもが両親の離婚を経験したか否かという時変の予測変数を含めました．参加者の感情的な問題の水準が両親の離婚や離婚のタイミングに影響を与えるとは考えにくいので，これらの文脈的な時変の予測変数は解釈上問題にはならなそうです．しかし，保育所の質と子どもの早期の認知・言語発達の関係を3年間にわたって調べたBurchinalら(2000)の研究は，よ

5.3 時変の予測変数

り困難な問題に直面します．両親は特定のスキルを重視してはっきりと特定の保育所を選択するかもしれませんので，保育所の質と子どもの発達の間に観測された関係は，保育所の質から子どもの発達への因果ではなく，子どもの発達から保育所の質への因果かもしれないのです．このような批判が合理的に思える際には，以下で述べるように，文脈的な時変の予測変数を内的な変数であるかのように扱い，逆方向因果の問題に対処することが推奨されます．

内的な時変の予測変数は，個人の時間とともに潜在的に変化し得る状態を記述するものです．**心理的な**状態（気分や満足度）を記述するものもあれば，**身体的な**状態（呼吸器の機能，血圧）を記述するものもあり，**社会的な**状態（既婚／未婚，雇用／失業）を記述するものも，その他の特性を表すものもあります．若者の喫煙を4年間調べた Killen, Robinson, Haydel ら (1997) の研究では，喫煙する友人の数や飲酒の頻度から，参加者の身長や体重といったものまで，様々な内的な予測変数の値を毎年調べました．少年の素行（行為）障害を4年間調べた Lahey, McBurnett, Loeber, & Hart (1995) の研究では，入院・外来双方の心理療法，服薬，そして話し合い療法など様々に受けた治療方法に関するデータを年ごとに収集しました．

内的な時変の予測変数は，解釈にあたって深刻なジレンマを提起します．例えば，若者が喫煙を始めたので，喫煙者の友人の数が増え，飲酒回数も増え，体重が落ちるのだと論じるのは合理的ではないでしょうか．同様に，子どもの行動が悪化したので親が心理療法を始めようとする可能性はないでしょうか．因果の方向としては予測変数から結果変数への向きですが，実際は逆にもなり得ます．縦断データやそれに関係する統計モデルは，こうした問題を解決するべきだと思う読者もいるかもしれません．しかし，逆方向の矢印について解決するのは非常に難しいのです．モデルが時変の予測変数と結果変数について同時点での情報を結ぶ限りにおいては，縦断的な問題を横断的な問題へと効率的に変換し，逆方向因果の問題を考えることになります．

内的および文脈的な時間変化する予測変数の概念的な問題はわかりましたが，それではどうすればよいでしょうか．ここでは，推奨したい具体的な方法が2つあります．第一に，理論を指針として，最も厳しい批判を考え，結果の推論が逆方向因果の影響を受けるかどうかを決めてください．第二に，データが許すならば，個人—時点データセットの各レコードの予測変数の値が暦年で1時点前の時間変化するポイントを表すように，予測変数をコーディングすることを考えてください．結局のところ，変化についてのマルチレベルモデルにおいて同時点でのデータのコーディングをしなければならない理由はないのです．多くの研究者は，何も考えずに同時点での値を使います．しかし，予測変数の以前の状態の値を，結果変数の現在の値と結びつける方がしばしば論理的です．

たとえば，Lahey ら (1995) の少年の素行（行為）障害 (CD) の研究では，治療を

表す時変の予測変数をコーディングする3つの方法が（下記のように）注意深く記述されています．

「各ケースにおいて，治療方法が直前の12か月（強調は著者が追加）のうちすべてもしくは一部において提供されていた場合には，治療が行われたと考えた．…さらに，各年でのCD症状の数が治療の累積年数の影響を受けているか否かを調べるために，治療を受けた累積年数を時間変化する共変量として治療の分析を繰り返した．最後に，翌年でのCD症状の数に及ぼす治療の影響を調べるため，遅延年数を1とした時間差分析を行った．」(p. 90)

各年の結果変数を以前の治療データと結びつけることによって，研究者たちは，逆方向因果の問題のせいで自分たちの研究成果がかすんでしまう可能性を排除しています．同様に，前年のデータから作られた予測変数について，いくつか別のコーディング方法について注意深く記述することによって，研究の信頼度は上がり，より思慮に富んだ研究となっています．

Ginexiら(2000)の失業と抑うつの関係の研究については，逆方向因果の問題にどのように答えることができるでしょうか．CES-D得点が時間とともに減少した人は，得点が変わらなかったり増加したりした人よりも，より仕事を見つけやすいのではないかという批判があり得るかもしれません．そうであるならば，観測された再雇用とCES-D得点の間の関係は，CES-Dが雇用に与える効果の結果であり，雇用がCES-D得点に与える効果ではないかもしれません．この批判に反論するために，再雇用の予測変数が，2度目以降のインタビューにおいてその人がいま現在雇用されているかを示す値であることを強調しておきます．そのため，再雇用の時点はCES-D得点のデータ収集よりも，時間的に前なのです．この研究デザイン上の特徴によって，観測された失業と抑うつの関係が逆方向因果の結果であるとする可能性を弱めることができます．もしCES-D得点と再雇用データが同時に収集されていたならば，この議論をまとめるのはより難しくなっていたでしょう．

私たちが言いたいのはシンプルなことです．時変の予測変数と時変の結果変数が関係づけられたからといって，その関係が因果的であることは保証されていません．縦断データは時間的な順序の問題を解決する助けとなりますが，時変の予測変数を含めることは縦断モデルが目的とした問題の解決を混乱させることがあります．さらに，第II巻で述べるように，逆方向因果の問題は事象の生起を研究する場合には，結果変数と予測変数との関連がこれまで述べたものよりもさらに弱くなり，いっそう難しい問題になります．しかし，これは時変の予測変数をモデルに含めてはいけないということではありません．そうではなく，こうした予測変数がもたらす問題を理解していなければいけないということであり，また縦断データだけで逆方向因果の問題が解決できると単純に考えることはできないのだということです．

5.4 *TIME* の効果の再中心化

TIME は基本的な時変の予測変数です．したがって，実質的な時変の予測変数を再中心化することに解釈上の利点があるならば，*TIME* の再中心化は理にかなったことです．この節では，関連するものの少しずつ異なるリサーチ・クエスチョンに取り組むための様々なレベル1の個人成長パラメータの，様々な再中心化の方法論について論じます．

これまでには，レベル1の切片 π_{0i} が個人 i の真の初期状態を表すように，*TIME* を再中心化することが多くありました．もちろん，この参加者の「初期状態」に対応する時間は文脈依存的なものです．特定の暦年齢（例：3歳，6.5歳，13歳）であることもありますし，様々なイベントの生起（労働力人口への参入もしくは脱退）であることもあります．理にかなった開始点を選ぶためには，できればデータ収集を行う期間内で，研究の過程に本質的な意味を持つ最初の時点を選びます．この方法により，すべてのパラメータが直接的そして本質的に解釈可能であるレベル2サブモデルが得られることになります．また切片 π_{0i} に対応する *TIME* の値が，*TIME* の観測された範囲内にあることも保証されます．必然的に，このアプローチからは切片が軌跡の概念的な「開始点」であるという直観を反映するレベル1のサブモデルが得られます．

このアプローチは説得力があるものですが，唯一絶対のものではありません．モデルの定式化とパラメータの解釈に満足したら，ほかの方法論も気になってくるでしょう．大うつ病患者への抗うつ薬の効果を評価した Tomarken, Shelton, Elkins, & Anderson (1997) の無作為化試験のデータを使って，ほかの方法論を紹介しましょう．この研究は，睡眠遮断を含む，薬を使わない治療法をすでに受けた73名の男女の入院から始まります．介入前夜には，各実験参加者をまったく眠らせないようにします．翌日，参加者は1週間分の薬（偽薬もしくは処方薬）と気分日記（ポジティヴ・ネガティヴな気分を5件法で評価してもらうもの）とポケベルを持って家に帰されます．そこから1か月，午前8時，午後3時，午後10時の1日3回，参加者には気分日記に回答するようメッセージが送られます．ここでは参加者のポジティヴな気分に注目して，最初の一週間のデータを分析します．完全に回答すれば，各参加者には21時点のデータがあるはずです．2人の参加者は非協力的で，2回と12回のデータ点しか得られませんでした．しかし，ほかの参加者は協力的で，少なくとも16のデータ点が得られました．

表5.9は時間を変数化するための，相互に関連しますが異なる方法を7通りの変数で示したものです．最も単純な *WAVE* は，1から21まで変化します．データの処

表 5.9　抗うつ薬試験における $TIME$ の様々なコーディング方法

WAVE	DAY	READING	TIME OF DAY	TIME	$(TIME-3.33)$	$(TIME-6.67)$
1	0	8 A.M.	0.00	0.00	-3.33	-6.67
2	0	3 P.M.	0.33	0.33	-3.00	-6.33
3	0	10 P.M.	0.67	0.67	-2.67	-6.00
4	1	8 A.M.	0.00	1.00	-2.33	-5.67
5	1	3 P.M.	0.33	1.33	-2.00	-5.33
6	1	10 P.M.	0.67	1.67	-1.67	-5.00
...						
11	3	3 P.M.	0.33	3.33	0.00	-3.33
...						
16	5	8 A.M.	0.00	5.00	1.67	-1.67
17	5	3 P.M.	0.33	5.33	2.00	-1.33
18	5	10 P.M.	0.67	5.67	2.33	-1.00
19	6	8 A.M.	0.00	6.00	2.67	-0.67
20	6	3 P.M.	0.33	6.33	3.00	-0.33
21	6	10 P.M.	0.67	6.67	3.33	0.00

理にはよいですが，一般に1週間を21の概念的な要素に分割することはあまりありませんので，その律動にはあまり直観的な意味はありません．DAY は粗いですが非常に直観的です．しかし，午前・午後・夜のデータ点を区別できません．このより細かな情報を含めるための1つの方法は，第二の時間的な変数，たとえば $READING$ や $TIME\ OF\ DAY$ といったものも含めることです．前者の定量化方法は分析しにくいですが，後者は理解しやすいものです．すなわち，朝のデータ点は0，午後は0.33，夜は0.67です（24時間表示の時計を使って，等間隔でない値を割り当てることもできます）．同一日内のデータ点を区別するほかの方法としては，時間の両方の側面を統合する単一の変数を作ることが考えられます．次の3つの変数である $TIME$，$TIME-3.33$，$TIME-6.67$ はこの目的にかなうものです．最初の $TIME$ はこれまでの時間変数と同様に働きます．つまり，初期状態で中心化されたものです．ほかの2つは $TIME$ の線形変換であり，1つは3.33という研究の中間時点で中心化されており，もう1つは6.67という研究の最終時点で中心化されています．

このように様々な変数を作りましたので，それぞれに別個のモデルを考えることができます．長々とした記述を続けることを避けるため，一般的な定数 c で中心化された一般的な時間変数 T を使った一般的なモデルを考えましょう．

$$Y_{ij} = \pi_{0i} + \pi_{1i}(T_{ij}-c) + \varepsilon_{ij} \tag{5.12a}$$

処遇の効果についての，これに対応するレベル2のモデルは

$$\begin{aligned}\pi_{0i} &= \gamma_{00} + \gamma_{01} TREAT_i + \zeta_{0i}\\ \pi_{1i} &= \gamma_{10} + \gamma_{11} TREAT_i + \zeta_{1i}\end{aligned} \tag{5.12b}$$

5.4 TIME の効果の再中心化

と書くことができ,残差には標準的な正規分布の仮定を用いることができます.このモデルは表5.9の時間的変数の大半(同一日内のデータ点を区別するものを除いて)に用いることができます.

表5.10に,TIME,TIME-3.33,TIME-6.67という3つの異なる時間的変数を用いて,この一般的なモデルをあてはめた結果を示しました.TIMEの初期状態の表現からみていきましょう.線形変化についても処遇についても帰無仮説を棄却することができませんでしたので,以下のように結論づけました.①平均的に,時間に伴うポジティヴな気分に線形のトレンドはない ($\hat{\gamma}_{10}=-2.42$, n.s.),②無作為化が期待通りにいっており,研究開始時点では,群は区別できない ($\hat{\gamma}_{01}=-3.11$, n.s.).TREATが線形変化に与える統計的に有意な効果 ($\hat{\gamma}_{11}=5.54$, $p<.05$) は,軌跡の傾きが異なることを示します.図5.5の典型的な軌跡はこうした結果を表しています.平均的に,2群は開始時点で区別できませんが,時間とともに処遇群のポジティヴな気分の得点は増加し,対照群では減少します.切片の分散成分 ($\hat{\sigma}_0^2=$

表 5.10 抗うつ薬試験におけるポジティヴ気分得点への処方の効果を評価するときの,TIME の主効果の様々な表現による結果 ($n=73$)

		パラメータ	レベル1モデルでの時間的な予測変数		
			TIME	(TIME-3.33)	(TIME-6.67)
固定効果					
レベル1 切片 π_{0i}	切片	γ_{00}	167.46***	159.40***	151.34***
			(9.33)	(8.76)	(11.54)
	TREAT	γ_{01}	-3.11	15.35	33.80*
			(12.33)	(11.54)	(15.16)
変化率 π_{1i}	切片	γ_{10}	-2.42	-2.42	-2.42
			(1.73)	(1.73)	(1.73)
	TREAT	γ_{11}	5.54*	5.54*	5.54*
			(2.28)	(2.28)	(2.28)
分散成分					
レベル1	個人内	σ_ε^2	1229.93***	1229.93***	1229.93***
レベル2	レベル1切片	σ_0^2	2111.33***	2008.72***	3322.45***
	変化率	σ_1^2	63.74***	63.74***	63.74***
	共分散	σ_{01}	-121.62*	90.83	303.28***
適合度					
	乖離度		12680.5	12680.5	12680.5
	AIC		12696.5	12696.5	12696.5
	BIC		12714.8	12714.8	12714.8

*:$p<.05$, **:$p<.01$, ***:$p<.001$.
TIME は初期時点,中間時点,最終時点で中心化.
(注) SAS PROC MIXED による完全最尤推定.

2111.33, $p<.01$) と線形変化の分散成分（$\hat{\sigma}_1^2=63.74$, $p<.001$）がそれぞれ統計的に有意ですが，これは，それらのパラメータの本質的なばらつきがまだ説明されずに残っていることを意味しています．

　中心化の定数を 0（初期状態），3.33（研究の中間時点），6.67（研究の最終時点）と動かすと，何が起きたでしょうか．期待される通り，同じままの推定値もあれば，変化する推定値もあります．一般原則はシンプルです．すなわち，傾きに関係するパラメータは変化せず，切片に関係するパラメータは変化します．変化しないものとしては，線形変化率（$\hat{\gamma}_{10}=-2.42$, $n.s.$）と処遇の変化率への効果（$\hat{\gamma}_{11}=5.54$, $p<.05$）があげられます．同様に，変化率の残差分散（$\hat{\sigma}_1^2=63.74$, $p<.001$）と個人内残差分散（$\hat{\sigma}_e^2=1229.93$）の推定値も変化しません．さらに，より重要なことは，これらのモデルは構造的に同一ですので，乖離度と AIC, BIC の値も変化しないということです．

　これらのモデルで変化するのは，軌跡の係留点の位置（開始点か，中間時点か，最終時点か）です．切片とはこの係留点のことですので，各モデルは切片に関して異なる仮説の集合を検定します．c を変えることは係留点を変えることであり，その推定値と解釈が変わります．5.12a 式と 5.12b 式の一般モデルについていえば，γ_{00} は時点 c における母集団の平均的な変化の軌跡の上昇を評価し，γ_{01} は時点 c における群間のこの軌跡の上昇の差分を評価します．σ_0^2 は時点 c における真の状態での母集団分散を表し，σ_{01} は時点 c における真の状態と Y の単位変化率との母集団共分散を

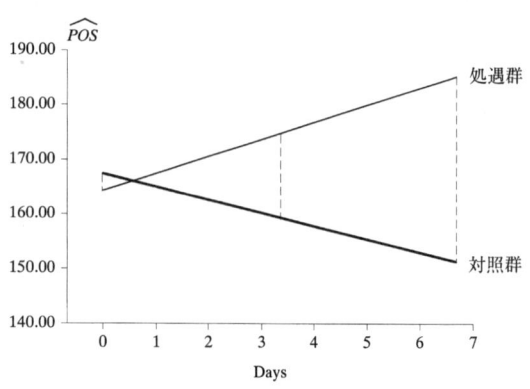

図 5.5　$TIME$ の効果を再基準化することの結果を理解するための図

抗うつ実験における個人×$TREATMENT$ の典型的な軌跡．縦の点線は時間が研究の初期時点 (0)，中間時点 (3.33)，最終時点 (6.67) でそれぞれ中心化されたときの $TREATMENT$ の効果の大きさを反映している．

5.4 TIME の効果の再中心化

表します．

このような一般的な記述は不自然なものにみえてしまいますが，適切に中心化定数を選択すると，シンプルで洗練された解釈を導くことができます．c をこの研究の中間時点である 3.33 に選ぶと，切片パラメータは週の真ん中での効果を評価するものになります．処遇は依然として有意ではありませんので（$\hat{\gamma}_{01} = 15.35$, $n.s.$），この時点でも 2 つの軌跡の平均的な上昇は区別できないと結論づけます．c をこの研究の最終時点である 6.67 に選択すると，切片パラメータは週の終わりでの効果を評価するものになります．これによって重要な発見がもたらされます．最初でも中間時点でも群間差が有意でないという結論に変わって，統計的に有意な処遇の効果が見つかります（$\hat{\gamma}_{01} = 33.80$, $p < .05$）．抗うつのための治療を行って 1 週間経過すると，処遇群の平均的なポジティヴな気分得点は，対照群の平均的な構成員とは異なるのです．

基本的なモデルは変わらないというのに，TIME の中心化定数を変えることが，どのようにしてこんなにも大きな影響を与えたのでしょうか．図 5.5 の典型的なプロットの縦の点線が，その説明を与えてくれます．特定の中心化定数を選択することによって，残りの推定値はその特定の時点での軌跡の挙動を記述するようになります．軌跡の係留点を変えることは，焦点となる比較の位置を変えることなのです．もちろん，この対比の事後検定を（4.7 節の方法を使って）行い，同じ結論を得ることもできます．しかしデータ解析にあたっては，最も関心のある仮説についての検定結果を自動的に導くようにレベル 1 のパラメータを構成する方が簡単である場合が多くあります．したがって，パラメータが直接解釈可能であるように，レベル 1 サブモデルの TIME のスケールを決めることを推奨します．初期状態でうまくいくことも多いですが，ほかの選択肢もあるのです．全体の研究の長さに本質的な意味がある場合には，中間時点を使うことが特に有効です．最後の状態に特に関心がある場合には，最終時点を使うことが特に有効です．

統計的な観点からも，TIME を再中心化することの必要性がわかります．表 5.10 に示すように，特定のランダム効果の中心を変えると，その解釈が変わり，もちろん値も変わります．特にここでは，再中心化がレベル 1 モデルの切片と傾きの間の共分散 σ_{01} に及ぼす効果に注目します．再中心化はこのパラメータの大きさだけでなく，符号にも影響を与えることがあるのです．このデータでは，中心化定数を変化させると，切片と傾きパラメータの共分散は -121.62 から 90.83 へ，そして 303.28 へと変わります．これは，相関係数に変換すると，それぞれ -0.33, 0.25, 0.66 の値です．ご想像いただけるかと思いますが，仮にデータの範囲を超えてもっと大きな中心化定数を選択したならば，パラメータ間の相関係数が 1.00 に近くなるようなモデルを作ることも可能です．Rogosa & Willett(1985) が示すように，どんな時でも中心化定数を変えることによってレベル 1 の成長パラメータ間の相関係数を変化させることが

できます.

　中心化定数を変えるとレベル1の個々の成長パラメータ間の相関係数も変わるということを理解することは，分析上重要な意味を持ちます．5.2.2項を思い出してください．そこでは，切片と傾きの間の相関があまりに高いモデルをあてはめようとすると，繰り返し計算のアルゴリズムが収束せず，安定した推定値を得られないという境界制約の可能性について述べました．ここでは，真の切片と真の傾きの間の相関があまりに高い場合，モデルのあてはめを妨げてしまう可能性があることを紹介しておきます．このような事態が生じた場合は，TIMEを再中心化することで問題を改善できることがあります.

　時間の再中心化には，もう1つ別の理由もあります．それは，再中心化によってシンプルなレベル1モデルが得られる場合があることです．このためには，切片パラメータの必要性を完全に除去するような中心化定数があるだろうか？と自問しなければなりません．もしこれが見つかれば，研究対象の過程を有効に表現するのに必要なパラメータ数を減少させることができます．Huttenlocher, Haight, Bryk, Seltzer, & Lyons(1991)の研究では，まさにこれが見つかりました．彼女らは月齢12か月から26か月までの間の22名の乳幼児から，最大6回の測定時点において子どもの語彙量に関するデータを集めました．子どもの語彙がまったくない月齢もあると考えられることから，彼女らはTIMEを9, 10, 11, 12か月といったいくつかの初期の値について中心化しました．彼女らの分析では，月齢12か月を使って中心化するとレベル1サブモデルの切片パラメータが除去され，分析を大幅にシンプルにできることがわかりました.

　レベル1のサブモデルの切片だけではなく傾きも変化させられるTIMEの設定の仕方があると結論することができます．たとえば，切片や傾きを用いるのではなく，初期状態や最終状態を表現するパラメータを用いるモデルを定式化することも可能です．これをするためには，新しく2つのパラメータを作る必要があります．1つはそれぞれの特徴を記録するためのもの，もう1つは独立した切片項を除去するためのものです.

　レベル1の各成長パラメータが初期状態と最終状態を表す変化についてのマルチレベルモデルをあてはめるには，次のモデルを用います.

$$Y_{ij} = \pi_{0i}\left(\frac{TIME\text{の最大値}-TIME_{ij}}{TIME\text{の最大値}-TIME\text{の最小値}}\right) + \pi_{1i}\left(\frac{TIME_{ij}-TIME\text{の最小値}}{TIME\text{の最大値}-TIME\text{の最小値}}\right) + \varepsilon_{ij} \quad (5.13a)$$

抗うつ薬試験の文脈では最も初期の測定時点が時点0，最終時点が時点6.67でしたので，次のようなモデルになります.

5.4 TIME の効果の再中心化

$$Y_{ij} = \pi_{0i}\left(\frac{6.67 - TIME_{ij}}{6.67}\right) + \pi_{1i}\left(\frac{TIME_{ij}}{6.67}\right) + \varepsilon_{ij}$$

一見そうは見えないかもしれませんが，このモデルはもう1つの線形成長モデルと同一です．違いはパラメータの解釈が新しくなることだけです．5.13a 式はかつてのように「切片」項を含まず，異なる2つの予測変数に TIME が2度登場してはいますが，しかし両者のモデルは同一です．

このモデルの個々の成長パラメータが個人 i の初期状態と最終状態をどのように表すかを理解するため，TIME の最小値と最大値（0 と 6.67）を代入して式を簡単にしてみましょう．TIME$=0$ のときは，参加者の初期状態を表します．このとき，5.13a 式の第二の項は消え，第一の項は π_{0i} になりますので，個人 i の初期状態は $\pi_{0i} + \varepsilon_{ij}$ になります．同様に，TIME$=6.67$ のときは参加者の最終状態を表します．このとき，5.13a 式の最初の項は消え，第二の項は π_{1i} になりますので，個人 i の最終状態は $\pi_{1i} + \varepsilon_{ij}$ になります．

そして，標準的なレベル 2 サブモデルを定式化することができます．例えば

$$\begin{aligned}\pi_{0i} &= \gamma_{00} + \gamma_{01} TREAT_i + \zeta_{0i} \\ \pi_{1i} &= \gamma_{10} + \gamma_{11} TREAT_i + \zeta_{1i}\end{aligned} \quad (5.13b)$$

です．残差には標準的な正規分布の仮定を用います．このモデルをデータにあてはめると，以前と同じ乖離度統計量の値（12680.5）が得られますので，このモデルが表 5.10 の 3 つの線型モデルと同一であると確信を強めてもらえると思います．パラメータの推定値については，今回の結果と表 5.10 の抜粋された結果との類似性に注目してください．

$$\begin{aligned}\hat{\pi}_{0i} &= 167.46 - 3.11 TREAT_i \\ \hat{\pi}_{1i} &= 151.34 + 33.80 TREAT_i\end{aligned}$$

最初のモデルは，対照群における初期状態を 167.46 と推定し，処遇群との初期状態における差分を -3.11 と推定しています．第二のモデルでは，対照群における最終状態を 151.34 と推定し，処遇群との最終状態における差分を 33.80 と推定しています．

この通常とは異なるパラメータ化によって，初期状態と最終状態についての問いに同時に答えることができました．これらの問いを同時に分析できることは，最初の測定時点と最後の測定時点との別々の分析に基づいた断片的なアプローチよりもすぐれています．時間と労力を節約できるだけでなく，途中の時点で収集されたデータも含めてすべての縦断データを利用することで検定力を上げることができます．

6

非連続あるいは非線形の変化のモデリング

Things have changed.

―Bob Dylan

　これまで提示された変化についてのマルチレベルモデルはすべて，個人の成長が滑らかで，かつ線形であると想定しています．しかし個人の変化は非連続であったり，非線形なこともあり得ます．精神科医が介入して患者の薬を変えるとき，患者の心理的なウェルビーイングの認識は突然，変化するかもしれません．新入社員が仕事の経験で自信をつけるにつれて，彼らの自己効力感の初期減少が徐々に弱まるかもしれません．

　このような可能性に直面したのは，これが初めてのことではありません．3章の早期介入研究において，乳児期から12歳の間の子どもの認知発達の軌跡は非線形でした．これらのデータにモデルをあてはめるため，私たちは線形性の仮定が可能な12～24か月の間のより狭い一時的な期間に焦点を合わせました．4章で，思春期のアルコール摂取量の変化が非線形のように思われたとき，私たちは結果変数（および予測変数の1つ）を変換しました．アルコールの摂取量を算定するため，研究者は9件法の尺度を使用しましたが，私たちは近似的な線形変化の軌跡が得られるこの尺度得点の平方根を用いて分析を行いました．

　本章では，明確に非連続，あるいは非線形である個人の変化を，モデルにあてはめるための方略を紹介します．これらのパターンを不便だとみなすよりむしろ，私たちはそれらを実質的に魅力的な機会として扱います．そうすることによって，変化の性質についての問いが，初期値と変化率という基本的な概念を超え，増加，減少，転換点，移行と漸近線を考えることへと広がります．私たちが使う方略は，2つの広範囲なクラスに分類されます．経験的な方略は「データ自身に語らせる」方法です．

　このアプローチの下では，観測された成長の記録を体系的に調べ，個人の変化の軌跡を線形化するための結果変数あるいは *TIME* の変換方法を特定します．残念なことに，もしそれが特に難解な変換あるいは高次多項式を伴う場合，このアプローチは解釈困難になることがあり得ます．一方，合理的な戦略の下では，理論に基づいて個人の変化の軌跡に実質的に意味のある関数形式を仮定します．合理的な方略は一般的

にはより明確な解釈をもたらすとはいえ，すぐれた理論に依存しているために，開発や適用が若干難しくなります．

まず 6.1 節で，個人の変化の軌跡に急激な非連続性を取り入れる方法を説明します．この方法は，離散的なショックあるいは期限つきの治療がライフコースに影響を与えるとき，特に有用です．6.2 節では，結果変数あるいは *TIME* の変換がどのように，変換された変数に基づく**線形変化**についてのマルチレベルモデルを導くことができるか示します．6.3 節では，*TIME* の多項式関数である軌跡を指定することによって，この基本的な考えを広げます．理論に基づかないということは認めざるを得ませんが，ただ多項式の成長関数に高次の項を加えるだけで，ほとんどどんな複雑さのレベルの曲線の軌跡でも得ることができることを示します．最後に 6.4 節では，結果変数が明らかに成長パラメータの非線形関数である個人の変化について，いくつかのモデルを概観します．これにはロジスティック曲線や負の指数成長曲線などのよく知られている軌跡が含まれます．またその他，社会科学，生物科学，そして物理科学における予想されるパターンの変化についての理論的な研究が起源となっているような軌跡も含まれます．

6.1 非連続な個人の変化

すべての個人の変化の軌跡が，時間の連続関数ではありません．5 章で紹介された高校中退者についての賃金データの分析の際，Murnane ら (1999) は賃金（対数）の軌跡が，5.2 節で仮定された勤務経験の滑らかな関数にならないのではないかと問いかけました．特に，Murnane らは GED（一般教育修了証書，高校卒業認定試験の合格者に与えられる代替の証明書）を取得する中退者は，より高い給料を得るかもしれないと仮定しました．もしそうであるなら，彼らの賃金の軌跡は GED を受け取ることで非連続性―高さもしくは傾きの移行―を示すかもしれません．

もし個人の変化の軌跡の高さもしくは傾きが変化するかもしれないと信じる理由があるなら，レベル 1 のモデルはこの仮説を反映したものでなくてはなりません．そうすることによって，軌跡の形が長い間にどのように変化するかについての考えを検証できるようになります．ここでは，中退者の賃金の軌跡が勤務経験だけではなく，GED 取得によってもどう変化するのかを検討できることになります．個人の軌跡が既知の理由で突然上昇あるいは傾くかもしれないという，この単純な考えはいろいろと応用することができます．未就学児の早期介入プログラムに従事している心理学者は，サービスの提供が発達における非連続性を引き起こすかどうか検討するかもしれません．異なる仕事グループに割り当てられた従業員を追跡している組織研究者は，文脈の変化が生産性における非連続性を引き起こすかどうか評価するかもしれませ

ん．

　個人の非連続な変化の軌跡を仮定するためには，あなたは移行が「なぜ」起こる可能性があるかだけでなくそれが「いつ」かを知る必要があります．なぜなら，レベル1の個人成長モデルは，それぞれの個人が仮定された移行を経験するかどうか，そしてもしそうであるなら，それがいつかを指定する1つ（あるいはそれ以上）の時変な予測変数を含まなくてはならないからです．研究によっては，引き金となる事象が誰にでもまさに同じ瞬間に起こる場合があります．例えば，学生のテストの得点を学年間で追跡するとき，すべての学生は（学年の変わり目である）同じ月に夏休みをとります．もし，学生が学校に通っていない時にテストの得点が低下するなら，休暇をはさんだ非連続性が期待されるでしょう．他の研究では，引き金となる事象が異なる人に異なる時に起こり，さらにまったくその事象を経験しない参加者もいるかもしれません．例えば，初潮後の思春期の少女たちを追跡する場合，ある少女たちはデータ収集の前に生理が始まるでしょうし，他の少女たちはデータ収集の間にそうなるでしょう．そして別の少女たちは，まだこのあと何年もそうならないかもしれません．このことが示唆するのは，モデルに個人特有の非連続性が含まれることです．個人特有の非連続性は，この場合標本の構成員各自の時変な初経状態を意味します．

　本節では，非連続な個人の変化の軌跡をどのように概念化し，パラメータ化し，そして選択するべきか論じます．まず6.1.1項で，それぞれ異なる非連続性を表す一連の選択肢について概説します．6.1.2項では，その選択肢の中から選ぶための方策を提示します．最後に6.1.3項で，これらの考えをより広範な一連の別の軌跡に拡張します．私たちの議論では，個人に特有な非連続の一般的なケースに焦点をあてます．この項の終わりに，私たちはこれらの考えを非連続性が共通の時点で起こるデータセットに応用します．

6.1.1　変化についての非連続レベル1モデルの選択肢

　非連続なレベル1の個人成長モデルを仮定するためには，最初にその関数形式を決めなければなりません．経験的に始めることもできますが，私たちは内容（substance）とデータを生じさせた長期的なプロセスに焦点を合わせることをより好みます．引き金となる事象はどんな種類の非連続を引き起こす可能性があるでしょうか？もっともらしいレベル1の軌跡はどのようなものでしょうか？ モデルをパラメータ化し，変数を作成する前に①ペンと紙を取って，いくつかの選択肢を描いてみる，②それぞれの背後にある論理的根拠を，方程式ではなく言葉ではっきり明記する，ことを提案します．このようなステップを勧めるのは，これから紹介するように，最も定式化しやすいモデルは，見つけたい非連続のタイプをとらえられないかもしれないからです．

6.1 非連続な個人の変化

5.2.1項, 5.3.3項の高校中退者の賃金データを用いてこのアプローチを例証します. これらのセクションでは, レベル1個人成長モデルは時点 j における個人 i の賃金についての自然対数 (LNW_{ij} あるいはより一般には Y_{ij}) を, 労働市場参入からの勤務経験 ($EXPER_{ij}$) の線形関数として表現しました.

$$Y_{ij} = \pi_{0i} + \pi_{1i} EXPER_{ij} + \varepsilon_{ij} \tag{6.1}$$

ここで, $\varepsilon_{ij} \sim N(0, \sigma_\varepsilon^2)$ です.

私たちは追加に値する3つの予測変数, 修了した最終学年 ($HGC-9$), 人種 ($BLACK$) と地域の失業率 ($UERATE-7$) についても特定しました. 非連続なレベル1のモデルの定式化に焦点を合わせるため, これら3つの予測変数についてはいったん脇に置いておきます. 6.1.2項で, 別の仮定をデータにあてはめる際には, すぐにこれらの変数を再導入します.

表6.1は, 表5.3で抜粋した個人時間データセットを更新したものです. 中退者ID 206番は以前の表にもありましたが, 中退者ID 2365番およびID 4384番はここで初めて出てきました. 時変の予測変数 GED_{ij} は, 個人 i の記録がGED取得の「前

表 6.1 高校中退者の賃金研究の個人—時点データセットからの抜粋

ID	LNW	EXPER	GED	POSTEXP	GED×EXPER
206	2.028	1.874	0	0	0
206	2.297	2.814	0	0	0
206	2.482	4.314	0	0	0
2365	1.782	0.660	0	0	0
2365	1.763	1.679	0	0	0
2365	1.710	2.737	0	0	0
2365	1.736	3.679	0	0	0
2365	2.192	4.679	1	0	4.679
2365	2.042	5.718	1	1.038	5.718
2365	2.320	6.718	1	2.038	6.718
2365	2.665	7.872	1	3.192	7.872
2365	2.418	9.083	1	4.404	9.083
2365	2.389	10.045	1	5.365	10.045
2365	2.485	11.122	1	6.442	11.122
2365	2.445	12.045	1	7.365	12.045
4384	2.859	0.096	0	0	0
4384	1.532	1.039	0	0	0
4384	1.590	1.726	1	0	1.726
4384	1.969	3.128	1	1.402	3.128
4384	1.684	4.282	1	2.556	4.282
4384	2.625	5.724	1	3.998	5.724
4384	2.583	6.024	1	4.298	6.024

(0)」か「後 (1)」かを示します.GED を取るか取らないかは個人的な決断のため,多くの高校中退者は GED を取得しませんし,取得する人々でもその時期は様々です.この標本では,581 人の中退者は,GED を取得していません.残りの 307 人の間で,GED 取得のタイミングは異なります.中退者 ID 206 番はデータ収集期間中には GED を取得しませんでしたので,彼のこの予測変数の 3 つの値は 0 のままになります.中退者 ID 2365 番は労働市場参入の 4.679 年後に GED を取りましたので,彼の GED の値は 0 で始まり(この間 EXPER の値は 0.660, 1.679, 2.737, 3.679),その後 1 に変化します.中退者 ID 4384 番は労働市場参入の 1.726 年後に GED を取得しており,彼の最初の 2 回の値は 0 でそれ以降の値は 1 です.残りの予測変数についてもすぐに説明しましょう.

GED を取得することが,個人 i の賃金の軌跡にどのような影響を与えるのでしょうか.図 6.1 で 4 つのもっともらしい選択肢を提示します.最も単純な答えは,非連続がない線形の軌跡(A)です.もし GED が効果を持っているなら軌跡は異なる形状をとるでしょう.GED の取得に際し,以下のことを発見できるかもしれません.

- 高さの**即時の変化**と,傾きの**無変化**: 軌跡 B において,個人 i の賃金は GED 取得により突然増加しますが,その後の変化率は影響を受けません.このことは,彼のレベル 1 の軌跡の**高さ**は跳ね上がりますが,その**傾き**は GED 取得の前後の時期で同じままであることを意味します.
- 傾きの**即時の変化**と,高さの**無変化**: 軌跡 C において,個人 i の賃金は GED 取得時は安定したままでいますが,その後の変化率が増加しています.このことは,彼のレベル 1 軌跡の高さは GED 取得の時点では高くはならないが,GED 取得前後におけるその傾きが異なることを示しています.

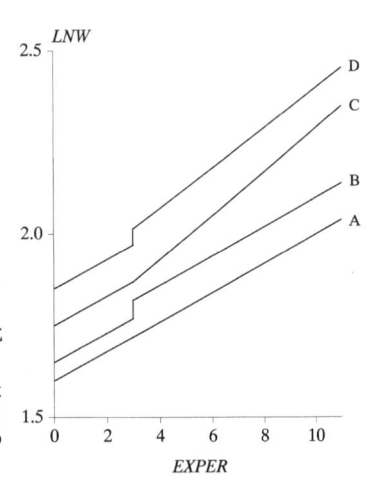

図 6.1 線形変化の軌跡と 3 つの潜在的な非連続な変化の軌跡の比較

モデル A は線形変化の軌跡であり,モデル B は傾きではなくレベルの移行を仮定し,モデル C はレベルではなく傾きの移行を仮定し,モデル D はレベルと傾きの両方の移行を仮定している.

● **高さと傾き両方の即時の変化：** 軌跡 D において，個人 i の賃金は GED 取得の結果，2 つの変化を示しています．すなわち，突然上昇し，さらにその後の変化率が増加しています．このことは，レベル 1 の軌跡の高さと傾きの両方が，GED 取得の前後で異なることを意味します．

私たちが GED 前後で線形の軌跡を仮定した場合でさえ，これらの選択肢は単に始まりにすぎません．例えば，これらの軌跡を簡単に説明するにあたり，私たちは GED 取得のタイミングによって移行（高さあるいは傾き）の大きさが異なるかどうかを定式化しません．もしタイミングが無関係であるなら，GED 取得の時期にかかわらず，どんな移行も大きさが一定であるモデルを定式化するでしょう．けれどももし雇用者が，教育ではなく，実務経験を経歴の適性のシグナルとして用いるなら，GED 取得の影響は時間とともに下降する可能性があるのではないでしょうか．このことは，GED 取得によるどんな移行の大きさも，時間とともに減少する成長モデルに導くでしょう．

この議論が示唆するように，あり得る非連続な軌跡の数は膨大です．私たちは，それらすべての一覧を作らない代わりに，図 6.1 で主要な選択肢に焦点を合わせています．これらの選択肢を注意深く検討することで，あなたが適切なカスタマイズによってこれらの考えを自分自身の研究に適用できるくらい十分明確に，一般的な原則を説明したいと思っています．

a. 傾きでなく，高さの非連続性を含む場合

私たちは，最も単純なタイプの非連続性から話を始めます．それは傾きではなく軌跡の高さに即時に影響を与えるタイプです．軌跡 B において GED 取得は，直ちに個人 i の賃金の軌跡を上げますが，後の彼の変化率には影響を及ぼしません．時変の予測変数 GED_{ij} を 6.1 式のレベル 1 線形変化モデルに加えることによって，このタイプのレベル 1 の個人成長モデルを仮定することができます．

$$Y_{ij} = \pi_{0i} + \pi_{1i} EXPER_{ij} + \pi_{2i} GED_{ij} + \varepsilon_{ij} \tag{6.2}$$

GED_{ij} は個人 i に起こった GED 取得時期の前後を区別するため，彼の軌跡の高さが GED 取得によって異なるようにすることができます．個人成長パラメータ π_{2i} がこの移行の大きさをとらえます．GED は 0 と 1 のたった 2 つの値をとるため，いつ証明書が得られるかにかかわらず，その大きさは同一になります．

この成長モデルが仮定された非連続性を示すことを確認するために，GED_{ij} の 2 つの値を代入してみましょう．個人 i が試験に合格する前は $GED_{ij}=0$ なので，軌跡の GED 取得前は，$Y_{ij} = \pi_{0i} + \pi_{1i} EXPER_{ij} + \varepsilon_{ij}$ となります．もし個人 i が試験に合格することがあればその時，GED_{ij} は 1 になり，GED 取得後の

$$Y_{ij} = \pi_{0i} + \pi_{1i} EXPER_{ij} + \pi_{2i}(1) + \varepsilon_{ij}$$
$$= (\pi_{0i} + \pi_{2i}) + \pi_{1i} EXPER_{ij} + \varepsilon_{ij}$$

が導かれます.

ここで得られた 2 つの線分は,同一の傾き π_{1i} を持つものの切片は異なり,GED 取得前では π_{0i},GED 取得後では $(\pi_{0i}+\pi_{2i})$ となります.このことにより,GED_{ij} と関連した個人成長パラメータ π_{2i} が,GED 取得による高さについて仮定された変化の大きさを表すことが確認できます.

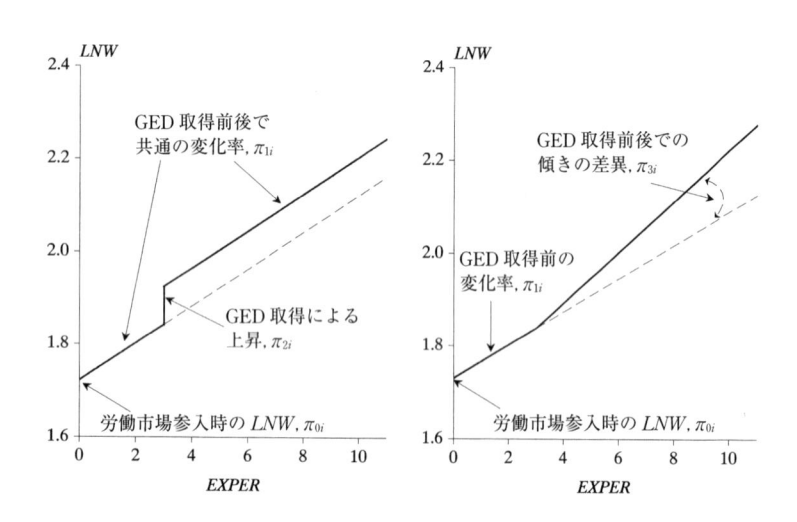

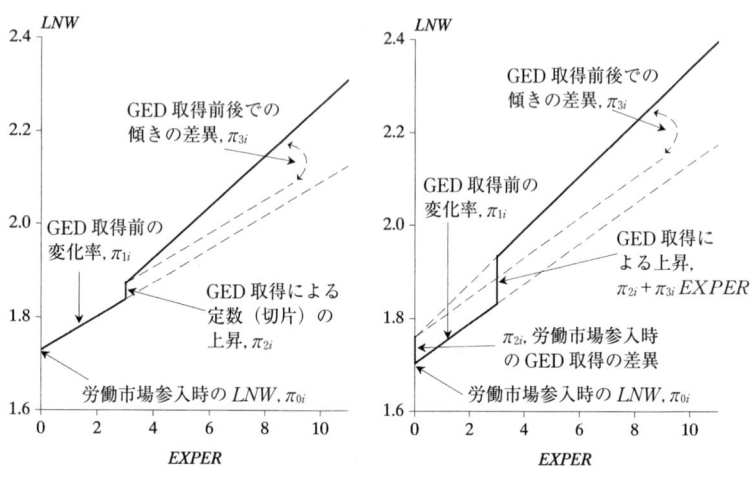

図 6.2 高校中退者の賃金データの非連続な変化の様々な軌跡

図 6.2 の上段左の小図は，この集団の中の中退者で，労働市場参入 3 年後に GED を取得した者の仮定されたレベル 1 の真の軌跡をプロットしています．解釈を容易にするために，プロットは GED 取得前部分の軌跡から GED 取得後の時期に続く破線の線分も含みます．この線分は，反事実（counterfactual）として知られるもので，もし彼が 3 年目に GED を取得していなかったなら，彼の賃金の軌跡がどうなっているかを描いています．GED 取得後の軌跡と反事実の軌跡を比較すると，モデルの非連続性が明確になります．反事実的な軌跡は，このような単純なケースでは必要ないようにみえるかもしれませんが，まもなくより複雑なモデルを扱う際に，その重要性が示されることになるでしょう．

b. 高さでなく，傾きの非連続性を含む場合

高さではなく，傾きにおいて非連続性を含むレベル 1 の個人成長モデルを定式化するには，異なる時変な予測変数が必要です．GED と異なり，この予測変数は時間の経過を測定しなくてはなりません（$EXPER$ のように）．けれども $EXPER$ と異なり，それは（GED 取得の前か後の）2 つの時期の片方の中でだけそうしなくてはなりません．2 番目の時間的な予測変数を加えることで，それぞれの個人の変化の軌跡が，2 つの異なる傾きを持つことが可能になります．1 つは仮定された非連続以前のもの，もう 1 つは仮定された非連続以後のものです．

求める非連続を表現するための適切で時変な予測変数の構築は，しばしばモデル定式化の最も難しい部分です．高さではなく，傾きのみで異なる軌跡を作るために，GED 取得の日からの労働市場参加期間を表す $POSTEXP_{ij}$ を用います（表 6.1 参照）．個人 i が GED を取得する以前，$POSTEXP$ は 0 です．GED 取得の日は，$POSTEXP$ は 0 のままです．そのまさに翌日から，$POSTEXP$ は，第 1 の時間的予測変数（ここでは $EXPER$）と歩調を合わせて上昇し始めます．

$POSTEXP$ がどのように作用するか，そして $EXPER$ とのその重要な関係を明確にするため，中退者 ID 2365 番のデータを調べてみましょう．彼の最初の 5 つのレコードは，彼が労働市場参入の 4.679 年後に GED を取得した（GED が 0 から 1 に転じる時に記録された $EXPER$ の値）ことを明らかにします．次のレコードが記録されているのが，5.718 年後，GED 取得からの時間の長さである $POSTEXP$ は 1.038 です．$POSTEXP$ の根本的な特徴は—実際には，傾きの移行を記録するためにデザインされたいかなる時間的予測変数も—ゼロでない一対の連続した値の差がそれぞれ，基本的な時間的予測変数（ここでは $EXPER$）における対応する一対の値の差の間と数値的に同一であるということです．このふるまいを確かめるため，中退者 ID 2365 番の残りの個人—時点レコードを調べてみましょう．最初の対の差は 1，続いて 1.154，最後は 0.923 です．この同じ歩調は，これらの予測変数が完全な同一歩調で動くことを保証します．この特徴は私たちがまもなく利用することになります．

GED取得のタイミングは個人特有なため，$POSTEXP_{ij}$の歩調も個人特有であることにも注目してください．例えば中退者ID 4384番については，$POSTEXP$は，$EXPER$が3.128で$POSTEXP$が1.402（この差1.726は，彼がGEDを取得した時の$EXPER$の値）となる4番目の記録まで0のままです．中退者ID 206番のようにGEDを取得しない人がいれば，$POSTEXP_{ij}$はすべての個人—時点レコードが0のままです．

高さではなく，傾きに非連続のあるレベル1の個人の成長の軌跡を仮定するため，6.1式の基本モデルにこの2番目の時間的予測変数を追加します．

$$Y_{ij} = \pi_{0i} + \pi_{1i}EXPER_{ij} + \pi_{3i}POSTEXP_{ij} + \varepsilon_{ij} \tag{6.3}$$

この成長モデルが仮定された非連続を示すことを確認するため，軌跡を再びその2つの構成要素に分けます．GED取得前は，$POSTEXP_{ij}=0$の時となり，$Y_{ij}=\pi_{0i}+\pi_{1i}EXPER_{ij}+\varepsilon_{ij}$というおなじみの線形変化の軌跡が得られます．GED取得後は，$POSTEXP_{ij}$は多くの異なる値を取るため，消去することができません．その代わり，GED取得後では$Y_{ij}=\pi_{0i}+\pi_{1i}EXPER_{ij}+\pi_{3i}POSTEXP_{ij}+\varepsilon_{ij}$という，GED取得前の部分と同じ切片で，しかし2つの「傾き」を持つ別の方程式が得られます．それぞれの傾きが勤務経験の効果を評価しますが，両者は異なる原点から評価します．①π_{1i}は総合的な（労働市場参入から測定された）勤務経験の効果を表します．そして②π_{3i}はGED取得後の（GED取得から測定された）付加的な勤務経験の効果を表します．

これらの2つの傾きがどのように仮定された非連続を反映するかを理解する鍵は，誰かがGEDを取得すると，彼の$EXPER$および$POSTEXP$の両方の値がまったく同じ割合で増加する（それらの値は異なるけれど）という認識にあります．1つの予測変数の1単位の増加が，他の予測変数の1単位の増加と同時に起きます．私たちの変数構築の方略の結果，このふるまいは関連するパラメータの解釈を単純化します．GED取得前，軌跡の傾きはπ_{1i}で，これは時間の1単位の差に対する賃金の対数の変化を表しています．GED取得後は，$POSTEXP$の1単位の増加は$EXPER$の1単位の増加に付随して起きるため，これらの傾きを一緒に加えることができます．結果として，GED取得後の軌跡は$(\pi_{1i}+\pi_{3i})$の傾きを持ちます．

π_{3i}の重要な役割が，図6.2の上段右の小図で強調されています．この図は労働市場参入の3年後にGEDを取得した仮想的な中退者の真のレベル1の変化の軌跡を示しています．以前と同様に破線は反事実的なもの—彼がGEDを得ていなかった場合の仮定された賃金—の軌跡を示します．π_{3i}はGED取得後の傾きを示すのではなく，むしろ彼がGEDを取得しなかった場合に得られたであろう傾きからの増大分（あるいは減少分）を示します．もしπ_{3i}が0なら傾きは同一になり，π_{3i}が非ゼロなら，(GED取得前後で) 傾きは異なります．

c. 高さと傾きの両方の非連続性を含む場合

ここでは高さと傾きの両方で非連続性を含むレベル1の個人成長モデルを仮定します．しかし1つではなく，2つのアプローチを示します．*EXPER*，*GED* および *POSTEXP* 3つすべての予測変数を含めることから始めます．それから *EXPER*，*GED*，それらの統計的交互作用を含む2番目の成長モデルを指定します（5.3.2項で提起された考え方に基づきます）．明白でないかもしませんが，類似しているようにみえるこれら2つのアプローチは等しくありません．

基本的なレベル1の個人成長モデルに *GED* と *POSTEXP* を加えることから始めましょう．

$$Y_{ij} = \pi_{0i} + \pi_{1i}EXPER_{ij} + \pi_{2i}GED_{ij} + \pi_{3i}POSTEXP_{ij} + \varepsilon_{ij} \quad (6.4)$$

再び，GED 取得前と GED 取得後の構成要素でモデルを分解するなら，解釈はより明確になります．GED 取得前は，*GED* および *POSTEXP* がともに0であり，おなじみの単純な線形変化の軌跡です．

$$Y_{ij} = \pi_{0i} + \pi_{1i}EXPER_{ij} + \pi_{2i}(0) + \pi_{3i}(0) + \varepsilon_{ij}$$
$$= \pi_{0i} + \pi_{1i}EXPER_{ij} + \varepsilon_{ij}$$

GED 取得後，*GED* は1になります．そして *POSTEXP* は *EXPER* と完全な同一歩調でその着実な上昇を開始します．このことは，異なる切片と2つの「傾き」を持つ GED 取得後の軌跡をもたらします．

$$Y_{ij} = \pi_{0i} + \pi_{1i}EXPER_{ij} + \pi_{2i}(1) + \pi_{3i}POSTEXP_{ij} + \varepsilon_{ij}$$
$$= (\pi_{0i} + \pi_{2i}) + \pi_{1i}EXPER_{ij} + \pi_{3i}POSTEXP_{ij} + \varepsilon_{ij}$$

EXPER と *POSTEXP* を含み，*GED* を含まない 6.3 式とは異なり，6.4 式は個人 i の賃金の軌跡の構成要素が切片と傾きの両方で異なる母集団を表現しています．以前と同様に，π_{1i} は合計の勤務経験（*EXPER*）の影響を表し，そして π_{3i} が GED 取得後の勤務経験（*POSTEXP*）による影響の増分を表します．しかし切片に関しては，ここでは π_{0i} が個人 i の労働市場参入の最初の日における賃金の対数を表し，π_{2i} は GED 取得によって彼の賃金がすぐにどれぐらい高くなるか（あるいは低くなるか）を表します．

図 6.2 の下段左の小図は，労働市場参入の3年後に GED を取得した仮想的な中退者の変化の軌跡を図示したものです．GED 取得以前は，*GED* と *POSTEXP* の両方が0になり，傾き π_{1i} の線を生み出します．彼が GED を得ると，2つのことが生じます．すなわち，*GED* が0から1に変化し，そして *POSTEXP* は *EXPER* と完全な同一歩調で上昇を始めます．*GED* の変化は3年目に縦方向の移行を引き起こし，*POSTEXP* の1年の変化の追加が傾きの差異を作り出すためです．この図には，2つの反事実を含めています．下の破線は，もし GED 取得が効果を持っていない場合に GED 取得後の軌跡がどう見えるかを描いています．上の破線は，もし GED 取得

が彼の傾きではなく切片のみに影響を与える場合に GED 取得後の軌跡がどう見えるかを描いています．(ただし，3 番目の反事実もあります．GED 取得が傾きだけに影響を与える場合に GED 取得後の軌跡がどう見えるかというものですが，これについては表示しません．)

では，もう 1 つのアプローチ，すなわち類似していながら根本的に異なる個人成長モデルを仮定する別のアプローチを提示します．このアプローチの根底にあるのは，*GED* や *POSTEXP* を普通の時変な予測変数でしかないと考える人がいるかもしれないという見解です．私たちはこの見方を理解しますが，レベル 1 の変化の軌跡の**形**を根本的に変えるかもしれないこのような時変な予測変数は，普通の時変の予測変数とは異なっていて，特別な注目に値すると信じています[1]．

とはいうものの，もしそれが単なる「普通の」時変な予測変数にすぎなかったなら，どのようにレベル 1 の個人成長モデルに *GED* を含めるのでしょうか？ 6.2 式の主効果に加えて私たちはレベル 1 の予測変数間の交互作用について検討するかもしれません（5.3.2 項のように）．結局，*GED* と *TIME* 間の交互作用を含めると，私たちがまさに求めている，切片と傾きが変化するという特性を持った変化の軌跡を生み出すでしょう．したがって私たちは以下のレベル 1 個人成長モデルを提示します．

$$Y_{ij} = \pi_{0i} + \pi_{1i} EXPER_{ij} + \pi_{2i} GED_{ij} + \pi_{3i}(GED_{ij} \times EXPER_{ij}) + \varepsilon_{ij} \quad (6.5)$$

このモデルが類似する 6.4 式とはどのように異なるかを理解するために，*GED* に 2 つの値を代入して，GED 取得前後の部分を別々に計算してみましょう．GED 取得前は，

$$Y_{ij} = \pi_{0i} + \pi_{1i} EXPER_{ij} + \pi_{2i}(0) + \pi_{3i}(0 \times EXPER_{ij}) + \varepsilon_{ij}$$
$$= \pi_{0i} + \pi_{1i} EXPER_{ij} + \varepsilon_{ij}$$

GED 取得後は，

$$Y_{ij} = \pi_{0i} + \pi_{1i} EXPER_{ij} + \pi_{2i}(1) + \pi_{3i}(1 \times EXPER_{ij}) + \varepsilon_{ij}$$
$$= (\pi_{0i} + \pi_{2i}) + (\pi_{1i} + \pi_{3i}) EXPER_{ij} + \varepsilon_{ij}$$

これらの 2 つの線分の切片は，*GED* と関連するパラメータ π_{2i} だけ異なります．傾きは，*GED* と *EXPER* の交互作用と関連するパラメータ π_{3i} だけ異なります．

図 6.2 の下段右の小図は労働市場参入 3 年後に GED を取得した仮想的な中退者の軌跡を図示したものです．図 6.2 の下段 2 つの小図を比較することは，モデル間のいくつかの類似性を明らかにします．どちらにおいても，π_{0i} は労働市場参入時における個人 i の賃金の対数を評価し，π_{1i} は GED 取得前の賃金の対数の 1 年の伸びを表

---

[1] 6.1.2 項に示されるように，この見地はレベル 2 サブモデルを仮定する際，重要な意義があります．これらのレベル 1 の非連続がこのモデルの基本的な特徴であるため，これらのパラメータがレベル 2 でランダムに異なることを許しています．これは 5 章で提示された一般的な時変の予測変数の私たちの推奨とはっきりと対照をなしています．

6.1 非連続な個人の変化

します.

しかし他のパラメータについては，いくつかの顕著な相違があります．はじめに，6.4式における *POSTEXP*，および6.5式における *GED* と *EXPER* の交互作用と関連するパラメータ π_{3i} を調べてみましょう．奇妙なことに，このパラメータは異なる予測変数と関連しますが，その解釈は同じです．それはGED取得後の時期における傾きの増大分（あるいは減少分）を示します．換言すれば，π_{3i} は，個人 i の GED 取得後の傾きに与える，GED取得の影響を一貫して表しています（それぞれのモデルで異なる予測変数と関連するにもかかわらず）．

次に，*GED* と関連するパラメータ π_{2i} をみてみましょう．ここでは反対のふるまいがみられます．このパラメータはそれぞれのモデルで同じ予測変数と関連するにもかかわらず，同じ量を表していません．6.4式で，π_{2i} は GED 取得に関連する即時の増大分（あるいは減少分）の大きさを評価します．6.5式では，π_{2i} は特定の―そして特に意味を持たない時点，「労働市場参入の日」における，GED取得と関連する増大分（あるいは減少分）の大きさを評価します．

これらの解釈の相違は，時間の予測変数 *EXPER* を再尺度化することでは解決することができません．なぜなら，これらの成長モデルが根本的に異なるからです．交互作用モデルの独自の特徴は以下のとおりです．

- **GED取得の効果の即時の大きさが経時的に変化することを可能にする：** 図6.2の例は単に3年目に GED を得る人の高さの差を描いていますが，このモデルはこの差が（経時的な）経験により変化することを可能にします．図に示されている通り，高さの差の一般的な形は，GED取得に関する高さの差である，$\pi_{2i} + \pi_{3i} EXPER_{ij}$ です．ある状況では，高さの変化においてその大きさが異なることが興味を引く場合もありますが，そうではない状況もあるでしょう．
- **GED取得の即時の効果を評価する単独の明確なパラメータを含まない：** 合計の勤務経験の値が異なる場合の GED 取得の効果を（上の式を使って）推定することは容易ですが，このモデルはその問題に焦点を合わせません．この認識は，レベル2サブモデルを定式化するとき，重要な含意を持ちます．なぜなら，π_{2i} が個人 i の GED 取得の効果を評価しないためです．その代わりに，π_{2i} は，もし個人 i が労働市場参入の日に GED を取得したなら，GED 取得の影響がどうであるかを評価します．

これらの相違は表面的であるという程度を超えています．両方のモデルは高さと傾きの非連続性を含んでいますが，それらは賃金の軌跡のふるまいについての根本的に異なる仮定を反映しています．

どちらのモデルが高さと傾きの両方における非連続性をより良く表現するでしょうか？　この質問には普遍的な答えがないことは当然のことでしょう．いつものよう

に，理論があなたの最も重要なガイドであるべきです．GED取得の即時の影響は時不変，それとも時変であるべきでしょうか？ 競い合う理論がそれぞれのアプローチを支持する時でさえ―実際ここではそうなっています―，私たちはそれでも実質的な判断に焦点を合わせます．議論を前進させるために経験的証拠が必要なので，ここでは関連するレベル2サブモデルを仮定し，賃金データにこれらの非連続な軌跡をあてはめましょう．

6.1.2 非連続なモデルをいくつかの選択肢から選ぶ

これらの仮定された非連続な変化の軌跡のどれが，最も賃金データに適しているでしょうか？ この質問に答えるため，変化についてのマルチレベルモデルの分類を適用します．私たちは以前，表5.8と5.3.3項において，レベル1の予測変数 $EXPER$ と ($UERATE-7$)，レベル2の予測変数 ($HGC-9$) と $BLACK$ の重要な効果を見出しました．そこで，変化についての普段より精巧なモデルから始めましょう．

「基本となる」レベル1の個人成長モデルは，レベル1において予測変数 $EXPER$ と ($UERATE-7$) の主効果を含んでいます．

$$Y_{ij} = \pi_{0i} + \pi_{1i} EXPER_{ij} + \pi_{2i}(UERATE_{ij}-7) + \varepsilon_{ij} \quad (6.6a)$$

そしてレベル2において初期値と変化率に対する ($HGC-9$) と $BLACK$ の影響を含んでいます．

$$\begin{aligned}\pi_{0i} &= \gamma_{00} + \gamma_{01}(HGC_i-9) + \zeta_{0i} \\ \pi_{1i} &= \gamma_{10} + \gamma_{12} BLACK_i + \zeta_{1i} \\ \pi_{2i} &= \gamma_{20}\end{aligned} \quad (6.6b)$$

ここで

$$\varepsilon_{ij} \sim N(0, \sigma_\varepsilon^2) \text{ かつ } \begin{bmatrix}\zeta_{0i}\\\zeta_{1i}\end{bmatrix} \sim N\left(\begin{bmatrix}0\\0\end{bmatrix}, \begin{bmatrix}\sigma_0^2 & \sigma_{01}\\\sigma_{10} & \sigma_1^2\end{bmatrix}\right) \quad (6.6c)$$

5.3.3項のように，レベル2において ($UERATE-7$) の効果を固定していることに注意してください．

表6.2は賃金データにあてはめられた，変化についての非連続なマルチレベルモデルの分類を簡潔にまとめたものです．それぞれの行が異なるマルチレベルモデルを表しています（1列目でアルファベット順に名前がつけられています）．表には，各モデルの固定効果とランダム効果（2列目と3列目），含まれる固定効果と分散成分の数（4列目と5列目），モデルの乖離度統計量（6列目），そして現在のモデルと比較対象となるモデルの間の乖離度の差，および適合度の差の検定に関連する自由度が示されています（7列目）．ここで比較する変化についてのマルチレベルモデルは固定効果と分散成分の両方で異なるので，モデル適合には完全最尤推定法を使います．最初のモデルである，モデルAは「基本となる」モデルです．6.6式と表の両方から

6.1 非連続な個人の変化

表 6.2 高校中退者賃金データ ($n=888$) への様々な非連続な変化の軌跡のあてはめの比較

モデル	固定効果	分散成分 (σ_ε^2 以外)	パラメータの数 固定効果	パラメータの数 分散成分	乖離度	比較モデル: Δ 乖離度 (df)
A	切片, EXPER, HGC−9, BLACK×EXPER, UERATE−7	切片, EXPER	5	4	4830.5	—
B	モデル A + GED	切片, EXPER, GED	6	7	4805.5	A : 25.0***(4)
C	モデル B	GED を除くモデル B	6	4	4818.3	B : 12.8***(3)
D	モデル A + POSTEXP	切片, EXPER, POSTEXP	6	7	4817.4	A : 13.1**(4)
E	モデル D	POSTEXP を除くモデル D	6	4	4820.7	D : 3.3 (n.s.) (3)
F	モデル A + GED および POSTEXP	切片, EXPER, GED, POSTEXP	7	11	4789.4	B : 16.2*(5) D : 28.1***(5)
G	モデル F	POSTEXP を除くモデル F	7	7	4802.7	F : 13.3**(4)
H	モデル F	GED を除くモデル F	7	7	4812.6	F : 23.3***(4)
I	モデル A + GED および GED×EXPER	切片, EXPER, GED, GED×EXPER	7	11	4787.0	B : 18.5***(5)
J	モデル I	GED×EXPER を除くモデル I	7	7	4804.6	I : 17.6**(4)

*: $p<.05$, **: $p<.01$, ***: $p<.001$.
モデル A は, 表 5.8 で示されたモデル A と同じ線形の軌跡. モデル B〜J は, GED 取得時において, 高さに非連続性を加えたもの (B, C), 変化率に非連続性を加えたもの (D, E), 高さと変化率両方に非連続性を加えたもの (F〜J). モデル F のパラメータ推定値と標準誤差は表 6.3 に示した.
(注) SAS PROC MIXED による完全最尤推定.

見て取れるように，このモデルは5つの固定効果を含んでいます．①切片，γ_{00}，②初期値に対する($HGC-9$)の効果，γ_{01}，③$EXPER$の主効果，γ_{10}，④変化率への$BLACK$の効果，γ_{12}(表では$BLACK$と$EXPER$の交互作用としてその「合成モデル」の式に示されています)，⑤($UERATE-7$)の主効果，γ_{20}です．モデルAは同時に，6.6c式で示された4つの分散成分も含んでいます．①レベル1の残差分散，σ_ε^2，②レベル2の初期値の分散，σ_0^2，③レベル2の変化率の分散，σ_1^2，④レベル2の初期値と変化率の共分散，σ_{01}です．モデルAの乖離度統計量は4830.5で，合計9つのパラメータがあります．

表の後続の各モデルは，この基本となるモデルをもとに体系的に作り上げられています．モデルBはGEDの固定効果とランダム効果を含めることで，(傾きではなく)高さの非連続性を加えています．モデルAとその乖離度統計量(最後の列)を比較すると，25.0の差($p<.001$)が明らかになります．このことは，レベル1の対数賃金の軌跡が，GED取得により実際に高さの非連続性を示すことを示唆します．この非連続性の大きさが個人間で異なるかどうかを決定するために，モデルCは，モデルBにおいてGEDと関連していた3つの分散共分散成分を除外します．その適合度が有意に悪くなるため($p<.05$)，私たちはそれらの項を保持します．

モデルDとEは，高さではなく傾きの非連続性について検討します．$POSTEXP$の固定効果とランダム効果の両方を含むモデルDは，モデルAを超える有意な適合度の改善を表しますが($p<.01$)，関連した分散成分を除去するモデルEもほぼ同じくらいの適合度です($p>.25$)．このことは，$POSTEXP$の分散成分をモデルから簡単に取り除いてもよい可能性を示唆します．しかしそうする前に，高さと傾きの両方が非連続なモデルをあてはめましょう．なぜなら，GEDの主効果を含めると，$POSTEXP$に関連する分散成分が異なることがすぐわかるからです．

モデルFは(GEDによる)高さと($POSTEXP$による)傾きの両方で非連続性を含み，それぞれを固定効果と分散成分として投入しています．各予測変数を投入することそれ自体に価値があるかどうか評価するため，2つの比較を行います．すなわち，①GEDを含むため$POSTEXP$の効果を評価することができるモデルBとの比較，および②$POSTEXP$を含むため，GEDの効果を評価することができるモデルDとの比較です．それぞれの場合において，予測変数の投入を支持する証拠が得られたため，レベル1の軌跡において両方のタイプの非連続性を含む必要性が示唆されました．

モデルGとHでは，$POSTEXP$あるいはGEDの分散成分を除去することで，モデルFを単純化することができるかどうかを調べます．モデルEより，$POSTEXP$の分散成分が不必要である可能性が示唆されたので，これらの比較は特に重要です．各検定で棄却されるため($POSTEXP$では1%水準，GEDでは0.1%水準)，GED

6.1 非連続な個人の変化

と *POSTEXP* の両方の分散成分を含むモデル F を用いた比較を続けます.

モデル I と J もまた，高さと傾きの非連続性を含みますが，それらは *GED* による差異の大きさが経時的に変化することを可能にします．関連する主効果モデル B との比較から交互作用の必要性が確認されます．交互作用項のランダム効果を取り除いたモデル J との比較から，関連する分散成分の必要性が確認されます．モデル F よりわずかに小さい（4787.0 対 4789.4）このモデル I の乖離度統計量を用いて，モデル I の適合度の方がより良いと結論づけることができるでしょうか？ これがどんなに誘惑的であったとしても，あるモデルが他のモデルにネストしていないとき，そうすることはできません．関連する AIC や BIC 統計量が，（パラメータの数が変化せずにいるため）モデル I をわずかに支持しますが，私たちはもともとの研究者がモデル F を優先していることに同意します．この決定は 2 つの判断に基づいています．すなわち，① GED 取得と関連づけられる高さの差が経時的に変化すべきであると考える理由がないこと，②この定式化からより実質的関心の大きいレベル 2 モデルが導かれること，です．

モデル F を深く吟味する前に，私たちは表 6.2 に示されていない他の 6 つの変化についてのマルチレベルモデルをあてはめたことを述べておきます．それぞれのモデルにおいて，高さあるいは傾きのいずれか 1 つの非連続性が，実質的な予測変数（*HGC* − 9），*BLACK*，あるいは（*UERATE* − 7）に影響を受けていた可能性を検討しました．効果は見出されませんでした．これは平等な社会を示唆するかもしれませんが，それは同時に，学校を早くに退学したり，失業率の高い地域に住んでいたり，アフリカ系であったりする中退者が，仲間に追いつくことを GED 取得が可能にしないことを示しています．

モデル F についての詳細な結果を表 6.3 に示します．スペースを節約するため，

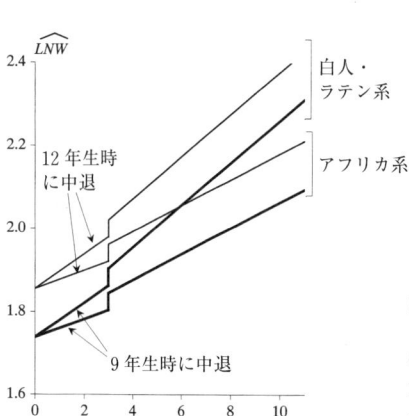

図 6.3 高校中退者の賃金データへ非連続な変化の軌跡をあてはめた結果

表 6.3 から得られた 4 人の典型的な中退者の対数賃金—9 年生時／12 年生時で退学したアフリカ系／白人・ラテン系．いずれも労働市場参入の 3 年後に GED を取得．

表 6.3 表6.2のモデルFをあてはめた結果：高校中退者賃金データ($n = 888$)における高さと傾きの非連続な軌跡

		パラメータ	推定値
固定効果			
合成モデル	切片	γ_{00}	1.7386***
			(0.0119)
	初期値への（$HGC-9$）の効果	γ_{01}	0.0390***
			(0.0062)
	（$UERATE-7$）	γ_{20}	-0.0117***
			(0.0018)
	$EXPER$（変化率）	γ_{10}	0.0415***
			(0.0028)
	変化率への $BLACK$ の効果	γ_{12}	-0.0196***
			(0.0045)
	GED	γ_{30}	0.0409~
			(0.0220)
	$POSTEXP$	γ_{40}	0.0094~
			(0.0055)
分散成分			
レベル1	個人内	σ_ε^2	0.0939***
レベル2	初期値	σ_0^2	0.0413***
	変化率	σ_1^2	0.0014***
	GED の非連続性	σ_3^2	0.0163***
	$POSTEXP$	σ_4^2	0.0034**
適合度			
	乖離度		4789.4
	AIC		4825.5
	BIC		4911.6

~：$p < .10$，*：$p < .05$，**：$p < .01$，***：$p < .001$．
(注) SAS PROC MIXED による完全最尤推定．すべての関連する共分散成分についても推定したがスペースの関係上表示していない．

固定効果と分散成分（関連する共分散成分は含まない）の値だけを紹介します．図 6.3 では，中退から3年後に GED を取得した4人の典型的な中退者の軌跡を紹介しています．9年生あるいは12年生で退学したアフリカ系あるいは白人・ラテン系で，地域の失業率が 7% で安定した状態のままでいるコミュニティーに住んでいる人です．9年生で退学し，失業率 7% のコミュニティーに住んでいる白人男性は，労働市場参入時に，1時間 1.7386 の対数賃金（1990年の物価で 5.69 ドル）の収入を得ることが期待されます．GED 取得前は，対数賃金が毎年 0.0415（変換していない賃金で 4.2%）上がります．GED 取得により，対数賃金が即座に 0.0409（4.2%）上がり，それから毎年 $0.0415 + 0.0094 = 0.0509$（5.2%）上がります．GED と $POSTEXP$ の

固定効果は慣習的レベルで0から有意な差がないため，GED の増大分と GED 取得前後の傾きは**平均的な個人**においては差がないのかもしれません．しかしながら，私たちは両方の項を保持します．なぜなら，それらと関連するランダム効果が統計学的に有意であることは，少なくともある人々にとっては，GED 取得は即時の影響と後の賃金の成長のどちらか（あるいは両方）に効果があることを示しているからです．3つの実質的な予測変数—地域の失業率，人種，修了した最高学年—の効果は依然として5章で判明したものと類似しています．

6.1.3 非連続な成長モデルのさらなる拡張

これらの方策を他の非連続のモデルに一般化することは容易です．理論の質とデータの豊かさはたいてい，コンピュータアルゴリズムと代数の制約以上にモデル開発に対して大きな障害を引き起こします．複数の非連続性を加えることによって，それぞれの人の軌跡を別々の期間に分類することができます．また，研究に参加している人全員に共通する時点で起こる非連続性を含めることもできます．多くの可能性を列挙するのではなく，ここでは2つの単純な拡張について説明します．

a. *TIME* を複数の段階に分割すること

TIME を複数の期間に分けることで，それぞれの期間の軌跡の高さ（およびおそらく傾き）が異なることを可能にすることができます．例えば，ある GED 取得者がその後，コミュニティー・カレッジを卒業したと想定してみましょう．もし私たちが労働期間に一定の経時的な影響を仮定するなら，私たちはレベル1の個別の成長モデルにもう1つの時変の予測変数 CC を加えるでしょう．すなわち，$Y_{ij} = \pi_{0i} + \pi_{1i} EXPER_{ij} + \pi_{2i} GED_{ij} + \pi_{3i} CC_{ij} + \varepsilon_{ij}$ となります．合わせると，GED と CC は3つの異なる段階を作ります．1つは GED 取得前でコミュニティー・カレッジ卒業前，もう1つは GED 取得後だがコミュニティー・カレッジ卒業前，3番目は GED 取得後でコミュニティー・カレッジ卒業後，です．π_{2i} は GED 取得と関連する即時の移行を評価します．π_{3i} はコミュニティー・カレッジ卒業による即時の移行を評価します．

時間に関する傾きが期間ごとで異なることを許すこともできます．特定の期間における無作為配置実験の参加前後で個人を追跡する研究者たちは，このようなモデルを使うことができます．3段階の縦断調査を考えてください．**ベースライン**期間には，患者は通常の薬物療法を受けます．**実験段階**では，患者は別の治療法を受け，**フォローアップ**期間は，最初の薬物に戻ります．この「回帰切断」デザインは，複数の非連続性を持つレベル1の個人成長軌跡をもたらします．もし，症状が *TIME* と線形の関係にあり，高さと傾きが治療法が変わることによって変化するのであれば，これは，次のように表すことができるでしょう，

$$Y_{ij} = \pi_{0i} + \pi_{1i}TIME_{ij} + \pi_{2i}PHASE1_{ij} + \pi_{3i}TIMEP1_{ij}$$
$$+ \pi_{4i}PHASE2_{ij} + \pi_{5i}TIMEP2_{ij} + \varepsilon_{ij} \quad (6.7)$$

期間を表す2つのダミー変数，PHASE1 と PHASE2 は，ベースラインから2つの実験的な段階を区別します．もう2つの時間的予測変数 TIMEP1 と TIMEP2 は，次の段階の期間の付加的な時間の推移を測定します．これらの「段階」と「時間的」予測変数は，高校中退者データにおける GED と POSTEXP のような役割を果たします．すなわち，PHASE1 と TIMEP1 は，第1段階の期間における高さと傾きの非連続性を可能にし，PHASE2 と TIMEP2 は，第2段階の期間におけるさらなる非連続性を可能にします．レベル2のモデルを定式化し，固定効果を推定することによって，治療の即時の効果（π_{2i}, π_{3i}）と長期の効果（π_{4i}, π_{5i}）についての問いに取り組むことができます．

もし人々が段階的に変化することを期待するなら，6.7式のような段階的なモデルは自然観察的な研究で有用です．心理学者は，認知，情動，そして道徳の発達を研究する際，しばしばこのようなパターンを仮定します．調整をほとんどせずに，6.7式で認知あるいは道徳の3つの連続的な段階にわたる発達を示すことができるでしょう．引き金となるイベントも，時間を別々の期間に分割する必要を生じさせます．つまり，学年や学校間の移行，刑務所への入所あるいは出所，両親や配偶者の死のように．非連続の性質は領域特異的になるでしょうが，モデル定式化の方策は上記の原則の簡単な拡張です．

b. 共通の時点における非連続性

データセットによっては，非連続のタイミングは個人特有ではないでしょう．その代わり，誰もが共通の時点で仮定された移行を経験するでしょう．上記で説明された方策を適用することで，このようなデータセットについて同様の非連続な変化の軌跡を仮定することができます．

例えば，1年3回（秋，冬，そして春に），3学年（3年生，4年生，そして5年生）それぞれの生徒を評定したと想定してみましょう．線形の軌跡を仮定するよりむしろ，別の非連続の軌跡を仮定するかもしれません．例えば，もし生徒たちが学年を通して全体的な進歩を遂げたけれど，学年の間にはさらに急激な進歩がある可能性が考えられるなら，$Y_{ij} = \pi_{0i} + \pi_{1i}(GRADE_{ij}-4) + \pi_{2i}SEASON_{ij} + \varepsilon_{ij}$ と仮定するかもしれません．ここで（$GRADE_{ij}-4$）と $SEASON_{ij}$ は両方とも -1，0，1の値を取ります．このモデルで，π_{0i} は4年生の半ばの個人 i の真のテスト得点を表します．π_{1i} は学年にわたる彼の真の線形の成長率を表します．そして π_{2i} は学期中に起こるあらゆる追加的な線形の成長を表します．このモデルはジグザグな軌跡をもたらすでしょう．一方，もし通常は成長が線形になるであろうけれど，子どもたちのテストの得点が，学校に通っていない夏の間に下がるかもしれないために，秋の読む能力の得点が

低い可能性があると考えるなら，$Y_{ij}=\pi_{0i}+\pi_{1i}(ASSESSMENT\#_{ij}-1)+\pi_{2i}FALL_{ij}+\varepsilon_{ij}$と仮定することができるでしょう．このモデルで，$\pi_{0i}$は3年生のはじめの個人$i$の真の初期のテスト得点を表します（それが秋の試験であるという事実を統制しています）．π_{1i}は各試験での彼の真の線形の成長率を表します．そしてπ_{2i}は秋の試験であることと関連するテスト得点の潜在的な低減を表します．このモデルは秋特有の下落によって中断される以外，全体的には線形の軌跡をもたらします．

どうかこれらの例を，明確な指示としてではなくインスピレーションを与える出発点として扱ってください．もし特定のタイプの非連続を仮定する理由があるなら，仮説を反映するカスタマイズしたモデルを発展させるべきで，仮説を反映しない「既成の」パラメータ化を採用するべきではありません．いったん標準的な線形変化の軌跡から遠ざかると，選択肢が大きくなるとともに，立証責任も大きくなります．すぐれた理論と説得的な根拠づけが，常にあなたのガイドであるべきです．

6.2 個人の非線形の変化を変換によってモデリングする

次に，滑らかではあるけれども非線形の個人の変化の軌跡について考えてみましょう．もちろん，このようなモデルをあてはめる最も簡単な方法は，結果変数あるいはレベル1サブモデル中の $TIME$ を変換し，結果変数または予測変数が線形変化を示すように成長モデルを定式化するだけで十分なようにすることです．明らかに非線形の軌跡をまのあたりにした時，私たちはたいてい，次の2つの理由から「変換」というアプローチを取ることから始めます．第一に，変換された尺度においてであっても，直線の数学的表現はシンプルで，2つのパラメータの解釈は明瞭であることです．第二に，多くの変数の測度はそもそも後づけのものなので，別の後づけの尺度に変換しても，失うものはほとんどないはずです．もしもとの尺度が，広く受け入れられていて直観で理解できるようなものでないならば，別のものに変換したとしても失うものは何もありません．ある恣意的な世界（オリジナルの尺度）で分析しようが，別の恣意的な世界（例えば，「平方根」という測度）で分析しようが関係ないのです．どちらの測度でも個人を経時的に追跡し，異なる変化のパターンを予測する変数を明らかにすることができるのです．

このような主張を裏づけるものとして，4章で扱ったアルコール摂取量のデータについて今一度取り上げ，もし結果変数をもとの9段階尺度に「逆変換」したとすると結果はどうなるかを考えてみましょう．図6.4は，図4.3の最後の小図にあるあてはめられた軌跡に基づいて「逆変換」した軌跡を示したものです．平方根のデータにあてはめた線形モデルによって得られた予測値を2乗することによって，これらの軌跡を描きました（したがって，変換をもとに戻しています．「2乗する」は「平方根を

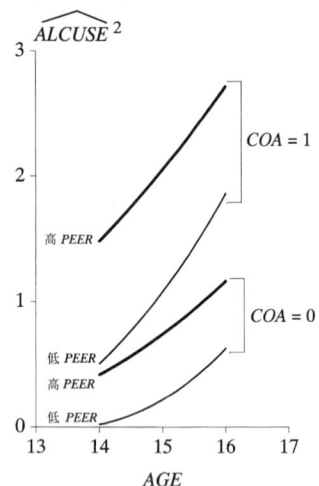

図 6.4 図 4.3 の $ALCUSE$ の典型的な軌跡をもとの尺度で表現し直したもの

これらの典型的な軌跡は図 4.3 で描かれているものとほぼ同じであるが，ここでは，分析の前に結果変数の平方根をとった影響をもとに戻すために，モデルの結果変数が 2 乗されている．

取る」の逆の作業ですから）．図 4.3 と同様，アルコール依存症の親を持つ子どもと持たない子ども，それぞれについて，友人のアルコール摂取量の多寡の別に，各グループの典型的な軌跡を描きました．変換をもとに戻すことによって，元の 9 段階尺度に戻ります．これにより，縦軸の尺度が変化するため，もともと直線であった変化の軌跡が曲線になりました．

　測度を変えたにもかかわらず，得られる結果には変化はありません．すなわち，アルコール依存症の親を持つ子どもたちは，最初の時点でのアルコール摂取量が多いものの，その後その量はより多く増加するわけではありません．しかし，逆変換によって描かれた軌跡の「傾き」は，「1 つの数値」によるまとめとしての意味を持ちません．平方根をとった測度を使った最初の分析では，「年間変化率」には意味がありました．なぜならば，変換された世界では，軌跡は線形だったからです．しかし，逆変換によってもとの測度に戻すと，軌跡は曲線になり，変化率は時間とともに一定ではなくなってしまいます．アルコール摂取量の増加率は時間とともに大きくなっていくのです．これら 2 つの表現は矛盾するように思われるかもしれませんが，それぞれ各自の世界では正しいのです．変換した測度では，アルコール摂取量は線形に変化します．つまり，変化率は一定です．逆変換によって得られた数値を投入したもとの測度では，アルコール摂取量の変化は一定ではなく，時間とともに加速していくのです．

　私たちが現在扱っている変化についてのマルチレベルモデルでは，レベル 1 において線形変化モデルを仮定しています．もし，変化が時間と線形の関係にないようなものである場合には，この仮定が保証されるように結果変数，または時間を他の測度で表現することを検討することができます．変換された世界では，私たちが使ってきた方

法はうまく機能しますし，仮定が満たされないということもありません．その後，結果変数をもとの測度に逆変換して提示することによって，結果をより伝えやすくなります．

これは，両方の世界の利点を利用した，非線形の変化をモデリングする方法としてシンプルで一般的な方法です．結果変数（あるいはレベル1の TIME 予測変数）を変換することによって，個人の変化は線形になります．変換した世界で変化についてのマルチレベルモデルをあてはめて仮説検定を行い，その後，逆変換し，もとの測度で結果を提示するという方法です．この方法が成功するかどうかは，次のトピックになりますが，適切な変換方法の選択にかかっています．

6.2.1 変換の「はしご」と「でっぱり」の法則

縦断データの非線形性を「修正する」適切な変換方法は，横断データの非線形性を「修正する」際に適切な変換方法を決める手順と同じ方法で行うことができます．1つの「結果変数と予測変数」のプロット図を検討するよりも，各対象者の経験的成長プロットを複数検討することによって，分析の対象となっている対象者のほとんどに対してそこそこうまく機能するような変換方法を探す方がよいでしょう．

実際にこの手続きをとる際に役に立つのが，Mosteller & Tukey(1977) が作成した，変換方法を順番に並べた**べき乗のはしご**（ladder of powers）と呼ばれるものです．図6.5の左側が，中心の段に書いてある一般的な変数「V」を変換するために私たちが作成したべき乗のはしごです．V より上の段にある変換方法は，1 より大きい正の値のべき乗で，**2乗，3乗，4乗**などが含まれます．V より下の段にある変換方法は，**対数，分数乗**（例えば，平方根，立方根など）や**負の値のべき乗（逆数）**などが含まれます．はしごの上半分にある変換方法を使用すると（例えば，V^2，V^3），V が「上昇」すると表現します．反対に，はしごの下半分にある変換方法を使用すると（例えば，$\log V$，$1/V$），V が「下降」すると表現します．

適切な変換方法を決めるには，複数の経験的成長プロットを検討し，Mosteller & Tukey が**でっぱりの法則**（rule of the bulge）と呼んだものを適用してください．このガイドラインを図6.5の右側に提示しました．考え方としては，プロットの一般的な形（測定誤差の効果を差し引いてください）を図中の4つの例にあてはめる，というものです．図中の例の「でっぱり」と同じ方向にはしごを昇り降りすることによって，線形の変換が行われるということがわかるでしょう．図6.5の（点線の）矢印は，それぞれの例における変換の方向を表しているのです．上段左側の小図では，（点線の）矢印が Y の方向では「上」を指していて，TIME の方向では「下」を指していることがわかるでしょう．これはつまり，このような形の曲線は，Y を「上昇」（例えば，Y^2，Y^3 など）するか，または TIME を「下降」（例えば，$\log$

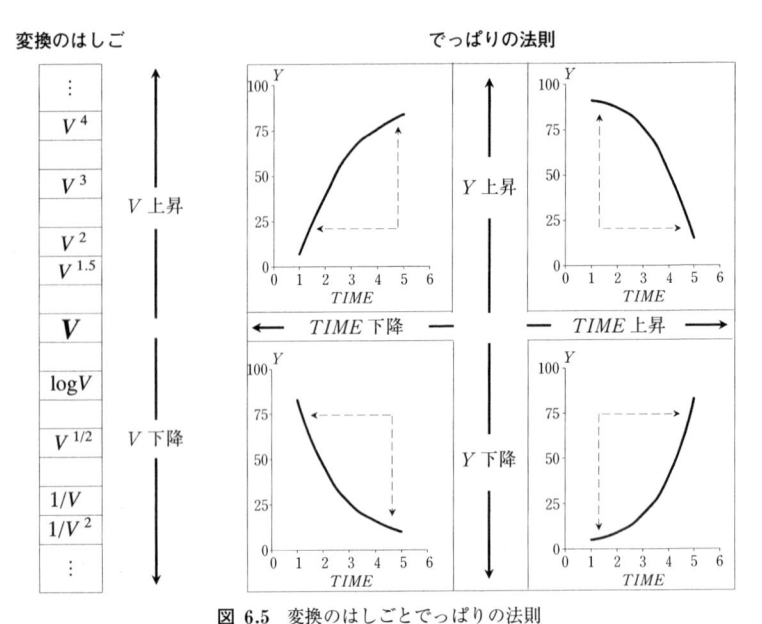

変換のはしご

$$
\begin{array}{c}
\vdots \\
V^4 \\
V^3 \\
V^2 \\
V^{1.5} \\
V \\
\log V \\
V^{1/2} \\
1/V \\
1/V^2 \\
\vdots
\end{array}
$$

V 上昇 ↑
V 下降 ↓

でっぱりの法則

（左上図）Y 上昇 — TIME 下降 ←
（右上図）Y 上昇 — TIME 上昇 →
（左下図）Y 下降 — TIME 下降 ←
（右下図）Y 下降 — TIME 上昇 →

図 6.5 変換のはしごとでっぱりの法則
個人の成長の軌跡の賢明な変換方法選択のためのガイドライン.

(TIME) や 1/TIME など) することによって，線形にできることを示しています．下段右側の小図では，矢印は Y では「下」，TIME では「上」を指していて，Y を (はしごの)「下」の方向に動かすか，TIME を (はしごの)「上」の方向に動かすことによって，線形にできることを示しています．はしごの中心から離れれば離れるほど，変換の効果は劇的になります．

　分析に使う変換方法を決める前に，いくつかの変換方法を試してみることをお勧めします．この探索的なプロセスはまったく緻密な科学とはいえないようなものです．1 人の対象者に対してですら，すべての時点においてその変換方法が同じようにうまくいくとはいえないのです．最終的には，対象者全員に対して「同じ」変換方法を適用しなければなりません．したがって，全体として，変換した結果として得られた軌跡の形がほとんどの人にとって線形になると主張するためには，変換方法の選択には多少の妥協が必要になります．

　このプロセスを図 6.6 に示しました．これは，Berkeley Growth Study (Bayley, 1935) に参加したある少女の 20 回分のデータをプロットしたものです．左側の小図は，この少女の認知能力の軌跡をもとの尺度で示したものです．この曲線の形は，彼女が成長するに従って，彼女の認知能力の伸び率は小さくなっていくことを示唆しています．つまり，カーブ (伸びる速度) は減速するということです．この形は，図

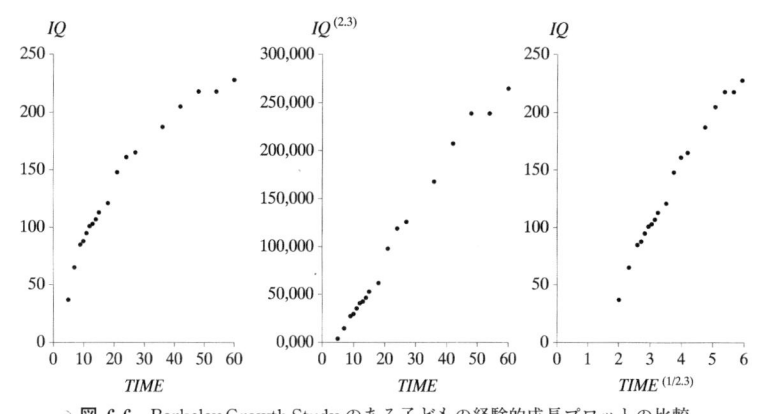

6.2 個人の非線形の変化を変換によってモデリングする

図 6.6 Berkeley Growth Study のある子どもの経験的成長プロットの比較
左の小図はローデータによるもの．中央の小図は結果変数である IQ を 2.3 乗した値を用いて描いたもの．右の小図は，予測変数である $TIME$ として，AGE の 2.3 乗根をとった値を用いて描いたもの

6.5 のでっぱりの法則の左上の小図の形とよく似ています．この軌跡を線形にするには，Y を「上昇」（例えば，Y^2，Y^3 など）させるか，$TIME$ を「下降」（例えば，$\log TIME$ や $1/TIME$ など）させるかすればよいことになります．いくつかの方法を試してみたところ，IQ を 2.3 乗するのが良い妥協点であるということがわかりました．変換後の軌跡は中央の小図に示しました．20 か月付近に「く」の字に曲がった部分があります．もとの軌跡でもこの変化は明らかにみられます．これはこの月齢で測定方法が変わったためと考えられます．変換はこのような非連続性を排除することはできませんが，この部分をはさんだ両側については，変化をある程度線形の軌跡にすることができます．

変換は結果変数，あるいは $TIME$ のどちらで行うこともできます．たいてい一方で最適だった変換の逆を使うことができます．しかし，「結果変数」の変換の逆を予測変数に適用した場合と，その反対を行なった場合では，非線形性の低減は同程度にはなりません．これは，それぞれの変数の範囲や尺度，モデル中の切片の有無に違いがあるためです．このような違いがあるので，両方のタイプの変換について検討してみる価値があるのです．このデータについては，年齢の 2.3 乗根をとること（図 6.6 の右側の小図）は，結果変数の 2.3 乗をとった場合と比較して，軌跡を線形に近づけることに成功しているとはいえません．もし，双方の変換がどちらも同程度にうまく機能するようであれば，決めるのはあなたです．$TIME$ などがたいていそうですが，もし 1 つの変数が理解しやすい，あるいは広く受け入れられている測度で測られているものならば，その測度は温存し，もう一方の変数を変換することをお勧めします．

ここでは，結果変数である認知能力を変換した方が非線形性の排除がうまくいきましたし，TIME の測度も温存することができました．

最後に，もう一度 2.3.1 項で指摘した注意点を繰り返しておきたいと思います．私たちは各調査参加者（あるいはランダムに選ばれた複数の参加者）の経験的成長プロットを検討したのであって，各時点での参加者の平均を集めて描いた軌跡を検討したわけではないことに注意してください．集約した軌跡から個人の軌跡の形を推測するのはどんなに魅力的であっても，その形は同じであるとは限りません．変化の形は，時間と線形な関係にあるときは同じ形になるかもしれませんが，変化が非線形の場合はそうはならないかもしれません．個人の真の変化の軌跡はわからないので—もしわかっているならばこのような探偵みたいな作業は必要ありません—このような落とし穴に落ちるのを避けるために，常に個人の変化の形を特定するためには，個人のプロット図を使用してください（この点については，非線形の軌跡そのものについて検討する 6.4 節で議論を拡大します）．

6.3 時間の多項式関数を用いて個人の変化を表す

曲線的な変化をモデリングするためのもう1つの手段として，全体の組合せによって時間の多項式関数を表現するような複数のレベル1予測変数を同時にモデルに含める方法があります．この方法によって得られる**多項式成長モデル**（polynomial growth model）は複雑で扱いにくいものになる可能性もありますが，より多くの時間に伴う複雑な変化のパターンをとらえることができます．

表 6.4 に，様々な多項式成長モデルを列挙しました．各モデルは，いずれも個人 i の時点 j における結果変数の観測値 Y を，時間 $TIME$ と関連づけています．表の1列目は軌跡の特徴を，2列目はレベル1のモデル式を，そして最後の列は3列目に示された個人の成長パラメータの値を用いたときの，任意の Y, $TIME$ に対する軌跡の形状を表しています．$TIME$ に関する高次の作用を加えたことで，真の軌跡はこれまでよりもさらに複雑な形をとっています．以下本節ではこれらモデルの結果の解釈（6.3.1 項）とモデルの選択（6.3.2 項，6.3.3 項）について議論していきます．

6.3.1 多項式で表される個人の変化の軌跡の形状

表 6.4 に示されたもののうち，「変化なし」および「線形変化」のモデルは，既になじみ深いものです．これに対して $TIME$ に関する2次や3次の項を含むその他のモデルは，まったく新しいものになります．しかしここでは完全を期するために，これらすべてのモデルについて解説を行います．

6.3 時間の多項式関数を用いて個人の変化を表す

表 6.4 多項式を用いる個人の変化の軌跡の分類

形状	レベル1モデル	具体例	
		パラメータの値	真の変化の軌跡の図示
変化なし	$Y_{ij} = \pi_{0i} + \varepsilon_{ij}$	$\pi_{0i} = 71$	(水平線のグラフ)
線形変化	$Y_{ij} = \pi_{0i} + \pi_{1i}TIME_{ij} + \varepsilon_{ij}$	$\pi_{0i} = 71$ $\pi_{1i} = 1.2$	(右上がり直線のグラフ)
2次変化	$Y_{ij} = \pi_{0i} + \pi_{1i}TIME_{ij}$ $+ \pi_{2i}TIME_{ij}^2 + \varepsilon_{ij}$	$\pi_{0i} = 50$ $\pi_{1i} = 3.8$ $\pi_{2i} = -0.03$	(凸型曲線のグラフ)
3次変化	$Y_{ij} = \pi_{0i} + \pi_{1i}TIME_{ij}$ $+ \pi_{2i}TIME_{ij}^2 + \pi_{3i}TIME_{ij}^3$ $+ \varepsilon_{ij}$	$\pi_{0i} = 30$ $\pi_{1i} = 10$ $\pi_{2i} = -0.2$ $\pi_{3i} = 0.0012$	(S字型曲線のグラフ)
⋮	⋮	⋮	⋮

a. 「変化なし」の軌跡

「変化なし」の軌跡は，0次の多項式関数としても知られています．なぜなら，$TIME$ の0次のべき乗が1となる（$TIME^0=1$）からです．このモデルは，レベル1のモデル式における唯一の個人成長パラメータである切片 π_{0i} に対して，常に一定の値1をとる予測変数が掛け合わされているような軌跡に等しいのです．変化なしの軌跡における切片は，すべての時点における軌跡の垂直方向における高さを表します（例では71という値になっています）．各人の軌跡はすべて平坦な形状になりますが，異なる個人は異なる切片の値を取り得るため，真の変化なしの軌跡の集合は，高さの異なる水平線を集めたものということになります．変化なしの軌跡は，4.4.1項において扱った無条件平均モデルというレベル1サブモデルと同じものです．しかしここでは，他の多項式関数を用いた軌跡との関係に着目するため，「変化なし」という呼び方を用いることにします．

b. 「線型変化」の軌跡

「線形変化」の軌跡は，1次の多項式関数に相当します．なぜなら $TIME$ の1次のべき乗は $TIME$ そのものとなる（$TIME^1=TIME$）からです．この1次の $TIME$ が唯一の予測変数である一方で，2つの個人成長パラメータはこれまでと同様に解釈することが可能です．このモデルでは個人が独自の切片と傾きを持つことができるため，複数人の軌跡の集合は縦横無尽に交差するような直線の集まりとなります．またレベル2モデルを導入することで，切片と傾きの双方に関する個人間差を，個人特有の特徴と関連づけることもできます．

c. 「2次変化」の軌跡

すでに1次の $TIME$ を含んでいるレベル1の個人成長モデルに対して，さらに $TIME^2$ を追加することで，2次の変化を表す2次多項式を構築することが可能です．$TIME^2$ のみを含むようなレベル1モデルとは異なり，2次の多項式による変化の軌跡は，$TIME$ に基づく2つの予測変数と3つの個人成長パラメータ（$\pi_{0i}, \pi_{1i}, \pi_{2i}$）からなっています．これらのうち最初の2つは線形変化の軌跡の場合と完全に同一ではないものの，よく似た解釈を与えてくれます．しかし最後の1つは，まったく新しいものになります．

2次変化の軌跡を仮定するモデルにおいても，π_{0i} は軌跡の切片を表します．すなわち，2つの予測変数（ここでは $TIME$, $TIME^2$）が0であるときの，Y の値ということです．しかし予測変数 $TIME$ と関連するパラメータ π_{1i} は，このモデルにおいては一定の変化率を表しません．代わりにこのパラメータは，$TIME=0$ である一瞬における瞬間的な変化率を表すものになります[2]．このパラメータは「傾き」とい

---

[2] 時間について微分を行うことで，2次変化の軌跡の本当の傾きは $\pi_{1i}+2\pi_{2i}TIME_{ij}$ と導かれます．しかし，$TIME_{ij}=0$ のとき，この値は π_{1i} になります．

う名前のままで呼ばれることも多いのですが，2次変化の軌跡には，一定で共通な変化率というものは存在しないのです．変化率は，時間に伴って滑らかに変化していきます．この，変化率の変化を表すのが，$TIME^2$ と関連する**曲率**（curvature）パラメータ π_{2i} です．よって個人成長モデルとして2次変化の軌跡を仮定した場合，切片，瞬間的な変化率，曲率の個人間差を定式化するようなレベル2の問いを立てることが可能になります．

2次変化の軌跡に関する直観的な理解を助けるために，表6.4 に例示した曲線を細かく検討してみましょう．この軌跡は $TIME=0$ における瞬間的な変化率が3.8であり，曲率は -0.03 です．π_{1i} が正であるため，この軌跡は最初は上昇していきます．正確には，測定の最初の時点における真の増加の勢い3.8をもって，曲線が伸び始めます．しかし π_{2i} は負であるため，この上昇は長持ちしません．時間が1単位分だけ経過するごとに，結果変数の上昇率は低減していきます．つまり，π_{1i} と π_{2i} の競合によって，Y の値が決まってくるのです．ただし $TIME^2$ の方が $TIME$ よりも増加が早いという単純な数学的理由により，いずれは2次の項の方が勝つことになります．すなわち，この例の場合ならば，1次の項は Y が時間に伴って増加することを表していますが，徐々に2次の項の影響力がこれを上回っていき，ある時点で軌跡は頂点を迎え，以降は減少に転じるのです．

単一の頂点を持つような2次の軌跡は，時間軸に対して凹であるといわれることがあります．この頂点は**定留点**（stationary point）とも呼ばれます．なぜならこの点において軌跡の方向が切り替わる直前に，一瞬だけ傾きが0になるからです．2次曲線は，1つの定留点を持ちます．もし曲率パラメータが正である場合，軌跡は単一の谷を持つような形状になり，時間軸に対して凸であるといわれます．符号の正負にかかわらず π_{2i} の絶対値が大きいほど曲率パラメータの効果は劇的なものとなり，より極端な曲がり具合を持つ軌跡が描かれます．なお，2次曲線がひっくり返る時点は，それが頂点であるにせよ谷であるにせよ，$(-\pi_{1i}/2\pi_{2i})$ により求めることが可能です．この例の場合，$TIME=-3.8/(2(-0.03))=63.33$ の時点がこれに相当します．

d. より高次の変化の軌跡

$TIME$ に関するより高次のべき乗の項を追加していけば，多項式による軌跡の形状はもっと複雑なものになっていきます．表6.4の4行目は，レベル1の予測変数として $TIME$，$TIME^2$，$TIME^3$ を含む，3次の多項式によるモデルを表したものです．3次多項式の軌跡は2個の定留点（ここでは1つの頂点と1つの谷）を持ちます．さらに $TIME^4$ を加えた4次多項式は3つの定留点を持ち，パラメータの符号によって2つの頂点と1つの谷，もしくは2つの谷と1つの頂点という形になります．5次の多項式の定留点は4つ，6次多項式は5つです．個人の変化を表すために高次の多項式を用いれば，ほぼどんな複雑さの変化であれ，その軌跡を表現することが可

能になるでしょう．

ただし多項式の次数が高いほど，個人成長パラメータの解釈は込み入ったものになります．3次のモデルの時点ですら，各パラメータに対して初期値，瞬間的な変化率，曲率という2次のモデルにおける解釈は通用しなくなります．軌跡の表現はより単純な方が望ましいため，他の手法が通用しなかった場合にのみ，高次の多項式を利用することが一般的です．

次の項では，様々な多項式の形状の中からどれを選ぶか，という方法について解説します．しかしその前に，これらのモデルを利用する場合のデータ収集において考慮しなければならない，現実的な制約に関する注意を述べておきます．それは，より次数の高い多項式をあてはめようとするほど，より多くの時点においてデータが収集されなければならない，ということです．時間構造化データセットの場合ならば，最低でもレベル1の個人成長モデルに含まれるパラメータ数よりも1つ多い時点において，データを測定しなければなりません．レベル1の線形変化の軌跡を仮定するならば，最低でも3時点のデータが必要です．2次ならば4時点，3次ならば5時点です．しかもこれは，あくまで最低限の条件にすぎません．より高い精度を求めるならば，もっと多くの時点での測定が必要になります．人生と同じく，データ解析においても何かを得るためには対価が要求されるのです[3]．

6.3.2 適切な多項式を用いたレベル1の変化の軌跡の選択

ここでは Keiley, Bates, Dodge, & Pettit (2000) による大規模な調査報告の中から，45人の子どもを1年生から6年生まで追跡したデータを利用して，多項式関数を用いたレベル1の変化の軌跡の選択戦略について解説を行います．各学年（$GRADE$）の終わり頃に，教師は生徒たちの外在化型問題行動の度合いについて，Achenbach (1991) の CBCL (child behavior checklist) を用いて評定しました．このチェックリストは3件法（0＝めったにない／まったくない，1＝ときどきある，2＝頻繁にある）によって，34個の攻撃的で秩序を乱すような行動，あるいは非行行動を子どもがどのくらいの頻度でみせたかを定量化するものです．結果変数である $EXTERNAL$ は，これら34項目の得点を加算して得られるもので，0点から68点の間の値をとります．

図6.7に，8人の子どもの経験的成長プロットが示されています（今は推定された軌跡は無視して，データ点だけを見てください）．全体的にみて，これらの事例はデ

---

[3] 正確には，ここでは議論を単純化しすぎています．必要なデータ収集回数は，個人成長パラメータをレベル2のモデルにおいて固定しているかどうかにも依存します．もしいくつかのパラメータを固定していれば，データ収集の時間的デザインにもよりますが，より少ない収集回数で済む可能性があります（Rindskopf, 2002（私信））．

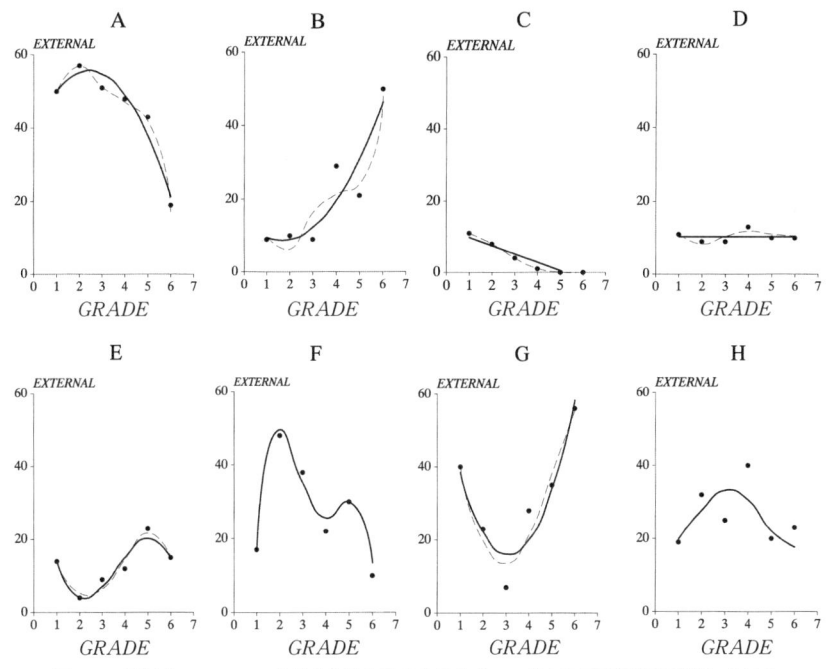

6.3 時間の多項式関数を用いて個人の変化を表す 219

図 6.7 適切なレベル1の多項式軌跡を決定するための，外在化型問題行動研究における8人の参加者の経験的成長プロット

実線は個別の子どもごとに決定された多項式による軌跡を表し（D は平坦な線，C は線形の軌跡，A, B, G は 2 次の軌跡，E は 3 次の軌跡，F, H は 4 次の軌跡），破線は必要な中で最も高次の多項式（4 次関数）による軌跡を表している．

ータに含まれる多様な個人の変化パターンを含んでいます．子ども D は，時間に伴う変化がほとんどみられません．子ども C の値は，年齢に伴って減少しているようです（少なくとも4年生の時点までは）．子ども A，B，G は2次関数的な変化をみせていますが，その曲率は人によってまちまちです．子ども E の値の変化には，2つの定留点（2年生で谷，5年生で頂点）がありそうです．子ども F，H については定留点が3つ（頂点，谷，そしてさらに頂点）あるようにも見えますが，6時点だけの測定結果をもとに，各測定時点特有の測定誤差から真の4次関数的な変化を取り出すのは困難です．

このように様々な異なる変化のパターンがあるとき，どの多項式関数を選ぶのがふさわしいのでしょうか．明らかにこれを選ぶべきだというものが見あたらない場合，まずは個人のデータごとに OLS 回帰を行ってその人ごとの軌跡を求めるという探索的なアプローチを行うことをお勧めします．これは手間を要するものの，比較的簡単な手続きです．行わなければならないのは，利用したい多項式関数の形状を表すため

に十分なだけの時間に関する予測変数(例えば TIME,TIME^2,TIME^3 など)を作成し,子どもごとにあてはめたい軌跡を表現するのに必要な予測変数を利用して分析することだけです.図6.7に示された実線のグラフは,先に列挙した通りの次数の多項式関数を個人ごとにあてはめた結果です.すなわち,①子どもDには変化なし,②子どもCには線形,③子どもA,B,Gには2次,④子どもEには3次,⑤子どもF,Hには4次,です.

EXTERNAL の観測値とあてはめた軌跡との比較が,このアプローチの有用性を示しています.推定された軌跡の多くは,各子どものデータの挙動を十分な程度に要約しています.しかし,本当にこのようなその場の思いつきで,関数を決めてしまってもよいものでしょうか.実測値と予測値を丁寧に比較すると,問題点もみえてきます.子どもCについては,わずかですが系統的なずれがあるようです.おそらくこの子どもは,本当は6年生時点を底とするような非常に浅い谷を持つ2次関数的な軌跡を持っているのではないでしょうか.また子どもHについても,別の問題があります.ここでは2つの頂点と1つの谷を持つという理由で4次関数のモデルをあてはめましたが,推定結果は2次関数に近い(1つの頂点しかない)ように見えます.この回帰分析の結果から,子どもHの3次および4次の項のパラメータがきわめて小さく,0と区別できない程度であることがわかります.存在するかのように思われた頂点と谷は,おそらく測定誤差によるものだったのでしょう.これは,多項式の軌跡をあてはめる際には,より単純なものを用いる方が望ましいという原則を示唆するものです.この原則は,少し後で重要なアドバイスとして取り上げることになります.

しかしここでは,いったんそれとは反対の方向へと進み,すべての子どもに共通の一般的な形状を用いて,探索的な軌跡のあてはめを行うことを試みてみましょう.これを行うのは,①データに含まれる一人ひとりについて適切な関数の形状を決めていくのは,手間がかかり非生産的である,②全員に共通した形状を想定しなければ,レベル1の個人成長モデルを指定するのが困難になる,という2つの理由のためです.そこで,個々の子どもごとに適切な次数の多項式を指定する代わりに,どの子どもの変化もとらえられるようにするため,必要な中で最も次数の高い多項式を選択します.図6.7に示されている8人の子どもについて考えるならば,4次関数を利用すれば十分でしょう.なぜなら,この範囲内でこれ以上高次の多項式を必要とする子どもはいないようだからです.これは倹約的な選択とは言い難いですが,4次関数はどの子どものデータであっても,容易に近似することが可能です.こうした場合,高次の項の貢献度合いについては,データ自身が必要に応じて調整を行ってくれます.例えば子どもAの3次および4次の項に関するパラメータは,0もしくはそれにきわめて近い値として推定されるはずです.

図6.7に示された破線のグラフが,各子どもに対して4次関数をあてはめた場合の

結果を示したものです（なお，子どもF，Hについては，実線がすでに4次関数でした）．このように共通の軌跡をあてはめることは解釈を簡単にしてくれますが，結果は明らかに過剰適合です．子どもE，Gについては個人別のあてはめを行ったときとほぼ同じ軌跡が得られていますが，他の子どもについては，より複雑な形状が推定されてしまっています．この複雑さは，本当に必要なものなのでしょうか．2次関数的な形状ではないかと考えられていた子どもA，Bの推定された軌跡には，追加のデコボコが生じています．また，平坦なものと思われていた子どもDの推定された軌跡は，今や4次関数を押し縮めたような形状になっています．

モデルの倹約性を重視して軌跡の複雑性を過小評価してしまう危険性を冒すのと，複雑性を重視して過剰適合の危険性を冒すのと，どちらをとるべきでしょうか．答えは，標本であるデータから母集団の軌跡に関する結論を導こうとしているため，不明瞭なものにならざるを得ません．経験的プロットを精査する際には測定誤差がどの程度なのかを考慮しなければなりませんが，これは言うほど簡単なことではないのです．例えば，子どもAとBの真の軌跡は2次多項式であると結論づけられるものと考えていたかもしれませんが，今ではもっと複雑な関数である可能性も提示されています．あるいは子どもHについては4次関数を仮定しましたが，これは不要に複雑すぎたかもしれません．しかし幸いなことに，探索的分析によって相互に矛盾するような結論が得られてしまったときには，各モデルの適合度指標を比較することで，問題を解決することが可能です．それをこれからお見せしましょう．

6.3.3 多項式を利用したレベル1モデルの高次項に関する検定

表6.5は，外在化型問題行動データに対して多項式の次数を増やしながら4種類のモデルをあてはめた結果を示したものです．各モデルの推定は，MLwiNを用いた完全IGLS法によって行われました．簡略化のため，レベル1と2の双方において，時間以外の実質的な予測変数は設定されていません．ただしレベル1モデルにおける固定効果の部分の複雑性が増すとともに，増加したパラメータに対するランダム効果も追加されていることには注意してください．このような設定を行った理由については，後に実質的な結果の解釈とともに述べることにします．

まずはモデルA，すなわち「変化なし」の軌跡から始めましょう．推定された総平均は12.96（$p<.001$）であり，これは1年生から6年生の間にかけて，平均的な子どもの外在化型問題行動が非ゼロの水準にあることを示唆しています．分散成分についてみてみると，子ども内（70.20, $p<.001$）と子ども間（87.42, $p<.001$）の双方について，統計的に有意な分散が存在しています．すなわち，外在化型問題行動の値は測定機会間でも違うし，子どもどうしの間でも異なっているということです．

この「変化なし」の軌跡が適切なものなのでしょうか．それとも，1次の *TIME*

表 6.5 外在化型問題行動データの変化の軌跡として様々な多項式によるあてはめを行なった結果の比較 ($n=48$)

		パラメータ	モデル A 変化なし	モデル B 線形変化	モデル C 2次変化	モデル D 3次変化
固定効果						
合成モデル	切片（1年生時の状態）	γ_{00}	12.96***	13.29***	13.97***	13.79***
	TIME（1次の項）	γ_{10}		-0.13	-1.15	-0.35
	$TIME^2$（2次の項）	γ_{20}			0.20	-0.23
	$TIME^3$（3次の項）	γ_{30}				0.06
分散成分						
レベル 1	個人内	σ_ε^2	70.20***	53.72***	41.98***	40.10***
レベル 2	1年生時の状態	σ_0^2	87.42***	123.52***	107.08***	126.09***
	1次の項					
	分散	σ_1^2		4.69**	24.60*	88.71
	1年生時の状態との共分散	σ_{01}		-12.54*	-3.69	-51.73
	2次の項					
	分散	σ_2^2			1.22*	11.35
	1年生時の状態との共分散	σ_{02}			-1.36	22.83~
	1次の項との共分散	σ_{12}			-4.96*	-31.62
	3次の項					
	分散	σ_3^2				0.08
	1年生時の状態との共分散	σ_{03}				-3.06~
	1次の項との共分散	σ_{13}				2.85
	2次の項との共分散	σ_{23}				-0.97
適合度						
	乖離度		2010.3	1991.8	1975.8	1967.0
	AIC		2016.3	2003.8	1995.8	1997.0
	BIC		2021.9	2015.0	2014.5	2025.1

~：$p<.10$，*：$p<.05$，**：$p<.01$，***：$p<.001$．
モデル A は変化なしの軌跡，モデル B は線形変化の軌跡，モデル C は2次変化の軌跡，モデル D は3次変化の軌跡．
（注）　MLwiN による完全 IGLS 推定．

をレベル1の個人成長モデルに追加するべきでしょうか．この問いに答えるためには，モデル A と一般的な線形変化のモデル（モデル B）を比較すればよいのです．解釈を容易にするため，ここでは TIME として $GRADE-1$ を用いています．したがって切片（π_{0i}）は，1年生時点での外在化型問題行動の値を表すことになります．結果から，平均的な子どもの外在化型問題行動の値は1年生において非ゼロの水準にあり（13.29, $p<.001$），この値は時間の経過とともに線形なペースで平均的に変化するわけではない（-0.13, $n.s.$）ことがわかります．しかし分散成分が統計的に有意であること（$\hat{\sigma}_0^2=123.52$, $p<.001$；$\hat{\sigma}_1^2=4.69$, $p<.01$）は，子どもたちの外在化

型問題行動の値が，この平均的な水準と実質的には異なっていることを示唆しています．言い換えるなら，平均的な軌跡は平坦かもしれませんが，多くの個人における軌跡は平坦ではない可能性がある，ということです．

モデルBがAよりも望ましいかどうかを決めるために，モデル間のすべての条件の差（線形の成長率と，これに対応する分散成分，そして追加の共分散 σ_{01}）の組合せに関する複合帰無仮説 H_0：$\gamma_{10}=0$，$\sigma_1^2=0$，$\sigma_{01}=0$ の検定を行います．乖離度統計量の差（18.5）は自由度3の χ^2 分布における5％臨界値を大きく超えているため，帰無仮説は棄却され，「変化なし」モデルは却下されるということになります．

同様の検定手続きを用いて，モデルCをBと，あるいはモデルDをCと比較していくことで，レベル1個人成長モデルの多項式に対して高次の項を追加することの効果について評価することが可能です．しかしそれを行う前に，モデル推定を行う際によくあるジレンマについて知っておく必要があります．モデルBにおいて，線形の成長率に関する分散成分（σ_1^2）は統計的に有意であったにもかかわらず，これに対応する固定効果（γ_{10}）は有意ではありませんでした．これは矛盾した結果というわけではありませんが，解釈を行う際には注意を必要とします．分散成分に関する検定の結果は，線形の成長率について子どもの間で統計的に有意な差がみられることを示しています．一方で固定効果に関する検定の結果は，平均的な変化率が0と区別がつかないことを意味しています．しかし分散成分が非ゼロであることは，このばらつきの一部についてレベル2の予測変数によって説明できる可能性を示唆しているので，固定効果の項もモデルに残しておくという結論に達します．例えば，男子の平均的な傾きは正だが女子は負である，ということが後にわかるかもしれないのです．これは，男子と女子をまとめてしまうと全員分の平均的な変化率が0になってしまうとしてもなお，大きな興味を引く知見です．このようにレベル1モデルにおける関数形を決定する際には，レベル1の固定効果と同じくらい，レベル2の分散成分についても関心があるのだということに気をつけてください．

それではいよいよ，2次のモデルCを線形のモデルBと比較してみましょう．私たちが求めているのは，このデータの基礎的な構造をきちんと説明できるレベル1の個人成長モデルですから，さらなる固定効果（$TIME^2$ に関連するもの）だけではなく，必要な分散成分も追加します．すなわち曲率に関する母分散 σ_2^2 と，曲率と1年生時点の状態との共分散 σ_{02}，線形成長率との共分散 σ_{12} です．あるいは分散成分を追加せず，曲率はすべての人において同一の値をとると制約することもできますが，これは今行おうとしているモデル構築の練習とは対極にあるようなアプローチになります．乖離度統計量の差は16.0と小さくなりますが，それでも自由度4の χ^2 分布における1％臨界値（13.27）を超えています．したがって追加された4つのパラメータがすべて0であるという帰無仮説は棄却され，曲率についても潜在的には説明可能

であるような子ども間の分散が存在すると結論づけることになります．

さらに手続きを進めて，3次のモデルを採用すべきでしょうか．モデルDとCの比較は，この問いに対する答えが否であることを示唆します．3次の項の追加は，1つの固定効果と4つのランダム効果（$\sigma_3^2, \sigma_{03}, \sigma_{13}, \sigma_{23}$）を加えることを意味します．しかしこれによる乖離度統計量の減少は8.8（1975.8−1967.0）にとどまり，自由度5のχ^2分布における5%臨界値11.07よりも小さな値になります．

以上から個人の外在化型問題行動の変化は，2次関数的な軌跡に従うものとして扱うべきだ，という結論が得られます．このAICやBICからも裏づけられる結果は，データに含まれる多様性を尊重した現実的な妥協点です．これは，どの子どもの軌跡も3次多項式に従わないということを意味するのではなく，すべての人に対して3次関数を想定して推定を行うと，十分に多くの子どもについて3次の項に関するパラメータの推定値が0に近くなるため，この項を含めないことによる系統的なばらつきは心配するには値しないということを示唆しています．逆に2次のパラメータについては，これとは反対のことがあてはまります．すなわち，その平均的な値は0と区別がつきませんが，モデルに含めるだけの価値があることを保証する十分な分散があることが確認できるのです．

ここまでみてきたように，個人の変化の軌跡として適切な多項式を選ぶことで，モデルを構築してきました．しかし個人成長パラメータについては，さらに追加で検討する余地が残っています．レベル1のパラメータは，それぞれに対応したレベル2のサブモデルを持っています．レベル1モデルとして2次変化の軌跡を仮定すれば3つのレベル2サブモデルがありますし，レベル1に3次変化を仮定すればレベル2サブモデルは4つになります．ここでは$FEMALE$の効果について検討するために，すべてのレベル1のパラメータに対してこの変数が関係しているというレベル2モデルを仮定することから始めてみましょう．

$$Y_{ij} = \pi_{0i} + \pi_{1i}(GRADE_{ij}-1) + \pi_{2i}(GRADE_{ij}-1)^2 + \varepsilon_{ij}$$
$$\pi_{0i} = \gamma_{00} + \gamma_{01} FEMALE_i + \zeta_{0i}$$
$$\pi_{1i} = \gamma_{10} + \gamma_{11} FEMALE_i + \zeta_{1i}$$
$$\pi_{2i} = \gamma_{20} + \gamma_{21} FEMALE_i + \zeta_{2i}$$

ただし，以下の通りです．

$$\varepsilon_{ij} \sim N(0, \sigma_\varepsilon^2) \text{ かつ } \begin{bmatrix} \zeta_{0i} \\ \zeta_{1i} \\ \zeta_{2i} \end{bmatrix} \sim N\left(\begin{bmatrix} 0 \\ 0 \\ 0 \end{bmatrix}, \begin{bmatrix} \sigma_0^2 & \sigma_{01} & \sigma_{02} \\ \sigma_{10} & \sigma_1^2 & \sigma_{12} \\ \sigma_{20} & \sigma_{21} & \sigma_2^2 \end{bmatrix} \right)$$

このデータにおける様々な性差を探ってみましたが，どのパラメータについても統計的に有意ではないという結果が得られました．すなわち，$FEMALE$は1年生時点での初期値，1年生時点での瞬間的な変化率，曲率のいずれに対しても効果がありませ

んでした.

6.4 真に非線形な軌跡

本章で示した曲線のものも含めて，これまで示した個人の成長モデルはすべてが重要な数学的性質を共有しています．それは，個人の成長パラメータに関して線形なことです．明らかに非線形な軌跡を表すために，なぜ「線形」という言葉を使うのでしょうか．この明らかな矛盾は，この数学的性質は背後にある成長の軌跡の形状ではなく，非線形性の原因となっている場所（モデルの一部分に存在しています）に依存しているからであると説明されます．これまでのすべてのモデルは，非線形性（と非連続性）の原因は予測変数の表され方にありました．仮定された軌跡が直線から逸脱することを許すために，$TIME$ は変換されるか，または高次の多項式を使って表されました．今から述べようとしている真に非線形なモデルでは，非線形性はパラメータを原因とした別の形で発生します．

本節ではパラメータに関して線形ではないモデルについて考えます．まず6.4.1項で**動的一致性**（dynamic consistency）という，これまでのモデルと真に非線形なモデルとの違いについて理解するための重要な概念を紹介します．6.4.2項ではレベル1の個人の成長の軌跡がロジスティック曲線に従うことを仮定したデータセットを分析することで，真に非線形なモデルをあてはめるための一般的な方法について説明します．6.4.3項では双曲線，逆多項式，指数関数の軌跡を含む，他の真に非線形な成長モデルのいくつかを概説しながら，この方法を拡張します．最後に，6.4.3項では，これまで研究者たちが歴史的にどのようにして，非線形な成長に関する実質科学的理論を，データにあてはめることのできる数学的表現に翻訳してきたのかを紹介します．

6.4.1 真に非線形なモデルとは何を意味するのか？

パラメータに関して線形なモデルとそうでないモデルとの違いを明確にするために，単純な2次のレベル1の軌跡 $Y_{ij} = \pi_{0i} + \pi_{1i}TIME_{ij} + \pi_{2i}TIME_{ij}^2 + \varepsilon_{ij}$ について考えてみます．個人 i の時点 j（例えば $TIME = 2$）における Y の値を計算するにはこの値を代入すればよく，$Y_{i2} = \pi_{0i} + \pi_{1i}(2) + \pi_{2i}(2)^2 + \varepsilon_{i2}$ となります．この後すぐに明らかになる理由によって，切片 π_{0i} の後に明示的に1を掛けておきます．この追加はここでの説明にとって本質的なことではありませんが，議論を単純にすることができます．

ε_{i2} のことはしばらく無視して，個人 i の $TIME = 2$ における Y の仮定された真の値は3つの量 π_{0i}, $\pi_{1i}(2)$, $\pi_{2i}(2)^2$ の合計になっています．これらはみな，個人の成

長パラメータとある数の積（π_{0i}掛ける1，足すπ_{1i}掛ける2，足すπ_{2i}掛ける2^2）という，類似した形をしています．*TIME* のすべての値に対して，*Y* の真の値はすべてこの性質を共有しています．つまり，それらは，それぞれが個人の成長パラメータと数による重みとの積になっているいくつかの項の合計なのです．数による重みは，（π_{0i}に掛けられた1のような）定数あるいは（π_{1i}やπ_{2i}に掛けられた2や2^2のような）測定時点に依存した値です．成長モデルのこの部分は，「個人の成長パラメータの重みつき線形結合」，あるいはより単純に，個人の真の変化は「パラメータに関して線形である」と私たちはいいます．

パラメータに関して線形な (linear in the parameters) 個人の成長モデルは2章で少しふれたような重要な空間的性質を持っています．これらの性質はグループレベル，つまり「平均的な軌跡」を使って全員を要約したときに初めて現れるものです．2.3節で述べたように，この平均的な軌跡は，①**平均の曲線**（各測定時点における平均的な結果変数を推定して，これらの平均を通るような曲線をプロットする），あるいは②**曲線の平均**（各個人の軌跡について成長パラメータを推定し，これらの値を平均して，その結果をプロットする），の2つのうちいずれかの計算によって得ることができます．ある個人の成長モデルがパラメータに関して線形の場合には，どちらの方法を使っても問題はありません．なぜなら，「平均の曲線」と「曲線の平均」は同じだからです．さらに，軌跡の平均は，それを構成する個人の軌跡と同じ関数形（すなわち同じ一般的な形状）を持っています．つまり，異なる直線を持つグループの平均は直線であり，異なる2次曲線を持つグループの平均は2次曲線である，などとなります[4]．

これらの2つの性質，①「平均の曲線」と「曲線の平均」が一致することと②個人の軌跡と平均の軌跡が同じ関数形になることは，Keats(1983)によって**動的一致性** (dynamic consistency) と名づけられました．直線，2次曲線，そしてすべての多項式など，多くの一般的な関数は動的一致性を持っています．もし関数がパラメータに関して線形ならば，それは動的一致性を持っています．

動的一致性の概念から，分析に対して2つの重要な結果が得られます．第一に，各時点における平均から得られた平均的な軌跡の形から，個人の変化の軌跡の形に関する結論を導くべきではないという主張が強化されます．もし真の変化が動的一致ではないならば，モデルの関数形に関する結論は誤っていることになります．第二に，動的一致であるどのようなレベル1のモデルも（どのような多項式であっても，変換された目的変数を持つどのようモデルであっても，またはどのような非連続なモデルで

---

[4] 厳密にいえば，平均的な曲線についての話が成立するのは，データの釣り合いがとれており，時間構造化されているときです．

あっても），マルチレベルモデルのための標準的なソフトウェアを使って分析することができます．

動的一致ではない軌跡は扱いにくいものです．次に述べる個人の変化についての**ロジスティックモデル**（logistic model）のような，実質科学的理論から生まれた多くの重要なレベル1のモデルは，パラメータに関して線形ではありませんし，動的一致でもありません．2.3.1項でロジスティック曲線の集合の平均はロジスティックではなく，平滑化された**ステップ関数**（step function）であると述べたときに，この可能性についてはふれました．これ以降では，レベル1の論理的な個人の成長モデルがロジスティック曲線である時にどのように分析を進めればよいのか述べていきます．

6.4.2 個人のロジスティック成長曲線

真に非線形な変化の軌跡のあてはめを，筆者らの同僚である Terry Tivnan(1980)が収集した認知的成長についてのデータを使って紹介します．3週間の間，Tivnan は17人の1年生と2年生とともに「キツネとガチョウ」という2人用のボードゲームで繰り返し遊びました．このゲームはボードの一方の側の奥の列にいる黒い標識の1匹の「キツネ」と，ボードの逆側の奥の列にいる白い標識の4羽の「ガチョウ」でスタートします．各プレイヤーは自分の順番のときに，「チェッカー」のように1回につき1マスずつボード上で自分のコマを動かします．キツネは前後に移動できますが，ガチョウは前にしか移動できません．プレイヤーは反対の目的を持っており，ガチョウはキツネが動けなくなるように捕まえようとしますが，キツネは捕まることなく逆側にたどり着こうとします．

「キツネとガチョウ」は認知的成長を研究するための有益なツールです．それは，①必ず勝利できる方略が存在し，②この方略はこのゲームで遊んだことのない人にはすぐには明らかではなく，③この方略は非常に幼い子どもでさえも何度も遊ぶ中で推測して導くことができるからです．ゲームを始めたころには，子どもはガチョウをランダムに動かします．勝つための方略を推測できると，移動は意図を持った巧みなものになります．Tivnan は27ゲームまで子ども一人ひとりと遊びました．彼はそれぞれの子どもとのゲームにおける成績を致命的な間違いをするまでに完了した移動数（*NMOVES*）で要約しました．間違いを犯すまでの移動が多いほど，子どものスキルは高いことになります．

図6.8は8人の子どものデータを示しています．各小図は *NMOVES* を Tivnan の時間に関する尺度である「ゲーム数」に対してプロットしたものです．*NMOVES* は常に1から20の間にありますが，変化の軌跡は子ども内でも子ども間でもかなり異なっています．何人かの子ども（ID 04, 07, 08, 15番）ははじめのうちは致命的な間違いをしていますが，すぐに効果的な方略を見つけて，20手まで生き残ることが

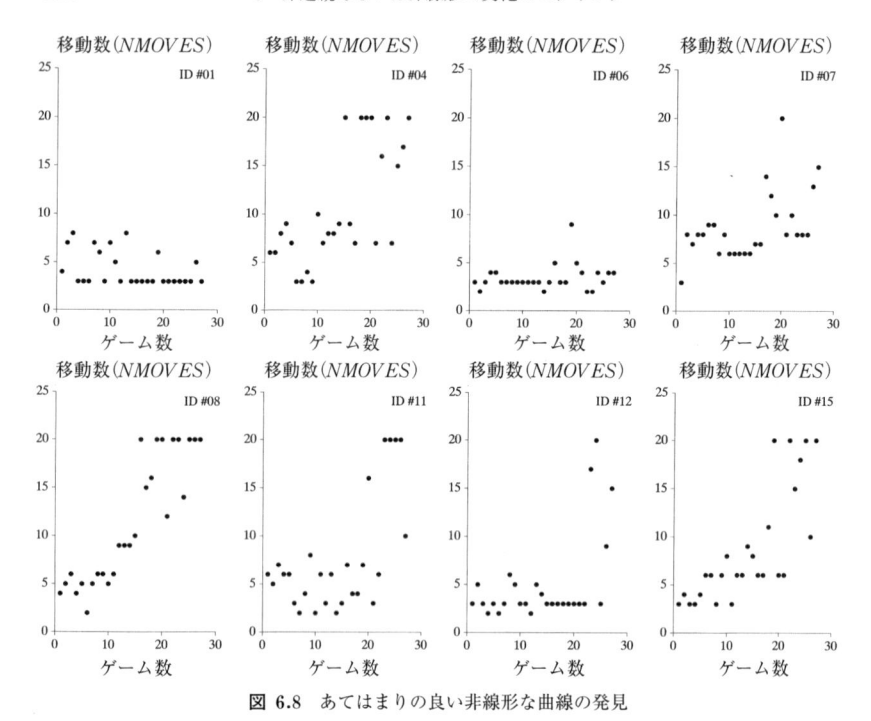

図 6.8 あてはまりの良い非線形な曲線の発見

「キツネとガチョウ」研究における 8 人の子どもの経験的成長プロット．それぞれは古典的なロジスティック関数に似ていることに注意してほしい．

できています．他の子どもたち（ID 11, 12 番）はその方略を見つけるまでにもっと時間がかかっています．そして何人か（ID 01, 06 番）は最適な方略を見つけることができず，すべてのゲームの序盤で致命的な間違いをしています．

こうした標本データを生む個人の真の変化の軌跡が線形であると仮定することは理にかないません．「キツネとガチョウ」というゲームについての知識と，これらのプロットを調べれば，以下の 3 つの特徴を持つ線形ではなく非線形なレベル 1 のモデルが適切なように思われるでしょう．

- **下方漸近線**（lower asymptote）： 各子どもの軌跡は下方漸近線（「床」）から始まります．なぜなら，すべてのプレイヤーはスキルによらず少なくとも 1 つは移動しなければならないからです．
- **上方漸近線**（upper asymptote）： 各子どもの軌跡は上方漸近線（「天井」）に達します．なぜなら，4 羽すべてのガチョウが動けなくなるまでの移動回数は有限だからです．図 6.8 からは 20 が理にかなった上方漸近線といえます．
- **これらの漸近線を結ぶ滑らかな曲線**： 学習理論によれば，各子どもの軌跡は漸近

線の間の領域を滑らかに横切るでしょう．さらに，各軌跡は勝つための方略を子どもが初めて推測した時から床を離れて加速し，方略をさらに改善することがだんだんと難しいことがわかった時から天井に向かって減速することが期待されます．

お気づきではないかもしれませんが，これらの3つの特性は**ロジスティック**（または「S字」）**な軌跡**を特徴づけるものです．したがって，私たちは次のロジスティック関数を Tivnan の実験に対する仮説的な個人の成長の軌跡として採用することにします．

$$Y_{ij} = 1 + \frac{19}{1 + \pi_{0i} e^{-(\pi_{1i} TIME_{ij})}} + \varepsilon_{ij} \tag{6.8}$$

ここで Y_{ij} はゲーム j で致命的な間違いをする前までの子ども i の移動数を表しており，$\varepsilon_{ij} \sim N(0, \sigma_\varepsilon^2)$ です．レベル1の線形変化成長モデルと同じように，ロジスティックモデルも個人の成長パラメータを2つ持っており，それらを π_{0i}，π_{1i} とします．しかし，パラメータのモデル中での表され方と現れる位置のために，これらには私たちの普通の予想とはいくぶん異なった解釈がなされます．

このレベル1のロジスティック関数の軌跡が NMOVES と TIME の関係についてどのような前提を必要とするのか，そしてそのパラメータがどのように解釈されるのかを明らかにするために，図6.9 に π_{0i} と π_{1i} に特定の組合せのパラメータの値を持つ9人の子どもの真の軌跡を示しました．これらの軌跡は，各小図の3人の子どもが共通の π_{0i} (150, 15, 1.5) を持ち，異なった π_{1i} (0.1, 0.3, 0.5) を持つように選択し

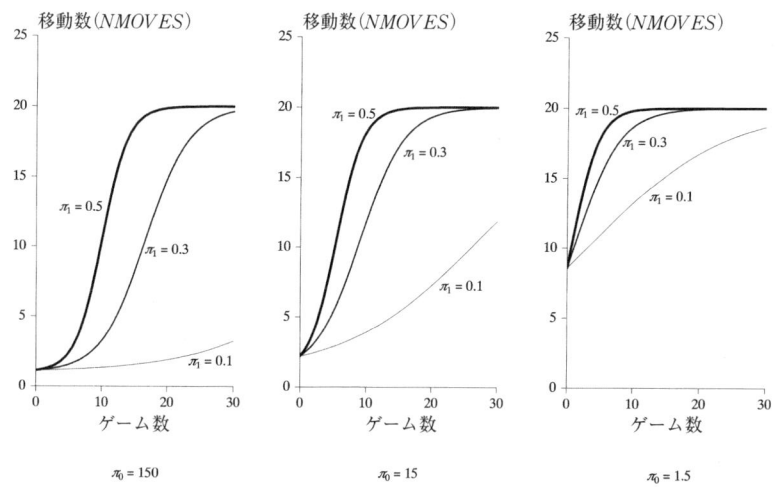

図 6.9 ロジスティックな変化の軌跡の理解

6.8式の変化する個人の成長パラメータを持つ，9人の子どもに対する仮定された真の変化の軌跡．

ました．各軌跡は様々なパラメータの値の組合せを6.8式の構造的な部分に代入し，様々な TIME の値ごとに NMOVES の仮定された値を計算することで得ました．

レベル1のロジスティックモデルは TIME に関して線形ではないので，そのパラメータは通常のように解釈することはできません．その代わりに，π_{0i} と π_{1i} は線形モデルにおける役割とは違いますが，関係のある役割を持っています．例えば，π_{0i} は切片ではありませんが，切片の値と関係しており，その値を決めるものです．このことは図6.9からも推測することができます．なぜなら，各小図の3つの曲線は同じ π_{0i} を共有していると同時に，同じ切片も共有しているからです．6.8式の TIME に0を代入すると，切片が $1+\{19/(1+\pi_{0i})\}$ と表されることがわかります．

同様に，2つ目の個人の成長パラメータ π_{1i} も傾きそれ自体ではありませんが，軌跡が上方漸近線に近づく速さを規定しています．各小図の3つの曲線を比較するとこの点がわかります．π_{1i} が小さな時には（各小図内で下の方の曲線），ロジスティック曲線の軌跡はゆっくり立ち上がります．しかし，高い位置から軌跡が始まった時でさえ（右の小図のように），上方漸近線には決して届きません．π_{1i} が大きな時には（各小図内で上の方の曲線），ロジスティック曲線の軌跡はより急激に立ち上がります．これらの曲線の軌跡は単一の傾きを持っているわけではありませんが，π_{1i} が大きな値であるほど，曲線は上方漸近線により早く近づきます．したがって，説明の便宜上この2つ目のパラメータを「傾き」と呼ぶことにします．

漸近線はこのモデルのどこに表されているのでしょうか．慣れ親しんだ他のロジスティック曲線の軌跡とは異なり，6.8式のモデルは2つの制約を必要とします．それらは，①すべての子どもは同じ下方および上方漸近線を持っていることと，②それらの漸近線は特定の値（1と20）に設定されていること，です．これらの主張の正しさを検証するために，6.8式を調べ，TIME（ゲーム数）が正負両方向で無限大に近づくに従って，Y に何が起こるのか考えてみましょう（TIME は厳密には負の無限大にはなり得ませんが，6.8式の曲線ではそうすることができます）．TIME が負の無限大に近づくにつれて，2つ目の項の分母の右側は劇的に大きくなり，そのため Y は1に近づきます．TIME が正の無限大に近づくときには，2つ目の項の分母は1に近づくので，Y は20に近づきます．十分な数のデータを持っているのであれば，子どもごとに漸近線が異なるようなレベル1のロジスティック成長曲線を定式化することもできます．しかし，今回のように結果変数のばらつきが大きく小さなデータの場合には，子ども独自の漸近線はまったく精度を欠いた推定値になってしまいます．「キツネとガチョウ」ゲームのルールについて考え，データを調べた後で，私たちはすべての子どもに対して漸近線を1と20に固定することに決めました（1と20は図6.8における NMOVES の最小値と最大値です）．

6.8式で表されるレベル1のロジスティックな変化の軌跡は個人の成長パラメータ

6.4 真に非線形な軌跡

π_{0i} と π_{1i} に関して線形ではありません．方程式を代数的にどのように操作したとしても，結果変数は π_{0i} と π_{0i} の重みつき線形結合として表すことはできません．それは，これらのパラメータは，①分母に表れ，②指数の形になっているからです．しかし，動的一致性を持たないことは，子ども間の成長曲線のパラメータのばらつきに対して通常の線形なレベル2モデルを定式化することを妨げはしません．図6.8のプロットでも示されているように，子ども間で軌跡が異なっている時には，個人内での変化の違いについてはじめに定式化するレベル2サブモデルの対は

$$\begin{aligned} \pi_{0i} &= \gamma_{00} + \zeta_{0i} \\ \pi_{1i} &= \gamma_{10} + \zeta_{1i} \end{aligned} \quad (6.9a)$$

となります．ここで，

$$\begin{bmatrix} \zeta_{0i} \\ \zeta_{1i} \end{bmatrix} \sim N\left(\begin{bmatrix} 0 \\ 0 \end{bmatrix}, \begin{bmatrix} \sigma_0^2 & \sigma_{10} \\ \sigma_{10} & \sigma_1^2 \end{bmatrix} \right) \quad (6.9b)$$

です．このモデルでは，レベル1の個人のロジスティック成長パラメータ π_{0i} と π_{1i} が，未知の母平均 γ_{00} と γ_{10} の周りで，未知の母残差分散 σ_0^2 と σ_1^2 と共分散 σ_{10} でばらついていると考えます．

レベル1の個人の成長モデルが動的一致ではないときには，線形モデルをあてはめるためだけに作られたソフトウェアを，新しい変化についてのマルチレベルモデルのあてはめのために使うことはできません．多くの標準的なマルチレベルモデルのパッケージはこれらのモデルをあてはめることができませんが，特定の種類の非線形レベル1モデルのための追加的機能を持ったものもいくつかあります．HLM，MLwiN，そしてSTATAはすべて限定された形のロジスティックな変化の軌跡をレベル1で定式化してあてはめるための機能を持っています．SASには，パラメータに関して線形であろうとなかろうと，いかなる種類のレベル1の軌跡のあてはめにも特に柔軟な機能を持つPROC NLMIXEDがあります．さらに，ランダム効果 ε_{ij}，ζ_{0i}，ζ_{1i} が正規分布に従う必要もありません．なぜなら，2項分布，ポアソン分布，そしてユーザが定義した分布もサポートされているからです．ここでは数値的な詳細を掘り下げるよりも，ソフトウェアは固定効果と分散成分を推定するために反復最尤法を使っているというだけで十分でしょう（Pinheiro & Bates, 1995；2000を参照してください）．以下ではこのプロシージャを用いて，6.9b式で定式化された標準的な正規理論の仮定を利用し変化についてのロジスティックなマルチレベルモデルをあてはめることにします．

表6.6のモデルAは，6.8式と6.9a式の変化についてのロジスティックなマルチレベルモデルを「キツネとガチョウ」データにあてはめた結果を示しています．固定効果が両方とも有意である（$p<.001$）だけでなく，π_{1i} には予測されたことですが子ども内のばらつきもあります（$\sigma_1^2 = 0.0072$, $p<.05$）．これらのパラメータは実際に

表 6.6 「キツネとガチョウ」データ ($n=17$) に対してロジスティックな変化の曲線をあてはめた結果

			パラメータ	モデル A	モデル B
固定効果					
「切片」 π_{0i}		切片	γ_{00}	12.9551***	12.8840***
		($READ - \overline{READ}$)	γ_{01}		-0.3745
「傾き」 π_{1i}		傾き	γ_{10}	0.1227***	0.1223***
		($READ - \overline{READ}$)	γ_{11}		0.0405
分散成分					
	レベル 1	個人内	σ_ε^2	13.4005***	13.4165***
	レベル 2	「切片」	σ_0^2	0.6761	0.5610
		「傾き」	σ_1^2	0.0072*	0.0060~
		「切片」と「傾き」の共分散	σ_{01}	-0.0586	-0.0469
適合度					
		乖離度		2479.7	2477.8
		AIC		2491.7	2493.8
		BIC		2496.7	2500.5

~ : $p<.10$, * : $p<.05$, ** : $p<.01$, *** : $p<.001$.
モデル A はロジスティックな無条件成長モデル，モデル B はレベル 2 の予測変数 READ をロジスティックな変化の曲線の切片と傾きの両方に関連づけたもの．
(注) SAS PROC NLMIXED による適応型ガウス求積法．

は切片と傾きではないので，解釈を容易にするために結果をプロットします．図 6.10 の左の小図は平均的な子どもの典型的な軌跡を表しています．仮定された通り，この軌跡は低い位置から始まり，時間をかけてゆっくりと非線形に立ち上がっています．本来の漸近線である 20 まで近づいていないのは，ゲームが難しかったので平均的な子どもが十分に上手にはなれなかったからです．

次に，個人の成長パラメータのばらつきを予測することができるかどうか調べることにします．このプロセスを例示するため，レベル 1 の個人の成長パラメータが標準化された読む能力のテストについての子どもの得点によって異なっているかどうかを調べることにします．表 6.6 のモデル B は次に示すレベル 2 モデルを前提とします．

$$\pi_{0i} = \gamma_{00} + \gamma_{01}(READ_i - \overline{READ}) + \zeta_{0i}$$
$$\pi_{1i} = \gamma_{10} + \gamma_{11}(READ_i - \overline{READ}) + \zeta_{1i}$$
(6.10)

ここで，① READ はモデル間でレベル 2 のパラメータを比較できるように標本平均で中心化し，② 6.9b 式で示されたレベル 2 の残差に関する仮定と同じ仮定を置きました．どちらの個人の成長パラメータとの関係も有意ではなく，それは標本数の少なさが理由だと思われます．しかし，読む能力の高い子どもはより早く上方漸近線に達していることに注目してください ($\hat{\gamma}_{11}=0.0405$, $p<.18$)．この違いは，読む能力の

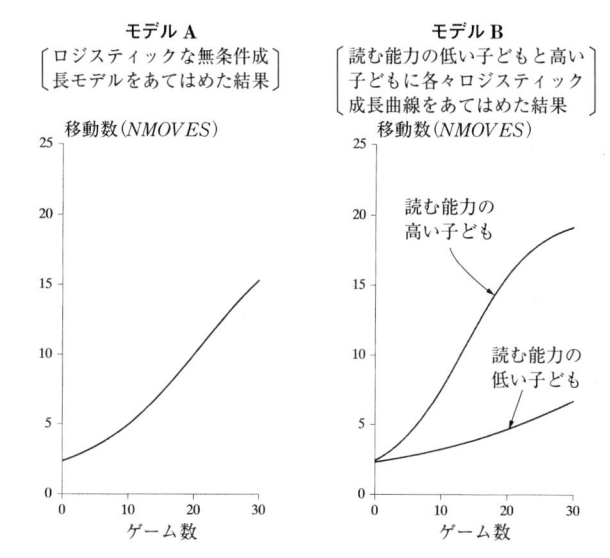

図 6.10 「キツネとガチョウ」データにロジスティックな変化の曲線をあてはめた結果

モデル A：ロジスティックな無条件成長モデル，モデル B：子どもの読む能力に応じてロジスティックな成長モデルのパラメータが変化することを許している．

得点が標本平均から 2 標準偏差上と下の典型的な 2 人の子どもに対してあてはめられた軌跡を示した図 6.10 の右の小図から明らかです．はじめの頃は違いがありませんが，読む能力の高い子どもは十分な数の 27 ゲームを遊んだ後には上方漸近線の 20 により近づく傾向があります．

6.4.3 真に非線形な変化の軌跡に関して調べてみる

個人の変化を事実上無限の数の数学的関数で表現できることはもう理解できたでしょう．表 6.4 の「単純な」部類の多項式でさえ，各次の多項式について，無限の数があります．結果変数と分析に使用する予測変数の両方について，これらをすべての可能な変換と，すべての可能な非連続性について掛け合わせると，軌跡の数は際限なく膨れ上がります．そしてこれらは動的一致性を持った軌跡のみなのです．動的一致ではない軌跡もまた無限に存在しています．そして，無限の母集団の中では，可能なものはすべて，無限回可能なのです．言い換えれば，どのような縦断データのセットを考えた場合でも，同じようによくあてはまるレベル 1 の個人の成長曲線を選ぶ方法には限りがないのです．

それでは，持っているデータと目的に対して適切なモデルを特定するためにはどうすればよいのでしょうか．明らかに，経験的な証拠以上のものが必要です．よくあて

はまる成長モデル群の中から，記述統計量，適合度，回帰診断の数値のみによる比較で最適なモデルを選び出すことはほぼ不可能でしょう．私たちのお勧めは，予想されているかもしれませんが，統計モデルに翻訳できる理論を明確にして，理論と経験的な証拠の両方をあわせて考えることです．このやり方を推薦することで，データ解析の最中にしばしば見落としがちな重要な点が強調できます．それは，実質科学的な理論が最も重要であるということです．最適な個人の成長モデルを選択する最も良い方法は，明確な理論の枠組みの中で考えることです．「この研究に対して最適なモデルは何だろうか」と問うのではなく，「どのモデルが最も理にかなっているだろうか」と問うのがよいでしょう．

実質科学の重要性を強調していますが，私たちは方法について書いている統計学者であり，変化の理論について書いている実質科学の研究者ではないことも強調しておきます．ある意味では，このことよって私たちが取り組んでいる課題（実質科学的に動機づけられた個人の成長モデルを概観すること）は不可能になっています．完璧に行うためには，精神医学，犯罪学，社会学，薬学，経済学などたくさんの実質科学的領域における変化に対するすべてのモデルを調べる必要があるでしょう．これは可能ではないし，私たちの仕事ではありません．その代わりに，生物学と認知科学という2つの実質科学的領域における考え方を概観することで，可能ないくつかのモデルを提案します．こうした分野に基づいた例を通して，あなたの実質科学的領域における研究の足掛かりになればよいと願っています．

生物学的変化の軌跡に関する思慮に富んだ研究は1世紀以上前にさかのぼります．Count de Montbeillardは初の文章化された生物学的成長の研究を，1759年から1777年にかけて彼の息子の身長を毎年記録して行いました（Tanner, 1964を参照してください）．その後，生物学者はきわめて様々な曲線モデルを変化を表すために使ってきました．Mead & Pike(1975)はこの大きな曲線群を，①多項式(polynomial)，②双曲線(hyperbolic)，③逆多項式(inverse polynomial)，④指数関数(exponential)の4つに分類しました．

6.3節で多項式のモデル群については議論したので，それについてはここではあまり説明しません．ほとんどの生物学者は多項式を使いません．それは，多項式は漸近的に平坦にはならない，つまり曲線が上側あるいは下側限界に達したりはしないからです．年齢とともに体の形も大きさも普通は小さくなるので，この性質は身長のような身体的概念をモデル化するには現実的ではないのです（体重はそうではないかもしれませんね！）．生物学的変化に関する仮説はしばしば平衡状態を含むので，研究者は漸近線を持つ他の種類の曲線の中から成長モデルを選択することが一般的です．

表6.7は残りの3種類の中から，最も有名なモデルの例を示しています．この表は双曲線と逆多項式から1つずつ，そして指数関数から3つの例を含んでいます．パラ

6.4 真に非線形な軌跡

表 6.7 時間とともに真に非線形に変化するときに使われるいくつかの曲線の軌跡とレベル1モデル

曲線の型	その型における特定の曲線	レベル1モデル
双曲線	直角双曲線	$Y_{ij} = \alpha_i - \dfrac{1}{\pi_{1i}TIME_{ij}} + \varepsilon_{ij}$
逆多項式	2次の逆多項式	$Y_{ij} = \alpha_i - \dfrac{1}{(\pi_{1i}TIME_{ij} + \pi_{2i}TIME_{ij}^2)} + \varepsilon_{ij}$
指数関数	単純な指数関数	$Y_{ij} = \pi_{0i} e^{\pi_{1i}TIME_{ij}} + \varepsilon_{ij}$
	負の指数関数	$Y_{ij} = \alpha_i - (\alpha_i - \pi_{0i}) e^{-\pi_{1i}TIME_{ij}} + \varepsilon_{ij}$
	ロジスティック	$Y_{ij} = \alpha_{1i} + \dfrac{(\alpha_{2i} - \alpha_{1i})}{(1 + \pi_{0i} e^{-\pi_{1i}TIME_{ij}})} + \varepsilon_{ij}$

メータの役割が対応する多項式モデルでの役割と似ている場合には，一貫した文字を使うようにしました．例えば，π_{0i} は常に軌跡の切片と同じわけではありませんが，π_{0i} と表すときには普通は切片と関連しているか，あるいは何らかの形で切片を規定しています．同様に，π_{1i} は常に軌跡の傾きと同じわけではありませんが（結局のところ曲線は単一の傾きを持たないのです），この文字を使うときにはそのパラメータは通常結果変数が大きくなったり，漸近線に近づく割合を規定します．慣れ親しんだ π という文字に加えて，これらのモデルはいくつかの α パラメータを α_i, α_{1i}, α_{2i} などとして含んでいます．これらはそれぞれ，i 番目の個人に関するある種類の漸近線を表しています．各パラメータが軌跡の中で何を表すのかを学ぶことは，これらのモデルを使う上で非常に重要です．

a. 双曲線型の成長

直角双曲線（rectangular hyperbola）は個人の成長に対する非線形モデルの中で最も単純なものの1つです．*TIME* は**逆数**（reciprocal）としてモデルの右辺の分母に入ります．このモデルは生物学的成長や農作物の成長をモデリングするために重要な性質を持っています．それは，その結果変数は時間をかけて滑らかに，しかし決して到達はしませんが，漸近線に近づくことです．このふるまいは，特定の個人の成長パラメータの組合せに対して直角双曲線をプロットした図6.11左上の小図で明らかです．これらの軌跡をプロットするときには，レベル1の残差は無視して，真の変化の軌跡だけを示しています．したがって縦軸の名前を $E(Y)$「Y の母集団期待値」としています．わかりやすさのために下付き添字 i も省いています．

3つの直角双曲線はすべて，パラメータの値によらず天井に向かって滑らかに減速しています．各パラメータは軌跡の形を決定するのにどのような役割を持っているのでしょうか．これらの役割を強調するために，α_i が100で一定，π_i が 0.01, 0.02, 0.10 となるような双曲線の軌跡を図6.11で選択しました．3つの軌跡はすべて同じ

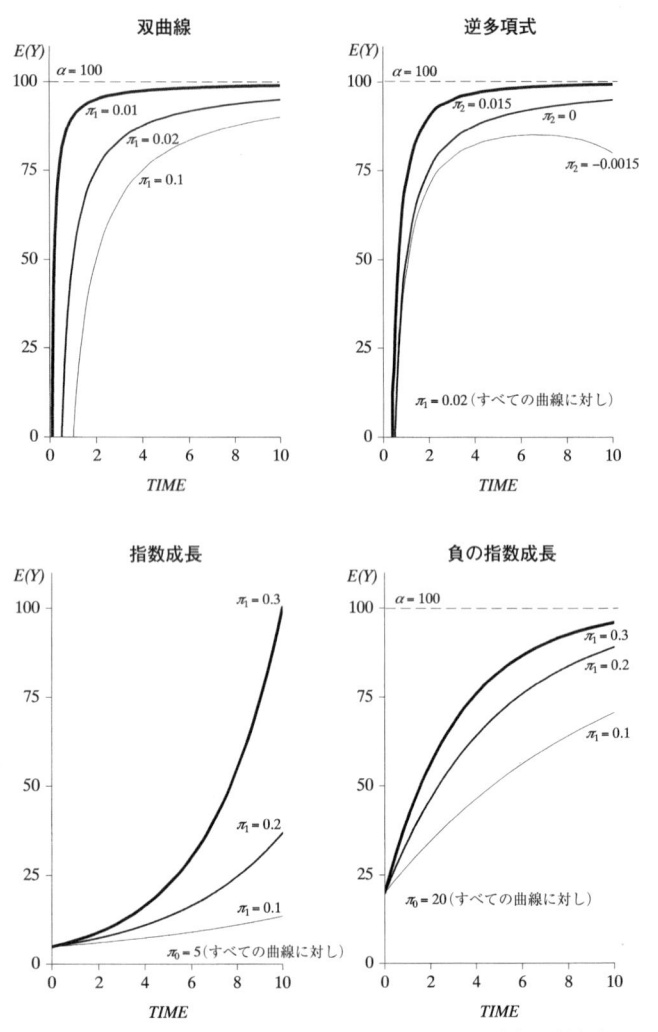

図 6.11 異なる非線形な変化の軌跡が，時間とともに異なる変化の様相をみせることの理解

漸近線 100 に近づいていることに注目してください．これは α_i の値です．しかしながら，各軌跡は近づき方の割合が異なっています．2つ目のパラメータ π_{1i} がこの割合を決定しています．つまり，この値が小さいほど近づき方はより速くなります．この逆数の関係（大きな値であるほど近づき方が遅くなること）の理由は，π_{1i} がモデルの分母に表れていることにあります．π_{1i} の一見小さな違いが，軌跡の形状に大き

な違いをもたらしていることにも注意してください[5]．

これらの説得力のある解釈にもかかわらず，双曲線モデルが生物学的変化に対する理想的な表現方法であることは稀です．問題は，TIME が 0 に近い時には，Y が負の無限大に飛んでしまうということです（私たちは $Y=0$ 以下の軌跡の部分をすべて省くことでこの厄介な問題を避けました）．この面倒なふるまいのために，ほとんどの研究者はその他の点ではこの曲線の単純さと漸近的性質を好ましく思っていても，このモデルではなくこれから紹介する逆多項式モデルと指数モデルの方を好んで用います．

b. 逆多項式型の成長

逆多項式で表される各モデルは TIME の高次のべき乗をモデルの右辺の割り算で表された部分の分母に加えることで，直角双曲線モデルを拡張しています．表 6.7 には 1 つの例として **2 次の逆多項式**（inverse quadratic）が示されています．2 次の逆多項式には 3 つのパラメータがあり，はじめの 2 つの α_i と π_{1i} は直角双曲線モデルにおいて同じ名前がつけられていたパラメータと同様の機能を持っています．図 6.11 の右上の小図に，3 つの真の 2 次の逆多項式モデルを示しましたが，これらは 3 つ目のパラメータ π_{2i} に特定の値を代入したものです．これらの曲線は，図 6.11 の左上の小図の真ん中の直角双曲線の軌跡と同じように α_i は 100，π_{1i} は 0.02 として描きました．

これらの 3 つの逆多項式曲線を比べると，π_{2i} は「通常の」双曲線が漸近線に近づくのを妨げる役割を持っていることに気づくでしょう（ちょうど 2 次式のモデルで π_{2i} がそうであったように）．$\pi_{2i}=0$ のときには，2 次の逆多項式と直角双曲線は（期待される通り）同じです．π_{2i} が正のときには，2 次の逆多項式モデルは対応する直角双曲線モデルよりも早く漸近線に達します．逆に，π_{2i} が負のときには 2 次の逆多項式モデルはより遅く漸近線に達します．π_{2i} が十分に大きく負のときには，軌跡は（一番下の軌跡が示しているように）漸近線から離れていきさえします．残念ながら，直角双曲線と同様に 2 次の逆多項式モデルの軌跡は，TIME が小さな値の場合，負の無限大に飛んでしまいます．

これらの定式化を概観したことは，双曲線と逆多項式の可能な様々なモデルの一部にふれたにすぎません．表 6.7 の表現を，①負の符号を正の符号に変えたり，② TIME の高次の項を（追加された成長パラメータとして）2 次の逆多項式の分母に加えたり，③どちらかのモデルを標準的な多項式と組み合わせて「混合」モデル（mixture model）を作ることで，他のモデルを生成することができます．これらの

---

[5] 双曲線の軌跡の傾きは $(1/\pi_{1i}t^2)$ であり，したがって結果変数の変化の割合は本文からわかるように $(1/\pi_{1i})$ に比例しますが，曲線の軌跡に対して期待されるように時間変数にも依存しています．

各モデルの中だけでさえも複雑な形状を作り出すことができることに驚くでしょう．しかし私たちが示した例をもとにして新しいモデルを作り出す時には，数学的構造の変化に伴ってパラメータの解釈も変化することを思い出してください．モデルのふるまいを表すのに役立つような直観的な例をいつも図示することを推奨します．

c. 指数型の成長

指数成長モデルはおそらく最も広く使われている真に非線形なモデル群です．この理論的に説得力のあるモデル群は生物学的，農学的，物理的成長をモデリングするために何世紀にもわたって使われてきました．このモデル群は異なる関数形を幅広く含みますが，すべてのモデルは自然対数の底である **e の指数** を持ちます．表 6.7 の最後の 3 行は 3 つの有名なモデルを示しています．図 6.11 の下の 2 つの小図はこのうちの 2 つ，単純な指数モデルと負の指数モデルの仮定された真の軌跡が示されています．

単純な指数成長モデルは**爆発的軌跡** (explosive trajectory) としても知られており，無限の栄養がある状況での細菌の抑えのきかない繁殖を生物学者がモデル化するために使われています．地球の人口が「指数関数的に増えている」という場合にはこのモデルを指しています．このモデルは線形モデルの拡張であり，結果変数が対数変換されたものとみるとわかりやすくなります．このように線形性と関係づけることで，そのパラメータ π_{0i} と π_{1i} は直線の切片と傾きと関連づけて解釈することができるようになります．図 6.11 の左下の小図には 1 つ目のパラメータ π_{0i} を 5 に固定した場合の 3 つの真の爆発的成長の軌跡が示されています．これはその切片の値でもあることに注意してください．したがって，π_{0i} が大きな値の軌跡はより高い位置から始まります．2 つ目の成長パラメータ π_{1i} は軌跡がどれくらい早く上方向に爆発するのかを規定しており，π_{1i} の値が大きいほど無限大により早く登っていきます．

次に，図 6.11 の右下に示された**負の指数成長モデル** (negative exponential growth model) について考えてみます．このモデルは曲線がそれ以上高い値をとることができない天井を含めることで，単純な指数モデルにおける際限ない成長を妨げています．疫学者は，感染していない個体がもう残っていないときには必ず横ばいになる新しい伝染病患者の数の成長を追うためにこのモデルを使います．農学の研究者は，農作物の収穫量や単一の上方漸近線があるような他の結果変数について調べるためにこのモデルを使います．負の指数モデルは 3 つのパラメータ α_i, π_{0i}, π_{1i} を持っています．図 6.11 の右下の小図で示されるように，π_{0i} と α_i は切片と漸近線を表します．また π_{1i} は軌跡がどれだけ早く漸近線に達するかを規定しており，大きな値であるほどより早く達します．

ロジスティックな軌跡は生物学で広く使われていますが，その理由は下方漸近線と上方漸近線の両方を含んでいるからです．私たちは 1 つのバージョンを「キツネとガ

チョウ」ゲームにおける子どもの成績をモデル化するためにすでに使いました．追加されたパラメータ α_{1i} と α_{2i} は下方漸近線と上方漸近線をそれぞれ表します．図6.9ではすでに，α_{1i} と α_{2i} をそれぞれ1と20に設定した3種類のロジスティックな成長の軌跡を示しました．そこでは全員がこれらの同じ漸近線を持つようになっていました．十分な数のデータがあれば，これらの漸近線も推定することができます．残りのパラメータ π_{0i} と π_{1i} もまた軌跡の切片と漸近線の間を横切る速さ（と同じではありませんが）を規定しています．このことは，より小さな π_{0i} はより大きな切片を持ち，より大きな π_{1i} は上方漸近線により早く近づく軌跡を持っている図6.9でも明らかです．

6.4.4 実質科学的理論から個人の成長の数学的表現へ

様々な種類の非線形な軌跡について述べてきましたが，ここで別の方法をとってみましょう．数学的モデルを応用に移す代わりに，実質科学的理論から始めて数学的モデルを導いてみましょう．そうすることで，理論を数学的表現に翻訳するにはどうすればよいのかを示し，そしてデータを経験的に調べることができることを願っています．議論を絞るために，人間の認知に関する文献から例を引いてきましょう(Guire & Kowalski, 1979 と Lewis, 1960 を参照してください)．

自触媒の原理として知られている有名な物理化学の法則を発展させた，人間の学習に関する Robertson(1909) の理論から始めましょう．ある種の化学反応は，反応を助ける外部物質である**触媒**によって加速します．一方，反応による生成物そのものによって加速する反応，つまり**自触媒反応**もあります．自触媒の原理によると，反応が進む割合は，①その時点で得られる触媒の量と，②未反応の化学物質の量，の2つに比例します．

Robertson は，学習はこれと同じ数学的法則に従う脳の自触媒の過程としてモデリングできると仮定しました．この原理を認知の分野の言葉として表すと，学習が生じる割合は，

[学習が生じる割合]∝[すでに生じた学習の量]×[まだ生じていない学習の量]

と表現されます．ここで記号∝は「比例すること」を意味しています．微積分になじみのある読者に対しては，この方程式は数学記号を使って以下のように表すことができます．

$$\frac{dY}{dt} = kY(a - Y)$$

ここで Y は時点 t で学習した量，a は学習可能な量の上限（あるいは上方漸近線），そして k は比例定数です．微積分になじみのない読者に対しては，この方程式の左辺の表現は **t に関する Y の1階微分**として知られていることを述べておきます．幸

いなことに，この量は別の名前でよく知られています．それは，**時間に伴う Y の変化率**です．

Robertson の学習に関する方程式は私たちの別のモデルとはきわめて異なっているようにみえますが，どのような違いも実質的というよりは見た目上の違いにすぎません．上のモデルは Y の変化率という点から組み立てられた1次の微分方程式です．標準的な微積分の手続きを使うと，時間についてこの表現を積分することで，この微分方程式を Y について再表現することができます．私たちが通常使う記法を使い，添え字 i と j を個人と時間を表すものとして加えると，Robertson の方程式を積分したものは以下となります．

$$Y_{ij} = \frac{\alpha_i}{1 + \pi_{0i} e^{(-\pi_{1i} TIME_{ij})}}$$

ここで π_{0i} と π_{1i} は元の比例定数 k[6] と関係する定数です．表6.7の真に非線形なモデルを調べると，Robertson の自触媒の仮定は学習に対してロジスティックな軌跡を導くことがわかります．時間とともに個人 i の知識は下方漸近線 (0) から上方漸近線 α_i に向けてゆっくりと，π_{1i} で定められた割合で立ち上がります．この曲線のプロットはロジスティックな軌跡（図6.9のような）に従います．

実質科学的な理論をどのようにしてモデルに翻訳するのかを例示するときには，私たちの議論の重大な欠陥を強調する必要があります．それは測定誤差を省いていることです．私たちが定式化した Robertston の学習曲線には残差も誤差も ε も含まれていません．この曲線は（人間の脳の深い機能についての）真の変化に関する Robertson の直観を表しているからこれを省いたことは問題ではないと論じることができるかもしれません．しかし誤差なしで表現することは，私たちは脳の機能を完璧に測定できることを意味していることになりますが，そんなことはできません．「キツネとガチョウ」で遊ぶ時に子どもが行う移動数は，彼らの脳の内部機能については教えてくれません．移動数は子どもの行動であり，私たちはそれが認知能力を反映すると期待しているにすぎません．測定誤差を含めるために，誤差項を加えて Robertson の仮説を再度表現します．

$$Y_{ij} = \frac{\alpha_i}{1 + \pi_{0i} e^{(-\pi_{1i} TIME_{ij})}} + \varepsilon_{ij}$$

この軌跡をデータにあてはめるときには，その適合度を評価して，ロジスティックな軌跡が理にかなった記述をしているかどうか調べます．しかし，測定は完璧ではありませんから，あなたの結論も完璧ではないでしょう．

Robertson のみごとな議論は科学的な基礎を持っているので，ある意味では説得力があります．学習を促す神経学的なメカニズムに関する仮説から始めて，自分の仮説

---

[6] 具体的には，$\pi_0 = e^{(-c\alpha)}$ と $\pi_1 = k\alpha$ です．ここで c は積分定数です．

を統計モデルとして表すために，彼は数学的な記号，代数学，微積分学を使いました．私たちが「キツネとガチョウ」データでそうしたように，学習に関する経験データにロジスティックモデルをあてはめる心理学者は，じつは Robertson の脳機能に関する仮説を検証していることになります．私たちのデータにロジスティックな軌跡をあてはめることができることは，彼の自触媒の仮説を支持することになります．もちろん，データとモデルが一致していることが Robertson の仮説を証明するといっているわけではありません．他の仮説や他のモデルが同様によくあてはまるかもしれません．しかし，経験的な研究とはそのような性質のものです．つまり，我々にできる最善のことは，Robertson（や誰か）の仮説を反証しそこなうことなのです．

Robertson は彼の生化学的な考えを基礎において学習に関する他のモデルも仮定しました．例えば彼は，学習を進める神経学的な自触媒の過程は，成長を鈍らせる逆の化学反応過程によって妨害され得るという仮説を立てました．鈍化させる効果を加えることは，ロジスティックな軌跡の根本的な形は変えませんが，その漸近線と漸近線に到達する割合を変えることになります．このモデルを立てる時に，Robertson は，学習者はそれぞれある一定の量しか自分の脳に持てないと主張しました．このことは，学習が行われる割合は上の $Y(\alpha-Y)$ ではなく Y に比例することを示唆しています．

彼は実験参加者に無意味綴りのリストを繰り返し読んで思い出させることで，これらのアイデアを丸暗記の研究に応用しました．彼はこれに関して個人の成長を表す別の軌跡を作り，今でも広く使われています．

$$Y_{ij} = \pi_{0i} e^{(-\pi_{1i} TIME_{ij})} + \varepsilon_{ij}$$

ここでは私たちの通常の記法を使い，残差の項を加えています．Robertson の研究では Y_{ij} は個人 i が時点 j で思い出すことのできた音節の数を表し，$TIME_{ij}$ はそのレベルの記憶に達するまでに必要とされた反復回数です．この方程式を表 6.7 の方程式と比べると，この鈍化された自触媒の過程は π_{0i} と π_{1i} がなじみのある「切片」と「傾き」の役割を持つ，単純な指数型の軌跡であることがわかります．Robertson(1908)はこのモデルをデータにあてはめましたが，曲線は（ロジスティック関数がそうであるように）最終的には「ひっくり返る」べきであると信じていたので，彼はこれでは不完全であると判断しました．

Clark Hull(1943；1952)は単純反応の獲得と消去についての理論的考えから，人間の学習の軌跡について様々な統計モデルを作り出しました．自身が**習慣強度** (habit strength) と呼んだものの発達について，単純な学習された反応がどのようにして想起されるのかに関する彼の神経学的仮説をもとにして，以下で示される負の指数型の軌跡が仮定されました．

$$Y_{ij} = \alpha_i (1 - e^{(-\pi_{1i} TIME_{ij})}) + \varepsilon_{ij}$$

ここでは私たちの通常の記法を使い，残差項を加えています．結果変数 Y_{ij} は個人 i の時点 j における習慣強度を表しており，TIME は対応する試行回数です．α_i は上方漸近線を表すパラメータで，π_{1i} は個人 i がどれだけ早く漸近線に到達するかの「割合」を規定するパラメータです．表6.7をみれば，これは単に切片が0の負の指数型成長モデルであることがわかるでしょう（なぜなら，Hull は試行の前では習慣強度は0でなければならないことを仮定していたからです）．

個人の変化についての Hull の負の指数モデルは現在でもまだよく使われています．これはロシアの物理学者 Schukarew (1907) がそれよりも前に提案した学習曲線と同じです．このモデルは Robertson のモデルと同じように，物理化学の原理を脳機能に応用したところに原点があります．20世紀を通して，負の指数曲線を用いた学習曲線は，様々な分野で繰り返し登場し，認知理論家にも経験主義者にも利用されました．Estes と Burke はこれを統計的学習理論 (Estes, 1950; Estes & Burke, 1955) を構築するために用い，Grice (1942) は空腹の白ネズミが迷路で迷った回数に応用し，Hicklin (1976) は人間の習得学習と IQ の発達に応用しました．

心理学者 L. L. Thurstone は彼の博士論文 (1917) と別の論文 (1930) で，人間の学習の理論的・経験的な研究の突破口を開きました．「学習関数に対する理論的な方程式」を定式化することの重要性を強調し，彼は個人 i の時点 j において，獲得 (Y) が練習（時間の代わりとなるもの）に依存し得るという仮定を以下のモデルを使って表しました．すなわち，

$$Y_{ij} = \pi_{0i} + \frac{(\alpha_i - \pi_{0i}) TIME_{ij}}{\pi_{1i} + TIME_{ij}} + \varepsilon_{ij}$$

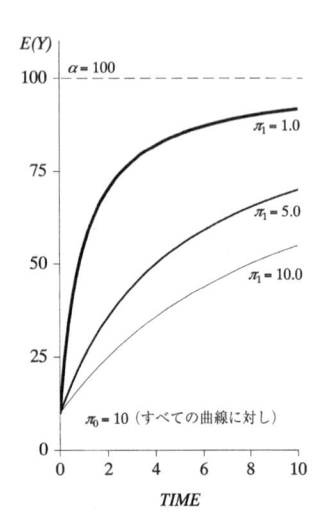

図 6.12 Thurstone の学習関数から得られた別の非線形な変化の軌跡の理解

6.4 真に非線形な軌跡

ここで,通常のように π_{0i} は切片, α_i は上方漸近線を表し,そして π_{1i} はその漸近線に曲線がどれだけ早く近づくかを規定します.図 6.12 に Thurstone の学習曲線の真の軌跡を割合パラメータ π_{1i} の 3 つの値 $(1, 5, 10)$ に対して例示しました.この曲線は双曲線に似ていますが,(図 6.11 で無限大の切片を持っている直角双曲線とは異なり)有限な切片を持っていることに注意してください.割合パラメータの値が大きいほど,曲線はその漸近線により遅く近づきます.直角双曲線の場合と同様に,この逆数の関係が生じているのは割合パラメータが方程式の分母に表れているからです.Thurstone はネズミの迷路課題学習をモデル化するためにこの軌跡を用いました.彼の方程式はその後 Gulliksen(1934;1953)を含む多くの同業者たちによってより複雑な種類の学習を表すために修正・発展がなされました.

7

マルチレベルモデルの誤差共分散構造を検討する

> Change begets change. Nothing propagates so fast....The mine which Time has slowly dug beneath familiar objects is spring in an instant, and what was rock before, becomes but sand and dust.
> —Charles Dickens

　これまでの章では，しばしば変化についてのマルチレベルモデルにおける**固定**効果を強調してきました．固定効果は往々にして私たちのリサーチ・クエスチョンへの直接的な答えを提示してくれるので，これは非常にわかりやすいものです．一方，本章では，モデルの誤差共分散構造の中に埋め込まれている**ランダム**効果に注目してみたいと思います．これは，変化についての「標準的」マルチレベルモデルによって生成される特定の誤差共分散構造を記述することと，そのふるまいの表現を他の（時にはより支持可能な前提条件を持つ）モデルに拡大することの両方を可能にしてくれます．

　まず，7.1節で，合成的な定式化で表された変化についての「標準的」マルチレベルモデルの復習から始めます．7.2節では，このモデルのランダム効果について精査し，合成式における誤差項はまさに，縦断データとして望ましい，異分散性と自己相関という特徴を持っていることを示します．しかしこの誤差共分散構造は，私たちが望むほど一般的ではなく，ある状況においては他の選択肢の方が魅力的な場合もあります．これについては7.3節で他の誤差共分散構造を比較し，そこからどれを選択するかについて紹介します．

7.1　変化についてのマルチレベルモデルの「標準的な」定式化

　本章全体を通して，Willett(1998)の論文で最初に紹介された，時間構造化された小規模のデータを使用していきます．きっかり1週間ごとの間隔を開けて4日間，35名の参加者に対して「反対語を言う」という決められた時間で行う認知的作業のパフォーマンスを測定する検査を行いました．第1回目では，参加者はこの検査に加えて，一般的な認知スキルを測定する標準化された尺度にも回答しました．表7.1は，個人データセット（省スペースの関係上，このフォーマットを使用します）の最初の10ケースを示したものです．この表には，①*OPP1*，*OPP2*，*OPP3* そして *OPP4* と

7.1 変化についてのマルチレベルモデルの「標準的な」定式化

表 7.1 毎週，合計 4 回測定された「反対語を言う」作業の個人レベルデータセットから抽出した 10 ケースの得点と，最初の週に測定された認知的スキルの測度であるベースラインの COG

ID	OPP1	OPP2	OPP3	OPP4	COG
01	205	217	268	302	137
02	219	243	279	302	123
03	142	212	250	289	129
04	206	230	248	273	125
05	190	220	229	220	81
06	165	205	207	263	110
07	170	182	214	268	99
08	96	131	159	213	113
09	138	156	197	200	104
10	216	252	274	298	96

名前がつけられた個人の「反対語を言う」作業の各時点における得点が入力されています．②COG は，ベースラインの認知的スキルの得点です．完全な個人—時点データセットは各参加者 4 レコード，合計 140 レコードになります．以降，スキルの上達は認知的発達によるものではなく，練習によるものであると仮定します．つまり研究の主眼は，「より認知的スキルの能力が高い人の方が，『反対語を言う』スキルの上達が早いかどうか」，ということを確かめることにあります．

まず，「標準の」変化についてのマルチレベルモデルを，いつもの手順で定式化します．個人 i の測定時点 j の「反対語を言う」得点 Y_{ij} を TIME の線形関数であると仮定して，

$$Y_{ij} = \pi_{0i} + \pi_{1i}TIME_j + \varepsilon_{ij} \tag{7.1a}$$

とします．ここで，データが時間構造化されているので，予測変数 TIME から添字 i は除外されており，

$$\varepsilon_{ij} \stackrel{iid}{\sim} N(0, \sigma_\varepsilon^2) \tag{7.1b}$$

を仮定しています．

個人の成長パラメータ，π_{0i} と π_{1i} がそれぞれ，個人 i の真の初期値と真の 1 週間あたりの変化率である，という通常の解釈ができるようにするために，最初の測定時点の TIME を 0 とし，その後を 1, 2, 3 としました．「標準」モデルでは，さらにランダム効果である ε_{ij} は，平均 0，未知の分散 σ_ε^2 を持つ単変量正規分布から抽出された，と仮定します．この前提条件の意味をより明確にするために—本章のポイントです—，「iid」という表記を加えています．これは，測定間でも個人間でも誤差は互いに独立 (i) で，同一 (i) の分布 (d) であることを表現しています．以下に，この

前提条件について詳しく説明していきます．

個人の変化の軌跡が個人間で系統的に異なることを許すためには，レベル2サブモデルで，認知的スキル（COG）が両方の成長パラメータと関係があるとします．

$$\pi_{0i} = \gamma_{00} + \gamma_{01}(COG_i - \overline{COG}) + \zeta_{0i}$$
$$\pi_{1i} = \gamma_{10} + \gamma_{11}(COG_i - \overline{COG}) + \zeta_{1i} \quad (7.2a)$$

ここで

$$\begin{bmatrix} \zeta_{0i} \\ \zeta_{1i} \end{bmatrix} \overset{iid}{\sim} N\left(\begin{bmatrix} 0 \\ 0 \end{bmatrix}, \begin{bmatrix} \sigma_0^2 & \sigma_{01} \\ \sigma_{10} & \sigma_1^2 \end{bmatrix} \right) \quad (7.2b)$$

解釈を容易にするために，連続変数である予測変数 COG をその標本平均で中心化します．レベル2の固定効果は，平均的な変化の軌跡に対する認知的スキルの影響を表しています．レベル2のランダム効果である ζ_{0i} と ζ_{1i} は，レベル2の結果変数のうち，認知的スキルでは説明できずに残った部分を表します．「標準的」なマルチレベルモデルでは，これらのランダム効果は，平均0の標準正規分布から独立に抽出したものであると仮定しています．認知的スキルを考慮した上でもなお，個人の真の初期値と真の傾きの予測できていない部分どうしが関係を持っていることを許すために，レベル2の残差は分散 σ_0^2，σ_1^2，そして共分散 σ_{01} の2変量正規分布から同時に抽出されたものとします．

表 7.2 ベースラインIQ（COG）の関数として表現した，「反対語を言う」データの4週間の変化

		パラメータ	推定値
固定効果			
初期値 π_{0i}	切片	γ_{00}	164.37***
	($COG - \overline{COG}$)	γ_{01}	-0.11
変化率 π_{1i}	切片	γ_{10}	26.96***
	($COG - \overline{COG}$)	γ_{11}	0.43**
分散成分			
レベル1	個人内分散	σ_ε^2	159.48***
レベル2	ζ_{0i} の分散	σ_0^2	1236.41***
	ζ_{1i} の分散	σ_1^2	107.25***
	ζ_{0i} と ζ_{1i} の共分散	σ_{01}	$-178.23*$
適合度			
	乖離度		1260.3
	AIC		1268.3
	BIC		1274.5

*：$p<.05$, **：$p<.01$, ***：$p<.001$.
変化についての標準的マルチレベルモデルをあてはめて得られた，パラメータ推定値，近似的 p 値，および適合度指標（$n=35$）．
（注）SAS PROC MIXED による制限つき最尤推定．

表7.2は，変化についてのこの「標準的」マルチレベルモデルを，「反対語を言う」データにあてはめた結果を表しています．本章では，モデルの確率的部分に注目するため，完全最尤法ではなく制限つき最尤法を使用しました（この方法の比較については，4.3節を参照してください）．平均的な認知スキルを持つある個人について，「反対語を言う」スキルの初期値は164.4（$p<.001$）となります．この平均的な人の1週間あたりの線形変化率は，27.0（$p<.001$）と推定されました．認知的スキルが1ポイント異なると，「反対の名前」スキルの初期値は0.11低くなります（しかし，この減少は$p=.82$であり統計的に有意ではありません）．また，認知的スキルが1ポイント異なる人たちの1週間あたりの線形変化率は0.43だけ大きい（$p<.01$）ことがわかります．初期値と変化率の双方の予測変数として，認知的スキルを投入してもなお，初期値の残差分散（1236.41，$p<.001$）および変化率の残差分散（107.25，$p<.001$），双方に統計的な有意性が認められます．さらに，レベル2の残差ζ_{0i}とζ_{1i}の間にも統計的に有意な負の共分散が認められました（-178.2，$p<.05$）．このことは，認知的スキルを統制した後でも，「反対語を言う」スキルの初期値が低い参加者の上達率は，初期値が高い参加者に比べて平均的に速いことを示唆しています．この推定値をより簡単に解釈するために，変化と初期値の偏相関を計算すると，

$$\hat{\rho}_{\pi_0\pi_1|COG} = -178.25/\sqrt{1236.41 \times 107.25} = -0.49$$

という値が得られます．最後に，推定されたレベル1の残差分散σ_ε^2は159.5です．

7.2 誤差共分散行列の仮定を理解するために合成モデルを使う

変化についての「標準的」マルチレベルモデルの誤差共分散構造を理解するために，7.2a式のレベル2サブモデルを7.1a式のレベル1モデルに代入した合成モデルに話を移しましょう．

$$Y_{ij} = \{\gamma_{00} + \gamma_{01}(COG_i - \overline{COG}) + \zeta_{0i}\} \\ + \{\gamma_{10} + \gamma_{11}(COG_i - \overline{COG}) + \zeta_{1i}\}TIME_j + \varepsilon_{ij} \quad (7.3)$$

式を展開して，項を整理すると

$$Y_{ij} = [\gamma_{00} + \gamma_{10}TIME_j + \gamma_{01}(COG_i - \overline{COG}) + \gamma_{11}(COG_i - \overline{COG}) \times TIME_j] \\ + [\varepsilon_{ij} + \zeta_{0i} + \zeta_{1i}TIME_j] \quad (7.4)$$

となります．

ここで，ランダム効果ε_{ij}，ζ_{0i}，そしてζ_{1i}は7.1b式と7.2b式で表された分布についての仮定を保持します．

4.2節と同様に，大括弧でモデルの**構造的部分**と**確率的部分**を区別しています．構造的部分には，「反対語を言う」スキルは，時間とともに変化し，またベースラインの認知的スキルに依存しているという私たちの仮説を表しています．合成残差を含む確

率部分は，便宜上，r という名前で呼ぶことにします．個人 i の j 時点での r の値は

$$r_{ij} = [\varepsilon_{ij} + \zeta_{0i} + \zeta_{1i} TIME_j] \tag{7.5}$$

と表すことができます．これは，レベル1／レベル2の定式化に含まれていた3つのランダム効果の重みつき線形結合（ε_{ij}, ζ_{0i}, ζ_{1i} にそれぞれ重みとして，定数1，定数1，$TIME_j$）になっています．本章での私たちのおもな関心は，r_{ij} の統計的性質にあります．

しかし，その性質について検討する前に，7.4式に7.5式の r_{ij} を代入して，7.4式の合成式を単純化してみましょう．

$$Y_{ij} = [\gamma_{00} + \gamma_{10} TIME_j + \gamma_{01}(COG_i - \overline{COG}) + \gamma_{11}(COG_i - \overline{COG}) \times TIME_j] + r_{ij} \tag{7.6}$$

合成モデルは，「いつもの」誤差項が「r」に置き換わった，通常の重回帰モデルのようにみえます．このことは4章で議論したように，変化についてのマルチレベルモデルは，個人―時点データセットにおいて，結果変数を $TIME$ とレベル2の予測変数（COG）の主効果とそれらの交互作用で回帰する重回帰分析と考えることができることを再確認させてくれます．

「r」の特殊な性質のために，私たちの標準的な方法は，7.6式で表されるモデルを，OLSではなく，GLS回帰分析であてはめ，誤差の分布について特定の仮定を設定することです．しかし，それをする前に，次のような仮定の話をしてみましょう．私たちは，よりシンプルなOLSの仮定，つまりすべての r_{ij} は独立で，平均0，等質な分散（例えば σ_r^2）の正規分布，を使いたいと望んでいるとしましょう．分散についてのこのシンプルな仮定をすべての残差について，同時に以下のような大規模なステートメントに書き換えることができます．

$$\begin{bmatrix} r_{11} \\ r_{12} \\ r_{13} \\ r_{14} \\ r_{21} \\ r_{22} \\ r_{23} \\ r_{24} \\ \vdots \\ r_{n1} \\ r_{n2} \\ r_{n3} \\ r_{n4} \end{bmatrix} \sim N \left(\begin{bmatrix} 0 \\ 0 \\ 0 \\ 0 \\ 0 \\ 0 \\ 0 \\ 0 \\ \vdots \\ 0 \\ 0 \\ 0 \\ 0 \end{bmatrix}, \begin{bmatrix} \sigma_r^2 & 0 & 0 & 0 & 0 & 0 & 0 & 0 & \cdots & 0 & 0 & 0 & 0 \\ 0 & \sigma_r^2 & 0 & 0 & 0 & 0 & 0 & 0 & \cdots & 0 & 0 & 0 & 0 \\ 0 & 0 & \sigma_r^2 & 0 & 0 & 0 & 0 & 0 & \cdots & 0 & 0 & 0 & 0 \\ 0 & 0 & 0 & \sigma_r^2 & 0 & 0 & 0 & 0 & \cdots & 0 & 0 & 0 & 0 \\ 0 & 0 & 0 & 0 & \sigma_r^2 & 0 & 0 & 0 & \cdots & 0 & 0 & 0 & 0 \\ 0 & 0 & 0 & 0 & 0 & \sigma_r^2 & 0 & 0 & \cdots & 0 & 0 & 0 & 0 \\ 0 & 0 & 0 & 0 & 0 & 0 & \sigma_r^2 & 0 & \cdots & 0 & 0 & 0 & 0 \\ 0 & 0 & 0 & 0 & 0 & 0 & 0 & \sigma_r^2 & \cdots & 0 & 0 & 0 & 0 \\ \vdots & \vdots & \vdots & \vdots & \vdots & \vdots & \vdots & \vdots & \ddots & \vdots & \vdots & \vdots & \vdots \\ 0 & 0 & 0 & 0 & 0 & 0 & 0 & 0 & \cdots & \sigma_r^2 & 0 & 0 & 0 \\ 0 & 0 & 0 & 0 & 0 & 0 & 0 & 0 & \cdots & 0 & \sigma_r^2 & 0 & 0 \\ 0 & 0 & 0 & 0 & 0 & 0 & 0 & 0 & \cdots & 0 & 0 & \sigma_r^2 & 0 \\ 0 & 0 & 0 & 0 & 0 & 0 & 0 & 0 & \cdots & 0 & 0 & 0 & \sigma_r^2 \end{bmatrix} \right) \tag{7.7}$$

7.2 誤差共分散行列の仮定を理解するために合成モデルを使う

私たちは参加者1名につき4回のデータ収集を行っているので、n名の参加者について、4つの残差（1回の測定機会につき1つ）が得られます。もしデータ収集回数が異なれば、この成分ベクトルと行列を簡単に書き換えることができます。

7.7式は、OLS分析における残差のふるまいを記述するには、不必要に複雑にみえるかもしれませんが、役に立つ、と後に思えるような、残差の仮定の便利で一般化可能な表記方法を提供してくれます。これは、分析に含まれる全残差は**多変量正規分布**に従うことを表しています。このステートメントには、いくつかの重要な特徴があります。

- **分布が特定されているランダム変数のベクトル**が含まれている：「〜」（「と分布している」）という記号の左側の列には、分散が特定されるランダム変数が並んでいます。この**ベクトル**には、モデルに含まれるすべての残差が含まれ、私たちのデータにおいては、参加者1の4つの残差（r_{11}, r_{12}, r_{13}, r_{14}）から始まり、参加者2の4つの残差（r_{21}, r_{22}, r_{23}, r_{24}）と続き、参加者nの残差まで続きます。
- **分布のタイプ**を特定する：「〜」のすぐ後ろには、すべての残差ベクトルの要素は、正規分布する（「N」）ことを表しています。ベクトルにはたくさんの（「複数の」）エントリーがあるので、残差は、多変量正規分布に従います。
- **平均値のベクトル**を含む：「〜」の右側にはさらに、括弧のすぐ後ろ、カンマの前に、各残差の仮定された平均値のベクトルがあります。すべての要素は0であり、これは各残差の母平均が0になるという仮定を表しています。
- **誤差（あるいは残差）共分散行列**が含まれる：7.7式の最後のエントリーは、誤差共分散行列です。この行列には、私たちの残差分散と共分散についての仮定が反映されています。古典的なOLS分析の仮定では、この行列は、主対角線上の要素以外の要素はすべて0である**対角行列**であることになっています。非対角要素が0であることは、残差の独立性、つまり誤差は共変しないことを表しています。対角線上には、すべての残差が同じ母分散 σ_r^2 を持っていることが表されています。これは、**残差の等分散性**の仮定を表しています。

7.7式で表された分布のステートメントは、縦断データの場合には不適切です。合成残差が参加者間で独立で、平均0の正規分布に従うことを期待していますが、個人内では、その分散は非等質で、時点間で相関することを期待しています。このような新しい「縦断」仮定を反映した誤差共分散行列を以下のように表すことができます。

$$
\begin{bmatrix} r_{11} \\ r_{12} \\ r_{13} \\ r_{14} \\ r_{21} \\ r_{22} \\ r_{23} \\ r_{24} \\ \vdots \\ r_{n1} \\ r_{n2} \\ r_{n3} \\ r_{n4} \end{bmatrix} \sim N \left(\begin{bmatrix} 0 \\ 0 \\ 0 \\ 0 \\ 0 \\ 0 \\ 0 \\ 0 \\ \vdots \\ 0 \\ 0 \\ 0 \\ 0 \end{bmatrix}, \begin{bmatrix} \sigma_{r_1}^2 & \sigma_{r_1 r_2} & \sigma_{r_1 r_3} & \sigma_{r_1 r_4} & 0 & 0 & 0 & 0 & \cdots & 0 & 0 & 0 & 0 \\ \sigma_{r_2 r_1} & \sigma_{r_2}^2 & \sigma_{r_2 r_3} & \sigma_{r_2 r_4} & 0 & 0 & 0 & 0 & \cdots & 0 & 0 & 0 & 0 \\ \sigma_{r_3 r_1} & \sigma_{r_3 r_2} & \sigma_{r_3}^2 & \sigma_{r_3 r_4} & 0 & 0 & 0 & 0 & \cdots & 0 & 0 & 0 & 0 \\ \sigma_{r_4 r_1} & \sigma_{r_4 r_2} & \sigma_{r_4 r_3} & \sigma_{r_4}^2 & 0 & 0 & 0 & 0 & \cdots & 0 & 0 & 0 & 0 \\ 0 & 0 & 0 & 0 & \sigma_{r_1}^2 & \sigma_{r_1 r_2} & \sigma_{r_1 r_3} & \sigma_{r_1 r_4} & \cdots & 0 & 0 & 0 & 0 \\ 0 & 0 & 0 & 0 & \sigma_{r_2 r_1} & \sigma_{r_2}^2 & \sigma_{r_2 r_3} & \sigma_{r_2 r_4} & \cdots & 0 & 0 & 0 & 0 \\ 0 & 0 & 0 & 0 & \sigma_{r_3 r_1} & \sigma_{r_3 r_2} & \sigma_{r_3}^2 & \sigma_{r_3 r_4} & \cdots & 0 & 0 & 0 & 0 \\ 0 & 0 & 0 & 0 & \sigma_{r_4 r_1} & \sigma_{r_4 r_2} & \sigma_{r_4 r_3} & \sigma_{r_4}^2 & \cdots & 0 & 0 & 0 & 0 \\ \vdots & \vdots & \vdots & \vdots & \vdots & \vdots & \vdots & \vdots & \ddots & \vdots & \vdots & \vdots & \vdots \\ 0 & 0 & 0 & 0 & 0 & 0 & 0 & 0 & \cdots & \sigma_{r_1}^2 & \sigma_{r_1 r_2} & \sigma_{r_1 r_3} & \sigma_{r_1 r_4} \\ 0 & 0 & 0 & 0 & 0 & 0 & 0 & 0 & \cdots & \sigma_{r_2 r_1} & \sigma_{r_2}^2 & \sigma_{r_2 r_3} & \sigma_{r_2 r_4} \\ 0 & 0 & 0 & 0 & 0 & 0 & 0 & 0 & \cdots & \sigma_{r_3 r_1} & \sigma_{r_3 r_2} & \sigma_{r_3}^2 & \sigma_{r_3 r_4} \\ 0 & 0 & 0 & 0 & 0 & 0 & 0 & 0 & \cdots & \sigma_{r_4 r_1} & \sigma_{r_4 r_2} & \sigma_{r_4 r_3} & \sigma_{r_4}^2 \end{bmatrix} \right)
$$
(7.8)

ここでも，ベクトルと行列の次元は，「反対語を言う」研究のデザインを反映しています．7.8式で表された新しい分布の定義は，合成モデル中の残差が平均0，対角ではなく，**ブロック対角**の誤差共分散構造を持つ多変量正規分布に従うことを表しています．「ブロック対角」という言葉は，対角線に並んだ1名につき1つの「ブロック」内以外の行列内の要素が0であることを表します．ブロックの外の0という要素は，各個人の残差は，他の人の残差から独立であることを表しています．言い換えると，個人iは自分以外の残差との共分散は0であることになります．しかし，各ブロック内の非ゼロの共分散パラメータは，残差は個人内で共変することを表しています．さらに，各ブロックの対角線上の複数の異なるパラメータは，個人内の残差分散が，測定機会によって異なることを許しています．これらの**対角誤差共分散行列**と**ブロック対角誤差共分散行列**の違いは，横断デザインと縦断デザインの基本的な違いを浮き上がらせるものです．

7.8式の誤差共分散行列のブロックは，全員が同じであることに注目してください．この等質性の仮定は，つまり，変化の分析においては，合成残差は異質で個人内では独立ではなく何かに従属しているかもしれないけれども，全体の誤差構造は，個人間で同じように繰り返されることを表しています．つまり，全員の残差は同じように異質で自己相関しているのです．この仮定は，必ずしも絶対に必要であるというわけではありません．限られた方法によってですが，これらを検定し，緩めることもできます（十分なデータがあれば）．しかし，私たちは実用的な理由から，この仮定を採用します．なぜならば，このようなモデルの確率的部分の定式化によって倹約性を劇的に改善することができるからです．仮定するモデルの中で，固有の値を持つ分散共分散成分の数を制限することで，モデル適合の際，収束するまでの反復回数を減らすことができるのです．もし，この研究で個人がそれぞれ個別の分散成分を持つこと

を許したとしたら，$10n$ の分散成分を推定しなければならないことになります．個人一時点データセットにおける結果変数の数より $6n$ も多い数です！

等質性の仮定を適用することによって，7.8式の分布の仮定をより倹約的な形で表すことができます．

$$r \sim N\left(0, \begin{bmatrix} \Sigma_r & 0 & 0 & \cdots & 0 \\ 0 & \Sigma_r & 0 & \cdots & 0 \\ 0 & 0 & \Sigma_r & \cdots & 0 \\ \vdots & \vdots & \vdots & \ddots & \vdots \\ 0 & 0 & 0 & 0 & \Sigma_r \end{bmatrix}\right) \tag{7.9}$$

7.9式は，残差 r の全体のベクトルは，平均 0，部分行列 Σ_r と 0 から構成されるブロック対角誤差共分散行列を持つ多変量正規分布に従うことを表しています．ここで，

$$\Sigma_r = \begin{bmatrix} \sigma_{r_1}^2 & \sigma_{r_1 r_2} & \sigma_{r_1 r_3} & \sigma_{r_1 r_4} \\ \sigma_{r_2 r_1} & \sigma_{r_2}^2 & \sigma_{r_2 r_3} & \sigma_{r_2 r_4} \\ \sigma_{r_3 r_1} & \sigma_{r_3 r_2} & \sigma_{r_3}^2 & \sigma_{r_3 r_4} \\ \sigma_{r_4 r_1} & \sigma_{r_4 r_2} & \sigma_{r_4 r_3} & \sigma_{r_4}^2 \end{bmatrix} \tag{7.10}$$

です．Σ_r の次元は，ここでも「反対語を言う」研究の研究計画を反映したものとなっています．

変化の分析の際に，ランダム効果について検討する場合，合成残差が 7.8 式や 7.9 式のような多変量分布を持っていることを予想します．分析の一環として，この誤差共分散行列の要素を推定しますが，つまりそれは，等質性の前提の下で，7.10 式の誤差共分散部分行列 Σ_r の要素を推定することにほかならないのです．

この誤差共分散部分行列 Σ_r の定式化，そして，全体の誤差共分散行列の形状の指定は，とても一般的なものです．誤差分散と共分散のパラメータがあり（「反対語を言う」データでは誤差分散は 4 つ，共分散は 6 つ），そしてそれぞれは適切な値をとることができます．しかし，変化についての特定のマルチレベルモデルを定式化する場合，これらの値について特定の仮定を置かなくてはなりません．ここで私たちの目的にとって最も重要なのは，変化についての「標準的」マルチレベルモデルは，r_{ij} について特定の数学的な構造を導き出すということです．これから説明するように，このモデルは 7.9 式や 7.10 式で定式化したよりもずっと誤差共分散構造を制約します．

変化についての「標準的」マルチレベルモデルの誤差共分散部分行列 Σ_r は，どのような形なのでしょうか．本書の最初の方でこのモデルを紹介した際，私たちはこのモデルが固定効果についての仮説を表現する能力について注目していましたが，合成残差についても適切な共分散構造を提供してくれるでしょうか．幸いにも，大多数

のふるまいはあなたの望みまたは期待通りです．まず，正規分布する変数の重みつき線形結合は，正規分布します．よって例えば，7.5式の各合成残差は，7.9式で指定されたように，正規分布します．第二に，ランダム変数の重み付き線形結合の平均値は，それらの平均値の同じように重みづけされた線形結合と同じです．よって7.5式の合成残差の平均値は0でなくてはなりません．実際に7.9式ではそのように定式化されています．第三に，7.9式で定式化されたように，合成残差の誤差共分散行列は，まさにブロック対角になっています．しかし四番目に，変化についての「標準的」マルチレベルモデルでは，7.9式と7.10式の誤差共分散ブロック $\boldsymbol{\Sigma}_r$ の要素は，時間に強力に依存しています．これらが最も興味深い―同時に潜在的に問題でもありますが―，標準的なモデルの側面です．以下に，これらの特徴について深く掘り下げていきます．

7.2.1 合成残差の分散

まず，変化についての「標準的」マルチレベルモデルが，合成残差の分散についてどのような仮説を立てているのかの検討から始めましょう．7.5式の r_{ij} に単純な代数的な操作を加えることによって，7.10式の誤差共分散下位行列 $\boldsymbol{\Sigma}_r$ の対角要素をTIMEとモデルの分散成分で表す式を得ることができます．変化についての「標準的」なマルチレベルモデルの場合，$TIMEt_j$ における合成残差の母分散は

$$\sigma_{r_j}^2 = \mathrm{Var}(\varepsilon_{ij} + \zeta_{0i} + \zeta_{1i}t_j) = \sigma_\varepsilon^2 + \sigma_0^2 + 2\sigma_{01}t_j + \sigma_1^2 t_j^2 \tag{7.11}$$

となります．この式を使って，「反対語を言う」データの各時点における合成残差の分散の推定値を得ることができます．TIMEに関する4つの値（0, 1, 2, 3）と表7.2から分散成分の推定値を7.11式に代入することによって，

$$\hat{\sigma}_{r_1}^2 = \hat{\sigma}_\varepsilon^2 + \hat{\sigma}_0^2 + 2\hat{\sigma}_{01}(0) + \hat{\sigma}_1^2(0^2)$$
$$= 159.5 + 1236.4 + 2 \times -178.2(0) + 107.3(0^2) = 1395.9$$
$$\hat{\sigma}_{r_2}^2 = \hat{\sigma}_\varepsilon^2 + \hat{\sigma}_0^2 + 2\hat{\sigma}_{01}(1) + \hat{\sigma}_1^2(1^2)$$
$$= 159.5 + 1236.4 + 2 \times -178.2(1) + 107.3(1^2) = 1146.8$$
$$\hat{\sigma}_{r_3}^2 = \hat{\sigma}_\varepsilon^2 + \hat{\sigma}_0^2 + 2\hat{\sigma}_{01}(2) + \hat{\sigma}_1^2(2^2)$$
$$= 159.5 + 1236.4 + 2 \times -178.2(2) + 107.3(2^2) = 1112.3$$
$$\hat{\sigma}_{r_4}^2 = \hat{\sigma}_\varepsilon^2 + \hat{\sigma}_0^2 + 2\hat{\sigma}_{01}(3) + \hat{\sigma}_1^2(3^2)$$
$$= 159.5 + 1236.4 + 2 \times -178.2(3) + 107.3(3^2) = 1294.4$$

を得ることができます．

7.10式の推定された誤差共分散下位行列 $\hat{\boldsymbol{\Sigma}}_r$ の対角要素に推定値を代入すると

$$\hat{\Sigma}_r = \begin{bmatrix} 1395.9 & \hat{\sigma}_{r_1 r_2} & \hat{\sigma}_{r_1 r_3} & \hat{\sigma}_{r_1 r_4} \\ \hat{\sigma}_{r_2 r_1} & 1146.8 & \hat{\sigma}_{r_2 r_3} & \hat{\sigma}_{r_2 r_4} \\ \hat{\sigma}_{r_3 r_1} & \hat{\sigma}_{r_3 r_2} & 1112.3 & \hat{\sigma}_{r_3 r_4} \\ \hat{\sigma}_{r_4 r_1} & \hat{\sigma}_{r_4 r_2} & \hat{\sigma}_{r_4 r_3} & 1294.4 \end{bmatrix} \tag{7.12}$$

となります．

よって，変化についての「標準的」マルチレベルモデルの場合，「反対語を言う」データの合成残差分散は時点間で異なり，これは，予測された異分散性を示しています．「反対語を言う」データについては，合成残差分散は最初と最後のデータ収集時点で大きく，間は小さいということがわかりました．そして，極端に異分散ではありませんが，この状況は明らかに，私たちが通常想定する横断データの残差についての典型的な等分散性とは異なります．

7.11式の代数的な表現に基づいて，変化についての「標準的」マルチレベルモデルの合成残差分散の一般的な時間依存性について，何を言うことができるでしょうか．7.11式を**平方完成**することによって，この疑問についての洞察を得ることができます．

$$\sigma_{r_j}^2 = \left(\sigma_\varepsilon^2 + \frac{\sigma_0^2 \sigma_1^2 - \sigma_{01}^2}{\sigma_1^2} \right) + \sigma_1^2 \left(t_j + \frac{\sigma_{01}}{\sigma_1^2} \right)^2$$

t_jは2乗された項の中に含まれているので，変化についての「標準的」マルチレベルモデルの合成残差分散は時間に対して2次の関係性を持つことをこの式は示しています．$t = -(\sigma_{01}/\sigma_1^2)$ の時に最小になり，放物線状にかつ対照性を持って時間とともに，その最小値のどちらの側にも大きくなっていきます．「反対語を言う」データの場合，

$$-\frac{\hat{\sigma}_{01}}{\hat{\sigma}_1^2} = -\left(\frac{-178.23}{107.25} \right) = 1.66$$

$$\left(\hat{\sigma}_\varepsilon^2 + \frac{\hat{\sigma}_0^2 \hat{\sigma}_1^2 - \hat{\sigma}_{01}^2}{\hat{\sigma}_1^2} \right) = \left(159.48 + \frac{(1236.41)(107.25) - (-178.23)^2}{107.25} \right) = 1099.7$$

となり，このことは，変化についての「標準的」マルチレベルモデルの場合には，合成残差分散の推定値の最小値は約1100であり，2時点目と3時点目のだいたい3分の2ぐらいのタイミングで，この最小値が実現されることが示されました．

では，自問してください．実際のデータで，変化についての「標準的」マルチレベルモデルがそれとなく示唆しているように，合成残差分散の値は1つの最小値から時間とともに放物線状に増加すると考えてもよいでしょうか．「標準的」マルチレベルモデルが合理性を持ち，実際のデータに適用することができるためには，あなたの答えはYESでなければなりません．しかし，他の形の異分散性はありえないでしょうか（ありそうでしょうか）．縦断データにおいては，残差の異分散性は最小値と最大値を持つ可能性はないでしょうか．複数の最小値と最大値があるということはあり得

ないでしょうか．合成残差分散は最小値から増加するのではなく，ある時間基準点の最大値の両側から減少する可能性はないでしょうか．どれも説得的ですが，これらの選択肢はすべて，変化についての「標準的」マルチレベルモデルでは仮定できません．

私たちが長い時間をかけて開発してきたモデルは，誤差共分散行列に課す制約のためにもしかしたら支持できないものであるかもしれないという結論を出す前に，みなさんの興味を満足させることができると期待されるいくつかの見解を簡単に紹介しましょう．変化についての「標準的」マルチレベルモデルは合成残差分散が最小値から放物線を描いて増加することを前提としていますが，残差の異分散性の時間依存性は顕著に曲線を描いている必要はありません．曲率の大きさはモデルの分散共分散成分の大きさに密接に依存しています．例えば，もし3つすべてのレベル2の部分—σ_0^2，σ_1^2 そして σ_{01}—が0に近いとしたら，誤差共分散行列は事実，共通の分散 σ_ε^2 を持つ等分散に近くなります．あるいは，もし残差の傾きの分散である σ_1^2 と，残差の初期状態と傾きの共分散である σ_{01} が0に近くても，残差分散は，今度は共通の分散 ($\sigma_\varepsilon^2 + \sigma_0^2$) に近い値を持つ等分散になります．どちらのケースにおいても，放物線的な時間依存性の曲率が0に近づくと，異分散性は平板化します．

私たち自身の経験から，これらの状況はよくあることです．最初の状態が起こるのは，レベル2の予測変数が初期状態と変化率の個人間分散をほとんどあるいはすべて説明してしまう場合です．二番目の状態が起こるのは，変化の軌跡の傾きが個人間でさほど違いがない場合です（研究期間が短い場合によく起こります）．最後に，残差の傾きの分散 σ_1^2 と，残差の初期状態と傾きの共分散である σ_{01} の大きさが，比較的お互いに差がある場合，残差が最小となる時点が簡単に測定期間の範囲を越えてしまうことになります．このようなことが起こった場合，よくあることですが，測定期間内では最小値が観測されず，合成残差分散は研究期間中，一様に増加または減少します．これらの特別な場合と残差分散の一般的な時間依存性から，合成残差分散は確かに変化についての「標準的」マルチレベルモデルにおいて関数的に制約を受けているが，多くの経験的な状況にも比較的問題なく適応することが可能であるというのが，私たちの結論です．しかしながら，変化に関するどんな分析においても，それが標準的なモデルをあてはめることで暗黙のうちに仮定されたか否かにかかわらず，仮定された誤差共分散行列の構造をデータに対して確認することは，固定効果の仮定された構造の支持可能性を検討するという点で重要な意味があります．確認のプロセスについては，7.3節で説明します．

7.2.2 合成残差の共分散

次は，変化についての「標準的」マルチレベルモデルの合成残差の**共分散**の時間依

7.2 誤差共分散行列の仮定を理解するために合成モデルを使う

存性について検討しましょう．これらの共分散は，7.10式の誤差共分散下位行列 $\mathbf{\Sigma}_r$ の非対角要素に現れます．7.5式における合成残差の数学的な操作により，ここでも $TIME t_j$ と $t_{j'}$ の間の合成残差の共分散を求めることができます．

$$\sigma_{r_j r_{j'}} = \sigma_0^2 + \sigma_{01}(t_j + t_{j'}) + \sigma_1^2 t_j t_{j'} \tag{7.13}$$

ここで，すべての項は通常と同じ意味を持ちます．「反対語を言う」データにおいて，表7.2から時間と分散成分の適切な値を代入することによって，7.12式の $\mathbf{\Sigma}_r$ の残りの部分に数値を入れることができます．

$$\hat{\mathbf{\Sigma}}_r = \begin{bmatrix} 1395.9 & 1058.2 & 880.0 & 701.7 \\ 1058.2 & 1146.8 & 916.2 & 845.2 \\ 880.0 & 916.2 & 1112.3 & 988.8 \\ 701.7 & 845.2 & 988.8 & 1294.4 \end{bmatrix} \tag{7.14}$$

やや不完全な「帯対角（主対角線と平行な帯状）」の構造がみられることに注目してください．主対角要素から離れるに従って，残差共分散は主対角線と平行な帯状に全体として減少しています．主対角要素のすぐ下の帯の残差共分散の値は約900～1050です．その次の帯の値は840～880で，さらにその次の帯は約700です．私たちはしばしば縦断研究において主対角線と平行な帯状の構造を想定します．なぜならば，時点間が開くにつれて，個人内の残差間の相関の強さが減少することを期待しているからです．

7.13式の合成残差間の共分散，7.14式の推定された誤差共分散行列の表現をみると，変化についての「標準的」マルチレベルモデルにおける合成残差共分散の時間依存性について，一般的な議論をすることができます．おもに共分散には時点間の積(7.13式の3番目の項)が含まれているために，依存性は強力です．この積は，時間の値が大きいときに，誤差共分散の値に劇的な影響を与えます．7.14式からわかるように，特殊な状況も明らかです．誤差共分散の値は，レベル2の3つの分散成分に依存しています．もしレベル2の3つの分散成分すべてが0に近づくと，7.9式と7.10式の誤差共分散行列は（7.2.1項で説明したように，等分散に加えて）対角になります．この場合，縦断データについても，通常のOLSの仮定を適用することができることになります．同様に，もしレベル2の残差の傾きの分散 σ_1^2 と，残差の初期状態と傾きの分散 σ_{01} だけが0に限りなく近いような場合，合成残差分散は定数 σ_0^2 となります．このような場合，誤差共分散行列は，以下のように複合対称的な構造となります．

$$\mathbf{\Sigma}_r = \begin{bmatrix} \sigma_\epsilon^2 + \sigma_0^2 & \sigma_0^2 & \sigma_0^2 & \sigma_0^2 \\ \sigma_0^2 & \sigma_\epsilon^2 + \sigma_0^2 & \sigma_0^2 & \sigma_0^2 \\ \sigma_0^2 & \sigma_0^2 & \sigma_\epsilon^2 + \sigma_0^2 & \sigma_0^2 \\ \sigma_0^2 & \sigma_0^2 & \sigma_0^2 & \sigma_\epsilon^2 + \sigma_0^2 \end{bmatrix} \tag{7.15}$$

複合対称的誤差共分散構造は，縦断データにおいて一般的であり，特に変化の軌跡の傾きに個人間の差があまりない時によくみられます．しかし，このような特別な状況であるか否かにかかわらず，みなさんのデータについて最も賢明な疑問は，変化についての「標準的」マルチレベルモデルに必要とされる誤差共分散構造は，実際のデータで現実的なものなのかどうか，ということだと思います．この疑問に対する答えは，7.3節ですぐに扱いますが，標準的なモデルが普遍的に適用可能であるかどうか，を決めるものです．

7.2.3 合成残差の自己相関

最後に，説明のために，変化についての「標準的」マルチレベルモデルの合成残差間に挿入された自己相関も推定可能です．2つの分散と共分散から相関係数を計算する通常の式を適用して，以下のように合成残差自己相関行列を得ることができます．

$$\rho_{r_j r_{j'}} = \sigma_{r_j r_{j'}} / \sqrt{\sigma_{r_j}^2 \sigma_{r_{j'}}^2}$$

$$\begin{bmatrix} 1.00 & 0.84 & 0.71 & 0.52 \\ 0.84 & 1.00 & 0.81 & 0.69 \\ 0.71 & 0.81 & 1.00 & 0.82 \\ 0.52 & 0.69 & 0.82 & 1.00 \end{bmatrix}$$

「標準的」モデルの誤差共分散行列において見られた主対角線と平行な近似的な帯状の部分行列構造は，誤差相関行列において，よりいっそう明確になっています．間隔が1週間である測定では，残差自己相関はおよそ0.8です．間隔が2週間になると，残差自己相関はおよそ0.70になります．間隔が3週間になると，残差自己相関は，およそ0.5になります．時間の間隔にかかわらず，これらの値は明らかにOLS分析の残差間で想定される自己相関である0よりも大きいものになっています．

7.3 誤差共分散構造の別の仮定の仕方

変化についてのマルチレベルモデルを適切に仮定するのに必要なのは，モデルの合成残差に課された（直接的にであれ，モデル自身の前提によって間接的にであれ）あらゆる性質が，データが必要とする性質と適合することです．モデルの確率的な部分を定式化する際，合成残差には異分散性と自己相関を許容すべきです．しかし，どのような異分散性と自己相関が最も合理的でしょうか．変化についての「標準的」マルチレベルモデルでデフォルトとして定式化されている合成残差は，常に適切なのでしょうか．モデルのランダム効果は常に，現実世界の残差が必要とする性質を備えているでしょうか．あなたがこれらの問いにYesと答えられるならば，変化についての

7.3 誤差共分散構造の別の仮定の仕方

「標準的」マルチレベルモデルは合理的であることになります.しかし,安心してYes と答えられるかどうかを決めるためには,まず候補となるほかの誤差共分散構造が適切である可能性を評価することが賢明です.実際に,以下ではこの作業をしていきます.

幸いなことに,合成残差について様々な共分散構造を定式化し,そのうちどれ(「標準的」な定式化か,あるいは別の定式化か)が最もよくデータに適合するかを分析的に決定するのは簡単です.この作業に必要な分析的ツールやスキルは,すでにまなんだものです.あるモデルについて仮説を立てたら(これについては以下で説明します),なじみのある適合度指標(乖離度,AIC,BIC)を使えばその適切さを評価することができます.各モデルは,固定効果については同一でしょうが,誤差共分散構造について異なっています.これから直面するおもな困難は,分析を行うこと自体ではなく,めまいがするほど多くの選択肢から検討すべき誤差構造を特定することです.

次頁表 7.3 に示されているのは,6 つの誤差構造—**非構造的** (unstructured),**複合対称的** (compound symmetric),**異分散複合対称的** (heterogeneous compound symmetric),**自己回帰的** (autoregressive),**異分散自己回帰的** (heterogeneous autoregressive),そして**トープリッツ** (Toeplitz) —です.これらは,縦断的研究において私たちが特に重要だと考えるものです.表にはまた,「反対語を言う」データに対し,7.6 式の変化についてのマルチレベルモデルを適用した結果が示されています.この際,各モデルでは,それぞれの指定する誤差構造が仮定されています.結果として示されているのは,これらの分析から得られた重要な出力で,適合度指標,分散成分のパラメータ推定値,近似的な p 値,そして推定された合成残差の誤差共分散行列 $\hat{\Sigma}_r$ が示されています.表 7.2 同様,これらのモデルは SAS の PROC MIXED の制限つき最尤推定であてはめられました.ここでは各モデルの固定効果は同一なので,モデル比較には完全および制限つきのどちらの最尤推定も使うことができました.制限つき最尤推定を選んだのは,そうすれば得られる適合度指標が,ここでの主要な関心であるモデルの確率的な部分のみを反映するからです.

これらのモデルの比較は通常通り行うことができます.より小さい乖離度統計量はより良い適合を意味します.しかし,通常,適合度の改善にはパラメータの追加が伴うため,正式な仮説検定を行うか(モデルがネストしている場合),AIC や BIC を用いる必要があります.AIC も BIC も,あてはめられたモデルの対数尤度に,推定したパラメータ数の分だけペナルティを与えますが,BIC の方が複雑なモデルに対しより大きいペナルティを与えます.AIC や BIC 統計量が小さいほど,モデルのあてはまりは良いと判断されます.

表 7.3 変化についてのマルチレベルモデルに用いられる様々な誤差共分散構造と，はめられた誤差共分散行列

名　称	仮説的誤差共分散構造 Σ_r	適合度 $-2LL$	AIC
非構造的	$\begin{bmatrix} \sigma_1^2 & \sigma_{12} & \sigma_{13} & \sigma_{14} \\ \sigma_{21} & \sigma_2^2 & \sigma_{23} & \sigma_{24} \\ \sigma_{31} & \sigma_{32} & \sigma_3^2 & \sigma_{34} \\ \sigma_{41} & \sigma_{42} & \sigma_{43} & \sigma_4^2 \end{bmatrix}$	1255.8	1275.8
複合対称的	$\begin{bmatrix} \sigma^2+\sigma_1^2 & \sigma_1^2 & \sigma_1^2 & \sigma_1^2 \\ \sigma_1^2 & \sigma^2+\sigma_1^2 & \sigma_1^2 & \sigma_1^2 \\ \sigma_1^2 & \sigma_1^2 & \sigma^2+\sigma_1^2 & \sigma_1^2 \\ \sigma_1^2 & \sigma_1^2 & \sigma_1^2 & \sigma^2+\sigma_1^2 \end{bmatrix}$	1287.0	1291.0
異分散 複合対称的	$\begin{bmatrix} \sigma_1^2 & \sigma_1\sigma_2\rho & \sigma_1\sigma_3\rho & \sigma_1\sigma_4\rho \\ \sigma_2\sigma_1\rho & \sigma_2^2 & \sigma_2\sigma_3\rho & \sigma_2\sigma_4\rho \\ \sigma_3\sigma_1\rho & \sigma_3\sigma_2\rho & \sigma_3^2 & \sigma_3\sigma_4\rho \\ \sigma_4\sigma_1\rho & \sigma_4\sigma_2\rho & \sigma_4\sigma_3\rho & \sigma_4^2 \end{bmatrix}$	1285.0	1295.0
自己回帰的	$\begin{bmatrix} \sigma^2 & \sigma^2\rho & \sigma^2\rho^2 & \sigma^2\rho^3 \\ \sigma^2\rho & \sigma^2 & \sigma^2\rho & \sigma^2\rho^2 \\ \sigma^2\rho^2 & \sigma^2\rho & \sigma^2 & \sigma^2\rho \\ \sigma^2\rho^3 & \sigma^2\rho^2 & \sigma^2\rho & \sigma^2 \end{bmatrix}$	1265.9	1269.9
異分散 自己回帰的	$\begin{bmatrix} \sigma_1^2 & \sigma_1\sigma_2\rho & \sigma_1\sigma_3\rho^2 & \sigma_1\sigma_4\rho^3 \\ \sigma_2\sigma_1\rho & \sigma_2^2 & \sigma_2\sigma_3\rho & \sigma_2\sigma_4\rho^2 \\ \sigma_3\sigma_1\rho^2 & \sigma_3\sigma_2\rho & \sigma_3^2 & \sigma_3\sigma_4\rho \\ \sigma_4\sigma_1\rho^3 & \sigma_4\sigma_2\rho^2 & \sigma_4\sigma_3\rho & \sigma_4^2 \end{bmatrix}$	1264.8	1274.8
トープリッツ	$\begin{bmatrix} \sigma^2 & \sigma_1 & \sigma_2 & \sigma_3 \\ \sigma_1 & \sigma^2 & \sigma_1 & \sigma_2 \\ \sigma_2 & \sigma_1 & \sigma^2 & \sigma_1 \\ \sigma_3 & \sigma_2 & \sigma_1 & \sigma^2 \end{bmatrix}$	1258.1	1266.1

*: $p<.05$，**: $p<.01$，***: $p<.001$．
（注）SAS PROC MIXED による制限つき最尤推定．

7.3 誤差共分散構造の別の仮定の仕方

その「反対語を言う」データにおける適合度指標，分散成分，およびデータにあて

BIC	分散成分		あてはめられた誤差共分散行列 $\hat{\Sigma}_r$			
	パラメータ	推定値				
1291.3	σ_1^2	1344.8***	⎡ 1344.8	1005.6	946.1	583.1 ⎤
	σ_2^2	1150.3***	1005.6	1150.3	1028.4	846.5
	σ_3^2	1235.7***	946.1	1028.4	1235.7	969.2
	σ_4^2	1205.9***	⎣ 583.1	846.5	969.2	1205.9 ⎦
	σ_{21}	1005.6***				
	σ_{31}	946.1***				
	σ_{32}	1028.4***				
	σ_{41}	583.1*				
	σ_{42}	846.5***				
	σ_{43}	969.2***				
1294.2	σ^2	331.3***	⎡ 1231.4	900.1	900.1	900.1 ⎤
	σ_1^2	900.1***	900.1	1231.4	900.1	900.1
			900.1	900.1	1231.4	900.1
			⎣ 900.1	900.1	900.1	1231.4 ⎦
1302.7	σ_1^2	1438.0***	⎡ 1438.0	912.9	946.5	1009.5 ⎤
	σ_2^2	1067.7***	912.9	1067.7	815.6	869.8
	σ_3^2	1147.9***	946.5	815.6	1147.9	901.9
	σ_4^2	1305.6***	⎣ 1009.5	869.8	901.9	1305.6 ⎦
	ρ	0.7367***				
1273.0	σ^2	1256.7***	⎡ 1256.7	1037.2	856.1	706.6 ⎤
	ρ	0.8253***	1037.2	1256.7	1037.2	856.1
			856.1	1037.2	1256.7	1037.2
			⎣ 706.6	856.1	1037.2	1256.7 ⎦
1282.6	σ_1^2	1340.7***	⎡ 1340.7	1000.7	857.3	708.9 ⎤
	σ_2^2	1111.1***	1000.7	1111.1	951.9	787.1
	σ_3^2	1213.2***	857.3	951.9	1231.2	1003.1
	σ_4^2	1233.9***	⎣ 708.9	787.1	1003.1	1233.9 ⎦
	ρ	0.8199***				
1272.3	σ^2	1246.9***	⎡ 1246.9	1029.3	896.6	624.1 ⎤
	σ_1	1029.3***	1029.3	1246.9	1029.3	896.6
	σ_2	896.6***	896.6	1029.3	1246.9	1029.3
	σ_3	624.1**	⎣ 624.1	896.6	1029.3	1246.9 ⎦

7.3.1 非構造的誤差共分散行列

非構造的誤差共分散行列は，名前から想像される通りのものです．その構造は，Σ_r の各要素にデータが要求する値が入った一般的なものです．反対語を言うデータでは，非構造的誤差共分散行列は 10 個の未知パラメータ（4 つの分散と 6 つの共分散）を持っています．表 7.3 では，これらのパラメータは σ_1^2, σ_2^2, σ_3^2, σ_4^2, σ_{21}, σ_{31}, σ_{32}, σ_{41}, σ_{42}, σ_{43} として示されています（表 7.3 における様々な誤差共分散行列を表現するのに，一貫して同じ記号（σ^2, σ_1^2, σ_2^2, σ_{21}, ρ など）を使用していることに注意してください．同じ記号を使用していることは，同じパラメータが推定されていることを意味しません．例えば σ_1^2 は，非構造的および複合対称的誤差構造において，2 つのまったく異なる目的に用いられています．さらに，それぞれは 7.2 b 式におけるレベル 2 サブモデルにおける使われ方とも異なっています）．

非構造的誤差共分散構造の大きな魅力は，Σ_r の構造について何の制約も課していないことです．一組の固定効果を所与とすると，非構造的誤差共分散構造の乖離度統計量は，あらゆる誤差共分散構造の中で常に最小となります．もしデータの時点数があまり多くないなら，この選択は魅力的です．しかし，もしデータがたくさんの時点を含むなら，非構造的誤差共分散構造には途方もない数のパラメータが必要となります．20 時点あるデータなら，20 の分散パラメータと 190 の共分散パラメータ，合計 210 のパラメータが必要となります．一方，同じデータに「標準的」モデルをあてはめた場合，必要となるのは 3 つの分散成分（σ_0^2, σ_1^2, σ_ε^2）と 1 つの共分散成分 σ_{01} だけです．

ほとんどの分析では，より倹約的な構造の方が望ましいでしょう．しかし，非構造的誤差共分散モデルは常に最小の乖離度統計量を示すため，探索的な比較はこのモデルから始めるのが一般的です．反対語を言うデータの場合，このモデルの乖離度統計量は 1255.8 で，「標準的」モデルよりも 4.5 小さくなっています．しかし，このわずかな改善には自由度 10（「標準的」モデルでは 4 であるのに対し）が使われています．AIC と BIC 統計量は，両方とも未知パラメータの過大な使用にペナルティを与えますから，これらの値がこのモデルにおいて「標準的」モデルよりも大きくなっているのは当然です（AIC では 1275.8 対 1268.3，BIC では 1291.3 対 1274.5）．したがって，2 つのあり得る誤差構造のうち，「標準的」モデルの方が非構造的モデルよりもすぐれていることになります．特に BIC の差 (16.8) は，Σ_r に非構造的形式を選んだことで，かなりの自由度が「無駄遣い」されていることを示唆しています．

7.3.2 複合対称的誤差共分散行列

複合対称的誤差共分散行列に必要なパラメータは 2 つだけです．これは，表 7.3 では σ^2, σ_1^2 と示してあります．複合対称的誤差共分散行列では，Σ_r の対角要素がす

べての時点において等分散（$\sigma^2+\sigma_i^2$）になっています．そして，時点の組合せにかかわらずすべての残差共分散は等しくなっています．

予想される通り，このモデルは非構造的 Σ_r を仮定したマルチレベルモデルよりもあてはまりが悪くなっています．しかし，このモデルは「標準的」マルチレベルモデルと比べてもあてはまりが悪くなっています．3つすべての適合度指標の値は「標準的」モデルよりはるかに大きく，乖離度で 26.7，AIC で 22.7，BIC で 19.7 大きくなっています．面白いことに，7.15 式で定式化されているように，複合対称的 Σ_r は「標準的」モデルの特殊なケースです．すなわち，変化の軌跡における真の傾きに個人間で残差分散がほとんどまたはまったくない（したがって残差共分散もない）場合です．表 7.2 の仮説検定からわかる通り，このデータでは傾きの残差の分散と共分散はゼロではありませんから，複合対称的誤差共分散構造がこのデータによくあてはまらないのは当然です．この構造が最も魅力的なのは，変化の軌跡において個人間で傾きの残差がほとんどあるいはまったくない時です．

7.3.3 異分散複合対称的誤差共分散行列

表 7.3 の 3 つ目の誤差共分散行列は，**異分散複合対称的**構造です．私たちのデータでは，この拡張された複合対称的構造は 5 つのパラメータを必要とします．異分散複合対称的構造では，Σ_r の対角要素が異分散（このデータの各時点で σ_1^2, σ_2^2, σ_3^2, σ_4^2）になっています．さらに，時点間のすべての誤差共分散が異なる値を持っています（このことは，表 7.3 にあるあてはめられた誤差共分散行列をみればすぐにわかります）．より具体的には，これらの共分散は，対応する誤差**標準偏差**と，均一な誤差自己相関パラメータとの積になっています．誤差自己相関は ρ で示され，その大きさは常に 1 以下になります．

乖離度統計量だけをみれば，異分散複合対称的 Σ_r は，複合対称的モデルよりも，「反対語を言う」データについてより良いあてはまりを示していますが（1285.0 対 1287.0），「標準的」モデルにはまだ劣っています（1285.0 対 1260.3）．同様に，AIC，BIC 統計量も，複合対称的モデルや「標準的」モデルから異分散複合対称的モデルに追加されたパラメータにペナルティを与えています（AIC＝1295.0，BIC＝1302.7）．結論として，異分散複合対称的モデルは，今までみてきたどのモデルよりも（このデータについては）適当でないことになります．

7.3.4 自己回帰的誤差共分散行列

表 7.3 の 4 つ目の誤差共分散行列は，**自己回帰的**（正確には，1 次自己回帰的）構造です．自己回帰的誤差構造に魅力を感じる研究者はたくさんいます．というのは，その「帯対角」の形が成長過程にふさわしく思われるからです．Σ_r が一次自己回帰

的である時，Σ_r の対角要素は等分散 (σ^2) になります．さらに，誤差共分散は主対角線と平行の帯の上では同一になります（ここでも，表7.3のあてはめられた誤差共分散行列を参照してみてください）．これらの共分散は，残差分散 σ^2 と誤差自己相関の積となります．誤差自己相関パラメータは ρ で示され，ここでも常に1以下の大きさになります．誤差分散 σ^2 は，ρ と掛け算されることで，主対角線のすぐ下の1つ目の帯の誤差共分散となります．また，ρ^2 と掛け算されることでその下の帯の共分散となり，ρ^3 と掛け算されることでさらにその下の帯の共分散となり，といった具合です．このように，ρ の大きさは常に1以下であるため，Σ_r の帯における誤差共分散の値は，主対角線から離れるほど小さくなります．自己回帰的 Σ_r はかなりの自由度を「節約」しますが（2つの分散成分しか使いません），その要素は厳しく制約されています．すなわち，すべての帯の均一な共分散は，その前の帯の要素と1以下の小数の積であり，その関係が後続の帯においても続くということです．

　自己回帰的モデルは「反対語を言う」データにまあまあよくあてはまっていますが，分散成分の相対的大きさについての制約のために，変化についての「標準的」マルチレベルモデルよりもあてはまりが悪くなっています．乖離度統計量（1265.9）とAIC統計量（1269.9）の両方とも，「標準的」マルチレベルモデルをあてはめた場合の値よりもわずかに大きくなっています．一方で，このモデルのBIC統計量は，「標準的」モデルよりもわずかに小さくなっています（前者で1273.0，後者で1274.5）．これは，「標準的」モデルでは追加のパラメータ（4対2）が重荷となっているためです．面白いことに，自己回帰的誤差共分散行列は乖離度の点では非構造的モデルと勝負になりませんが，AICやBICにおいては勝っています（それぞれのモデルで必要とされる未知パラメータの数，2対10から予想し得る通りです）．

7.3.5　異分散自己回帰的誤差共分散行列

　異分散自己回帰的誤差構造は，今説明した自己回帰的構造の厳しい制約を緩めたものです．このモデルの主対角要素は異分散（ここでは，4時点について σ_1^2，σ_2^2，σ_3^2，σ_4^2）になっています．さらに，通常の自己回帰的モデルにおいて，主対角線と平行に均一であった誤差共分散が，同じ帯の上でも異なる値をとるようになっています（ここでも，表7.3のあてはめられた誤差共分散行列を参照してください）．これは，前節でも出てきた均一な誤差自己相関パラメータ ρ と，対応する誤差標準偏差の積との掛け算をすることで得られます．よって，主対角線と平行な帯状の構造—共分散の大きさが，主対角線から離れるにつれ小さくなる—はある程度残っていますが，分散成分を増やしたことによって厳密ではなくなっています．異分散自己回帰モデル Σ_r は，通常のモデルと比べよけいに自由度を使いますが，その分だけ柔軟になるという利点を持っています．

想像がついているかもしれませんが、異分散自己回帰的誤差構造は、等分散の自己回帰的構造と比べ、乖離度統計量においては勝る一方、AICとBICにおいてはペナルティを受ける可能性があります。このデータにおいては、異分散自己回帰的 Σ_r は、変化についての「標準的」マルチレベルモデルよりもあてはまりが悪くなっています。異分散自己回帰的モデルは、「標準的」モデルと比べ、乖離度統計量 (1264.8)、AIC (1274.8)、BIC (1282.6) のいずれにおいても大きい値をとっていることを確認してください。等分散の自己回帰的モデルと同様、異分散自己回帰的モデルは、非構造的モデルと比べ乖離度統計量では勝負になりませんが、AICとBIC統計量の両方において勝っています。

7.3.6 トープリッツ誤差共分散行列

「反対語を言う」データでは、トープリッツ誤差共分散構造ははるかにすぐれた選択肢です。トープリッツ構造は、自己回帰的構造のいくつかの特徴を持っています。すなわち、主対角線と平行に均一な共分散の帯を持ちます。しかし、これらの要素の値は、その前の帯の要素と均一な小数の積である必要はありません。その代わり、各帯における値はデータによって定まり、帯の間で同一の比に制約されません。「反対語を言う」データでは、トープリッツ構造の定式化には4つの分散成分を必要とします（表 7.3 の σ^2, σ_1, σ_2, σ_3）。この結果、Σ_r は等分散の自己回帰的構造よりは柔軟ですが、異分散自己回帰的構造よりは倹約的になっています。

このデータにおいては、トープリッツ誤差共分散構造は変化についての「標準的」マルチレベルモデルよりも、また今までみてきたどの誤差共分散構造よりもあてはまりがよくなっています。これは、どの適合度指標をみるかを問いません。乖離度統計量は 1258.1 (「標準的」モデルでは 1260.3)、AIC は 1266.1 (「標準的」モデルでは 1268.3)、BIC は 1272.3 (「標準的」モデルでは 1274.5) です。しかし、以下で議論するように、これらの適合度指標の差異は相対的には小さいものです。

7.3.7 「正しい」誤差共分散構造を選ぶことは本当に重要なのか？

表 7.3 に示された誤差共分散構造は出発点にすぎません。変化についての「標準的」マルチレベルモデルが非明示的に仮定する誤差共分散構造と比べ、トープリッツ構造はわずかにすぐれているようですが、このデータにより良くあてはまる他の誤差構造がある可能性は十分にあります。このようなことは、すべてのデータ分析の本来的性質です。これらの異なるモデルをあてはめる際、私たちは分散成分の推定値を洗練させ、モデルの確率的な部分についてよりよく理解するようになりました。私たちは、このデータについては、変化についての「標準的」マルチレベルモデルがよくあてはまっていると主張したいと思います。というのも、その乖離度、AIC、BIC 統計

量はトープリッツモデルに比べわずかに悪いだけだったからです．BIC 統計量における差（2.2）はとても小さく，Raftery(1995)のガイドラインを採用すれば，トープリッツ誤差構造を採用してもそれが「標準的」マルチレベルモデルを改善するという証拠は弱い，と結論づけられるでしょう．

　しかし，もし乖離度統計量のみに焦点をあてるなら，非構造的誤差構造は常に最も良いあてはまりを示すことになります．このモデルは，乖離度統計量の点では常に，「標準的」モデルよりも，そして他の何らかの制約を課したどのモデルと比べても，最高のあてはまりを示すでしょう．問題となる問いは，「もし非構造的モデルを他のモデルより優先したら，私たちはどれくらい犠牲を払うだろうか？」です．このデータでは，モデルの確率的な部分について最高のあてはまりを得るために10の自由度を使っています．これは，今までに検討したどの誤差共分散構造と比べても，5以上多い自由度です．もちろん，ひと握りの数の自由度を失うことは，最適な誤差構造モデルを得る価格としては安いものだと主張する人もいるでしょう．これは，私たちが4時点しかないデータを扱っているという事実から得られる結論です．しかし，より時点数の多い縦断データであるような場合には，このような結論に達する人は少ないはずです．

　おそらく最も重要なこととして，誤差共分散構造の選択が，リサーチ・クエスチョンに取り組む上でどのような影響を与えるかを考えてみましょう．特に，(たいていの場合がそうですが) リサーチ・クエスチョンを体現するのが分散成分ではなく，固定効果である場合についてです．もちろん論者によっては，変化についてのマルチレベルモデルの誤差共分散構造を洗練させることは，タイタニック号のデッキにある椅子の位置を変えるようなものだという人もいるでしょう．つまり，固定効果のパラメータ推定値を本質的に変化させることはめったにない，ということです．実際に，誤差構造に何を選ぶかにかかわらず，固定効果の推定値は不偏であり，モデルの確率的な部分についての選択にあまり影響を受けないかもしれません（データや誤差構造が特殊でない限り）．

　しかし，誤差共分散構造についての仮説を洗練させることは，固定効果の推定値の精度には影響を与えるのです．このことはしたがって，仮説検定や信頼区間の推定に影響を与えることになります．このような状況として表7.4を見てください．この表には，「反対語を言う」データの変化についてのマルチレベルモデル3種類について，固定効果と漸近的標準誤差が示されています．3種類のモデルとは，「標準的」モデル（表7.2より），トープリッツモデル，および非構造的誤差共分散行列（表7.3より）です．固定効果の推定値の値が比較的似通っていることを確認してください（ただし，お気づきかもしれませんが，統計的に有意ではないものの γ_{01} は例外です）．しかし，対応する漸近的標準誤差の大きさが，誤差共分散行列がより良く表現される

表 7.4 「反対語をいう」得点の 4 週間の変化（ベースライン IQ の関数として）

			誤差共分散構造		
	パラメータ		標準的	トープリッツ	非構造的
固定効果					
初期値 π_{0i} 切片		γ_{00}	164.37***	165.10***	165.83***
			(6.206)	(5.923)	(5.952)
	$(COG - \overline{COG})$	γ_{01}	-0.11	-0.00	-0.07
			(0.504)	(0.481)	(0.483)
変化率 π_{1i} 切片		γ_{10}	26.96***	26.895***	26.58***
			(1.994)	(1.943)	(1.926)
	$(COG - \overline{COG})$	γ_{11}	0.43**	0.44**	0.46**
			(0.162)	(0.158)	(0.156)
適合度					
乖離度			1260.3	1258.1	1255.8
AIC			1268.3	1266.1	1275.8
BIC			1274.5	1272.3	1291.3

*：$p<.05$, **：$p<.01$, ***：$p<.001$.
標準的，トープリッツ，非構造的誤差共分散構造を用いて変化についてのマルチレベルモデルをあてはめた場合のパラメータ推定値（標準誤差），近似的 p 値，および適合度統計量（$n=35$）.
（注）SAS PROC MIXED による制限つき最尤推定.

ほど小さくなっていることも確認してください．標準誤差は概してトープリッツモデルと非構造的モデルにおいて「標準的」モデルよりも小さくなっています．トープリッツモデルと非構造的モデルの差異はより明確でありません．「標準的」マルチレベルモデルの広範な適用を考えると，ここで示された精度の差が小さくあまり結果に影響を与えなさそうであることに安心したことでしょう．もちろん，この結論はこのデータにのみあてはまることです．データやデザイン，統計モデル，誤差共分散構造の選択，繰り返し測定された観測値の背後にある要因の性質によっては，結果としての精度の差異はより大きいかもしれません．この話題についてより深く学びたい方は，Van Leeuwen(1997), Goldstein, Healy, & Rasbash(1994), Wolfinger(1993；1996)を参照してください．

8
共分散構造分析を用いて変化のモデリングを行う

Change does not necessarily assure progress, but progress implacably requires change.

—Henry S. Commager

　変化についてのマルチレベルモデルは**共分散構造分析**（covariance structure analysis：CSA）または，**構造方程式モデリング**（structural equation modeling）としても知られている一般的な数学的枠組み上に直接位置づけることが可能であり，これは興味深いことです．その結果生まれた分析アプローチは**潜在成長モデリング**（latent growth modeling）として知られています．重要なことは，潜在成長モデルは本質的には変化についてのマルチレベルだということです．しかし，変化についてのマルチレベルモデルを一般的な共分散構造モデルの枠組みでとらえることで，モデル定式化の別のアプローチや推定が可能となるだけでなく，分析の柔軟性が劇的に広がるのです．

　本章では，潜在成長モデルをどのようにとらえ，定式化および推定をして，解釈すればよいのかを説明します．8.1節で一般的な共分散構造モデルについて概観することから始めます．ここでは，共分散構造分析について基礎レベルの知識があることを前提としています．これは本章の残りでも同様です．この基礎を持っていない場合には，この方法についての入手可能な名著（Bollen, 1989など）をざっと読むことをお勧めします．8.2節では変化についてのマルチレベルモデルを一般的な共分散構造モデルの枠組みでとらえます．そして，8.3節ではある構成概念の変化が他の構成概念の変化と関係しているか否かを調べることができるようにこの方法のきわめて有益な拡張を行います．終わりに，8.4節では基本的な方法の別の拡張についていくつか簡単にあげます．

8.1　一般的な共分散構造モデル

　共分散構造分析（以下，CSA）は**多変量回帰分析**（multivariate regression analysis）と**パス解析**（path analysis）の拡張とみることができ，**因子分析**（factor analysis）と**テスト理論**（test theory）を含んでいます．Bollen(1989, pp. 4-9)が簡潔に

概観している内容によれば，統計学，社会学，経済学，心理学，そして心理統計学を含む多くの分野にそのルーツがあると書かれています．簡単に操作可能なコンピュータソフトウェアの登場によって，CSAは社会科学全般における一般的知識となりました．

　CSAは，単一時点における多くの変数間の関係についての複雑な仮説を検証することが可能な包括的方法として，はじめは開発されました．CSAの使いやすさはその一般性だけでなく，その核となっている統計モデルの説得力のある合理性にあります．世界がそう機能しているだろうという研究者の直観に合うようにモデルは開発・改善されます．縦断データ分析において非常に興味深いと思われるのは，もともとは横断データのために開発されたものですが，時間による変化を表すために使うことができるようにモデルを操作可能なことです．

　この作業を手助けするために，本節では基本的なCSAモデルについて概観します．表現を具体的にするために，220の白人の中流家庭の横断サンプルから得られた両親の抑うつ，夫婦間葛藤，そして青年期の適応の関係についての，Conger, Ge, Elder, Lorenz, & Simons(1994)の研究を使います．このデータセットには，各家庭の母親と父親そして7年生の女児という3人のメンバーからのたくさんの情報を含んでいます．

　図8.1には私たちの実質科学的仮説（元論文で行われている議論をもとにしています）を簡潔に表した**パス図**（path diagram）が示されています．すべてのパス図と同じように，図8.1は2つの重要な違いを明確にしています．

● 背後に存在する**構成概念**（construct）とそれを測定する**指標**（indicator）
● 結果変数と予測変数

　これらの違いは，円，四角，そして矢印というパス図中の幾何学的図形で表現されています．モデルについて深く調べる前に，これらの違いについての理論とそれがもたらす結果について調べてみましょう．

　1つ目の違いは，構成概念とその指標です．パス図では前者を円，後者を四角で表します．図8.1の左上隅の円は「父親の抑うつ」という構成概念です．この構成概念は2つの指標を持っており，「SCL-90-Rの抑うつ下位尺度」と「抑うつの観察者評定」です．単方向矢印が構成概念から各指標に向かっています．これは，父親の抑うつ気分（円で表されています）の想定される程度についての理論的興味と，真の気分を直接観測することはできないという認識をつなげています．その代わりに指標（四角で表されています）の値が測定されています．父親の抑うつは構成概念であり，2つの評定はその真のレベルについての観測された指標です．

　構成概念をその指標と区別することは当然のように思われます．抑うつは，父親の中にある目に見えない何か，潜在的な（latent, 隠された）何かであり，彼の動きを

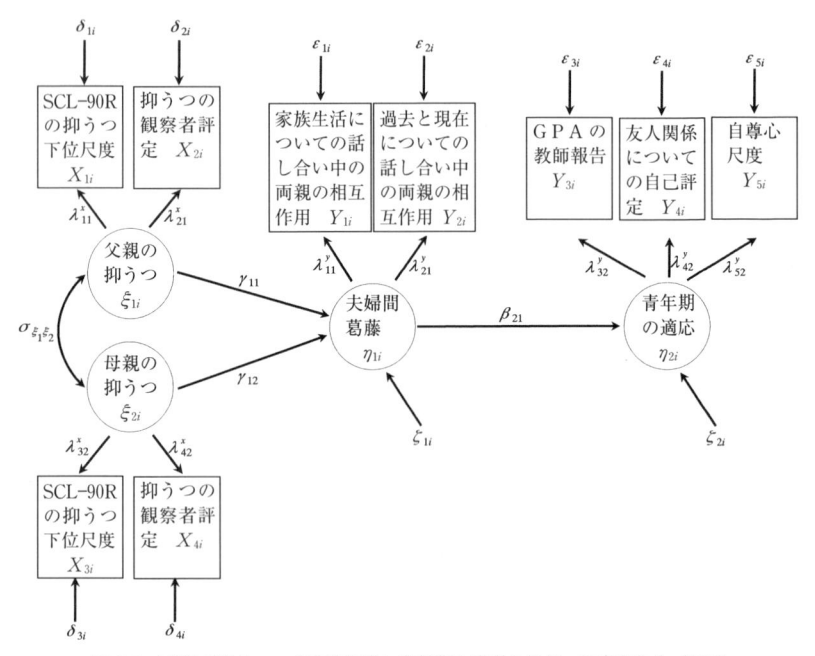

図 8.1 両親の抑うつ，夫婦間葛藤と青年期の適応を結ぶ，仮定されたパス図

規定し，それぞれに対して固有の尺度を用いて，観測された指標を左右するのです．構成概念がその指標に影響を与えて固有の値をとるようになるという考え方は，構成概念から指標への単方向矢印で表されています．同様の，円と四角と矢印の集まりは，残りの構成概念を，それぞれを表す指標へと結びつけます．「母親の抑うつ」という同様の指標は，左下隅に示されています．中心には，構成概念「夫婦間葛藤」が，「家族生活（例えば，養育方針や家事）についての話し合い中の両親の相互作用」と「過去と現在の関係についての話し合い中の両親の相互作用」という2つの指標で測定されています．その右には，構成概念「青年期の適応」が，「GPAの教師報告」，「友人関係についての自己評定」，標準化された「自尊心尺度」の3つの指標で測定されています．

　データ収集は現実の作業なので（現実の人々に現実の道具で測定するという意味で），指標は構成概念の真の値のあてにならない測度であるといえます．標準化された抑うつ尺度のようないくつかの指標は構成概念を適切に測定できるでしょう．しかし，抑うつの観察者評定のような他の指標は，精度が低めになるでしょう．このいい加減さに対処するために，構成概念の真の値とその指標の観測された値を区別しています．また，測定誤差の存在を許容しています．測定誤差は，指標につき1つあり，

8.1 一般的な共分散構造モデル

構成概念の影響を表す矢印とは逆方向から、指標に対して短い単方向矢印を指すことで表します。古典的テスト理論と同じようにパス図は、指標の「観測」値は、構成概念の「真の」影響と、測定によって生じる「誤差」の和であることを明確に表しています。CSAでは「観測値」「真値」「誤差」のこの区別は、**測定モデル**（measurement model；8.1.1項から8.1.2項で説明されます）の定式化で表現されます。

2つ目の区別は、「結果変数」と「予測変数」です。この表現を使うことは、予測変数の結果として結果変数が得られるような理論を持っていることを意味しています。夫婦間葛藤のような結果変数は、母親の抑うつと父親の抑うつのような予測変数の結果であり、逆に、青年期の適応は夫婦間葛藤によって影響されるでしょう。もし両親の抑うつが重度であれば、その分だけ夫婦間葛藤もひどくなるでしょう。家庭での両親の葛藤がひどいほど、青年は適応できにくくなるでしょう。これは、**行動の因果理論**（causal theory of action）と呼ばれ、より抑うつ的でない両親はより協調的な生活を送り、彼らの子どもはより適応的になるであろうと期待されます。この因果理論は横断データでは確かめることができませんが、いくつかの変数は**原因**であり、他は**結果**であることを仮説とすることはできます。

CSAは「予測変数」と「結果変数」の間をもう少しあいまいに区別することも許容します。図8.1のパス図が示すように、ある予測変数の結果変数は別の結果変数の予測変数となることができます。図のはじめの半分では、夫婦間葛藤は両親の抑うつによって引き起こされる結果変数です。ところが、後ろ半分では、夫婦間葛藤は青年期の適応の予測変数となっています。この2重の役割を説明するために、CSAは**外生性**（exogeneity）と**内生性**（endogeneity）という2つの概念を区別します。仮定された体系の完全に外にある力によってその値が決まるのであれば、その構成概念は外生的です。図8.1では父親の抑うつと母親の抑うつは外生的です。それらに原因があるとしても（間違いなくあるのですが）、それらはこの体系の中には登場しません。逆に、内生的な変数あるいは構成概念は、その体系の中で規定されます。この例では、夫婦間葛藤と青年期の適応は内生的です。

CSAで分析を行う時の重要な仮説は、構成概念間の関係についての文章によって表されます。これは、データは指標の値を測定していますが、仮定された真の関係を調べるためには指標から測定誤差を除外しなければいけないことをリサーチ・クエスチョンが要求しているということです。普通は、両親の抑うつの観察者評定と夫婦間葛藤の間の関係ではなく、それらの指標の背後にある真の値の間（それらどうしには関係があります）の関係に興味があります。測定誤差を除外する別の方法として、外部で推定された信頼性を使って、標本相関係数や標本回帰係数が希薄化されることを防ぐことがあげられますが、CSAは各構成概念を複数の指標で測定することによって、仮定された真の値から測定誤差を除外します。

パス図では構成概念間の関係を同時に仮説として表現するために様々な道具が使われています．単方向矢印は，外生的構成概念と内生的構成概念の間の仮定された「因果」関係を表しています．父親の抑うつと母親の抑うつ（2つの外生的構成概念）と夫婦間葛藤（内生的構成概念）を結ぶ2本の矢印は，両親の気分と結婚生活の健全さとの仮説的な関係を表しています．単方向矢印は，内生的構成概念間の仮説的な関係を表すこともあります．例えば，図8.1では夫婦間葛藤と青年期の適応の間にみられます．両方向矢印は外生的構成概念が**共変動**（covary）することを表しています．例えば，図8.1の左端の母親の抑うつと父親の抑うつの間に見られます．この種類の関係は外生的構成概念と内生的構成概念の間の仮説的関係や，内生的構成概念間の仮説的関係とは質的に異なります．単方向矢印は（先行する構成概念が後の構成概念を引き起こすという）因果的行動理論を表しています．両方向矢印は構成概念間が単純に関連していることを表しています（このときには，一方が他方を引き起こすかどうかについての理論はありません）．これは，結果変数を「引き起こす」のは予測変数ですが，予測変数どうしはお互い関連してもよいという通常の回帰分析で起こっていることと似ています．

一般的なCSAモデルは2種類のサブモデルを含んでいます．それらは，構成概念をその指標と区別する**測定モデル**（measurement model）と，構成概念間の仮説的な性質や相互関係を表した**構造モデル**（structural model）です．外生と内生という2種類の構成概念があるので，測定モデルも2種類になります．以下の節では，X測定モデル（8.1.1項），Y測定モデル（8.1.2項），構造モデル（8.1.3項）で3つすべてを説明します．

8.1.1　X測定モデル

私たちが取り上げた例には，父親と母親の抑うつという2つの外生的構成概念があります．図8.1の左には，青年iに対して①4つの観測された指標（X_{1i}, X_{2i}, X_{3i}とX_{4i}），②対応する4つの測定誤差（δ_{1i}, δ_{2i}, δ_{3i}とδ_{4i}），③仮定された2つの構成概念（ξ_{1i}とξ_{2i}）のスコアが記されています．X測定モデルはこれらの量をつなぐものです．

このモデルをどのように表せばよいでしょうか．古典的テスト理論と経験的測定の性質に関する考察をあわせて考えると，ある理にかなった形が示されることになります．まず1つ目の指標である，抑うつ尺度SCL-90の父親のスコアである図8.1のX_{1i}に焦点を当てて考えてみましょう．古典的テスト理論ではこの「観測値」は「真値」と「誤差」の和であるとされており，これは$X_{1i}=\xi_{1i}+\delta_{1i}$という単純なモデルになります．この定式化は理にかなってはいますが，仮定された各構成概念に複数の指標がある場合に生じるいくつかの問題を無視していることになります．したがっ

て，私たちはより一般的な表現として以下を使います．

$$X_{1i} = \tau_{x1} + \lambda_{11}^x \xi_{1i} + \delta_{1i} \tag{8.1}$$

ここで新しい記号 τ_{x1} と λ_{11}^x は各指標の**中心**（centering）と**尺度**（scaling）の違いを説明するものです．

パラメータ τ_{x1} は，観測された指標 X_{1i} の母集団中のすべての青年にわたる平均を表しています．父親の母集団では，観測された抑うつスコアは標本データを使って推定されるこの未知の値の周りに散らばっていると仮定しています．τ_{x1} を含めることで，同じ構成概念に対する異なる指標の観測スコアが異なる平均をとることができるようになります．概念的には，τ_{x1} は指標の観測値をその母平均に「中心化」するものです．これは，青年 i に対する観測された指標が，①すべての青年にわたる平均と②その平均からの青年 i の乖離の和によって表されることになります．この分解は，よく知られている1要因分散分析の分解に似ています．すべての外生的指標はそれぞれに独自の平均パラメータ τ_{x2}，τ_{x3} と τ_{x4} を持っています．煩雑にならないように図8.1にはこれらのパラメータを示していませんが，モデルには表されていますし，分析では推定されます．

測定モデルでは青年 i についての構成概念の値 ξ_{1i} と尺度因子あるいは「負荷量（loading）」λ_{11}^x を掛け合わせています．構成概念 ξ_{1i} は古典的テスト理論における真値と似ています．尺度因子があることで，指標と構成概念が異なる尺度で測定されていても問題は生じません．これによって，ある潜在的構成概念が，それぞれ独自の尺度を持ったいくつかの指標の値から測定されることが可能になります．異なる負荷量があることで，（まだ決まっていないある仮定された真の尺度で測定された）構成概念「父親の抑うつ」が抑うつスコアと観察者評定として同時に再尺度化されるようになります．

最後に，青年 i の「測定誤差」である δ_{1i} について話をします．X の母平均を動かし，そして仮定された構成概念を再尺度化した後には何が残るでしょうか．古典的テスト理論の基本的な考え方を認めているならば，「測定誤差」と答えるでしょう．なぜなら，「観測」は「真」と「誤差」の和に等しいと信じていることになるからです．そしてこれまで私たちは X 測定モデルにおける δ を，観測スコアの体系的な部分を除外あるいは表現した後に残る「誤差」として扱ってきました．しかし，測定モデルにおける δ の部分については，**指標 X のうちの，仮定された構成概念 ξ に依存しない部分**とする考え方を私たちは好みます．δ は測定誤差かもしれませんが，観測スコアのうちの，現状の分析では設定されていない構成概念によって規定されている部分にすぎないかもしれません．

これらの考え方を残りの指標についても一般化してみましょう．図8.1のパス図には2つの外生的構成概念があり，それぞれは2つの指標によって測定されており，2

つの指標はそれぞれ独自の平均と負荷を持っています.抑うつという仮定された構成概念の値が「高い」父親の子どもは,抑うつ尺度と観察者評定という関連する2つの指標ともに高い値をおそらくとるでしょう.同様に,母親の抑うつ的な気分は,抑うつ尺度と観察者による評定に反映されるでしょう.8.1式の形式に沿うと,すべての4つの仮説的な測定の関係は以下で記述されます.

$$X_{1i} = \tau_{x1} + \lambda_{11}^{x}\xi_{1i} + \delta_{1i}$$
$$X_{2i} = \tau_{x2} + \lambda_{21}^{x}\xi_{1i} + \delta_{2i}$$
$$X_{3i} = \tau_{x3} + \lambda_{32}^{x}\xi_{2i} + \delta_{3i}$$
$$X_{4i} = \tau_{x4} + \lambda_{42}^{x}\xi_{2i} + \delta_{4i}$$
(8.2)

図8.1を参照して,各方程式が何を表しているのか確認してください.各指標は独自の平均パラメータ,負荷,そして誤差スコアを持っていますが,仮定された「真の」スコアは ξ_{1i} と ξ_{2i} の2つしかなく,それぞれは2つの外生的構成概念(父親と母親の抑うつ)です.

8.2式の4つの方程式が私たちの例での X 測定モデルです.これらは行列方程式によって,よりすっきりと書くことができます.

$$\begin{bmatrix} X_{1i} \\ X_{2i} \\ X_{3i} \\ X_{4i} \end{bmatrix} = \begin{bmatrix} \tau_{x1} \\ \tau_{x2} \\ \tau_{x3} \\ \tau_{x4} \end{bmatrix} + \begin{bmatrix} \lambda_{11}^{x} & 0 \\ \lambda_{21}^{x} & 0 \\ 0 & \lambda_{32}^{x} \\ 0 & \lambda_{42}^{x} \end{bmatrix} \begin{bmatrix} \xi_{1i} \\ \xi_{2i} \end{bmatrix} + \begin{bmatrix} \delta_{1i} \\ \delta_{2i} \\ \delta_{3i} \\ \delta_{4i} \end{bmatrix}$$
(8.3)

この行列表現をみるときには,3つの重要な特徴に注目してください.1つ目は,4つの外生的指標(X_{1i},X_{2i},X_{3i} そして X_{4i})は4つの要素を持つ(4×1の)ベクトルであり,4つの平均パラメータ(τ_{x1},τ_{x2},τ_{x3} と τ_{x4})と,4つの誤差(δ_{1i},δ_{2i},δ_{3i} と δ_{4i})も同様だということです.各構成概念に追加の指標があるときには,各ベクトルの長さを伸ばしてこの表現を一般化することになるでしょう.2つ目は,2つの潜在的構成概念(ξ_{1i} と ξ_{2i})は外生的で,4つの観測された指標のスコアを生成するという仮説を立てているため,そのスコアは2つの要素を持つ(2×1の)ベクトルに含まれていることです.別の外生的構成概念の存在を仮説として立てた場合には,このベクトルは長くなります.3つ目は,すべての尺度因子(λ_{11}^{x},λ_{21}^{x},λ_{32}^{x} と λ_{42}^{x})は2次元の(4×2の)**負荷行列**(loading matrix)に表れており,これによって各指標は対応する構成概念を適切に再尺度化したものになるということです.別の指標や構成概念があるときには,それに応じて負荷行列を大きくすればよいのです.指標 X_{1i} と X_{2i} は構成概念 ξ_{2i} とは無関係で,指標 X_{3i} と X_{4i} は構成概念 ξ_{1i} とは無関係なので,この行列に含まれる4つの要素が0に設定されていることに注意してください.この「各指標には独自の構成概念が対応している」という制限は必要なわけではありません.1つの指標は2つ以上の構成概念を測定することも可能です.この

モデルでは，負荷行列の1つまたはそれ以上のゼロを自由推定させることによってこの重複を簡単に扱うことができるようになります．8.3式の制約は単に図8.1で表現された仮説をもとにしているからそうなっているだけです．

今，8.3式の X 測定モデルを，太字の記号を使うことで行列表記を簡潔にしてみましょう．**X**，**ξ**，そして **δ** は，それぞれ観測スコア，真のスコア，誤差スコアの**ベクトル**（vector）を表し，**τ**$_x$ は母平均ベクトルを表し，**Λ**$_x$ は負荷行列を表します．

$$\mathbf{X} = \boldsymbol{\tau}_x + \boldsymbol{\Lambda}_x \boldsymbol{\xi} + \boldsymbol{\delta} \tag{8.4}$$

ここで，

$$\mathbf{X} = \begin{bmatrix} X_{1i} \\ X_{2i} \\ X_{3i} \\ X_{4i} \end{bmatrix}, \ \boldsymbol{\tau}_x = \begin{bmatrix} \tau_{x1} \\ \tau_{x2} \\ \tau_{x3} \\ \tau_{x4} \end{bmatrix}, \ \boldsymbol{\Lambda}_x = \begin{bmatrix} \lambda_{11}^x & 0 \\ \lambda_{21}^x & 0 \\ 0 & \lambda_{32}^x \\ 0 & \lambda_{42}^x \end{bmatrix}, \ \boldsymbol{\xi} = \begin{bmatrix} \xi_{1i} \\ \xi_{2i} \end{bmatrix}, \ \text{および} \ \boldsymbol{\delta} = \begin{bmatrix} \delta_{1i} \\ \delta_{2i} \\ \delta_{3i} \\ \delta_{4i} \end{bmatrix} \tag{8.5}$$

です．以下では，8.4式を X 測定モデルの「簡潔表現」として用います[1]．

観測された指標，構成概念，そして誤差スコアのふるまいをモデリングするときには，個人間の散らばりも説明しなければなりません．潜在的な構成概念の目に見えない値が個人間で異なっているだけでなく，目に見えない測定誤差もそうなっているでしょう．「真」と「誤差」の散らばりは，測定モデルに従ってプールされ，指標の個人間差として現れます．このことが表現されるように，また，この散らばりを評価する分散成分を与えるために，X 測定モデルでは，構成概念ベクトルと誤差スコアベクトルは以下で示す平均ベクトルと共分散行列を持つ多変量正規分布から抽出されたと仮定します．

はじめに，誤差スコアについて考えてみましょう．すべての残差と同じように，誤差は平均0を持っていると仮定します．その分布をモデルとして表すためには，個人間の値の仮説的な散らばりをとらえるための共分散行列が必要になります．X 測定モデルではこの共分散行列 $\boldsymbol{\Theta}_\delta$ は，$\boldsymbol{\delta}$ の母集団におけるバラつきを含んでいます．ここで扱っている測定モデルには4つの誤差があるので，それらの母共分散行列は以下のような対称な 4×4 の行列になります．

$$\boldsymbol{\Theta}_\delta = \mathrm{Cov} \begin{bmatrix} \delta_{1i} \\ \delta_{2i} \\ \delta_{3i} \\ \delta_{4i} \end{bmatrix} = \begin{bmatrix} \sigma_{\delta_1}^2 & \sigma_{\delta_1 \delta_2} & \sigma_{\delta_1 \delta_3} & \sigma_{\delta_1 \delta_4} \\ \sigma_{\delta_2 \delta_1} & \sigma_{\delta_2}^2 & \sigma_{\delta_2 \delta_3} & \sigma_{\delta_2 \delta_4} \\ \sigma_{\delta_3 \delta_1} & \sigma_{\delta_3 \delta_2} & \sigma_{\delta_3}^2 & \sigma_{\delta_3 \delta_4} \\ \sigma_{\delta_4 \delta_1} & \sigma_{\delta_4 \delta_2} & \sigma_{\delta_4 \delta_3} & \sigma_{\delta_4}^2 \end{bmatrix} \tag{8.6}$$

ここで，主対角には各誤差における個人間の散らばりを表す4つの分散パラメータが

---

[1] 実際の分析では，各構成概念につき行列 **Λ**$_x$ のうちの1つの負荷を1などの定数に固定するなどして，背後にある各構成概念の測定の基準を定義することが必要になります（Bollen, 1989を参照してください）．

含まれており，6つの共分散パラメータは誤差間の2変量間の関係をとらえています．誤差は**等分散**である必要も，**独立**である必要もありません．指標が独自の尺度を持っており，同時に測定されたならば，これらの誤差は異分散で互いに相関を持つことも十分にあり得ます．

分析においては，この誤差共分散行列のいくつかの要素はゼロであり，その他の要素は等しいと仮定することもあります．例えば，抑うつスコアの誤差分散が母親と父親で等しいと思うのであれば，1つ目と3つ目の対角要素を等しくするでしょう．もし，親の抑うつ状態の観察者評定が両親間で等分散であると思うのであれば，2つ目と4つ目の対角要素を等しくするでしょう．どのような指標間にも誤差の相関はないと思うのであれば，すべての非対角要素をゼロとすればよいでしょう．あるいは，(同じ親における異なる指標間ではなく) 両親の間で同じ指標の測定誤差間に想定される関係についての仮説を反映するために，選択的にいくつかのゼロを置いて制約することもできるでしょう．CSAのすぐれた点は，誤差共分散行列に適切な構造を設定するだけでこれらの様々な仮説を検討することができ，データにモデルが適合しているか否かを調べることができることにあります．この話題については8.2節で再びふれます．

仮定された「真の」潜在的構成概念スコアもまた個人間で異なります．したがって，X測定モデルではそれらが異なり得るようにされている必要があります．あなたが思っている通り，外生的構成概念が平均ベクトル κ，共分散行列 Φ の多変量分布から抽出されていると仮定することで，これが達成されます．私たちの例では，母親と父親の抑うつが2つの外生的構成概念ですが，平均は (2×1) ベクトル κ に含まれ，

$$\kappa = \mathrm{Mean} \begin{bmatrix} \xi_{1i} \\ \xi_{2i} \end{bmatrix} = \begin{bmatrix} \mu_{\xi_1} \\ \mu_{\xi_2} \end{bmatrix} \qquad (8.7)$$

分散と共分散は $(2 \times 2$ の) 行列 Φ に含まれています．

$$\Phi = \mathrm{Cov} \begin{bmatrix} \xi_{1i} \\ \xi_{2i} \end{bmatrix} = \begin{bmatrix} \sigma^2_{\xi_1} & \sigma_{\xi_1 \xi_2} \\ \sigma_{\xi_2 \xi_1} & \sigma^2_{\xi_2} \end{bmatrix} \qquad (8.8)$$

κ の2つの要素は母親と父親の抑うつという外生的構成概念の母平均を表しています．そして，Φ の要素はそれらの散らばり (対角にある2つの要素) と共分散 (非対角の1つの要素) を表しています．8.8式で特別興味を引くのは，下三角にあるパラメータ $\sigma_{\xi_2 \xi_1}$ です．このパラメータは図8.1の左側にある2つの外生的な構成概念間の両方向矢印で表されており，これらの構成概念間の関係の大きさと方向をとらえています．

X 測定モデルの説明の締めくくりとして，重要な意味を持つある冗長性を強調しておきます．モデルは2つの平均ベクトル τ_x と κ を含んでいるので，外生的指標の

8.1 一般的な共分散構造モデル　　　275

母平均は二重に定式化されていることになります．ある外生的指標 X に対して 8.4 式全体について期待値を計算すると（測定誤差 δ の平均はゼロであることを思い出してください），X の平均は τ_x と μ_ξ の重み付き線形結合 $\mu_X = \tau_x + \lambda^x \mu_\xi$ となります．この表現には 2 つの興味深い特別な場合が含まれています．1 つ目は，κ ベクトルの適切な要素をゼロと制約することで，外生的構成概念の母平均をゼロ（つまり $\mu_\xi = 0$）とすると，X の平均は τ_x となり（τ_x だけで表現されることとなり），これは μ_X と等しくなるということです．その代わりに τ_x をゼロとすると，X の平均は κ の対応する要素に押しこめられなければいけなくなります．この場合，X の平均は仮定された構成概念の再尺度化された平均 $\lambda^x \mu_\xi$ になります．平均をモデリングするときのこの冗長性は CSA モデルで同等な複数の定式化が可能になることを意味しています．これについてはこの後，8.2.1 項で示されます．

8.1.2　Y 測定モデル

Y 測定モデルは内生的潜在変数とその指標の間の関係を記述するものです．この名前は，内生的指標 Y （「結果変数」に対する表現です）という慣習的な言い方に由来しています．η という記号は対応する構成概念，ε は対応する測定誤差を表しています．

図 8.1 には 2 つの内生的構成概念があり，青年 i に対するそれらの値は η_{1i} （夫婦間葛藤）と η_{2i} （青年期の適応）です．夫婦間葛藤は 2 つの指標 Y_{1i} と Y_{2i} を持っており，それらは夫婦間相互作用についての 2 つの観察者評定値です．青年期の適応は 3 つの指標を持っており，GPA の教師報告（Y_{3i}），友人関係についての自己評定（Y_{4i}），そして自尊心についての標準化された尺度の測定値（Y_{5i}）です．それぞれの構成概念は，対応する尺度因子 λ^y_{11}, λ^y_{21}, λ^y_{32}, λ^y_{42}, そして λ^y_{52} を持った単方向矢印によって，対応する指標と結びつけられています．各指標のスコアは母平均 τ_{y1}, τ_{y2}, τ_{y3}, τ_{y4}, そして τ_{y5} を持っており，それぞれは測定誤差 ε_{1i}, ε_{2i}, ε_{3i}, ε_{4i}, そして ε_{5i} によって攪乱されています．

Y 測定モデルは内生的構成概念と指標との間の母集団における関係の仮説を表しています．あなたが思っているように，これは X 測定モデルと構造的に似ています．図 8.1 には内生的構成概念と指標との関係が 5 つあり，それらは，

$$
\begin{aligned}
Y_{1i} &= \tau_{y1} + \lambda^y_{11} \eta_{1i} + \varepsilon_{1i} \\
Y_{2i} &= \tau_{y2} + \lambda^y_{21} \eta_{1i} + \varepsilon_{2i} \\
Y_{3i} &= \tau_{y3} + \lambda^y_{32} \eta_{2i} + \varepsilon_{3i} \\
Y_{4i} &= \tau_{y4} + \lambda^y_{42} \eta_{2i} + \varepsilon_{4i} \\
Y_{5i} &= \tau_{y5} + \lambda^y_{52} \eta_{2i} + \varepsilon_{5i}
\end{aligned}
\tag{8.9}
$$

となっています．これは行列形式で以下のように記述することが可能です．

$$\begin{bmatrix} Y_{1i} \\ Y_{2i} \\ Y_{3i} \\ Y_{4i} \\ Y_{5i} \end{bmatrix} = \begin{bmatrix} \tau_{y1} \\ \tau_{y2} \\ \tau_{y3} \\ \tau_{y4} \\ \tau_{y5} \end{bmatrix} + \begin{bmatrix} \lambda_{11}^{y} & 0 \\ \lambda_{21}^{y} & 0 \\ 0 & \lambda_{32}^{y} \\ 0 & \lambda_{42}^{y} \\ 0 & \lambda_{52}^{y} \end{bmatrix} \begin{bmatrix} \eta_{1i} \\ \eta_{2i} \end{bmatrix} + \begin{bmatrix} \varepsilon_{1i} \\ \varepsilon_{2i} \\ \varepsilon_{3i} \\ \varepsilon_{4i} \\ \varepsilon_{5i} \end{bmatrix} \quad (8.10)$$

この新しい測定モデルの要素，ベクトル，そして行列には通常の解釈があてはまります．そして，モデル全体は以下のように簡潔に表すことが可能です．

$$\mathbf{Y} = \boldsymbol{\tau}_y + \boldsymbol{\Lambda}_y \boldsymbol{\eta} + \boldsymbol{\varepsilon} \quad (8.11)$$

ここで，

$$\mathbf{Y} = \begin{bmatrix} Y_{1i} \\ Y_{2i} \\ Y_{3i} \\ Y_{4i} \\ Y_{5i} \end{bmatrix}, \boldsymbol{\tau}_y = \begin{bmatrix} \tau_{y1} \\ \tau_{y2} \\ \tau_{y3} \\ \tau_{y4} \\ \tau_{y5} \end{bmatrix}, \boldsymbol{\Lambda}_y = \begin{bmatrix} \lambda_{11}^{y} & 0 \\ \lambda_{21}^{y} & 0 \\ 0 & \lambda_{32}^{y} \\ 0 & \lambda_{42}^{y} \\ 0 & \lambda_{52}^{y} \end{bmatrix}, \boldsymbol{\eta} = \begin{bmatrix} \eta_{1i} \\ \eta_{2i} \end{bmatrix}, \text{および } \boldsymbol{\varepsilon} = \begin{bmatrix} \varepsilon_{1i} \\ \varepsilon_{2i} \\ \varepsilon_{3i} \\ \varepsilon_{4i} \\ \varepsilon_{5i} \end{bmatrix} \quad (8.12)$$

です．それが適切ならば，別の構成概念と指標を含めるために，それぞれのベクトルを伸ばし，対応する負荷行列を大きくすることによってこの表現を拡張することが可能です[2]．

以前と同じように，観測された指標，構成概念，そして誤差スコアに対して，個人についての母集団におけるばらつきを説明しなければいけません．X 測定モデルと同じように，Y 測定モデルは 8.10 式の誤差ベクトルは平均ゼロ，共分散行列 $\boldsymbol{\Theta}_\varepsilon$ の多変量正規分布から抽出されたと仮定されます．誤差ベクトルには5つの要素があるので，母集団における誤差共分散行列は対称な 5×5 の行列となります．

$$\boldsymbol{\Theta}_\varepsilon = \mathrm{Cov} \begin{bmatrix} \varepsilon_{1i} \\ \varepsilon_{2i} \\ \varepsilon_{3i} \\ \varepsilon_{4i} \\ \varepsilon_{5i} \end{bmatrix} = \begin{bmatrix} \sigma_{\varepsilon_1}^2 & \sigma_{\varepsilon_1 \varepsilon_2} & \sigma_{\varepsilon_1 \varepsilon_3} & \sigma_{\varepsilon_1 \varepsilon_4} & \sigma_{\varepsilon_1 \varepsilon_5} \\ \sigma_{\varepsilon_2 \varepsilon_1} & \sigma_{\varepsilon_2}^2 & \sigma_{\varepsilon_2 \varepsilon_3} & \sigma_{\varepsilon_2 \varepsilon_4} & \sigma_{\varepsilon_2 \varepsilon_5} \\ \sigma_{\varepsilon_3 \varepsilon_1} & \sigma_{\varepsilon_3 \varepsilon_2} & \sigma_{\varepsilon_3}^2 & \sigma_{\varepsilon_3 \varepsilon_4} & \sigma_{\varepsilon_3 \varepsilon_5} \\ \sigma_{\varepsilon_4 \varepsilon_1} & \sigma_{\varepsilon_4 \varepsilon_2} & \sigma_{\varepsilon_4 \varepsilon_3} & \sigma_{\varepsilon_4}^2 & \sigma_{\varepsilon_4 \varepsilon_5} \\ \sigma_{\varepsilon_5 \varepsilon_1} & \sigma_{\varepsilon_5 \varepsilon_2} & \sigma_{\varepsilon_5 \varepsilon_3} & \sigma_{\varepsilon_5 \varepsilon_4} & \sigma_{\varepsilon_5}^2 \end{bmatrix} \quad (8.13)$$

ここで，主対角にはそれぞれの誤差における個人間のバラつきを評価する5つの分散パラメータが含まれており，10個の共分散パラメータは誤差間の2変量関係をとらえます．以前と同じように，誤差は異分散で相関を持つことも許されますし，これらの条件には制約をかけてもよいですし，データによってそれを検定することも可能です．

2つの測定モデルが異なっている興味深い点は，内生的構成概念の平均ベクトルと

---

2) 再び，実際の分析では，各構成概念につき1つの負荷を選んで1などの定数に固定するなどして，背後にある各内生的構成概念の基準を定義することが必要になります（Bollen, 1989 を参照してください）．

共分散行列は指定しないのに，外生的構成概念では（ベクトル κ と行列 Φ を使って）指定したことです．それらに相当する部分は必要はありません．なぜならば，内生的構成概念のバラつきは，CSA モデルの最終部分である構造モデルによって最終的には表現されるからです．それでは，これから構造モデルについて説明しましょう．

8.1.3 構造モデル

構造モデルは，外生的構成概念と内生的構成概念の仮説的な関係を表すものです．図 8.1 のパス図には，このような関係がいくつかみられます．1 つ目は，左側で 2 つの外生的構成概念である父親と母親の抑うつ（ξ_{1i} と ξ_{2i}）が 1 つ目の内生的構成概念である夫婦間葛藤（η_{1i}）を予測することが仮説的に示されています．これらの関係の大きさと方向は，構造的「回帰」パラメータ γ_{11} と γ_{12} を使って量的に表されます．これらのパラメータは構成概念間の関係を記述するものですが，解釈上は通常の回帰係数と似ています．つまり，これらは「予測的な」構成概念の 1 単位の違いにおける「結果的な」構成概念の違いを表しています．これが正であれば，母親と父親の抑うつが重度であればあるほど，夫婦間葛藤もより深刻なレベルになります．2 つ目に，このパス図では 1 つ目の内生的構成概念である夫婦間葛藤（η_{1i}）は青年期の適応（η_{2i}）を予測することが仮説として示されています．この関係は構造的回帰パラメータ β_{21} によって表されています．これが負であれば，葛藤の少ない両親の娘は学校でより適応的であることになります．①内生的構成概念と外生的構成概念の関係と，②内生的構成概念間の関係という 2 種類の関係を区別するために，私たちは意図的に異なる記号 γ と β を使っています．この記号上の違いは，構造モデルを代数的に表す際に以下で再び登場します．

通常の回帰と同じように，私たちの予測は「完全」ではないかもしれないという現実を説明しなければいけません．母親と父親の抑うつによって夫婦間葛藤を予測した後に残るであろう「残差」が存在する可能性を表すために，図 8.1 には残差 ζ_{1i} があり，短い矢印を使って若干後ろ向きの方向で構成概念 η_{1i} を指しています．母親と父親の抑うつが夫婦間葛藤を適切に予測するのであれば，この「真の」残差は小さいでしょう．各個人と家族は，両親の抑うつと夫婦間葛藤について，それぞれに独自の値を持っており，独自の真の残差を持っています．したがって，下付き添え字 i が必要となるのです．同様に，夫婦間葛藤は青年期の適応を完全には予測しないと思われますので，2 つ目の真の残差 ζ_{2i} が η_{2i} の不足部分を補います．これらの残差は構成概念と構成概念の間の回帰についているものですが，通常の残差と同じ機能を果たします．つまり，これらは結果変数のうちの，予測変数群で説明された残りの「説明されていない」部分を表すのです．

これらを使うことによって，構成概念間の仮説的な関係を表すことができるようになりました．この例では，2つの（構成概念レベルの）同時回帰方程式を立てます．

$$\eta_{1i} = \alpha_1 + \gamma_{11}\zeta_{1i} + \gamma_{12}\zeta_{2i} + \zeta_{1i}$$
$$\eta_{2i} = \alpha_2 + \beta_{21}\eta_{1i} + \zeta_{2i}$$
(8.14)

1つ目の方程式は，夫婦間葛藤は母親と父親の抑うつに同時に依存していることを表しています．2つ目の方程式は，青年期の適応は夫婦間葛藤に依存していることを表しています．2つの新しいパラメータ α_1 と α_2 は，Y 測定モデルでは表現されていなかった2つの内生的構成概念の母平均です．これらのパラメータは，「予測的な」構成概念の値がゼロのときの「結果的な」構成概念の母集団における値を表す切片として機能します．これらは，回帰分析のよく知られた方法を使って解釈することができます[3]．

8.14式の構造モデルは，測定モデルで定義された構成概念スコアベクトルとパス図における構成概念レベルの関係を定義するために使われた構造回帰パラメータを含んだ新しいパラメータ行列を使って，行列形式で表されます．

$$\begin{bmatrix} \eta_{1i} \\ \eta_{2i} \end{bmatrix} = \begin{bmatrix} \alpha_1 \\ \alpha_2 \end{bmatrix} + \begin{bmatrix} \gamma_{11} & \gamma_{12} \\ 0 & 0 \end{bmatrix} \begin{bmatrix} \zeta_{1i} \\ \zeta_{2i} \end{bmatrix} + \begin{bmatrix} 0 & 0 \\ \beta_{21} & 0 \end{bmatrix} \begin{bmatrix} \eta_{1i} \\ \eta_{2i} \end{bmatrix} + \begin{bmatrix} \zeta_{1i} \\ \zeta_{2i} \end{bmatrix} \quad (8.15)$$

これは以下のように「簡潔に」表すこともできます．

$$\eta = \alpha + \Gamma \xi + B \eta + \zeta \quad (8.16)$$

ここで，**スコアベクトル** (score vector) ξ と η は8.5式と8.12式で定義されており，

$$\alpha = \begin{bmatrix} \alpha_1 \\ \alpha_2 \end{bmatrix}, \quad \Gamma = \begin{bmatrix} \gamma_{11} & \gamma_{12} \\ 0 & 0 \end{bmatrix}, \quad B = \begin{bmatrix} 0 & 0 \\ \beta_{21} & 0 \end{bmatrix}, \quad \text{および } \zeta = \begin{bmatrix} \zeta_{1i} \\ \zeta_{2i} \end{bmatrix} \quad (8.17)$$

です．行列の掛け算を行うことで，8.15式と8.14式は等しいことを確認してみてください．以前と同じように，様々なスコアベクトルとパラメータ行列を拡張することで，別の構成概念や構成概念間のより複雑な関係を含めることができるようになります．

行列表現を記述するときに，Γ と B の合計5つの要素をゼロに置いたことに注意してください．これらのうちの2つは Γ の要素であり，もし必要であれば γ_{21} と γ_{22} というラベルがつけられていたものです．これらは，両親の抑うつと青年期の適応の2つのパスを表していますが，研究者の理論から，これらの外生的構成概念は青年期の適応に対して夫婦間葛藤を介して間接的に影響するとされていたので，図8.1では省かれていました．3つ目のゼロは B の右上隅にあり，係数 β_{12} が位置する場

---

[3] 8.1式の期待値を計算して，1つ目の表現から2つ目の表現へ μ_x を代入すると，内生的構成概念の母平均は，$\mu_{\eta_1} = \alpha_1 + \gamma_{11}\mu_{\xi_1} + \gamma_{12}\mu_{\xi_2}$ となり，$\mu_{\eta_2} = \alpha_2 + \beta_{21}(\alpha_1 + \gamma_{11}\mu_{\xi_1} + \gamma_{12}\mu_{\xi_2})$ となります．

所です．このパラメータは，もしあったとすれば，青年期の適応が「逆に」夫婦間葛藤を予測することを許すものです[4]．残りの2つのゼロは，$\mathbf{B}$ の対角にあり，構造モデルには決して含まれないものです．その理由は，これらは内生的構成概念がそれ自身を予測するという，理にかなわないことを表しているからです．

構造モデルの定式化の締めくくりとして，内生的構成概念における個人間のばらつきを説明しましょう．8.15式と8.16式を調べてみると，η の「総合的な」ばらつきは，「真の」ばらつき（η のばらつきのうちの，外生的潜在変数と他の内生的潜在変数で予測された部分）と，ζ による残差のばらつきの合成となっていることが意味されています．測定モデルと同じように，構造モデルでは残差ベクトルは平均がゼロベクトルで共分散行列が $\mathbf{\Psi}$ の多変量正規分布から抽出されたと仮定されています．真の残差ベクトルには2つの要素があるので，残差の母共分散行列は対称な2×2の以下の行列になります．

$$\mathbf{\Psi} = \text{Cov}\begin{bmatrix} \zeta_{1i} \\ \zeta_{2i} \end{bmatrix} = \begin{bmatrix} \sigma_{\zeta_1}^2 & \sigma_{\zeta_1\zeta_2} \\ \sigma_{\zeta_2\zeta_1} & \sigma_{\zeta_2}^2 \end{bmatrix} \tag{8.18}$$

ここで，主対角にはそれぞれの真の残差の個人間のばらつきを表すパラメータが含まれており，共分散パラメータは残差間の仮説的な2変量関係をとらえています．以前と同じように，これらの真の残差は異分散で相関を持つかもしれませんし，これらの条件には制約をかけてもよいですし，データによってそれを検定することも可能です．

8.1.4 CSA モデルをデータにあてはめる

X 測定モデル，Y 測定モデル，そして構造モデルを定めたら，ソフトウェアを使ってこれらのモデルを同時にデータにあてはめることができます．CSA において重要なことは，モデルを構成するベクトルや行列の正しい形，大きさ，そして内容を特定することです．プログラムによっては，行列を直接記述することが要求されますが，ポイントとクリックによってパス図が示される（あるいはパス図を作ることができる）グラフィカルインターフェースが用意されているものもあります．以下では，LISREL ソフトウェア (Joreskog & Sorbom, 1996) を使いますが，同じ分析は EQS (Bentler, 1995) や MPLUS (Muthen, 2001) などのプログラムを使っても実行することができます．GLS と ML を含む様々な推定方法を使用することができます．どの方法を使っても，すべてのプログラムは①パラメータの推定値，標準誤差，z（または t）統計量，そして p 値を計算したり，②モデルの適合度の評価を行ったり，③

---

[4] β_{12} と β_{21} が両方とも $\mathbf{B}$ に含まれているならば，「双方向因果 (reciprocal causation)」（各内生的構成概念が同時にお互いを予測する）を検討していることになります．

いくつかの種類の残差分析を行ってくれます．これまでに行った推定と仮説検定の話を直接適用することができるので，これから基本的な CSA モデルを縦断データに拡張してみましょう．

8.2 潜在成長モデリングの基礎

長年にわたり，時系列データを扱う実証的研究者たちは，CSA を利用して時間をまたいだ結果変数を鎖のようにつなぐ（時点 1 における状態が時点 2 の状態を予測し，時点 2 における状態が時点 3 の状態を予測する，というようなモデリングを行う）ことで，測定時点間の分析を行なってきました．これは時系列データを扱うためにまったく不適切な手法というわけではありませんが，この分析では時間をまたいだ変化の全体に関する問いに答えることができません．代わりに結果変数における個々人の順位の時系列的な安定性を検討することで，「測定の初期において高い値を記録した個人が，その後の測定機会においても高い位置にとどまるか」といった問いに対処してきました．

しかし近年では，変化についてのマルチレベルモデルを一般的な CSA モデルに移植する方法が統計学者によって開発されたため，時間に伴う個人の変化を，CSA モデルを用いて分析することが可能になりました．このアプローチは**潜在成長モデリング**もしくは**潜在成長曲線分析** (latent growth curve analysis) として知られており，多くの研究者たちがその開発に貢献しました．Meredith ＆ Tisak(1984；1990；Tisak ＆ Meredith, 1990 も参照してください)は，発達における個人間差を表現するための枠組みが，CSA モデルにおいてどのようにして提供されるのかを示しました．McArdle と同僚らは彼らの試みを拡張し，この方法が心理学や社会科学における様々な問題を扱うことのできる柔軟性があることを実証しました (McArdle, 1986 a；1986 b；1989；1991；McArdle, Anderson ＆ Aber, 1987；McArdle ＆ Epstein, 1987；McArdle, Hamagami, Elias, ＆ Robbins, 1991)．Muthén と共同研究者たちは，このモデルの探求と拡張を行い，時間構造化されていないデータや欠測値の扱いに関して重要な成果をあげました (Muthén, 1989；1991；1992；Muthén ＆ Satorra, 1989)．

本節では，変化についてのマルチレベルモデルを一般的な CSA モデルの枠組みに移し替えることによって，どのように潜在成長モデリングが行われるかについて紹介していきます．この移植は基本的には単純なものであり，CSA モデルの特定の部分が，変化についてのマルチレベルモデルの異なる側面を表すための容れ物として機能するという形になっています．詳しくは，以下の通りです．

- Y 測定モデルが，レベル 1 の個人の変化の軌跡を表す．
- 構造モデルが，レベル 2 モデルにおける変化の個人間差を表す．

- X 測定モデルにおいて刺されるパスが，レベル2モデルにおける時不変な予測変数からの影響を表す．

具体的に説明を行うため，Barnes, Farrell, & Banerjee(1994)によって収集された，3波の自己報告のデータを用いることにします．1122名の青少年が3回の測定時点（初回が7年生（日本の中学1年生に相当）の開始時，次が7年生の終了時，最後が8年生の終了時）において，直前1か月の間にどのくらいの頻度でビール，ワイン，蒸留酒を飲んだかを，6件法で評定しました．ここで分析に利用するのは，これら3項目の平均であるアルコール摂取量の総合評価点です．表8.1の上側に，データセットから抜粋した男女それぞれ5人分の回答の例を示しました．1列目がID番号，3〜5列目がアルコール摂取量（ALC1, ALC2, ALC3）であり，2列目（FEMALE）は回答者の性別を表しています．残りの3変数については，8.3節で述べることにします．ここでのひとまずの目的は，アルコール摂取量の変化の軌跡に男女の違いがあ

表 8.1 アルコール摂取に関する研究：多変量フォーマットに則ったデータセットからの一部抜粋と推定された平均および分散共分散行列

多変量フォーマットのデータセットからの抜粋

	FEMALE	ALC1	ALC2	ALC3	PEER1	PEER2	PEER3
0018	0	1.00	1.33	2.00	3	2	2
0021	0	1.00	2.00	1.67	1	1	1
0236	0	3.33	4.33	4.33	2	1	3
0335	0	1.00	1.33	1.67	1	2	1
0353	0	2.00	2.00	1.67	1	1	2
0555	1	2.67	2.33	1.67	2	3	1
0850	1	1.33	1.67	1.33	3	1	2
0883	1	3.00	2.67	3.33	4	5	1
0974	1	1.00	1.67	2.67	1	5	6
1012	1	1.00	1.67	2.33	1	2	4

変形されたデータに基づき推定された平均と分散共分散行列

変数	平均	共分散						
		FEMALE	ALC1	ALC2	ALC3	PEER1	PEER2	PEER3
FEMALE	0.612	0.238						
ALC1	0.225	−0.008	0.136					
ALC2	0.254	−0.013	0.078	0.155				
ALC3	0.288	−0.005	0.065	0.082	0.181			
PEER1	0.177	−0.009	0.066	0.045	0.040	0.174		
PEER2	0.290	−0.022	0.064	0.096	0.066	0.072	0.262	
PEER3	0.347	−0.024	0.060	0.074	0.132	0.071	0.112	0.289

（注）これらの標本統計量は，アルコール摂取量と友人からの飲酒圧力の双方について自然対数をとった後で計算されている．

るかどうかを明らかにすること,としておきましょう.

ただし,表8.1に示されているのが個人—時点データセットではなく,個人データセットであることに注意してください(これらの区別については,2.1節を参照してください).CSAを用いて潜在成長モデルを推定する場合,データは多変量フォーマットに則った個人データセットの形で用意しなければなりません.測定機会ごとの結果変数の値は,別々の列($ALC1$,$ALC2$,$ALC3$)によって表されます.各個人の回答は対応する1行に集約され,複数の変数が異なる時点のデータを格納するのです.これまで説明してきた変化についてのマルチレベルモデルとは異なり,CSAは**共分散構造**を分析する手法です.そのため,時点間で繰り返し測定されたものを含む,すべての変数どうしの関係を集約した標本共分散行列(および変数の水準を表す平均ベクトル)が入力として必要になります.データセット全体から計算された標本共分散行列と平均ベクトルを表8.1の下側に示してあります.潜在成長モデルが指定されると,あなた(正確にはあなたのソフトウェア)は,標本の背後に想定される母集団における共分散行列および平均ベクトルの構造について,標本から計算される統計量と指定したモデルから数学的に導かれる予測値とを比較することになります.この標本/予測共分散行列(および平均ベクトル)間の比較のために,データは共分散行列(および平均ベクトル)の推定が可能な形式で与えられなければならないのです.

また,データセット内に時間の値を記録するための列が存在しないことも特徴的です.時間を表す変数が不要なのは,各結果変数が時点ごとに異なる固有の時間の値を持っているためです.$ALC1$は7年生の開始時点で,$ALC2$は7年生の終わりの時点で,そして$ALC3$は8年生の終わりの時点で,それぞれ測定されています.これら具体的な測定時点の値については,CSAモデルの指定を行うときに与えることになります.このため,潜在成長曲線モデリングにおいては,**時間構造化された**データが最も扱いやすいものとなります.すなわち,すべての人が同じ(あるいは,おおむね同様な)時点において測定されている状況が望ましいということです(詳しくは,5.1節を参照してください).

8.2.1 レベル1モデルの Y 測定モデルへの移植

これまでと同様に,まずは変化の経験的プロットを用いて,個人の時系列的な変化の軌跡をとらえるためにふさわしいレベル1の成長モデルを決定することから始めましょう.表8.1に示されたデータをグラフにしてみると,初期値と変化率の双方に多様性があるらしいことが推測されます.すべての標本について作図してみても結論は同様であり,アルコール摂取量の自然対数を分析対象とすれば,レベル1モデルには線形変化のモデルを仮定できそうであることが見てとれます.すなわち,青少年 i の

8.2 潜在成長モデリングの基礎

機会 j におけるアルコール摂取量の対数を Y_{ij} とすると，

$$Y_{ij} = \pi_{0i} + \pi_{1i} TIME_j + \varepsilon_{ij} \tag{8.19}$$

と表されるということです．ただしここで，$TIME_j = (GRADE_j - 7)$ です．全員が同じタイミングで3回測定されているので，$TIME$ に付随する添字は j だけとなります．$GRADE_j$ は7年生の開始時において 7，7年生の終了時に 7.75，8年生の終了時に 8.75 という値をとるので，$TIME_j$ は 0，0.75，1.75 という3種類の値をとることになります．より一般的な形式でモデルを表すために，ここではこれら3つの測定機会を t_1, t_2, t_3 と表すことにします．レベル1モデルに含まれるパラメータの解釈は，これまでと同様です．π_{0i} は個人 i の7年生開始時点における真の初期値を，π_{1i} は個人 i のアルコール摂取量の自然対数における，データを収集した2年間の真の年間変化率を，それぞれ意味します．

ここから少しずつ，これまで行なってきたのとは異なる議論に入っていきます．個々人は結果変数の値を3つ持っているので，8.19 式を利用することで個別の値のそれぞれ（個人 i における Y_{i1}, Y_{i2}, Y_{i3}）を，データ収集デザインにおいて対応する $TIME$ の値（t_1, t_2, t_3）と2つの個人成長パラメータ π_{0i}, π_{1i} に関連づけて，以下のように書き下すことができます．

$$\begin{aligned} Y_{i1} &= \pi_{0i} + \pi_{1i} t_1 + \varepsilon_{i1} \\ Y_{i2} &= \pi_{0i} + \pi_{1i} t_2 + \varepsilon_{i2} \\ Y_{i3} &= \pi_{0i} + \pi_{1i} t_3 + \varepsilon_{i3} \end{aligned} \tag{8.20}$$

この式に若干の代数的操作をすることで，行列表記に書き換えることが可能です．

$$\begin{bmatrix} Y_{i1} \\ Y_{i2} \\ Y_{i3} \end{bmatrix} = \begin{bmatrix} 0 \\ 0 \\ 0 \end{bmatrix} + \begin{bmatrix} 1 & t_1 \\ 1 & t_2 \\ 1 & t_3 \end{bmatrix} \begin{bmatrix} \pi_{0i} \\ \pi_{1i} \end{bmatrix} + \begin{bmatrix} \varepsilon_{i1} \\ \varepsilon_{i2} \\ \varepsilon_{i3} \end{bmatrix} \tag{8.21}$$

8.21 式に示されたレベル1の個人成長モデルは，慣れ親しんだ表現である 8.19 式と比べると別物にみえるかもしれませんが，両者が意味するところはまったく同一です．観測された値 Y は時間変数 $TIME$（t_1, t_2, t_3）および2個の個人成長パラメータ（π_{0i}, π_{1i}）と結びつけられ，さらに測定機会ごとに独自の測定誤差（ε_{i1}, ε_{i2}, ε_{i3}）が加算されています．8.21 式で行列やベクトルを利用しているのは，単に様々な数値やパラメータをまとめるためです．また，等号のすぐ右側にある，全要素が0の奇妙なベクトルに惑わされる必要もありません．この無意味にみえる装飾は，後に CSA モデルへ変化についてのマルチレベルモデルを移植する際の助けとして必要になるものです．

この表記を利用すると 8.21 式のように仮定された個人成長モデルを，CSA における Y 測定モデルに移植することが可能になります．8.11 式にあったように，Y 測定モデルは

$$\mathbf{Y} = \boldsymbol{\tau}_y + \boldsymbol{\Lambda}_y \boldsymbol{\eta} + \boldsymbol{\varepsilon} \tag{8.22}$$

と表されることを思い出してください．ここで 8.22 式に含まれる各スコアベクトルの値を

$$\mathbf{Y} = \begin{bmatrix} Y_{i1} \\ Y_{i2} \\ Y_{i3} \end{bmatrix}, \quad \boldsymbol{\eta} = \begin{bmatrix} \pi_{0i} \\ \pi_{1i} \end{bmatrix}, \quad \boldsymbol{\varepsilon} = \begin{bmatrix} \varepsilon_{i1} \\ \varepsilon_{i2} \\ \varepsilon_{i3} \end{bmatrix} \tag{8.23}$$

と置き，パラメータ行列 $\boldsymbol{\tau}_y$，$\boldsymbol{\Lambda}_y$ を

$$\boldsymbol{\tau}_y = \begin{bmatrix} 0 \\ 0 \\ 0 \end{bmatrix}, \quad \boldsymbol{\Lambda}_y = \begin{bmatrix} 1 & t_1 \\ 1 & t_2 \\ 1 & t_3 \end{bmatrix} \tag{8.24}$$

と置けば，8.21 式を得ることができます．このようにスコアベクトルとパラメータ行列の要素を適切に指定すれば，CSA における Y 測定モデルが，変化についてのマルチレベルモデルにおけるレベル 1 の個人成長曲線を含むようにできるのです．

8.20 式と 8.21 式は，青少年 i の測定誤差の影響が，1 回目の測定においては ε_{i1}，2 回目は ε_{i2}，3 回目は ε_{i3} の大きさだけ，彼もしくは彼女の真値を中心としてばらつくことを意味しています．しかしこれまで，レベル 1 の誤差共分散構造に関する仮定は導入していませんでした．誤差は等分散かつ独立なのでしょうか．異分散であり自己相関が存在するのでしょうか．この誤差の分布の指定について，Y 測定モデルは 8.13 式における $\boldsymbol{\Theta}_\varepsilon$ 行列を利用することで，高い柔軟性を発揮します．分析の際に異なる誤差構造を持つモデルを推定し，そのモデル適合度を比較することで，適切な誤差分布を選択することも可能です．今回のデータについては，ここでは示さない追加的な分析により，レベル 1 の誤差分散は測定時点間で異なるが独立であるように個人間で分布しているという仮定が支持されることがわかります．したがってパラメータ行列 $\boldsymbol{\Theta}_\varepsilon$ は，以下のように指定することになります．

$$\boldsymbol{\Theta}_\varepsilon = \begin{bmatrix} \sigma_{\varepsilon_1}^2 & 0 & 0 \\ 0 & \sigma_{\varepsilon_2}^2 & 0 \\ 0 & 0 & \sigma_{\varepsilon_3}^2 \end{bmatrix} \tag{8.25}$$

通常の CSA とは異なり，8.24 式の負荷行列 $\boldsymbol{\Lambda}_y$ の要素は既知の定数に固定されており，推定すべき未知パラメータとはなっていません．これにより，Y 測定モデルは個人成長パラメータ π_{0i}，π_{1i} を内生的な構成概念ベクトル $\boldsymbol{\eta}$ に押し込めて，潜在成長ベクトルと呼ばれるものを作り出しています．この，潜在成長モデリングでは CSA の $\boldsymbol{\eta}$ ベクトルが個人成長パラメータ π_{0i}，π_{1i} を含むように調整されるという考え方は，変化における個人差を扱うレベル 2 の分析においてきわめて重要になります．なぜならこのことは，次に示すように個人間差を構造モデルにおいてモデリング対象とすることが可能であることを意味しているからです．

8.2.2　レベル2モデルの構造モデルへの移植

すでにみてきたように，たとえ母集団に含まれるすべての人の個人変化のパターンが共通の関数型に従っていたとしても，成長パラメータの値における個人差のために個人ごとの変化の軌跡が異なるものになる可能性があります．ある青少年たちは切片の値が異なり，またある青少年たちは傾きの値が異なるかもしれないのです．これまでの章ではこの差異を表現するために，レベル2サブモデルにおいて無条件モデル（実質的な予測変数は追加しない）や条件つきモデル（時不変な予測変数をレベル2に加える）といったモデルを利用してきました．ここではこれら両方のモデルをCSAにおける構造モデルで表現するための定式化について示していきます．

a.　無条件潜在成長モデル

無条件成長モデル（4.9a式，4.9b式に示されているもの）は人によって個人成長パラメータの値が異なることを許容しますが，その差異を何らかの予測変数と関連づけることはしません．これは，個人成長パラメータの値が母集団に含まれる人々の間で分布しているというのと同じことです．そこで変化の軌跡の多様性について検討するために，これまでと同じように，青少年の切片と傾きが以下のような多変量正規分布に従っていると仮定しましょう．

$$\begin{bmatrix} \pi_{0i} \\ \pi_{1i} \end{bmatrix} \sim N\left(\begin{bmatrix} \mu_{\pi_0} \\ \mu_{\pi_1} \end{bmatrix}, \begin{bmatrix} \sigma_{\pi_0}^2 & \sigma_{\pi_0\pi_1} \\ \sigma_{\pi_1\pi_0} & \sigma_{\pi_1}^2 \end{bmatrix} \right) \quad (8.26)$$

この式はじつのところ，個々人が異なる切片と傾きを持つことを許すという，変化における個人差のための無条件レベル2モデルそのものに等しい式です．

8.26式に含まれる5つのパラメータは，いずれも重要な役割を持っています．2つの平均 μ_{π_0}, μ_{π_1} は，それぞれ真の変化の軌跡の切片と傾きの，母集団に含まれるすべての人の間での平均値を表しています．よってこれらは，7年生と8年生の間におけるアルコール摂取量の対数の変化の真の軌跡はどのようなものなのか，という問いに答えることを可能にしてくれます．2つの分散を表すパラメータ $\sigma_{\pi_0}^2$ と $\sigma_{\pi_1}^2$ は，母集団における真の初期値と変化率における個人差を要約するものです．これらをみれば，アルコール摂取量（の対数）の真の変化の軌跡は青少年間で異なっているのか，という問題に答えを出すことができます．非対角に含まれる共分散 $\sigma_{\pi_0\pi_1}$ は，母集団における真の初期値と変化率の間の関係の方向性と強さを表すパラメータです．これにより，7年生と8年生の間におけるアルコール摂取量の対数の変化の軌跡における真の初期値と変化率の間に，青少年間で何らかの関連性がみられるのかどうかがわかります．

CSAの構造モデルは，8.26式のような個人成長パラメータの無条件分布を表現することが可能です．なぜなら，構造モデルは潜在成長ベクトルが個人間で異なることを許容する枠組みだからです．要求される構造モデルはごく簡単なもので，潜在成長

ベクトルが平均値と残差の和である（これは平均値を中心として値がばらついているというのとまったく同じことです）ということを，以下のように明記するだけです．

$$\begin{bmatrix} \pi_{0i} \\ \pi_{1i} \end{bmatrix} = \begin{bmatrix} \mu_{\pi_0} \\ \mu_{\pi_1} \end{bmatrix} + \begin{bmatrix} \zeta_{0i} \\ \zeta_{1i} \end{bmatrix} \tag{8.27}$$

これを 8.16 式において述べた CSA 構造モデルの表記形式に則った形で示せば，

$$\boldsymbol{\eta} = \boldsymbol{\alpha} + \boldsymbol{\Gamma}\boldsymbol{\xi} + \mathbf{B}\boldsymbol{\eta} + \boldsymbol{\zeta} \tag{8.28}$$

において $\boldsymbol{\alpha}$ 以外のパラメータはすべて 0 として

$$\boldsymbol{\alpha} = \begin{bmatrix} \mu_{\pi_0} \\ \mu_{\pi_1} \end{bmatrix}, \quad \boldsymbol{\Gamma} = \begin{bmatrix} 0 & 0 \\ 0 & 0 \end{bmatrix}, \quad \mathbf{B} = \begin{bmatrix} 0 & 0 \\ 0 & 0 \end{bmatrix} \tag{8.29}$$

と固定し，$\boldsymbol{\eta}$ は 8.23 式で定義した潜在成長ベクトルである，となります．

無条件成長モデルでは，潜在変数の残差ベクトル $\boldsymbol{\zeta}$ の性質が特に興味深いものです．ベクトル $\boldsymbol{\alpha}$ が切片 π_{0i} と傾き π_{1i} の母集団平均を明示的に表しているため，潜在残差ベクトルの要素は，これらの母平均と π_{0i}，π_{1i} との偏差を表します．残差というものの基本的な性質として，これらの偏差の平均は 0 です．加えて 8.18 式から，潜在残差ベクトル $\boldsymbol{\zeta}$ は以下のような共分散行列 $\boldsymbol{\Psi}$ を持ちます．

$$\boldsymbol{\Psi} = \mathrm{Cov}[\boldsymbol{\zeta}] = \begin{bmatrix} \sigma^2_{\pi_0} & \sigma_{\pi_0 \pi_1} \\ \sigma_{\pi_1 \pi_0} & \sigma^2_{\pi_1} \end{bmatrix} \tag{8.30}$$

$\boldsymbol{\Psi}$ は 8.26 式に現れるレベル 2 の分散，共分散に関するパラメータを含むので，分析において最も興味がある結果はこの行列であるということになります．

8.21 式と 8.26 式とを合わせれば，変化についての無条件マルチレベルモデルが表現されていることになります．8.22 式から 8.25 式までと，8.27 式から 8.30 式までとが，このモデルを CSA モデルとして再表現したのです．得点行列とパラメータ行列を注意深く指定することで，Y 測定モデルはレベル 1 モデルに（これは測定誤差に関する仮定も含んでいます），構造モデルはレベル 2 モデルに（こちらもレベル 2 の残差分散に関する仮定を含んでいます），それぞれ相当するものになりました．図 8.2 の一番上に示されているのが，このモデル指定を表現したパス図です．アルコール摂取量の観測値（Y_{i1}，Y_{i2}，Y_{i3}）と結びつけられた潜在変数（π_{0i}，π_{1i}）が，どのように負荷量を適切に設定することによって，仮定された個人の変化の軌跡における真の切片と傾きに一致するように調節されているかに注目してください．

この移植がもたらす最も重要な点は，変化についてのマルチレベルモデルを推定するために標準的な CSA の手法が利用できるようになるということです．CSA によって得られたベクトル $\boldsymbol{\alpha}$，行列 $\boldsymbol{\Theta}_\varepsilon$，$\boldsymbol{\Psi}$ のパラメータの推定値は，変化に関する研究仮説に答えてくれます．表 8.2 のモデル A に，これまで述べてきた無条件モデルのパラメータに関する FML 推定値と適合度指標の値，そしてあわせて近似的 p 値を示しました．このモデルは，データに対してかなり良く適合していることがわかります

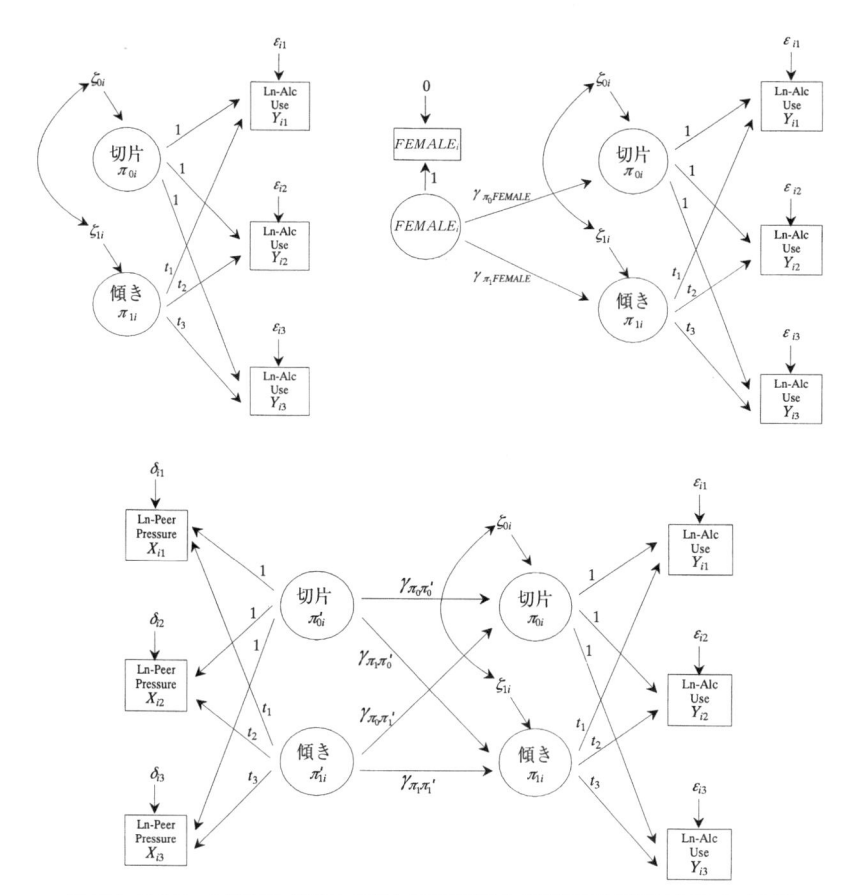

図 8.2 アルコール摂取量(対数)に対して仮定された3種類の潜在成長モデルのパス図
上左:無条件モデル,上右:時不変な予測変数 *FEMALE* を追加したモデル,下段:時変な予測変数 *PEER PRESSURE* を加えた変数横断的な変化を分析するモデル.各図中で,「Ln-Alc Use Y...」はアルコール摂取量の自然対数,「Ln-Peer Pressure X...」は *PEER PRESSURE* の自然対数を示す.

($\chi^2=0.05$, $d.f.=1$, $p=.83$).

固定効果の解釈は,これまでと同様です.推定された平均的な切片の真値は 0.226 ($p<.001$),また推定された平均的な傾きの真値は 0.036 ($p<.001$) でした.アルコール摂取量の自然対数をとったものを分析対象にしているので,5.2.1項と同じ方法を用いることで,これらの値をパーセンテージとして解釈することができます.$100(e^{0.0360}-1)=3.66\%$ と求められるので,7年生および8年生の間における平均的な青少年のアルコール消費量の増分は,年4%弱であると結論づけることが可能

表 8.2 アルコール摂取量データにいくつかの潜在成長モデルをあてはめた結果（$n = 1222$）

		モデル A	モデル B	モデル C	モデル D
固定効果					
潜在成長	μ_{π_0}	0.2257***			
モデル	μ_{π_1}	0.0360***			
	α_0		0.2513***	0.2481***	0.0667***
	α_1		0.0312***	0.0360***	0.0083
	$\gamma_{\pi_0 FEMALE}$		−0.0419~	−0.0366~	
	$\gamma_{\pi_1 FEMALE}$		0.0079		
	$\gamma_{\pi_0 \pi_0'}$				0.7985***
	$\gamma_{\pi_0 \pi_1'}$				0.0805
	$\gamma_{\pi_1 \pi_0'}$				−0.1433~
	$\gamma_{\pi_1 \pi_1'}$				0.5767**
分散成分					
レベル1	$\sigma^2_{\varepsilon_1}$	0.0485***	0.0489***	0.0488***	0.0481***
	$\sigma^2_{\varepsilon_2}$	0.0758***	0.0756***	0.0756***	0.0763***
	$\sigma^2_{\varepsilon_3}$	0.0768***	0.0771***	0.0772***	0.0763***
レベル2	$\sigma^2_{\pi_0}$	0.0871***	0.0864***	0.0865***	0.0422***
	$\sigma^2_{\pi_1}$	0.0198***	0.0195***	0.0195***	0.0092~
	$\sigma_{\pi_0 \pi_1}$	−0.0125***	−0.0122***	−0.0122***	−0.0064
外生的な構成概念 PEER PRESSURE の分布					
	$\mu_{\pi_0'}$				0.1882***
	$\mu_{\pi_1'}$				0.0962***
	$\sigma^2_{\pi_0'}$				0.0698***
	$\sigma^2_{\pi_1'}$				0.0285**
	$\sigma_{\pi_0' \pi_1'}$				0.0012
適合度					
	χ^2	0.05	1.54	1.82	11.54
	$d.f.$	1	2	3	4
	p	0.83	0.46	0.61	0.0211

~: $p<.10$, *: $p<.05$, **: $p<.01$, ***: $p<.001$.
モデル A は無条件成長モデル，モデル B と C は FEMALE からの効果を含む条件付き成長モデル，モデル D は PEER PRESSURE を含む変数横断的モデル．
（注） LISREL VII による完全最尤推定．

です．また，8.19式に切片と傾きの推定値を代入すれば，推定されたアルコール摂取量（の対数）の平均的な変化の軌跡の代数的表現を，以下のように得ることができます．

$$\hat{Y} = 0.2257 + 0.0360(GRADE_j - 7)$$

これまでの対数変換した結果変数を利用していたモデルの場合と同様に，対数をもとに戻して（$e^{0.2257+0.0360(GRADE-7)}$ を計算して）作図することで，もともとのアルコール

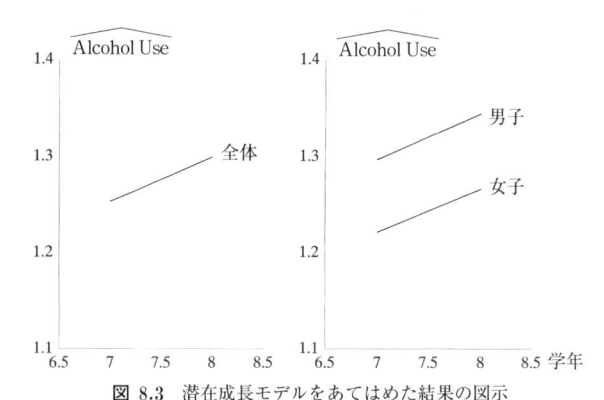

8.2 潜在成長モデリングの基礎

図 8.3 潜在成長モデルをあてはめた結果の図示
無条件モデルにより推定されたアルコール摂取量の変化の予測曲線（左側）と，$FEMALE$ の主効果を含む条件付きモデルによる予測曲線（右側）．

摂取量における変化の軌跡の推定結果を描くことが可能です．これを図 8.3 の左側に示しました．軌跡は直線のように見えますが，これは推定された傾きが小さく，また研究対象期間が限られているので，本来持っているはずの曲線的な特徴がほとんど見えなくなってしまっているためです．

レベル 1 の分散成分は，各測定機会の誤差分散に関する情報を要約しています．その値（0.049, 0.076, 0.077）は，時点 t_1 と t_2 の間の異分散性は大きいが，t_2 と t_3 の間はそれほどでもないことを示唆しています．これらの推定値は，結果変数の測定の信頼性（結果変数の観測値の分散に占める，真の分散の割合）を推定するためにも利用可能です．時点ごとに $\{(0.136-0.0490)/0.136\}$, $\{(0.155-0.076)/0.155\}$, $\{(0.181-0.077)/0.181\}$ を計算することで，結果変数の信頼性は中程度（それぞれ 0.64, 0.51, 0.58）であることがわかります．

レベル 2 の分散成分は，母集団における個人成長パラメータの個人間差を要約する値であり，真の切片について 0.087（$p<.001$），真の傾きについて 0.020（$p<.001$）と求められています．これら双方が非ゼロであることから，青少年は初期値と変化率の双方について個人差があると結論づけることができます．最後に，切片と変化率の間の共分散の推定値をみてみましょう．4.4.2 項においてみた無条件成長モデルの場合と同じように，この値を分散の推定値とあわせて利用することで，真の切片と変化率との相関は -0.30 であると導かれます．この，さほど強くはないけれども統計的に有意である（$p<.001$）値は，7 年生の開始時点におけるアルコール摂取量が少なかった青少年ほど，加齢に伴うアルコール摂取量の上昇率が高いことを示唆しています．

b. X 測定モデルへの時不変な予測変数の追加

　無条件成長モデルにおいて変化の軌跡に予測可能であるかもしれない個人間の異質性が残っていることが示唆された以上，次の自然な手順は，この異質性のうちいくらかでも実際に予測することができないかを確認することになります．例示の簡潔性を保つため，ここではアルコール摂取量の軌跡における異質性が，時不変な2値変数 $FEMALE$ に依存しているかどうかを検討してみることにします．潜在成長モデリングでこのような問いに取り組むためには，予測変数を構造モデル（レベル2のサブモデル）に加えることを行います．

　ここで鍵となる発想は，まだ使われていない X 測定モデルを利用して，予測変数を構造モデルに押し込めようというものです．現在の例においては，ただ1つの予測変数 $FEMALE$（しかもこれは，誤差なしで測定されているものと仮定してさしつかえありません）しか存在しないため，作業は驚くほど簡単なもので済みます．結論として，少しおかしなようにもみえますが，$FEMALE_i=0+1(FEMALE_i)+0$ というトートロジーから X 測定モデルを導くことができます．一般的な X 測定モデルである

$$\mathbf{X}=\boldsymbol{\tau}_x+\boldsymbol{\Lambda}_x\boldsymbol{\xi}+\boldsymbol{\delta} \tag{8.31}$$

という表現と比較してみると，確かにこれが X 測定モデルになっていることがわかるでしょう．

　8.31式をこのトートロジーと照らし合わせてみてわかるのは，以下の4つの条件が成立すれば，X 測定モデルによって単一の予測変数を定式化して CSA モデルに加えることができるということです．第一に，外生的な指標変数ベクトル $\mathbf{X}$ は，ただ1つの要素（ここでは予測変数 $FEMALE$）だけを含んでいなければなりません．第二に測定誤差ベクトル $\boldsymbol{\delta}$ は，値が0に固定された1つだけの要素を持っていなければなりません．これは，性別は完全な（誤差が0の）測定を行うことができる，という私たちの仮説を表現しています．第三に，ベクトル $\boldsymbol{\tau}_x$ もまた，値が0に固定されただ1つの要素だけを含まなければなりません．この直観に反した条件については，すぐ後で解説を行います（このベクトルは外生的な指標変数 X の平均に相当するので，このパラメータが自由推定されるのであれば，$\boldsymbol{\tau}_x$ は当然 X の平均を表す値になります）．第四に，負荷行列 $\boldsymbol{\Lambda}_x$ は値が1に固定された単一の要素のみを持たなければなりません．これは性別を表す外生的な構成概念とその指標変数とが，等しい尺度を持っていると考えられるためです．以上の条件を満たすように X 測定モデルを指定することで，スコアベクトルが

$$\mathbf{X}=[FEMALE_i] \text{ かつ } \boldsymbol{\delta}=[0] \tag{8.32}$$

と制約され，パラメータ行列が

$$\boldsymbol{\tau}_x=[0] \text{ かつ } \boldsymbol{\Lambda}_x=[1] \tag{8.33}$$

8.2 潜在成長モデリングの基礎

と固定されるため，変数 FEMALE を外生的な構成概念 ξ に押し込めることができます．そしてこの ξ が，後に続く構成モデルにおいて予測変数としての役割を果たすことで，予測変数として選んだ変数をレベル2のサブモデルに挿入するという目的が達成されるのです．

それでは，FEMALE の平均が0ではないことは十分承知しているにもかかわらず，なぜ τ_x のただ1つの要素を0に制約するのでしょうか．この矛盾を解く鍵は，X 測定モデルを介して CSA モデルそのものに組み込まれている基本的な冗長性の中にあります（8.1.1項最後の部分で行なった議論を参照してください）．X 測定モデルは，平均を表現するために2つのパラメータベクトル τ_x と κ を利用します．ここで1つの一般的な外生的指標変数についての期待値をとると，観測された外生的指標変数 X の平均は，τ_x の中身と背後に仮定される外生的な構成概念の母平均 μ_ξ との線形結合として，以下のように導かれます（測定誤差 δ の母平均は0であることを思い出してください）．

$$E\{X_i\} = E\{\tau_x + \lambda^x \xi_i + \delta_i\}$$
$$E\{X_i\} = \tau_x + \lambda^x E\{\xi_i\} + E\{\delta_i\}$$
$$\mu_X = \tau_x + \lambda^x \mu_\xi$$

この式は，もし τ_x と κ をうまく指定してやれば，外生的な指標変数 X の平均の値をすべて τ_x か外生的な構成概念 μ_ξ のどちらかに寄せてやることもできるし，逆に両者が情報を分かち合うようにすることも可能である，ということを示唆しています．

もちろん，これらの選択肢は本質的に冗長なものです．どちらのモデルを指定してもモデル適合度や得られる実質的な知見には変わりがありません．しかし，個別のパラメータの解釈には，確かに影響を与えます．そしてこれこそが，通常はある一定のモデル指定の仕方が良いとされる理由です．例えば，もし κ の適切な要素を0に固定することで，外生的な構成概念の平均値を0に制約する（この場合なら $\mu_\xi=0$ とする）とどうなるかを考えてみましょう．この場合，外生的な指標変数 X の平均値を適切に推定するためには τ_x の適切な要素（μ_X に対応すると想定されるもの）を自由推定にしなければなりません．X の母平均が τ_x の値として推定されるということは，観測された指標変数を，その標本平均で中心化することに等しく，これはそのままレベル2モデルにおける予測変数を中心化することと同義です．しかし4.5節における中心化の議論を踏まえるならば，私たちはこのような中心化はこの場合については行いません．なぜなら FEMALE のような2値の予測変数は，生の値をそのまま残しておくことが望ましいからです（予測変数が連続変数である場合は，これとは正反対の選択肢を選ぶでしょう）．

それでは，τ_x を0に固定すると何が起こるのかについて見てみましょう．外生的な潜在変数 ξ の平均が0になることはあり得ない（FEMALE の平均は0よりも大

きな何らかの値をとるはずです)ため,これに対応するκの要素は自由推定にしなければなりません.結果として潜在的な構成概念は非ゼロの平均を持つことになり,外生的な指標変数Xの平均は,この背後に存在する構成概念の平均値をパス係数で調整(再尺度化)したもの($\lambda^x \mu_\xi$)になります.この場合,これは$FEMALE$をレベル2の構造モデルに生の値のまま入れ込むということと等価です.このように外生的な指標変数の扱いに関して,その平均をモデル内で表現するために2つの別々なパラメータは必要ないという冗長性があるため,CSAモデルでは以下の2つの選択肢が存在することになるのです.①平均をτ_xでそのまま表現する方法(普通の分析では,こちらを使います).この場合,外生的な構成概念の平均は0に調整され,予測変数はその平均値に中心化されます.②κの適切な要素を自由推定とし,対応するτ_xの要素を0に固定することで,平均値を外生的な構成概念μ_ξに集約する方法.この場合,予測変数は中心化されません.どちらを選ぶかは分析者の自由であり,4.5節において述べたような議論を踏まえた上で,選択を行わなければなりません.

8.31式から8.33式までに示されたX測定モデルは,外生的な構成概念ξを$FEMALE$とするものです.したがって,$FEMALE$の母平均はκの唯一の要素によって表現され得るため,

$$\kappa = \text{Mean}[\xi] = [\mu_{FEMALE}] \tag{8.34}$$

となります.また$FEMALE$の母分散は,外生的な構成概念の共分散行列Φの唯一の要素としてモデル中に登場するため,

$$\Phi = \text{Cov}[\xi] = [\sigma^2_{FEMALE}] \tag{8.35}$$

となります.最終的にCSAモデルをデータにあてはめることで,これらの推定値が得られます.

ここでは例を示しませんが,8.31式から8.33式までのX測定モデルを修正すれば,さらに時不変な予測変数を追加し,それらを表す潜在的構成概念に対応した指標変数をモデルに投入することも可能です.このためにはWillett & Sayer(1994)に述べられているように,単に外生的な指標変数ベクトルと構成スコアベクトルを拡張して新しい指標変数と構成概念を表すのに必要なだけの要素を持つようにしてやり,あわせてパラメータ行列Λ_xについても必要なパス係数を格納できるように拡大してやるだけで十分です(もちろん識別のために通常必要とされる条件も満たさなければなりません).

X測定モデルの指定が完了すれば,あとはCSAの構造モデルを利用して,変化の軌跡を規定する成長パラメータと予測変数の間に仮定される関係を表現するだけです.レベル1の個人成長モデルの部分については,手を入れる必要はありません.このような状態を実現するために,8.27式から8.30式までに示された無条件モデルの構造モデルにおいて,新しく定義される外生的な構成概念ベクトル(ここでは

FEMALE）が式の右辺側においてのみ現れるように調節していたのです．これは潜在変数に対する回帰係数行列 Γ を，η と ξ の関係を表現するためだけにモデルの中で利用することによって達成されています．変化の個人差を予測するために行列 Γ の要素を自由推定とすることで，予測変数が真の切片と傾きへ回帰する状態が以下のように表現されます．

$$\begin{bmatrix} \pi_{0i} \\ \pi_{1i} \end{bmatrix} = \begin{bmatrix} \alpha_0 \\ \alpha_1 \end{bmatrix} + \begin{bmatrix} \gamma_{\pi_0 FEMALE} \\ \gamma_{\pi_1 FEMALE} \end{bmatrix} [FEMALE_i] + \begin{bmatrix} 0 & 0 \\ 0 & 0 \end{bmatrix} \begin{bmatrix} \pi_{0i} \\ \pi_{1i} \end{bmatrix} + \begin{bmatrix} \zeta_{0i} \\ \zeta_{1i} \end{bmatrix} \tag{8.36}$$

これは CSA の構造モデルにおいて各パラメータ行列の成分が，

$$\boldsymbol{\alpha} = \begin{bmatrix} \alpha_0 \\ \alpha_1 \end{bmatrix}, \quad \boldsymbol{\Gamma} = \begin{bmatrix} \gamma_{\pi_0 FEMALE} \\ \gamma_{\pi_1 FEMALE} \end{bmatrix}, \quad \mathbf{B} = \begin{bmatrix} 0 & 0 \\ 0 & 0 \end{bmatrix} \tag{8.37}$$

となっている状態に相当します．このモデルでは α_0 と α_1 が，男性（$FEMALE = 0$）におけるアルコール摂取量（の対数）の軌跡の切片と傾きの母平均を表しています．そして潜在変数に対する回帰係数のパラメータ $\gamma_{\pi_0 FEMALE}$ と $\gamma_{\pi_1 FEMALE}$ が，それぞれ女性における母平均の男性からの差分を表します．図 8.2 の右上に，左上に示された基本となるパス図に手を加え，FEMALE を時不変な予測変数として追加したモデルが示してあります．パス図の左側に，外生的な指標変数と潜在概念の組合せとして FEMALE が導入されていることを確認してください．

時不変な予測変数を構造モデルに加えると，8.36 式に示された潜在変数の残差ベクトル $\boldsymbol{\zeta}$ の要素は，真の変化の軌跡の切片と傾きのばらつきのうち，追加された予測変数と（線形な）関係がない部分を表現することになります．これらは真の切片や傾きに対する調整項として機能し，FEMALE からの影響を統制する役割を果たします．また 8.36 式に示された潜在変数の残差ベクトル $\boldsymbol{\zeta}$ は平均 0，共分散行列

$$\boldsymbol{\Psi} = \mathrm{Cov}[\boldsymbol{\zeta}] = \begin{bmatrix} \sigma^2_{\pi_0 | FEMALE} & \sigma_{\pi_0 \pi_1 | FEMALE} \\ \sigma_{\pi_1 \pi_0 | FEMALE} & \sigma^2_{\pi_1 | FEMALE} \end{bmatrix} \tag{8.38}$$

の分布に従うようになります．ここでの $\boldsymbol{\Psi}$ は，予測変数からの線形な影響を統制した上での，真の切片および傾きの偏分散，偏共分散を含む行列に変わっていることに注意してください（このため，添字には「FEMALE で条件づけられた」という意味を表す「|FEMALE」という記号が追加されています）．もし予測変数が想定通りの働きをしているのであれば，$\boldsymbol{\Psi}$ の対角要素である偏分散は，8.30 式に示されていた無条件モデルにおける同じ位置の要素よりも小さな値になるはずです．つまり，予測変数を追加したことによる $\boldsymbol{\Psi}$ の対角要素に配された真の切片と傾きの分散の相対的な減少率を表す擬 R^2 統計量を用いれば，変化の軌跡に関する個人差のうちどのくらいの部分が予測変数によって変動しているのかがわかるということです（通常の変化についてのマルチレベルモデルにおける同様の議論については，4.4.3 項を参照してください）．

この条件つきモデルを推定した結果は，表8.2にモデルBとして示されています．まずはモデルがよく適合していることを確認してください（$\chi^2=1.54$, $d.f.=2$, $p=.46$）．固定効果の解釈は，これまでと同様の方法でかまいません．$\hat{a}$ の要素から，平均的な男子の真の切片は0.2513（$p<.001$），真の傾きは0.0312（$p<.01$）であると推定されていることがわかります．また潜在変数の回帰係数 $\hat{\gamma}_{\pi_0 FEMALE}$ と $\hat{\gamma}_{\pi_1 FEMALE}$ は，切片と傾きに対する性別の影響を表しています．$\hat{\gamma}_{\pi_0 FEMALE}$ は-0.0419（$p<.10$）となっているので，女子は男子よりも初期段階におけるアルコール摂取量が少ないと解釈することができます．しかし $\hat{\gamma}_{\pi_1 FEMALE}$ は0と区別がつかない（0.0079, $p>.10$）ので，変化率については（識別できるほどの）性差がないと結論づけることになります．

　分散成分の解釈を行う前に，モデルAとBの適合度の比較は行わないということに注意してください．このような比較を行いたくなるかもしれませんが，モデルAで用いた標本共分散行列には FEMALE が含まれていないため，モデルBとの適合度の比較を行うことはできないのです．FEMALE を追加することが変化の軌跡全体にどのような影響を与えたかを検討するためには，モデルBの $\hat{\gamma}_{\pi_0 FEMALE}$ と $\hat{\gamma}_{\pi_1 FEMALE}$ だけを0に固定したものを基準モデルとして，モデルBの適合度と比較を行わなければなりません．これにより，$\hat{\gamma}_{\pi_0 FEMALE}$ と $\hat{\gamma}_{\pi_1 FEMALE}$ を同時に追加したことによる効果を検討することができます．基準モデルを推定してみると，こちらもデータによく適合している（$\chi^2=5.36$, $d.f.=4$, $p>.25$）ことがわかります．この結果をモデルBのものとあわせて検討すると，$\hat{\gamma}_{\pi_0 FEMALE}$ と $\hat{\gamma}_{\pi_1 FEMALE}$ の双方が0であるという帰無仮説は棄却できない（$\Delta\chi^2=3.816$, $\Delta d.f.=2$, $p<.15$）という結果が得られます．

　それでは，モデルBの分散成分の検討に移りましょう．レベル1の分散成分はレベル1の誤差の推定値であり，各測定機会における測定の誤りやすさを表すものです．その大きさや解釈は，モデルAのときとほぼ同じになっています．またレベル2の分散成分は FEMALE からの線形効果を統制したときの，真の切片および傾きの偏分散，偏共分散の推定値です．これらを無条件モデルにおける同様の項と比較すると，レベル2の予測変数として FEMALE を追加することは，切片と傾きについてそれぞれ0.8%，1.5% しか偏分散を減少させていないことがわかります．これは，FEMALE が少なくとも切片については統計的に有意な（$p<.10$）予測変数として機能しているものの，真の変化の軌跡において存在している個人差を説明する上であまり重要な変数ではないことを示唆していると考えてよいでしょう．

　FEMALE が真の変化率については影響を与えていないらしいということがわかったので，モデルBから $\hat{\gamma}_{\pi_1 FEMALE}$ だけを0に固定した，新しいモデルCをあてはめてみることにします．モデルCの結果から，典型的な男子と女子の変化の軌跡は

以下のように推定されました．

男子：$\hat{Y} = 0.2481 + 0.0360(GRADE - 7)$
女子：$\hat{Y} = (0.2481 - 0.0366) + 0.0360(GRADE - 7)$

ここで GRADE に研究期間から適切な範囲の値を代入し，推定された値を対数からもとに戻せば，典型的な個人の変化曲線を求めることができます．その結果を，図8.3 の右側に示しました．男子と女子は中学1年生の開始時点においてアルコール摂取量に差がありますが，その後の曲線が上昇する変化は平行のままであることがわかります．

8.3 変数横断的な変化の分析

本節では，時変の予測変数を潜在成長モデルに組み込む興味深い方法を紹介します．表8.1 の最後の3列は，友人からの飲酒圧力に関する時変のデータを示しています．各時点で，各青少年は6件法により，過去1か月間に友人から飲酒を誘われた回数を報告しています．このデータから，友人からの圧力がより増えた場合に，青少年の飲酒量が増えるかどうかを調べることができます．統計学的に表現すると，これは飲酒量の変化率が友人からの圧力の変化率によって予測されるかどうか，という問いです．「成長に与える成長の影響」の分析ともいえるでしょう[5]．簡単のため，これ以後は時不変な予測変数である FEMALE については扱わないことにします．一般的な方略を一度理解すれば，両方のタイプの予測変数を同時に含めることもできるようになるでしょう．

8.3.1　X，Y 測定モデルの両方で個々人の変化をモデリングする

結果変数の変化が，**時変の予測変数の変化**と関連しているか調べるには，両方の変数における個々人の変化を同時にモデル化し，2組の個人成長パラメータ間の関係を調べればよいでしょう．そのためには，今のデータセットの例では，飲酒量と友人からの圧力の両方について，個人成長モデルを定式化しなくてはなりません．

結果変数の個々人の変化については今まで同様，Y 測定モデルでモデリングします．8.22〜8.25 式は，通常の定式化のやり方です．自己報告された飲酒量（対数）の真の変化を表す個人成長パラメータは，これまでと同様，潜在成長ベクトル η にまとめられます．

---

[5] このリサーチ・クエスチョンは，通常の変化についてのマルチレベルモデルのレベル1サブモデルに時変の予測変数を追加する（5.3節で説明しました）ことで取り組まれるものとは異なることに注意してください．

しかし，今行おうとしている新しい分析では，時変の予測変数における個々人の変化を表すのに，X測定モデルを用います．探索的分析（ここには示していません）からは，青少年iの時点jにおける友人からの圧力の自然対数X_{ij}は，時間の線形関数であることが示唆されました．したがって，レベル1成長モデルは以下のように書くことができます．

$$X_{ij} = \pi'_{0i} + \pi'_{1i} TIME_j + \delta_{ij} \tag{8.39}$$

この式で，私たちはパラメータにダッシュ（′）を加えました．これは，飲酒量（対数）の変化を表すパラメータと区別するためです．8.39式が表現しているのは予測変数のふるまいについてですが，これらのパラメータは通常通り解釈することができます．つまり，π'_{0i}は中学1年生のはじめにおいて個々人が受けた友人からの圧力の真の初期値であり，π'_{1i}は2年間の友人からの圧力の真の変化率を表します．

外生的な変数である友人からの圧力の変化の軌跡を表した8.39式のレベル1個人成長モデル

$$\mathbf{X} = \boldsymbol{\tau}_x + \boldsymbol{\Lambda}_x \boldsymbol{\xi} + \boldsymbol{\delta} \tag{8.40}$$

は，X測定モデルとなります．ここで，以下のベクトルはそれぞれ，経験的な成長記録，個人成長パラメータ，測定誤差により構成されています．

$$\mathbf{X} = \begin{bmatrix} X_{i1} \\ X_{i2} \\ X_{i3} \end{bmatrix}, \quad \boldsymbol{\xi} = \begin{bmatrix} \pi'_{0i} \\ \pi'_{1i} \end{bmatrix}, \quad \boldsymbol{\delta} = \begin{bmatrix} \delta_{i1} \\ \delta_{i2} \\ \delta_{i3} \end{bmatrix} \tag{8.41}$$

また，以下のパラメータ行列は，いつも通り既知の値と定数により構成されています．

$$\boldsymbol{\tau}_x = \begin{bmatrix} 0 \\ 0 \\ 0 \end{bmatrix}, \quad \boldsymbol{\Lambda}_x = \begin{bmatrix} 1 & t_1 \\ 1 & t_2 \\ 1 & t_3 \end{bmatrix} \tag{8.42}$$

注意が必要なのは，8.41式のベクトル$\boldsymbol{\xi}$が「潜在成長ベクトル」であり，外生的な友人からの圧力についての真の変化の軌跡を表す個人成長パラメータによって構成されていることです．あらゆるX測定モデルと同様，これらのレベル1パラメータの母平均・母共分散行列はそれぞれベクトル$\boldsymbol{\kappa}$と行列$\boldsymbol{\Phi}$で表現されることになります．

$$\boldsymbol{\kappa} = \begin{bmatrix} \mu_{\pi_0} \\ \mu_{\pi_1} \end{bmatrix}, \quad \boldsymbol{\Phi} = \begin{bmatrix} \sigma^2_{\pi_0} & \sigma_{\pi_0 \pi_1} \\ \sigma_{\pi_1 \pi_0} & \sigma^2_{\pi_1} \end{bmatrix} \tag{8.43}$$

これらのデータについて，レベル1誤差ベクトル$\boldsymbol{\delta}$は，共分散行列$\boldsymbol{\Theta}_\delta$を持っていると仮定します．この行列は，8.25式のY測定モデルで定式化された異分散誤差共分散行列

$$\Phi_\delta = \mathrm{Cov}[\boldsymbol{\delta}] = \begin{bmatrix} \sigma_{\delta_1}^2 & 0 & 0 \\ 0 & \sigma_{\delta_2}^2 & 0 \\ 0 & 0 & \sigma_{\delta_3}^2 \end{bmatrix} \tag{8.44}$$

と類似したものです．Y と X の両方の測定モデルを用いる場合，これらの共分散行列 Θ_δ と Θ_ε を定式化する必要があるのに加え，これらの間の共分散行列 $\Theta_{\delta\varepsilon}$ も定式化する必要があります．この行列 $\Theta_{\delta\varepsilon}$ は，外生的・内生的観測変数間の測定誤差にみられる相関関係を表現します．この特徴には，実質的利点と心理測定的利点の両方があります．この研究では，この特徴により，同時点における結果変数と予測変数の測定誤差が，青少年間で共変する可能性を想定できるようになります．

$$\Phi_{\delta\varepsilon} = \mathrm{Cov}(\boldsymbol{\delta\varepsilon}) = \begin{bmatrix} \sigma_{\delta_1\varepsilon_1} & 0 & 0 \\ 0 & \sigma_{\delta_2\varepsilon_2} & 0 \\ 0 & 0 & \sigma_{\delta_3\varepsilon_3} \end{bmatrix} \tag{8.45}$$

8.3.2 構造モデルで変化の軌跡間の関係をモデリングする

結果変数と予測変数の両方についてレベル1個人成長モデルで定式化したので，CSA の構造モデルを用いて両軌跡間の関係を表現することにしましょう．これらのデータの場合，飲酒量（対数）と友人からの圧力（対数）の成長パラメータにみられる個人間のばらつきの間の関連性を検討することになります．

$$\begin{bmatrix} \pi_{0i} \\ \pi_{1i} \end{bmatrix} = \begin{bmatrix} \alpha_0 \\ \alpha_1 \end{bmatrix} + \begin{bmatrix} \gamma_{\pi_0\pi'_0} & \gamma_{\pi_0\pi'_1} \\ \gamma_{\pi_1\pi'_0} & \gamma_{\pi_1\pi'_1} \end{bmatrix} \begin{bmatrix} \pi'_{0i} \\ \pi'_{1i} \end{bmatrix} + \begin{bmatrix} 0 & 0 \\ 0 & 0 \end{bmatrix} \begin{bmatrix} \pi'_{0i} \\ \pi'_{1i} \end{bmatrix} + \begin{bmatrix} \zeta_{0i} \\ \zeta_{1i} \end{bmatrix}$$

これは CSA の構造モデル

$$\boldsymbol{\eta} = \boldsymbol{\alpha} + \boldsymbol{\Gamma}\boldsymbol{\xi} + \mathbf{B}\boldsymbol{\eta} + \boldsymbol{\zeta} \tag{8.46}$$

であることがわかると思います．ここで，スコアベクトルは

$$\boldsymbol{\eta} = \begin{bmatrix} \pi_{0i} \\ \pi_{1i} \end{bmatrix}, \quad \boldsymbol{\xi} = \begin{bmatrix} \pi'_{0i} \\ \pi'_{1i} \end{bmatrix}, \quad \boldsymbol{\zeta} = \begin{bmatrix} \zeta_{0i} \\ \zeta_{1i} \end{bmatrix} \tag{8.47}$$

であり，
パラメータ行列は

$$\boldsymbol{\alpha} = \begin{bmatrix} \alpha_0 \\ \alpha_1 \end{bmatrix}, \quad \boldsymbol{\Gamma} = \begin{bmatrix} \gamma_{\pi_0\pi'_0} & \gamma_{\pi_0\pi'_1} \\ \gamma_{\pi_1\pi'_0} & \gamma_{\pi_1\pi'_1} \end{bmatrix}, \quad \mathbf{B} = \begin{bmatrix} 0 & 0 \\ 0 & 0 \end{bmatrix} \tag{8.48}$$

です．

潜在回帰係数行列 $\boldsymbol{\Gamma}$ は，レベル2回帰パラメータによって構成されます．このパラメータは，飲酒量（対数）の変化と友人からの圧力（対数）の変化の間にあり得る関係性を表現するものです．

図8.2の最下部の図は，最上部のパス図を拡張し，時変である友人からの圧力を外生的予測変数として含んでいます．図の左側には，観察された友人からの圧力の指

標，X_{i1}，X_{i2}，X_{i3} が，外生的な構成概念である π'_{0i}，π'_{1i} の結果であることが示されています．ここで π'_{0i}，π'_{1i} は，それぞれ友人からの圧力についての真の変化の軌跡における切片と傾きを表しています．個人成長パラメータは，反対に，飲酒量についての真の変化の軌跡における内生的な切片と傾きのパラメータを予測しています．ここでの私たちの主要な関心は，図の中央にある係数 γ にあります．

表8.2のモデルDは，このモデルをデータにあてはめた結果を表しています．紙面の都合上，レベル1誤差構造の推定値は省略してあります．適合度指標は理想的な値よりは大きいですが，このモデルはある程度よくあてはまっています（$\chi^2=11.54$，$d.f.=4$，$p=.0211$）．評価のために，モデルDを Γ の4つの回帰係数をゼロに制約したベースラインモデル（ここには示していません）と比較してみました（$\chi^2=342.34$，$d.f.=8$，$p=.0000$）．適合度の劇的な低下から，友人からの圧力の変化が飲酒量の変化の重要な予測変数であることが確認できます（$\Delta\chi^2=330.8$，$\Delta d.f.=4$）．

4つの固定効果のうち，統計的に有意なのは2つだけでした．友人からの圧力（対数）の初期値は，飲酒量（対数）の初期値と正の関連がありました（$\hat{\gamma}_{\pi_0\pi_0}=0.7985$，$p<.001$）．また，友人からの圧力（対数）の変化率は，飲酒量（対数）の変化率と正の関連がありました（$\hat{\gamma}_{\pi_1\pi_1}=0.5767$，$p<.01$）．7年生のはじめにおいて，青少年は友人がより飲酒する場合に自身もより飲酒し，友人からの圧力が急に増えるほど自身も急に飲酒量を増やしていることになります．他の係数についての帰無仮説は棄却できませんでした（$\hat{\gamma}_{\pi_0\pi_1}$ と $\hat{\gamma}_{\pi_1\pi_0}$）．

分散・共分散成分は，友人からの圧力（対数）の変化で説明された後に残る，結果変数である飲酒量（対数）のばらつきを要約しています．切片（$\hat{\sigma}^2_{\pi_0}=0.0422$，$p<.001$）と傾き（$\hat{\sigma}^2_{\pi_1}=0.0092$，$p<.10$）になお予測可能なばらつきがあることがわかります．これらの値をベースラインモデルの値（ここには示していません）と比べると，ベースラインモデルの値である 0.0762 と 0.0161 から急激に値が小さくなっていることがわかります．これは，飲酒量（対数）の切片と傾きのばらつきのそれぞれ約47% と43% が，友人からの圧力（対数）の変化によって説明されることを示しています．友人からの圧力（対数）の変化を統制してしまうと，共分散は0と区別がつきません．すなわち，初期値と変化率の残差の間には関連がないことになります．

表8.2の残りの推定値は，友人からの圧力（対数）の変化を要約しています．推定された平均的な軌跡の切片と傾きは，7年生のはじめにおいて友人からの圧力（対数）が0でないこと（$\hat{\mu}_{\pi_0}=0.1882$，$p<.001$），時間が経つにつれ安定して増えること（$\hat{\mu}_{\pi_1}=0.0962$，$p<.001$）を示しています．$100(e^{0.0962}-1)$ を計算すると 10.1% となることから，友人からの圧力は年間約10%増えると推定されます．最後に，統計的に有意切片（$\hat{\sigma}^2_{\pi_0}=0.0698$，$p<.001$）と傾き（$\hat{\sigma}^2_{\pi_1}=0.0285$，$p<.01$）の分散の推定値は，友人からの圧力（対数）の変化の軌跡が，青少年ごとに異なることを示

8.4 潜在成長モデリングの拡張

唆しています．しかし，共分散がゼロと区別できないことから，初期値と変化率の間には何の関係も見つからないことがわかります．

予想されているかもしれませんが，本章で示した基本的な潜在成長モデルは，CSA と縦断データでできることのほんの始まりにすぎません．CSA の枠組みは縦断データの複雑な関係を検討する貴重なツールです．特に，どちらも継時的に変化する構成概念間の関係を検討する時は貴重です．本節では，いくつかの可能な拡張について簡単に説明することにします．私たちの目標はあり得る拡張を網羅することではなく，むしろ刺激的な可能性について少しだけ「味見して」もらうことです．

まずはじめに，一般的な CSA モデルを拡張してより長い期間のデータを扱うのは簡単だというところからみていきましょう．時点数を追加しても，8.22～8.25 式の基本的な Y 測定モデルは変わりません．ただモデルを構成するベクトルとパラメータ行列の次元数を増やせばよいだけです．例えば 4 時点のデータがあるとすると，8.21 式の左側にある経験的成長記録は，増えた時点の分だけ多くの要素を含み，ベクトル τ_y，行列 Λ_y，ベクトル ε には増えた 1 時点分，行が追加されることになります．

$$\begin{bmatrix} Y_{i1} \\ Y_{i2} \\ Y_{i3} \\ Y_{i4} \end{bmatrix} = \begin{bmatrix} 0 \\ 0 \\ 0 \\ 0 \end{bmatrix} = \begin{bmatrix} 1 & t_1 \\ 1 & t_2 \\ 1 & t_3 \\ 1 & t_4 \end{bmatrix} \begin{bmatrix} \pi_{0i} \\ \pi_{1i} \end{bmatrix} + \begin{bmatrix} \varepsilon_{i1} \\ \varepsilon_{i2} \\ \varepsilon_{i3} \\ \varepsilon_{i4} \end{bmatrix}$$

同じことは，外生的な変化を X 測定モデルで表現した場合にもあてはまります．

また，測定時点は等間隔である必要もありません．便利であるからとか（学年のはじめや終わりなど），より関心のある時期に測定時点を集中させてより精確に軌跡の特徴を推定したいからといった理由で，不規則な間隔で縦断データを集めてもかまいません．不規則な間隔で収集されたデータは，8.24 式の行列 Λ_y（外生的変化に関しては 8.42 式の行列 Λ_x）の負荷を適切な値に指定することで対応することができます．今まで強調しませんでしたが，8.2 節の 3 時点データの間隔は不規則です．不規則な間隔で測定された時点のうち，たとえデータが観測されている時点が回答者により異なっていたとしても，時間に関するデザインが同一な下位集団に分け，下位集団間で必要なパラメータに適切な制約をかけた多母集団分析を行うことで，潜在成長モデルを適用することができます[6]．

基本的なレベル 1 個人成長モデルを拡張すれば，あらゆる関数形を含めることが簡単にできます．あらゆる次数の多項式（十分なデータがあれば）だけでなく，各個人

の状態がパラメータについて線形(6.4節を参照してください)なあらゆる曲線にも対応できます.以前と同様,競合するネストしたモデルと適合度を比べることで,さらに曲線項が必要かどうかを評価することができます.これらの修正に対応するには,まず8.19式のレベル1サブモデルに適切な項を追加する必要があります.具体的には,8.21式と8.23式の潜在成長ベクトル η に,曲線性を表す個人成長パラメータを追加し,8.24式の負荷行列 Λ_y に列を追加します.4時点のデータの例を考えた場合,以下のように書くことで二次の変化を仮定することができます.

$$\begin{bmatrix} Y_{i1} \\ Y_{i2} \\ Y_{i3} \\ Y_{i4} \end{bmatrix} = \begin{bmatrix} 0 \\ 0 \\ 0 \\ 0 \end{bmatrix} = \begin{bmatrix} 1 & t_1 & t_1^2 \\ 1 & t_2 & t_2^2 \\ 1 & t_3 & t_3^2 \\ 1 & t_4 & t_4^2 \end{bmatrix} \begin{bmatrix} \pi_{0i} \\ \pi_{1i} \\ \pi_{2i} \end{bmatrix} + \begin{bmatrix} \varepsilon_{i1} \\ \varepsilon_{i2} \\ \varepsilon_{i3} \\ \varepsilon_{i4} \end{bmatrix}$$

8.2.1項で示唆されたように,レベル1測定誤差の共分散構造を明示的にモデリングすることもできます.8.25式の母集団誤差共分散 Θ_ε は,とても一般的な形で定式化することができます.古典的分析における独立性や等分散性の前提も,反復測定ANOVAにより課される帯対角構造も仮定する必要はありません.7章と同様,異なる誤差構造の適合度を比較して,分析により最適な構造を決定することができます.この柔軟さは,X 測定モデルで外生的変化をモデリングする際も同様です.

別の拡張では,**媒介効果**を検討することもできます.媒介効果とは,外生的予測変数が直接内生的な変化を生じさせるのではなく,媒介要因の影響を通じて間接的に変化を生じさせることです.外生的予測変数と媒介要因が時変であるか時不変であるかは問いません.この拡張を行うためには,構造モデルにおいて今まで使っていない潜在回帰パラメータ行列 **B** を導入する必要があります.これにより,内生的構成概念が互いに予測し合うことが可能になります.

しかし,潜在成長モデルの最も重要な拡張は,おそらく複数の領域の変化を同時にモデリングする場合でしょう.8.3節ではこの単純な例を示しましたが,この方略は複数の外生的,内生的領域の変化についても拡張することができます.例えば,在学中の生徒の成長を研究しているなら,数学,理科,読む能力の成績の内生的変化を同時モデリングすることができます.ただ8.23式の経験的成長記録を拡張して,各領域の各時点に十分な数の行を含めればよいのです.例えば数学,理科,読む能力の3時点のデータの場合,経験的成長記録は9行であることになります.これはベクトル τ_y,行列 Λ_y,誤差ベクトル ε についても同様です.対照的に,潜在成長ベクトル η

---

6) 完全に非構造的なデータでは,必要となる下位グループの数が扱いきれないほど多くなり,かつ下位グループ内の標本数も非常に小さくなります.このため,多母集団分析に必要とされる標本共分散行列を推定することができなくなってしまいます.

の拡張は，3種類の変化を表すのに必要な個人成長パラメータの集合に対応するだけです．

$$\begin{bmatrix} Y_{i1}^m \\ Y_{i2}^m \\ Y_{i3}^m \\ Y_{i1}^s \\ Y_{i2}^s \\ Y_{i3}^s \\ Y_{i1}^r \\ Y_{i2}^r \\ Y_{i3}^r \end{bmatrix} = \begin{bmatrix} 0 \\ 0 \\ 0 \\ 0 \\ 0 \\ 0 \\ 0 \\ 0 \\ 0 \end{bmatrix} = \begin{bmatrix} 1 & t_1 & 0 & 0 & 0 & 0 \\ 1 & t_2 & 0 & 0 & 0 & 0 \\ 1 & t_3 & 0 & 0 & 0 & 0 \\ 0 & 0 & 1 & t_1 & 0 & 0 \\ 0 & 0 & 1 & t_2 & 0 & 0 \\ 0 & 0 & 1 & t_3 & 0 & 0 \\ 0 & 0 & 0 & 0 & 1 & t_1 \\ 0 & 0 & 0 & 0 & 1 & t_2 \\ 0 & 0 & 0 & 0 & 1 & t_3 \end{bmatrix} \begin{bmatrix} \pi_{0i}^m \\ \pi_{1i}^m \\ \pi_{0i}^s \\ \pi_{1i}^s \\ \pi_{0i}^r \\ \pi_{1i}^r \end{bmatrix} + \begin{bmatrix} \varepsilon_{i1}^m \\ \varepsilon_{i2}^m \\ \varepsilon_{i3}^m \\ \varepsilon_{i1}^s \\ \varepsilon_{i2}^s \\ \varepsilon_{i3}^s \\ \varepsilon_{i1}^r \\ \varepsilon_{i2}^r \\ \varepsilon_{i3}^r \end{bmatrix}$$

ここで上付き添字 m, s, r は3つの科目を表しています．X 測定モデルも，同じようにして複数の外生的領域の変化を同時に表現するよう定式化することができます．そして，構造モデルの潜在回帰係数行列 $\boldsymbol{\Gamma}$ を通じて，複数の外生的・内生的変化の間の関連を同時に検討することができます．

文献一覧

● 明らかな原著の誤りは修正しましたが，インターネットのURL等の情報は原著刊行時（2003年）のままです（現在ではつながらないかもしれません）．

Aalen, O. O. (1988). Heterogeneity in survival analysis. *Statistics in Medicine, 7,* 1121–1137.

Abedi, J., & Benkin, E. (1987). The effect of students' academic, financial and demographic variables on time to the doctorate. *Research in Higher Education, 27,* 3–14.

Achenbach, T. M. (1991). Manual for the Child Behavior Checklist 4–18 and 1991 Profile. Burlington, VT: University of Vermont Press.

Akaike, H. (1973). Information theory as an extension of the maximum likelihood principle. In B. N. Petrov & F. Csaki (Eds.), *Second international Symposium on information theory* (pp. 267–281). Akademiai Kiado, Budapest, Hungary.

Allison, P. D. (1982). Discrete-time methods for the analysis of event histories. In S. Leinhardt (Ed.), *Sociological methodology* (pp. 61–98). San Francisco: Jossey-Bass.

Allison, P. D. (1984). *Event history analysis: Regression for longitudinal data* (Sage University paper series on quantitative applications in the social sciences, Number 07-046). Beverly Hills, CA: Sage.

Allison, P. D. (1995). *Survival analysis using the SAS System: A practical guide.* Cary, NC: SAS Institute.

Altman, D. G., & de Stavola, B. L. (1994). Practical problems in fitting a proportional hazards model to data with updated measurements of the covariates. *Statistics in Medicine, 13,* 301–341.

Anderse, P. K., Borgan, O., Gill, R. D., & Keiding, N. (1993). *Statistical models based on counting processes.* New York: Springer.

Arbuckle, J. L. (1995). Amos for Windows. Analysis of moment structures (Version 3.5) [Computer software]. Chicago: SmallWaters. Available at http://www.smallwaters.com

Aydemir, U., Aydemir, S., & Dirschedl, P. (1999). Analysis of time dependent covariates in failure time data. *Statistics in Medicine, 18,* 2123–2134.

Barnes, G. M., Farrell, M. P., & Banerjee, S. (1994). Family influences on alcohol abuse and other problem behaviors among black and white adolescents in a general population sample. *Journal of Research on Adolescence, 4,* 183–201.

Bayley, N. (1935). The development of motor abilities during the first three years. *Monographs of the Society for Research in Child Development, 1.*

Beck, N. (1999). Modelling space and time: The event history approach. In E. Scarbrough & E. Tanenbaum (Eds.), *Research strategies in social science.* New York: Oxford University Press.

Beck, N., Katz, J. N., & Tucker, R. (1998). Taking time seriously: Time-series-cross-section analysis with a binary dependent variable. *American Journal of Political*

Science, 42, 1260–1288.
Bentler, P. M. (1995). *EQS: Structural equations program manual.* Encino, CA: Multivariate Software, Inc.
Bereiter, C. (1963). Some persisting dilemmas in the measurement of change. In C. W. Harris (Ed.), *Problems in the measurement of change* (pp. 3–20). Madison, WI: University of Wisconsin Press.
Berk, R. A., & Sherman, L. W. (1988). Police responses to family violence incidents: An analysis of an experimental design with incomplete randomization. *Journal of the American Statistical Association, 83*, 70–76.
Blossfeld, H.-P., & Rohwer, G. (1995). *Techniques of event history modeling.* Mahwah, NJ: Lawrence Erlbaum.
Bolger, N., Downey, G., Walker, E., & Steininger, P. (1989). The onset of suicide ideation in childhood and adolescence. *Journal of Youth and Adolescence, 18*, 175–189.
Bollen, K. (1989). *Structural equations with latent variables.* New York: Wiley.
Box, G. E. P., & Cox, D. R. (1964). An analysis of transformations. *Journal of the Royal Statistical Society, Series B, 26*, 211–252.
Breslow, N. E. (1974). Covariance analysis of censored survival data. *Biometrics, 30*, 88–99.
Brown, J. V., Bakeman, R., Coles, C. D., Sexson, W. R., & Demi, A. S. (1998). Maternal drug use during pregnancy: Are preterms and fullterms affected differently? *Developmental Psychology, 34*, 540–554.
Brown, M. (1996). Refining the risk concept: Decision context as a factor mediating the relation between risk and program effectiveness. *Crime and Delinquency, 42*, 435–455.
Browne, W. J., & Draper, D. (2000). Implementation and performance issues in the Bayesian and likelihood fitting of multilevel models. *Computational Statistics, 15*, 391–420.
Bryk, A. S., & Raudenbush, S. W. (1987). Application of hierarchical linear models to assessing change. *Psychological Bulletin, 101*, 147–158.
Burchinal, M. R., Campbell, F. A., Bryant, D. M., Wasik, B. H., & Ramey, C. T. (1997). Early intervention and mediating processes in cognitive performance of children of low income African American families. *Child Development, 68*, 935–954.
Burchinal, M. R., Roberts, J. E., Riggins, R., Zeisel, S. A., Neebe, E., & Bryant, D. (2000). Relating quality of center child care to early cognitive and language development longitudinally. *Child Development, 71*, 339–357.
Burton, R. P. D., Johnson, R. J., Ritter, C., & Clayton. R. R. (1996). The effects of role socialization on the initiation of cocaine use: An event history analysis from adolescence into middle adulthood. *Journal of Health and Social Behavior, 37*, 75–90.
Campbell, R. T., Mutran, E., & Parker, R. N. (1987). Longitudinal design and longitudinal analysis: A comparison of three approaches. *Research on Aging, 8*, 480–504.
Capaldi, D. M., Crosby, L., & Stoolmiller, M. (1996). Predicting the timing of first sexual intercourse for at-risk adolescent males. *Child Development, 67*, 344–359.
Cherlin, A. J., Chase-Lansdale, P. L., & McRae, C. (1998). Effects of divorce and mental health through the life course. *American Sociological Review, 63*,

239–249.
Cleveland, W. S. (1994). *The elements of graphing data.* Summitt, NJ: Hobart Press.
Coie, J. D., Terry, R., Lenox, K. F., Lochman, J. E., & Hyman, C. (1995). Peer rejection and aggression as predictors of stable patterns of adolescent disorder. *Development and Psychopathology*, *7*, 697–713.
Collett, D. (1991). *Modeling binary data.* London: Chapman and Hall.
Collett, D. (1994). *Modeling survival data in medical research.* London: Chapman and Hall.
Conger, R. D., Ge, X., Elder, G. H., Lorenz, F. O., & Simons, R. L. (1994). Economic stress, coercive family process, and developmental problems of adolescents. *Child Development*, *65*, 541–561.
Cook, R. D., & Weisberg, S. (1982). *Residuals and influence in regression.* London: Chapman and Hall.
Cooney, N. L., Kadden, R. M., Litt, M. D., & Getter, H. (1991). Matching alcoholics to coping skills or interactional therapies: Two-year follow-up results. *Journal of Consulting and Clinical Psychology*, *59*, 598–601.
Cox, D. R. (1972). Regression models and life tables. *Journal of the Royal Statistical Society*, *34*, 187–202.
Cox, D. R. (1975). Partial likelihood. *Biometrika*, *62*, 269–276.
Cox, D. R., & Oakes, D. (1984). *Analysis of survival data.* London: Chapman and Hall.
Cronbach, L. J., & Furby, L. (1970). How we should measure "change"—or should we? *Psychological Bulletin*, *74*, 68–80.
Curran, P. J., Stice, E., & Chassin, L. (1997). The relation between adolescent and peer alcohol use: A longitudinal random coefficients model. *Journal of Consulting and Clinical Psychology*, *65*, 130–140.
Dempster, A. P., Laird, N. M., & Rubin, D. B. (1977). Maximum likelihood from incomplete data via the EM algorithm. *Journal of the Royal Statistical Society, Series B*, *44*, 1–38.
Derogatis, L. R. (1994). *SCL-90-R: Administration, scoring and procedural manual.* Minneapolis: National Computer Systems, Inc.
Dickter, D. N., Roznowski, M., & Harrison, D. A. (1996). Temporal tempering: An event history analysis of the process of voluntary turnover. *Journal of Applied Psychology*, *81*, 705–716.
Diekmann, A., Jungbauer-Gans, M., Krassnig, H., & Lorenz, S. (1996). Social status and aggression: A field study analyzed by survival analysis. *Journal of Social Psychology*, *136*, 761–768.
Diekmann, A., & Mitter, P. (1983). The sickle-hypothesis: A time dependent poisson model with applications to deviant behavior. *Journal of Mathematical Sociology*, *9*, 85–101.
Diggle, P. J., Liang, K-Y., & Zeger, S. L. (1994). *Analysis of longitudinal data.* New York: Oxford University Press.
Draper, D. (1995). Assessment and propagation of model uncertainty (with discussion). *Journal of the Royal Statistical Society, Series B*, *57*, 45–97.
Efron, B. (1977). The efficiency of Cox's likelihood function for censored data. *Journal of the American Statistical Association*, *72*, 557–565.
Efron, B. (1988). Logistic regression, survival analysis, and the Kaplan-Meier curve. *Journal of the American Statistical Association*, *83*, 414–425.
Espy, K. A., Francis, D. J., & Riese, M. L. (2000). Prenatal cocaine exposure and

prematurity: Developmental growth. *Developmental and Behavioral Pediatrics, 21,* 264–272.
Estes, W. K. (1950). Toward a statistical theory of learning. *Psychological Review, 57,* 94–107.
Estes, W. K. (1956). The problem of inference from curves based on grouped data. *Psychological Bulletin, 53,* 134–140.
Estes, W. K., &. Burke, C. J. (1955). Applications of a statistical model to simple discrimination learning in human subjects. *Journal of Experimental Psychology, 50,* 81–88.
Fahrmeir, L., & Wagenpfeil, S. (1996). Smoothing hazard functions and time-varying effects in discrete duration and competing risks models. *Journal of the American Statistical Association, 91,* 1584–1594.
Felmlee, D., & Eder, D. (1984). Contextual effects in the classroom: The impact of ability groups on student attention. *Sociology of Education, 56,* 77–87.
Fergusson, D. M., Horwood, L. J., & Shannon, F. T. (1984). A proportional hazards model of family breakdown. *Journal of Marriage and the Family, 46,* 539–549.
Fichman, M. (1989). Attendance makes the heart grow fonder: A hazard rate approach to modeling attendance. *Journal of Applied Psychology, 74,* 325–335.
Fisher, L. D., & Lin, D. Y. (1999). Time dependent covariates in the Cox proportional-hazards regression model. *Annual Review of Public Health, 20,* 145–159.
Fleming, T. R., & Harrington, D. P. (1991). *Counting processes and survival analysis.* New York: Wiley.
Flinn, C. J., & Heckman, J. J. (1982). New methods for analyzing individual event histories. In S. Leinhardt (Ed.), *Sociological methodology* (pp. 99–140). San Francisco: Jossey-Bass.
Follmann, D. A., & Goldberg, M. S. (1988). Distinguishing heterogeneity from decreasing hazard rates. *Technometrics, 30,* 389–396.
Foster, E. M. (1999). Service use under the continuum of care: Do followup services forestall hospital readmission? *Health Services Research, 34,* 715–736.
Foster, E. M. (2000). Does the continuum of care reduce inpatient length of stay? *Evaluation and Program Planning, 23,* 53–65.
Fox, J. (1998). *Applied regression analysis, linear models, and related methods.* Thousand Oaks, CA: Sage.
Francis, D. J., Shaywitz, S. E., Stuebing, K. K., Shaywitz, B. A., & Fletcher, J. M. (1996). Developmental lag versus deficit models of reading disability: A longitudinal, individual growth curves analysis. *Journal of Educational Psychology, 88,* 3–17.
Frank, A. R., & Keith, T. Z. (1984). Academic abilities of persons entering and remaining in special education. *Exceptional Children, 51,* 76–77.
Fryer, G. E., & Miyoshi, T. J. (1994). A survival analysis of the revictimization of children: The case of Colorado. *Child Abuse and Neglect, 18,* 1063–1071.
Furby, L., Weinrott, M. R., & Blackshaw, L. (1989). Sex offender recidivism: A review. *Psychological Bulletin, 105,* 3–30.
Gail, M. H., Wieand, S., & Piantadosi, S. (1984). Biased estimates of treatment effect in randomized experiments with nonlinear regressions and omitted covariates. *Biometrika, 71,* 431–444.

Gamse, B. C., & Conger, D. (1997). An evaluation of the Spencer post-doctoral dissertation program. Cambridge, MA: Abt Associates.
Gardner, W., & Griffin, W. A. (1988). Methods for the analysis of parallel streams of continuously recorded social behaviors. *Psychological Bulletin, 106*, 446–455.
Gehan, E. A. (1969). Estimating survival functions for the life table. *Journal of Chronic Diseases, 21*, 629–644.
Gelman, A., & Rubin, D. B. (1995). Avoiding model selection in Bayesian social research. *Sociological Methodology, 25*, 165–195.
Gentleman, R., & Crowley, J. (1991). Graphical methods for censored data. *Journal of the American Statistical Association, 86*, 678–683.
Gilks, W., Richardson, S., & Spiegelhalter, D. (1996). *Markov chain Monte Carlo in practice.* London: Chapman and Hall.
Ginexi, E. M., Howe, G. W., & Caplan, R. D. (2000). Depression and control beliefs in relation to reemployment: What are the directions of effect? *Journal of Occupational Health Psychology, 5*, 323–336.
Goldman, A. I. (1992). EVENTCHARTS: Visualizing survival and other timed-events data. *The American Statistician, 46*, 13–18.
Goldstein, H. (1995). *Multilevel statistical models,* 2nd ed. New York: Halstead Press.
Goldstein, H. (1998). MLwiN, available from http://multilevel.ioe.ac.uk
Goldstein, H., Healy, M. J. R., & Rasbash, J. (1994). Multilevel time series models with applications to repeated measures data. *Statistics in Medicine, 13*, 1643–1655.
Graham, S. E. (1997). *The exodus from mathematics: When and why?* Unpublished doctoral dissertation. Harvard University, Graduate School of Education.
Greenhouse, J. B., Stangl, D., & Bromberg, J. (1989). An introduction to survival analysis methods for analysis of clinical trial data. *Journal of Consulting and Clinical Psychology, 57*, 536–544.
Greenland S., & Finkle, W. D. (1995). A critical look at methods for handling missing covariates in epidemiologic regression analyses. *American Journal of Epidemiology, 142*, 1255–1264.
Greenwood, M. (1926). The natural duration of cancer. *Reports on Public Health and Medical Subjects. 33*, 1–26. London: Her Majesty's Stationery Office.
Grice, G. R. (1942). An experimental study of the gradient of reinforcement in maze learning. *Journal of Experimental Psychology, 30*, 475–489.
Gross, A. J., & Clark, V. A. (1975). *Survival distributions: Reliability applications in the biomedical sciences.* New York: Wiley.
Guire, K. E., & Kowalski, C. (1979). Mathematical description and representation of developmental change functions on the intra- and inter-individual levels. In J. Nesselroade & P. Baltes (Ed.), *Longitudinal research in the study of behavior and development.* New York: Academic Press.
Gulliksen, H. (1934). A rational equation of the learning curve based on Thorndike's law of effect. *Journal of General Psychology, 11*, 395–433.
Gulliksen, H. (1953). A generalization of Thurstone's learning function. *Psychometrika, 18*, 297–307.
Ha, J. C., Kimpo, C. L., & Sackett, G. P. (1997). Multiple-spell, discrete-time survival analysis of developmental data: Object concept in pigtailed macaques. *Developmental Psychology, 33*, 1054–1059.

Hachen, D. S., Jr. (1988). The competing risks model: A method for analyzing processes with multiple types of events. *Sociological Methods and Research, 17,* 21–54.

Hall, S. M., Havassy, B. E., & Wasserman, D. A. (1990). Commitment to abstinence and acute stress in relapse to alcohol, opiates, and nicotine. *Journal of Consulting and Clinical Psychology, 58,* 175–181.

Harrell, F. E. (2001). *Regression modeling strategies with applications to linear models, survival analysis and logistic regression.* New York: Springer.

Harris, E. K., & Albert, A. (1991). *Survivorship analysis for clinical studies.* New York: Marcel Dekker.

Harris, V., & Koepsell, T. D. (1996). Criminal recidivism in mentally ill offenders: A pilot study. *Bulletin of the American Academy of Psychiatry and Law, 24,* 177–186.

Harrison, D. A., Virick, M., & William, S. (1996). Working without a net: Time, performance, and turnover under maximally contingent rewards. *Journal of Applied Psychology, 81,* 331–345.

Harville, D. A. (1974). Bayesian inference for variance components using only error contrasts. *Biometrika, 61,* 383–385.

Hasin, D. S., Tsai, W.-Y., Endicott, J., Mueller, T. I., Coryell, W., & Keller, M. (1996). The effect of major depression on alcoholism: Five year course. *The American Journal on Addictions, 5,* 144–155.

Hauck, W. W., & Donner, A. (1977). Wald's test as applied to hypotheses in logit analysis. *Journal of the American Statistical Association. 72,* 851–853.

Heckman, J. J., & Singer, B. (Eds.). (1984). *Longitudinal analysis of labor market data.* New York: Cambridge University Press.

Hedeker, D. R., & Gibbons, R. D. (1996). MIXREG: A computer program for mixed-effects regression analysis with autocorrelated errors. *Computer Methods and Programs in Biomedicine, 49,* 229–252, available from http://www.uic.edu/~hedeker

Hedeker D. R., & Gibbons R. D. (1997). Application of random-effects pattern-mixture models for missing data in longitudinal studies. *Psychological Methods, 2,* 64–78.

Hedeker D. R., Gibbons R. D., & Flay B. R. (1994). Random regression models for clustered data: With an example from smoking prevention research. *Journal of Clinical and Consulting Psychology, 62,* 757–765.

Henning, K. R., & Frueh, B. C. (1996). Cognitive-behavioral treatment of incarcerated offenders: An evaluation of the Vermont Department of Corrections' cognitive self-change program. *Criminal Justice and Behavior, 23,* 523–541.

Hertz-Picciotto, I., & Rockhill, B. (1997). Validity and efficiency of approximation methods for tied survival times in Cox regression. *Biometrics, 53,* 1151–1156.

Hicklin, W. J. (1976). A model for mastery learning based on dynamic equilibrium theory. *Journal of Mathematical Psychology, 13,* 79–88.

Hodges, K., McKnew, D., Cytryn, L., Stern, L., & Klien, J. (1982). The child assessment schedule (CAS) diagnostic interview: A report on reliability and validity. *Journal of the American Academy of Child Psychiatry, 21,* 468–473.

Hofmann, D. A., & Gavin, M. B. (1998). Centering decisions in hierarchical linear models: Theoretical and methodological implications for organizational science. *Journal of Management, 24,* 623–641.

Hosmer, D. W., Jr., & Lemeshow, S. (1999). *Applied survival analysis: Regression modeling of time to event data.* New York: Wiley.
Hosmer, D. W., Jr., & Lemeshow, S. (2000). *Applied logistic regression* (2nd ed.). New York: Wiley.
Hsieh, F. Y. (1995). A cautionary note on the analysis of extreme data with Cox regression. *The American Statistician, 49,* 226–228.
Hu, X. J., & Lawless, J. F. (1996). Estimation from truncated lifetime data with supplementary information on covariates and censoring times. *Biometrika, 83,* 747–762.
Hull, C. (1939). Simple trial and error learning: An empirical investigation. *Journal of Comparative Psychology, 27,* 233–258.
Hull, C. (1943). *Principles of behavior.* New York: Appleton-Century-Crofts.
Hull, C. (1952). *A behavior system.* New Haven, CT: Yale University Press.
Hurlburt, M. S., Wood, P. A., & Hough, R. L. (1996). Providing independent housing for the homeless mentally ill: A novel approach to evaluating long-term longitudinal housing patterns. *Journal of Community Psychology, 24,* 291–310.
Huttenlocher, J., Haight, W., Bryk, A., Seltzer, M., & Lyons, T. (1991). Early vocabulary growth: relation to language input and gender. *Developmental Psychology, 27,* 236–248.
Joreskog, K. G., & Sorbom, D. (1996). *LISREL 8: User's reference guide.* Chicago: Scientific Software International.
Kalbfleisch, J. D., & Prentice, R. L. (1973). Marginal likelihoods based on Cox's regression and life model. *Biometrika, 60,* 267–279.
Kalbfleisch, J. D., & Prentice, R. L. (1980). *The statistical analysis of failure time data.* New York: Wiley.
Kaplan, E. L., & Meier, P. (1958). Nonparametric estimation from incomplete observations. *Journal of the American Statistical Association, 53,* 457–481.
Keats, J. A. (1983). Ability measures and theories of cognitive development. In H. Wainer and S. Messick (Eds.), *Principles of modern psychological measurement: A festschrift for Frederick M. Lord* (pp. 81–101). Hillsdale, NJ: Lawrence Erlbaum.
Keifer, N. M. (1988). Economic duration data and hazard functions. *Journal of Economic Literature, 26,* 646–679.
Keiley, M. K., & Martin, N. C. (2002). *Child abuse, neglect, and juvenile delinquency: How "new" statistical approaches can inform our understanding of "old" questions—a reanalysis of Widon, 1989.* Manuscript submitted for publication.
Keiley, M. K., Bates, J. E., Dodge, K. A., & Pettit, G. S. (2000). A cross-domain growth analysis: Externalizing and internalizing behavior during 8 years of childhood. *Journal of Abnormal Child Psychology, 28,* 161–179.
Killen, J. D., Robinson, T. N., Haydel, K. F., et al. (1997). Prospective study of risk factors for the initiation of cigarette smoking. *Journal of Consulting and Clinical Psychology, 65* (6): 1011–1016.
Klein, J. P., & Moeschberger, M. L. (1997). *Survival analysis: Techniques for censored and truncated data.* New York: Springer.
Kleinbaum, D. G., Kupper, L. L., & Morgenstern, H. (1982). *Epidemiological research: Principles and quantitative methods.* Belmont, CA: Lifetime Learning Publications.
Kreft, I. G. G., & de Leeuw, J. (1998). *Introducing multilevel modeling.* Thousand

Oaks, CA: Sage.
Kreft, I. G. G., & de Leeuw, J., & Aiken, L. S. (1995). The effect of different forms of centering in hierarchical linear models. *Multivariate Behavioral Research, 30,* 1–21.
Kreft, I. G. G., de Leeuw, J., & Kim, K. S. (1990). *Comparing four different statistical packages for hierarchical linear regression: GENMOD, HLM, ML2, and VARCL* (Technical report 311). Los Angeles: Center for the Study of Evaluation, University of California at Los Angeles.
Lahey, B. B., McBurnett, K., Loeber, R., & Hart, E. L. (1995). Psychobiology of conduct disorder. In G. P. Sholevar (Ed.), *Conduct disorders in children and adolescents: Assessments and Interventions* (pp. 27–44). Washington, DC: American Psychiatric Press.
Laird, N. M. (1988). Missing data in longitudinal studies. *Statistics in Medicine, 7,* 305–315.
Laird, N., & Olivier, D. (1981). Covariance analysis of censored survival data using log-linear analysis techniques. *Journal of the American Statistical Association, 76,* 231–240.
Lancaster, T. (1990). *The econometric analysis of transition data.* New York: Cambridge University Press.
Lavori, P. W., Dawson, R., Mueller, T. I., Warshaw, M., Swartz, A., & Leon, A. (1996). Analysis of the course of psychopathology: Transitions among states of health and illness. *International Journal of Methods in Psychiatric Research, 6,* 321–334.
Lawless, J. F. (1982). *Statistical models and methods for lifetime data.* New York: Wiley.
Lee, E. T. (1992). *Statistical methods for survival data analysis* (2nd ed.). New York: Wiley.
Lewis, D. (1960). *Quantitative methods in psychology.* New York: McGraw-Hill.
Lilienfeld, A. M., & Stolley, P. D. (1994). *Foundations of epidemiology* (3rd ed.). New York: Oxford University Press.
Linn, R. L., & Slinde, J. A. (1977). The determination of the significance of change between pre- and posttesting periods. *Review of Educational Research, 47,* 121–150.
Little, R. J. A. (1995). Modeling the dropout mechanism in repeated-measures studies. *Journal of the American Statistical Association, 90,* 1112–1121.
Little, R. J. A., & Rubin, D. (1987). *Statistical analysis with missing data.* New York: Wiley.
Little, R. J. A., & Yau, L. (1998). Statistical techniques for analyzing data from prevention trials: Treatment of no-shows using Rubin's causal model. *Psychological Methods, 3,* 147–159.
Long, J. S. (1997). *Regression models for categorical and limited dependent variables.* Beverly Hills: Sage.
Longford, N. T. (1990). *VARCL. Software for variance component analysis of data with nested random effects (maximum likelihood).* Princeton, NJ: Educational Testing Service.
Longford, N. T. (1993). *Random coefficient models.* New York: Oxford University Press.
Longford, N. T. (1999). Standard errors in multilevel analysis. *Multilevel Modeling Newsletter, 11*(1), 10–13.

Lord, F. M. (1963). Elementary models for measuring change. In C. W. Harris (Ed.), *Problems in the measurement of change* (pp. 21–39). Madison, WI: University of Wisconsin Press.
MaCurdy, T., Mroz, T., & Gritz, R. M. (1998). An evaluation of the National Longitudinal Survey of Youth. *Journal of Human Resources, 33,* 345–436.
Mare, R. D. (1994). Discrete-time bivariate hazards with unobserved heterogeneity: A partially observed contingency table approach. *Sociological Methodology, 24,* 341–383.
Mason, W. M., Anderson, A. F., & Hayat, N. (1988). *Manual for GENMOD.* Ann Arbor: Population Studies Center, University of Michigan.
Masse, L. C., & Tremblay, R. E. (1997). Behavior of boys in kindergarten and the onset of substance use during adolescence. *Archives of General Psychiatry, 54,* 52–68.
McArdle, J. J. (1986a). Dynamic but structural equation modeling of repeated measures data. In J. R. Nesselrode & R. B. Cattell (Eds.), *Handbook of multivariate experimental psychology* (Vol. 2, pp. 561–614). New York: Plenum.
McArdle, J. J. (1986b). Latent variable growth within behavior genetic models. *Behavior Genetics, 16,* 163–200.
McArdle, J. J. (1989). A structural modeling experiment with multiple growth functions. In P. Ackerman, R. Kanfer, & R. Cudek (Eds.), *Learning and individual differences: Abilities, motivation, and methodology* (pp. 71–117). Hillsdale, NJ: Lawrence Erlbaum.
McArdle, J. J. (1991). Structural models of developmental theory in psychology. *Annals of Theoretical Psychology, 7,* 139–159.
McArdle, J. J., Anderson, E., & Aber, M. (1987). Covergence hypotheses modeled and tested with linear structural equations. *Proceedings of the 1987 public health conference on records and statistics* (pp. 351–357). Hyattsville, MD: National Center for Health Statistics.
McArdle, J. J., & Epstein, D. (1987). Latent growth curves within developmental structural equation models. *Child Development, 58,* 110–133.
McArdle, J. J., Hamagami, F., Elias, M. F., & Robbins, M. A. (1991). Structural modeling of mixed longitudinal and cross-sectional data, *Experimental Aging Research, 17,* 29–52.
McCullagh, P., & Nelder, J. A. (1989). *Generalized linear models* (2nd ed). London: Chapman and Hall.
Mead, R., & Pike, D. J. (1975). A review of response surface methodology from a biometric point of view. *Biometrics, 31,* 803–851.
Meredith, W., & Tisak, J. (1984). *"Tuckerizing" curves.* Paper presented at the annual meeting of the Psychometric Society, Santa Barbara, CA.
Meredith, W., & Tisak, J. (1990). Latent curve analysis. *Psychometrika, 55,* 107–122.
Miller, R. G. (1981). *Survival analysis.* New York: Wiley.
Miller, R. (1986). *Beyond ANOVA, Basics of applied statistics.* New York: Wiley.
Mojtabai, R., Nicholson, R. A., & Neesmith, D. H. (1997). Factors affecting relapse in patients discharged from a public hospital: Results from survival analysis. *Psychiatric Quarterly, 68,* 117–129.
Mosteller, F., & Tukey, J. W. (1977). *Data analysis and regression: A second course in statistics.* Reading, MA: Addison-Wesley.
Murnane, R. J., Boudett, K. P., & Willett, J. B. (1999). Do male dropouts benefit

from obtaining a GED, postsecondary education, and training? *Evaluation Review, 23*, 475–502.

Murnane, R. J., Singer, J. D., & Willett, J. B. (1989). The influences of salaries and opportunity costs on teachers' career choices: Evidence from North Carolina. *Harvard Educational Review, 59*, 325–346.

Muthen, B. O. (1989). Latent variable modelling in heterogeneous populations. *Psychometrika, 54*, 557–585.

Muthen, B. O. (1991). Analysis of longitudinal data using latent variable models with varying parameters. In L. M. Collins & J. L. Horn (Eds.), *Best methods for the analysis of change: Recent advances, unanswered questions, future directions* (pp. 1–17). Washington, DC: American Psychological Assocation.

Muthen, B. O. (1992). *Latent variable modeling of growth with missing data and multilevel data.* Paper presented at the Seventh International Conference on Multivariate Analysis, Barcelona, Spain.

Muthen, B. O. (2001). MPLUS. Available at http://www.statmodel.com

Muthén, B. O., & Satorra, A. (1989). Multilevel aspects of varying parameters in structural models. In D. Bock (Ed.), *Multilevel analysis of educational data* (pp. 87–89). San Diego, CA: Academic Press.

Myers, K., McCauley, E., Calderon, R., & Treder, R. (1991). The 3-year longitudinal course of suicidality and predictive factors for subsequent suicidality in youths with major depressive disorder. *Journal of the American Academy of Child and Adolescent Psychiatry, 30*, 804–810.

Patterson H. D., & Thompson R. (1971). Recovery of inter-block information when block sizes are unequal. *Biometrika, 58*, 545–554.

Pepe, M., & Mori, M. (1993). Kaplan-Meier, marginal or conditional probability curves in summarizing competing risks failure time data. *Statistics in Medicine, 12*, 737–751.

Peto, R. (1972). Discussion of Professor Cox's paper. *Journal of the Royal Statistical Society, Series B, 34*, 205–207.

Peto, R., Pike, M. C., Armitage, P., Breslow, N. E., Cox, D. R., Howard, S. V., Mantel, N., McPherson, K., Peto, J., & Smith, P. G. (1976). Design and analysis of randomized clinical trials requiring prolonged observation of each patient: Introduction and design. *British Journal of Cancer, 34*, 585–612.

Pinheiro, J. C., & Bates, D. M. (1995). Approximations to the log-likelihood function in nonlinear mixed-effects models. *Journal of Computational and Graphical Statistics, 4*, 12–35.

Pinheiro, J. C., & Bates, D. M. (2000). *Mixed-effects models in S and S-PLUS.* New York: Springer-Verlag.

Pinheiro, J. C., & Bates, D. M. (2001). SPLUS' NLME, available at http://cm.belllabs.com/cm/ms/departments/sia/project/nlme/

Powers, D. A., & Xie, Y. (1999). *Statistical methods for categorical data analysis.* San Diego: Academic Press.

Prentice, R. L., & Gloeckler, L. A. (1978). Regression analysis of grouped survival data with application to breast cancer data. *Biometrics, 34*, 57–67.

Radloff, L. S. (1977). The CES-D scale: A self report major depressive disorder scale for research in the general population. *Applied Psychological Measurement, 1*, 385–401.

Raftery, A. E. (1995). Bayesian model selection in social research. *Sociological Methodology, 25*, 111–163.

Raftery, A. E., Lewis, S. M., Aghajanian, A., & Kahn, M. J. (1996). Event history modeling of World Fertility Survey data. *Mathematical Population Studies, 6*, 129–153.
Ramlau-Hansen, H. (1983). Smoothing counting process intensities by means of kernel functions. *Annals of Statistics, 11*, 453–466.
Rasbash, J., & Woodhouse, G. (1995). *MLn Command Reference. Multilevel Models Project.* London: Institute of Education.
Raudenbush, S. W., & Bryk, A. S. (2002). *Hierarchical linear models: Applications and data analysis methods* (2nd ed.). Thousand Oaks, CA: Sage.
Raudenbush, S. W., Bryk, A. S., Cheong, Y., & Congdon, R. (2001). HLM. Available from http://www.ssicentral.com
Raudenbush, S. W., Bryk, A. S., & Congdon, R. T. (1988). *HLM: Hierarchical linear modeling.* Chicago: Scientific Software International, Inc.
Raudenbush, S. W., & Chan, W. S. (1992). Growth curve analysis in accelerated longitudinal designs. *Journal of Research in Crime and Delinquency, 29*, 387–411.
Rayman, P., & Brett, B. (1995). Women science majors: What makes a difference in persistence after graduation? *Journal of Higher Education, 66*, 388–414.
Robertson, T. B. (1908). Sur la dynamique du systeme nerveux central. *Archives of International Physiology, 6*, 388–454.
Robertson, T. B. (1909). A biochemical conception of the phenomena of memory and sensation. *The Monist*, 19, 367–386.
Roderick, M. (1994). Grade retention and school dropout: Investigating the association. *American Educational Research Journal, 31*, 729–759.
Rogosa, D. R., Brandt, D., & Zimowski, M. (1982). A growth curve approach to the measurement of change. *Psychological Bulletin, 90*, 726–748.
Rogosa, D. R., & Willett, J. B. (1985). Understanding correlates of change by modeling individual differences in growth. *Psychometrika, 50*, 203–228.
Rothenberg, T. J. (1984). Hypothesis testing in linear models when the error covariance matrix is nonscalar. *Econometrica, 52*, 827–842.
Sargeant J. K., Bruce, M. L., Florio L. P., & Weissman, M. (1990). Factors associated with 1-year outcome of major depression in the community. *Archives of General Psychiatry, 47*, 519–526.
SAS Institute. (2001). *Statistical analysis system.* Available at http://www.sas.com
Schafer, J. (1997). *Analysis of incomplete multivariate data.* New York: Chapman and Hall.
Scheike, T. H., & Jensen, T. K. (1997). A discrete survival model with random effects: An application to time to pregnancy. *Biometrics, 53*, 318–329.
Schmueli, G., & Cohen, A. (1999). Analysis and display of hierarchical lifetime data. *The American Statistician, 53*, 140–146.
Schoenfeld, D. (1982). Partial residuals for the proportional hazards regression model. *Biometrika, 69*, 239–241.
Schukarew, A. (1907). Uber die energetischen grundlagen des Gesetzes von Weber-Sechner und der Dynamik des Gedachtnisses. *Annalen des Naturphilosophie, 6*, 139–149.
Schwarz, G. (1978). Estimating the dimensions of a model. *Annals of Statistics, 6*, 461–464.
Shanahan, M. J., Elder, G. H., Jr., Burchinal, M., & Conger, R. D. (1996). Adolescent paid labor and relationships with parents: Early work-family linkages. *Child Development, 67*, 2183–2200.
Siegfried, J. J., & Stock, W. A. (2001). So you want to earn a Ph.D. in economics?:

How long do you think it will take? *Journal of Human Resources, 34,* 364–378.
Singer, J. D. (1993). Are special educators' careers special? *Exceptional Children, 59,* 262–279.
Singer, J. D. (1998). Using SAS PROC MIXED to fit multilevel models, hierarchical models, and individual growth models. *Journal of Educational and Behavioral Statistics, 25,* 323–355.
Singer, J. D. (2001). Fitting individual growth models using SAS PROC MIXED. In D. S. Moskowitz & S. L. Hershberger (Eds.), *Modeling intraindividual variability with repeated measures data: Method and applications.* Englewood Clifs, NJ: Erlbaum.
Singer, J. D., Davidson, S., Graham, S., & Davidson, H. S. (1998). Physician retention in community and migrant health centers: Who stays and for how long? *Medical Care, 38,* 1198–1213.
Singer, J. D., Fuller, B., Keiley, M. K., & Wolf, A. (1998). Early child care selection: Variation by geographic location, maternal characteristics, and family structure. *Developmental Psychology, 34,* 1129–1144.
Singer, J. D., & Willett, J. B. (1991). Modeling the days of our lives: Using survival analysis when designing and analyzing longitudinal studies of duration and the timing of events. *Psychological Bulletin, 110,* 268–290.
Singer, J. D., & Willett, J. B. (1993). It's about time: Using discrete-time survival analysis to study duration and the timing of events. *Journal of Educational Statistics, 18,* 155–195.
Singer, J. D., & Willett, J. B. (2001, April). *Improving the quality of longitudinal research.* Paper presented at the Annual Meeting of the American Educational Research Association, Seattle, Washington.
Snijders, T. A. B., & Bosker, R. J. (1994). Modeled variance in two-level models. *Sociological Methods and Research, 22,* 342–363.
Snijders, T. A. B., & Bosker, R. J. (1999). *Multilevel analysis: An introduction to basic and advanced multilevel modeling.* London: Sage.
Sorenson, S. B., Rutter, C. M., & Aneshensel, C. S. (1991). Depression in the community: An investigation into age of onset. *Journal of Consulting and Clinical Psychology, 59,* 541–546.
South, S. J. (1995). Do you need to shop around: Age at marriage, spousal alternatives, and marital dissolution. *Journal of Family Issues, 16,* 432–449.
South, S. J. (2001). Time-dependent effects of wives' employment on marital dissolution. *American Sociological Review, 66,* 226–245.
Stage, S. A. (2001). Program evaluation using hierarchical linear modeling with curriculum-based measurement reading probes. *School Psychology Quarterly, 16,* 91–112.
Stata Corporation. (2001). STATA. Available at http://www.stata.com
Strober, M., Freeman, R., Bower, S., & Rigali, J. (1996). Binge eating in anorexia nervosa predicts later onset of substance use disorder: A ten-year prospective, longitudinal follow-up of 95 adolescents. *Journal of Youth and Adolescence, 25,* 519–532.
Sueyoshi, G. T. (1995). A class of binary response models for grouped duration data. *Journal of Applied Econometrics, 10,* 411–431.
Svartberg, M., Seltzer, M. H., Stiles, T. C., & Khoo, E. (1995). Symptom improvement and its temporal course in short-term dynamic psychotherapy—A growth curve analysis. *Journal of Nervous and Mental Disease, 183,* 242–

248.
Tanner, J. M. (1964). The human growth curve. In G. A. Harrison, J. S. Winer, J. M. Tanner, & N. A. Barnicot (Eds.), *Human biology* (pp. 299–320). New York: Oxford University Press.
Therneau, T. M., & Grambsch, P. M. (2000). *Modeling survival data: Extending the Cox model.* New York: Springer.
Thurstone, L. L. (1917). The learning curve equation. *Psychological Bulletin, 14,* 64–65.
Thurstone, L. L. (1930). The learning function. *Journal of General Psychology, 3,* 469–493.
Tisak, J., & Meredith, W. (1990). Descriptive and associative developmental models. In A. Von Eye (Ed.), *Statistical methods in longitudinal research* (Vol. 2, pp. 387–406). New York: Academic Press.
Tivnan, T. (1980). *Improvements in performance on cognitive tasks: The acquisition of new skills by elementary school children.* Unpublished doctoral dissertation. Harvard University, Graduate School of Education.
Tomarken, A. J., Shelton, R. C., Elkins, L., & Anderson, T. (1997). *Sleep deprivation and anti-depressant medication: Unique effects on positive and negative affect.* Poster session presented at the 9th annual meeting of the American Psychological Society, Washington, DC.
Tuma, N. B., & Hannan, M. T. (1984). *Social dynamics: Models and methods.* New York: Academic Press.
Turnbull, B. W. (1974). Non-parametric estimation of a survivorship function with doubly censored data. *Journal of the American Statistical Association, 69,* 169–173.
Turnbull, B. W. (1976). The empirical distribution function with arbitrarily grouped, censored and truncated data. *Journal of the Royal Statistical Society, 38,* 290–295.
Van Leeuwen, D. M. (1997). A note on the covariance structure in a linear model. *The American Statistician, 51,* 140–144.
Vaupel, J. W., Manton, K. G., & Stallard, E. (1979). The impact of heterogeneity in individual frailty on the dynamics of mortality. *Demography, 16,* 439–454.
Vaupel, J. W., & Yashin, A. I. (1985). Heterogeneity's ruses: Some surprising effects of selection on population dynamics. *The American Statistician, 39,* 176–185.
Verbeke, G., & Molenberghs, G. (2000). *Linear mixed models for longitudinal data.* New York: Springer-Verlag.
Wheaton, B., Roszell, P., & Hall, K. (1997). The impact of twenty childhood and adult traumatic stressors on the risk of psychiatric disorder. In I. H. Gotlib & B. Wheaton (Eds.), *Stress and adversity over the life course: Trajectories and turning points* (pp. 50–72). New York: Cambridge University Press.
Willett, J. B. (1988). Questions and answers in the measurement of change. In E. Rothkopf (Ed.), *Review of research in education (1988–89)* (pp. 345–422). Washington, DC: American Educational Research Association.
Willett, J. B. (1989). Some results on reliability for the longitudinal measurement of change: Implications for the design of studies of individual growth. *Educational and Psychological Measurement, 49,* 587–602.
Willett, J. B., & Sayer, A. G. (1994). Using covariance structure analysis to detect

correlates and predictors of change. *Psychological Bulletin, 116*, 363–381.
Willett, J. B., & Singer, J. D. (1991). From whether to when: New methods for studying student dropout and teacher attrition. *Review of Educational Research, 61*, 407–450.
Willett, J. B., & Singer, J. D. (1993). Investigating onset, cessation, relapse, and recovery: Why you should, and how you can, use discrete-time survival analysis to examine event occurrence. *Journal of Consulting and Clinical Psychology, 61*, 952–965.
Wolfinger, R. D. (1993). Covariance structure selection in general mixed models. *Communications in statistics-simulations and computation, 22*, 1079–1106.
Wolfinger, R. D. (1996). Heterogeneous variance-covariance structures for repeated measures. *Journal of Agricultural, Biological, and Environmental Statistics, 1*, 205–230.
Wu, Z. (1995). Premarital cohabitation and postmarital cohabiting union formation. *Journal of Family Issues, 16*, 212–232.
Wu, L. L., & Martinson, B. C. (1993). Family structure and the risk of a premarital birth. *American Sociological Review, 58*, 210–232.
Xie, Y. (1994). The log-multiplicative models for discrete-time, discrete-covariate event history data. *Sociological Methodology, 24*, 301–340.
Xue, X., & Brookmeyer, R. (1997). Regression analysis of discrete time survival data under heterogeneity. *Statistics in Medicine, 16*, 1983–1993.
Yamaguchi, K. (1991). *Event history analysis.* Newbury Park, CA: Sage.
Yamaguchi, K., & Kandel, D. B. (1985). Dynamic relationships between premarital cohabitation and illicit drug use: An event history analysis of role selection and role socialization. *American Sociological Review, 50*, 530–546.
Yamaguchi, K., & Kandel, D. B. (1987). Drug use and other determinants of premarital pregnancy and its outcome: A dynamic analysis of competing life events. *Journal of Marriage and the Family, 49*, 257–270.
Young, M. A., Meaden, P. M., Fogg, L. F., Cherin, E. A., & Eastman, C. I. (1997). Which environmental variables are related to the onset of seasonal affective disorder? *Journal of Abnormal Psychology, 106*, 554–562.
Zorn, C. J., & van Winkle, S. R. (2000). A competing risks model of Supreme Court vacancies, 1789–1992. *Political Behavior, 22*, 145–166.

参考ウェブサイトおよび関連ソフトウェア等の入手先

- 下記の情報は翻訳時点のものです（アクセス日：2012年6月27日）.
- ［日本語］と注記があるもの以外はすべて英語のウェブサイトです.

〔参考ウェブサイト〕

UCLA Academic Technology Services, Statistical Consulting Group 内の "Textbook Examples Applied Longitudinal Data Analysis : Modeling Change and Event Occurrence" (http://www.ats.ucla.edu/stat/examples/alda.htm) は，本書の参考ウェブサイトです．ここには，M*plus*，MLwiN，HLM，SAS，Stata，R，SPSS の各ソフトウェアで使えるダウンロード用データや，各章に対応した計算プログラムが掲載されています．

〔本書中で紹介されたソフトウェア等の入手先〕

HLM（現在販売されているのは HLM 7）： http://www.ssicentral.com/hlm/
MLwiN： http://www.bristol.ac.uk/cmm/software/mlwin/
SAS［日本語］： http://www.sas.com/offices/asiapacific/japan//
STATA： http://www.stata.com/
SPLUS：
　　http://cm.bell-labs.com/cm/ms/departments/sia/project/nlme/index.html
BUGS： http://www.mrc-bsu.cam.ac.uk/bugs/
MIXREG： http://tigger.uic.edu/hedeker/mix.html

※以下のものは本文中（p. 62 など）では紹介されていませんが，上記「参考ウェブサイト」中にはプログラムが掲載されています．

M*plus*： http://www.statmodel.com/
SPSS［日本語］：
　　http://www-06.ibm.com/software/jp/analytics/spss/products/statistics/
R： http://www.r-project.org/

索　引

欧　文

AIC　121

BIC　121

ΔD　118

FML　86

GLS　74, 84

HLM　62, 231

IGLS　74, 85

LL 統計量　116
Loess 平滑化　25

MLwiN　62, 231

OLS　27
OLS 推定による変化率の精度　41

RML　86

SAS　16
SAS PROC MIXED　62
SAS PROC NLMIXED　62, 231
STATA　16, 62, 231

t 統計量　70

t 比　70

z 統計量　70, 72
z 比　70

ア　行

赤池情報量規準　121

一母数検定　70, 72
一致推定量　63
一般化最小二乗法　74, 84
一般線形仮説　123
移動平均　25
異分散自己回帰的　257
異分散自己回帰的の誤差共分散行列　262
異分散複合対称的　257
異分散複合対称的の誤差共分散行列　261
因子分析　266

帯対角　255
オムニバス検定　126

カ　行

χ^2 統計量　72
外生性　269
外生的構成概念　270
階層線形モデル　1
乖離度統計量　115, 157
乖離度のデルタ　118
確定した変数　179
確率的部分　247

確率密度 64
加速コホート 140
傾き 51, 80, 186, 197, 216
カーネル平滑化 25
下方漸近線 228
関数形 128
完全最尤推定 86
完全にランダムな欠測 159
観測値 28

擬 R^2 統計量 101, 293
逆数 235
逆多項式 237
　　——型の成長 237
逆方向因果 179
級内相関係数 93
境界制約 155
共分散構造 282
共分散構造分析 266
共変量依存型の脱落 159
曲線の平均 34
曲率 217
許容度 127

経験的成長記録 15
経験的成長プロット 23
経験ベイズ推定値 134
結果変数 160
　　——の同等性 12
欠測データ 159
欠測のタイプ 159

交互作用 81
構成概念 267
合成残差 83, 252
合成残差自己相関行列 256
合成的な定式化 74
合成マルチレベル 79
構造的部分 247
構造方程式モデリング 266
構造モデル 270, 277, 297
誤差共分散行列 274
誤差構造 257

個人間の問い 15
個人一時点フォーマット 15, 140
個人成長パラメータ 139
個人成長モデル 1
個人内の時間的変化 7
個人内の問い 15
個人内変化 2
個人平均 92
個人レベルフォーマット 15
固定化 155
固定効果 58, 67, 82, 244
固定した測定時点 20
混合モデル 1

サ　行

最小二乗法による回帰 27
再中心化 183
最尤推定 63
残差 88
　　——の変動 102
残差分散減少率 102

時間構造化 11, 139
時間的変化の個人差 7
時間を表すデータ 21
自己回帰的 257
自己回帰的誤差共分散行列 261
自己相関 83
指数型の成長 238
実質的な予測変数 96
指標 267
時変の予測変数 20, 162
尺度 271
収束 157
縦断データ 82
主効果 81, 173
順位 19
条件つき残差分散 60
条件つき分散 107
条件つきモデル 285
上方漸近線 228

情報量規準　120
初期状態　139, 147
真の得点　28
信頼性　40, 42

スコアベクトル　278
ステップ関数　227
スプライン平滑化　25

正規確率プロット　131
正規スコア　131
正規性　130
制限されたモデル　117
制限つき最尤推定　86
成長パラメータ　81
成長率　147
精度　40, 137
制約行列　124
切片　50, 80, 186
0 次の多項式関数　214
漸近的　63
　　——な標準誤差　66
　　——に正規分布に従う　63
　　——に不偏　63
　　——に有効　63
線形　225
線形対比　123
線型変化の軌跡　216
潜在成長曲線分析　280
潜在成長モデリング　21, 266, 280, 299
選択モデル　162
全平均　92
全平均中心化　176

双曲線型の成長　235
測定モデル　269, 270, 275, 282
素残差　130
損耗　159

タ 行

第一種の過誤　115
対角行列　249
対角誤差共分散行列　250
対数変換　150
対数尤度関数　66, 116
対数尤度統計量　157
対比行列　124
多項式成長モデル　214
多変量回帰分析　266
多変量正規分布　249
多変量フォーマット　18
単変量正規性　91
単変量フォーマット　21

中心　271
中心化　29, 51, 112, 151, 175, 183
直角双曲線　235

釣り合い型　139

定留点　217
適合度　46
適合度基準　157
テスト理論　266
典型的な個人　59

等間隔で収集されたデータ　10
統計モデルの分類　103
動的一致性　225
トープリッツ　257
トープリッツ誤差共分散行列　263

ナ 行

内生性　179, 269
内生的構成概念　270
内的な変数　179

2 変量正規性　91
2 変量正規分布　246
2 変量分布　61

ネスト　117

ノンパラメトリック・アプローチ　25

ハ 行

媒介効果　300
爆発的軌跡　238
はしごとでっぱりの法則　211
パス解析　266
パス図　267
パーセント変化率　150
パターン混合モデル　162
パラメータに関して線形　34, 226
パラメータの真値　62
パラメータベクトル　124
パラメトリック・アプローチ　25
バランスの不釣り合い　72
反復一般化最小二乗法　74, 85

非構造的　257
非構造的誤差共分散行列　260
非収束　157
非線形性　209, 225
非釣り合い型　148, 153
標準化残差　131
標準誤差　40
標本対数尤度統計量　116
非連続性　191
非連続レベル1モデル　192

負荷行列　272
負荷量　271
不均一な分散　83
複合検定　115
複合対称的　257
　　——な構造　255
複合対称的誤差共分散行列　260
付属する変数　179
負の指数成長モデル　238
不偏性　137
フルモデル　117
分散成分　61, 71
分布のちらばり　40
文脈的な変数　179

平均的な変化の軌跡　34
平均の曲線　34
ベイズ情報量規準　121
べき乗のはしご　211
変化についての合成マルチレベルモデル　79
変化についてのマルチレベルモデル　7, 44
変化の個人差　2, 15
変化の信頼性　42
変化率　139
変換　209
変数横断的な変化　295
偏分散　107

包絡線　170
飽和モデル　116

マ 行

$-2\,\mathrm{LL}$　117
$-2\log L$　117
マルチレベルモデル　1, 79

無作為抽出　157
無視可能な無回答　160
無条件成長モデル　74, 91, 96, 145
無条件平均モデル　74, 91
無条件モデル　285

モデルに基づく推定値　134

ヤ 行

尤度関数　64
尤度比検定　117

ラ 行

ランダム係数モデル　1, 52
ランダム効果　82, 244
ランダムな欠測　159
ランダム変数のベクトル　249

レベル1　7
レベル2　7
　——の誤差共分散行列　61
連続変数　12

ロジスティック曲線　238

ロジステイック成長曲線　227
ロジスティックモデル　227, 240

ワ　行

ワルド統計量　122

監訳者略歴

菅原ますみ（すがわら）
1958 年　東京都に生まれる
1987 年　東京都立大学大学院文学研究科博士課程修了
現　在　お茶の水女子大学基幹研究院人間科学系 教授
　　　　文学博士

縦断データの分析 I
―変化についてのマルチレベルモデリング―　　定価はカバーに表示

2012 年 9 月 10 日　初版第 1 刷
2019 年 2 月 20 日　　　第 4 刷

　　　　　　　　　　　　　　　監訳者　菅　原　ま　す　み
　　　　　　　　　　　　　　　発行者　朝　倉　誠　造
　　　　　　　　　　　　　　　発行所　株式会社　朝　倉　書　店
　　　　　　　　　　　　　　　東京都新宿区新小川町 6-29
　　　　　　　　　　　　　　　郵便番号　162-8707
　　　　　　　　　　　　　　　電　話　03(3260)0141
　　　　　　　　　　　　　　　FAX　03(3260)0180
　　　　　　　　　　　　　　　http://www.asakura.co.jp
〈検印省略〉

Ⓒ 2012〈無断複写・転載を禁ず〉　　　　　　　　Printed in Korea

ISBN 978-4-254-12191-9　C 3041

JCOPY　＜(社)出版者著作権管理機構　委託出版物＞

本書の無断複写は著作権法上での例外を除き禁じられています。複写される場合は、そのつど事前に、(社)出版者著作権管理機構（電話 03-3513-6969, FAX 03-3513-6979, e-mail: info@jcopy.or.jp）の許諾を得てください。

心理学総合事典（新装版）

海保博之・楠見 孝監修
佐藤達哉・岡市廣成・遠藤利彦・
大渕憲一・小川俊樹編

52020-0 C3511　　B5判 792頁 本体19000円

心理学全般を体系的に構成した事典。心理学全体を参照枠とした各領域の位置づけを可能とする。基本事項を網羅し、最新の研究成果や隣接領域の展開も盛り込む。索引の充実により「辞典」としての役割も高めた。研究者、図書館必備の事典〔内容〕I部：心の研究史と方法論／II部：心の脳生理学的基礎と生物学的基礎／III部：心の知的機能／IV部：心の情意機能／V部：心の社会的機能／VI部：心の病態と臨床／VII部：心理学の拡大／VIII部：心の哲学。

感情と思考の科学事典

東京成徳大 海保博之・聖学院大 松原 望監修
関西大 北村英哉・早大 竹村和久・福島大 住吉チカ編

10220-8 C3540　　A5判 484頁 本体9500円

「感情」と「思考」は、相対立するものとして扱われてきた心の領域であるが、心理学での知見の積み重ねや科学技術の進歩は、両者が密接に関連してヒトを支えていることを明らかにしつつある。多様な学問的関心と期待に応えるべく、多分野にわたるキーワードを中項目形式で解説する。測定や実践場面、経済心理学といった新しい分野も取り上げる。〔内容〕I. 感情／II. 思考と意思決定／III. 感情と思考の融接／IV. 感情のマネジメント／V. 思考のマネジメント

現代心理学［理論］事典

早大 中島義明編

52014-9 C3511　　A5判 836頁 本体22500円

心理学を構成する諸理論を最先端のトピックスやエピソードをまじえ解説。〔内容〕心理学のメタグランド理論編（科学論的理論／神経科学的理論他3編）／感覚・知覚心理学編（感覚理論／生態学的理論他5編）／認知心理学編（イメージ理論／学習の理論他6編）／発達心理学編（日常認知の発達理論／人格発達の理論他4編）／社会心理学編（帰属理論／グループダイナミックスの理論他4編）／臨床心理学編（深層心理学の理論／カウンセリングの理論／行動・認知療法の理論他3編）

現代心理学［事例］事典

早大 中島義明編

52017-0 C3511　　A5判 400頁 本体8500円

『現代心理学［理論］事典』で解説された「理論」の構築のもととなった研究事例、および何らかの意味で関連していると思われる研究事例、または関連している現代社会や日常生活における事象・現象例について詳しく紹介した姉妹書。より具体的な事例を知ることによって理論を理解することができるよう解説。〔目次〕メタ・グランド的理論の適用事例／感覚・知覚理論の適用事例／認知理論の適用事例／発達理論の適用事例／臨床的理論の適用事例

法と心理学の事典
—犯罪・裁判・矯正—

法政大 越智啓太・関西大 藤田政博・科警研 渡邉和美編

52016-3 C3511　　A5判 672頁 本体14000円

法にかかわる諸課題に、法学・心理学の双方の観念をふまえて取り組む。法学や心理学の基礎的・理論的な紹介・考察から、様々な対象への経験的な研究方法まで、中項目形式で紹介。〔章構成〕1.法と心理学 総論／2.日本の司法制度の概要／3.アメリカ・諸外国の司法制度の概要／4.刑事法・民事法関係／5.心理学の分野と研究方法／6.犯罪原因論／7.各種犯罪／8.犯罪捜査／9.公判プロセス／10.防犯／11.犯罪者・非行少年の処遇／12.精神鑑定／13.犯罪被害者

朝倉心理学講座

1 心理学方法論
東京成徳大 海保博之 監修　帯広畜産大 渡邊芳之 編
52661-5 C3311　A5判 200頁 本体3400円

心理学の方法論的独自性とその問題点を，近年の議論の蓄積と現場での実践をもとに提示する。〔内容〕〈心理学の方法〉方法論／歴史／測定／〈研究実践と方法論〉教育実践研究／発達研究／社会心理学／地域実践／研究者と現場との相互作用

2 認知心理学
東京成徳大 海保博之 監修・編
52662-2 C3311　A5判 192頁 本体3400円

20世紀後半に隆盛を迎えた認知心理学の，基本的な枠組みから応用の側面まで含めた，その全体像を幅広く紹介する。〔内容〕認知心理学の潮流／短期の記憶／注意／長期の記憶／知識の獲得／問題解決・思考／日常認知／認知工学／認知障害

3 発達心理学
東京成徳大 海保博之 監修　甲子園大 南 徹弘 編
52663-9 C3311　A5判 232頁 本体3600円

発達の生物学的・社会的要因について，霊長類研究まで踏まえた進化的・比較発達的視点と，ヒトとしての個体発達の視点の双方から考察。〔内容〕Ⅰ．発達の生物的基盤／Ⅱ．社会性・言語・行動発達の基礎／Ⅲ．発達から見た人間の特徴

4 脳神経心理学
東京成徳大 海保博之 監修　前広島大 利島 保 編
52664-6 C3311　A5判 208頁 本体3400円

脳科学や神経心理学の基礎から，心理臨床・教育・福祉への実践的技法までを扱う。〔内容〕神経心理学の潮流／脳の構造と機能／感覚・知覚の神経心理学的障害／認知と注意／言語／記憶と高次機能／情動／発達と老化／リハビリテーション

6 感覚知覚心理学
東京成徳大 海保博之 監修　前筑波大 菊地 正 編
52666-0 C3311　A5判 272頁 本体3800円

感覚知覚の基本的知識と最新の研究動向，またその不思議さを実感できる手がかりを提示。〔内容〕視覚システム／色／明るさとコントラスト／かたち／三次元空間／運動／知覚の恒常性／聴覚／触覚／嗅覚／味覚／感性工学／知覚機能障害

7 社会心理学
東京成徳大 海保博之 監修　東大 唐沢かおり 編
52667-7 C3311　A5判 200頁 本体3600円

社会心理学の代表的な研究領域について，その基礎と研究の動向を提示する。〔内容〕社会心理学の潮流／対人認知とステレオタイプ／社会的推論／自己／態度と態度変化／対人関係／援助・攻撃／社会的影響／集団過程／社会行動の起源

8 教育心理学
東京成徳大 海保博之 監修　慶大 鹿毛雅治 編
52668-4 C3311　A5判 208頁 本体3400円

教育実践という視点から，心理学的な知見を精選して紹介する。〔内容〕教育実践と教育心理学／個性と社会性の発達／学習する能力とその形成／適応と障害／知識の獲得／思考／動機づけ／学びの場と教師／教育の方法／教育評価

10 感情心理学
東京成徳大 海保博之 監修　同志社大 鈴木直人 編
52670-7 C3311　A5判 224頁 本体3600円

諸科学の進歩とともに注目されるようになった感情(情動)について，そのとらえ方や理論の変遷を展望。〔内容〕研究史／表情／認知／発達／健康／脳・自律反応／文化／アレキシサイミア／攻撃性／罪悪感と羞恥心／パーソナリティ

13 産業・組織心理学
東京成徳大 海保博之 監修　前九大 古川久敬 編
52673-8 C3311　A5判 208頁 本体3400円

産業組織内の個人・集団の心理と行動の特質について基本的知識と応用的示唆を提供する。〔内容〕採用と選抜／モチベーション／人事評価／人材育成／リーダーシップ／キャリアとストレス／マーケティング／安全と労働／社会的責任

15 高齢者心理学
東京成徳大 海保博之 監修　阪大 権藤恭之 編
52675-2 C3311　A5判 224頁 本体3600円

高齢者と加齢という変化をとらえる心理学的アプローチの成果と考察。〔内容〕歴史と展望／生理的加齢と心理的加齢／注意／記憶／知能，知恵，創造性／感情と幸福感／性格／社会環境／社会関係／臨床：心理的問題，心理的介入法

東京成徳大 海保博之監修　法大 越智啓太編	犯罪をめぐる人間行動について科学的に検証する犯罪心理学の最新成果を紹介。〔内容〕犯罪原因論／犯罪環境心理学／捜査心理学／プロファイリング／目撃証言と取調べ／ポリグラフ検査／非行犯罪臨床心理学／被害者心理学
朝倉心理学講座18	
犯罪心理学	
52678-3 C3311　　　　A 5 判 192頁 本体3400円	
東京成徳大 海保博之監修　前早大 小杉正太郎編	心理学的ストレス研究の最新成果を基に，健康の促進要因と阻害要因とを考察。〔内容〕Ⅰ健康維持の鍵概念（コーピングなど）／Ⅱ健康増進の方法（臨床的働きかけを中心に）／Ⅲ健康維持鍵概念の応用／ストレスと健康の測定と評価
朝倉心理学講座19	
ストレスと健康の心理学	
52679-0 C3311　　　　A 5 判 224頁 本体3600円	
東京成徳大 海保博之監修　慶大 坂上貴之編	心理学と経済学との共同領域である行動経済学と行動的意思決定理論を基盤とした研究を紹介，価値や不確実性について考察。〔内容〕第Ⅰ部「価値を測る」／第Ⅱ部「不確実性を測る」／第Ⅲ部「不確実性な状況での意思決定を考える」
朝倉実践心理学講座 1	
意思決定と経済の心理学	
52681-3 C3311　　　　A 5 判 224頁 本体3600円	
東京成徳大 海保博之監修　日本教育大学院大 髙橋　誠編	現代社会の多様な分野で求められている創造技法を解説。〔内容〕Ⅰ．発想のメカニズムとシステム（大脳・問題解決手順・観察・セレンディピティ）／Ⅱ．企画のメソッドと心理学（集団心理学・評価・文章心理学・説得・創造支援システム）
朝倉実践心理学講座 4	
発想と企画の心理学	
52684-4 C3311　　　　A 5 判 208頁 本体3400円	
東京成徳大学 海保博之編・監修	現代社会のコミュニケーションに求められている「わかりやすさ」について，その心理学的基礎を解説し，実践技法を紹介する。〔内容〕Ⅰ.心理学的基礎／Ⅱ.実践的な心理技法；文書，音声・視覚プレゼンテーション，対面，電子メディア
朝倉実践心理学講座 5	
わかりやすさとコミュニケーションの心理学	
52685-1 C3311　　　　A 5 判 192頁 本体3400円	
東京成徳大 海保博之監修　九大 山口裕幸編	新しい能力概念であるコンピテンシーを軸に，チームマネジメントの問題を絡めて，その理論や実践上の課題を議論。〔内容〕コンピテンシー（概念／測定／活用の実際など），チームマネジメント（リーダーシップ／研修／自律管理）
朝倉実践心理学講座 6	
コンピテンシーとチーム・マネジメントの心理学	
52686-8 C3311　　　　A 5 判 200頁 本体3400円	
東京成徳大 海保博之監修　同志社大 久保真人編	日常における様々な感情経験の統制の具体的課題や実践的な対処を取り上げる。〔内容〕Ⅰ感情のマネジメント（心の病と健康，労働と生活，感情労働）Ⅱ心を癒す（音楽，ペット，皮肉，セルフヘルプグループ，観光，笑い，空間）
朝倉実践心理学講座 7	
感情マネジメントと癒しの心理学	
52687-5 C3311　　　　A 5 判 192頁 本体3400円	
東京成徳大 海保博之監修　筑波大 松井　豊編	基礎理論・生じる問題・問題解決の方法・訓練を論じる。〔内容〕Ⅰ. 対人関係全般（ストレス，コーピングなど）／Ⅱ. 恋愛（理論，感情，スキルなど）／Ⅲ. 友情（サークル集団など）／Ⅳ. 組織（対人関係力，メンタリングなど）
朝倉実践心理学講座 8	
対人関係と恋愛・友情の心理学	
52688-2 C3311　　　　A 5 判 200頁 本体3400円	
東京成徳大 海保博之監修　早大 竹中晃二編	健康のための運動の開始と持続のために，どのようなことが有効かの取組みと研究を紹介。〔内容〕理論（動機づけ，ヘルスコミュニケーション，個別コンサルテーションなど）／実践事例（子ども，女性，職場，高齢者，地域社会）
朝倉実践心理学講座 9	
運動と健康の心理学	
52689-9 C3311　　　　A 5 判 216頁 本体3400円	
東京成徳大 海保博之監修　金沢工大 神宮英夫編	感情や情緒に注目したヒューマン・センタードの商品開発アプローチを紹介。〔内容〕Ⅰ. 計測（生理機能，脳機能，官能評価），Ⅱ. 方法（五感の総合，香り，コンセプト，臨場感，作り手），Ⅲ. 事例（食品，化粧，飲料，発想支援）
朝倉実践心理学講座10	
感動と商品開発の心理学	
52690-5 C3311　　　　A 5 判 208頁 本体3600円	

前東洋英和大林　文・帝京大山岡和枝著
シリーズ〈データの科学〉2

調査の実際
—不完全なデータから何を読みとるか—

12725-6　C3341　　　　　Ａ５判 232頁 本体3500円

良いデータをどう集めるか？不完全なデータから何がわかるか？データの本質を捉える方法を解説〔内容〕〈データの獲得〉どう調査するか／質問票／精度．〈データから情報を読みとる〉データの特性に基づいた解析／データ構造からの情報把握／他

統数研 吉野諒三著
シリーズ〈データの科学〉4

心を測る
—個と集団の意識の科学—

12728-7　C3341　　　　　Ａ５判 168頁 本体2800円

個と集団とは？意識とは？複雑な現象の様々な構造をデータ分析によって明らかにする方法を解説〔内容〕国際比較調査／標本抽出／調査の実施／調査票の翻訳・再翻訳／分析の実際（方法，社会調査の危機，「計量的文明論」他）／調査票の洗練／他

前広大藤越康祝著
シリーズ〈多変量データの統計科学〉6

経時データ解析の数理

12806-2　C3341　　　　　Ａ５判 224頁 本体3800円

臨床試験データや成長データなどの経時データ（repeated measures data）を解析する各種モデルとその推測理論を詳説．〔内容〕概論／線形回帰／混合効果分散分析／多重比較／成長曲線／ランダム係数／線形混合／離散経時／付録／他

早大 豊田秀樹著
統計ライブラリー

共分散構造分析［入門編］
—構造方程式モデリング—

12658-7　C3341　　　　　Ａ５判 336頁 本体5500円

現在，最も注目を集めている統計手法を，豊富な具体例を用い詳細に解説．〔内容〕単変量・多変量データ／回帰分析／潜在変数／観測変数／構造方程式モデル／母数の推定／モデルの評価・解釈／順序／付録：数学的準備・問題解答・ソフト／他

早大 豊田秀樹編著
統計ライブラリー

共分散構造分析［実践編］
—構造方程式モデリング—

12699-0　C3341　　　　　Ａ５判 304頁 本体4500円

実践編では，実際に共分散構造分析を用いたデータ解析に携わる読者に向けて，最新・有用・実行可能な実践的技術を全21章で紹介する．プログラム付〔内容〕マルチレベルモデル／アイテムパーセリング／探索的SEM／メタ分析／他

早大 竹村和久・京大 藤井 聡著
シリーズ〈行動計量の科学〉6

意思決定の処方

12826-0　C3341　　　　　Ａ５判 200頁 本体3200円

現実社会でのよりよい意思決定を支援（処方）する意思決定モデルを，「状況依存的焦点モデル」の理論と適用事例を中心に解説．意思決定論の基礎的内容から始め，高度な予備知識は不要．道路渋滞，コンパクトシティ問題等への適用を紹介．

元聖路加看護大 柳井晴夫・聖路加看護大 井部俊子編

看護を測る
—因子分析による質問紙調査の実際—

33006-9　C3047　　　　　Ｂ５判 152頁 本体3200円

心理測定尺度の構成を目指す学生・研究者へ向けて因子分析の基礎を講じた上で，看護データを用いた8つの実例を通じて分析の流れや勘所を解説する．〔内容〕因子分析の基礎／実例（看護管理指標，職業満足度，母親らしさ，妊婦の冷え症他）

前東女大 杉山明子編著

社会調査の基本

12186-5　C3041　　　　　Ａ５判 196頁 本体3400円

サンプリング調査の基本となる考え方を実例に則して具体的かつわかりやすく解説．〔内容〕社会調査の概要／サンプリングの基礎理論と実際／調査方式／調査票の設計／調査実施／調査不能とサンプル精度／集計／推定・検定／分析を報告

早大 豊田秀樹著
シリーズ〈調査の科学〉1

調査法講義

12731-7　C3341　　　　　Ａ５判 228頁 本体3400円

調査法を初めて学ぶ人のために，調査の実践と理論を簡明に解説．〔内容〕調査法を学ぶ意義／仮説・仕様の設定／項目作成／標本の抽出／調査の実施／集計／要約／クロス集計表／相関と共分散／報告書・研究発表／確率の基礎／推定／信頼性

同志社大 久保真人編

社会・政策の統計の見方と活用
—データによる問題解決—

50021-9　C3033　　　　　Ａ５判 224頁 本体3200円

統計データの整理や図表の見方から分析まで，その扱い方を解説．具体事例に基づいて問題発見から対策・解決の考え方まで学ぶ．〔内容〕1部：データを読む・使う／2部：データから探る／3部：データで証明する／4部：データから考える

前統数研 大隅　昇監訳

調査法ハンドブック

12184-1　C3041　　　　A 5 判 532頁 本体12000円

社会調査から各種統計調査までのさまざまな調査の方法論を，豊富な先行研究に言及しつつ，総調査誤差パラダイムに基づき丁寧に解説する。〔内容〕調査方法論入門／調査における推論と誤差／目標母集団，標本抽出枠，カバレッジ誤差／標本設計と標本誤差／データ収集法／標本調査における無回答／調査における質問と回答／質問文の評価／面接調査法／調査データの収集後の処理／調査にかかわる倫理の原則と実践／調査方法論に関するよくある質問と回答／文献

情報・システム研究機構 北川源四郎・学習院大 田中勝人・
統数研 川﨑能典監訳

時系列分析ハンドブック

12211-4　C3041　　　　A 5 判 788頁 本体18000円

T.S.Raoほか編"Time Series Analysis : Methods and Application"(Handbook of Statistics 30, Elsevier)の全訳。時系列分析の様々な理論的側面を23の章によりレビューするハンドブック。〔内容〕ブートストラップ法／線形性検定／非線形時系列／マルコフスイッチング／頑健推定／関数時系列／共分散行列推定／分位点回帰／生物統計への応用／計数時系列／非定常時系列／時空間時系列／連続時間時系列／スペクトル法・ウェーブレット法／Rによる時系列分析／他

前中大 杉山高一・前広大 藤越康祝・
前筑波大 杉浦成昭・東大 国友直人編

統計データ科学事典

12165-0　C3541　　　　B 5 判 788頁 本体27000円

統計学の全領域を33章約300項目に整理，見開き形式で解説する総合的な事典。〔内容〕確率分布／推測／検定／回帰分析／多変量解析／時系列解析／実験計画法／漸近展開／モデル選択／多重比較／離散データ解析／極値統計／欠測値／数量化／探索的データ解析／計算機統計学／経時データ解析／高次元データ解析／空間データ解析／ファイナンス統計／経済統計／経済時系列／医学統計／テストの統計／生存時間分析／DNAデータ解析／標本調査法／中学・高校の確率・統計／他

D.K.デイ・C.R.ラオ編
帝京大 繁枡算男・東大 岸野洋久・東大 大森裕浩監訳

ベイズ統計分析ハンドブック

12181-0　C3041　　　　A 5 判 1076頁 本体28000円

発展著しいベイズ統計分析の近年の成果を集約したハンドブック。基礎理論，方法論，実証応用および関連する計算手法について，一流執筆陣による全35章で立体的に解説。〔内容〕ベイズ統計の基礎（因果関係の推論，モデル選択，モデル診断ほか）／ノンパラメトリック手法／ベイズ統計における計算／時空間モデル／頑健分析・感度解析／バイオインフォマティクス・生物統計／カテゴリカルデータ解析／生存時間解析，ソフトウェア信頼性／小地域推定／ベイズ的思考法の教育

前慶大 蓑谷千凰彦著

統計分布ハンドブック （増補版）

12178-0　C3041　　　　A 5 判 864頁 本体23000円

様々な確率分布の特性・数学的意味・展開等を豊富なグラフとともに詳説した名著を大幅に増補。各分布の最新知見を補うほか，新たにゴンペルツ分布・多変量t分布・ダーガム分布システムの3章を追加。〔内容〕数学の基礎／統計学の基礎／極限定理と展開／確率分布（安定分布，一様分布，F分布，カイ2乗分布，ガンマ分布，極値分布，誤差分布，ジョンソン分布システム，正規分布，t分布，バー分布システム，パレート分布，ピアソン分布システム，ワイブル分布他）

上記価格（税別）は2019年 1月現在